南海文库　主编　朱锋　沈固朝

海洋战略大师：理论与实践

主编　冯梁

副主编　季晓丹　陈通剑

U0271452

南京大学出版社

图书在版编目(CIP)数据

海洋战略大师：理论与实践／冯梁主编. -- 南京：
南京大学出版社，2017.7
（南海文库／朱锋，沈固朝主编）
ISBN 978-7-305-18879-4

Ⅰ. ①海… Ⅱ. ①冯… Ⅲ. ①海洋战略－研究－世界
Ⅳ. ①P74

中国版本图书馆 CIP 数据核字(2017)第 148961 号

出版发行　南京大学出版社
社　　　址　南京市汉口路 22 号　　　　邮　编　210093
出 版 人　金鑫荣

丛 书 名　南海文库
书　　　名　**海洋战略大师：理论与实践**
主　　编　冯　梁
责任编辑　田　甜　官欣欣

照　　排　南京南琳图文制作有限公司
印　　刷　常州市武进第三印刷有限公司
开　　本　718×1000　1/16　印张 30　字数 441 千
版　　次　2017 年 7 月第 1 版　2017 年 7 月第 1 次印刷
ISBN 978-7-305-18879-4
定　　价　128.00 元

网址：http://www.njupco.com
官方微博：http://weibo.com/njupco
官方微信号：njupress
销售咨询热线：(025) 83594756

前　言

在海洋大国兴衰的历史进程中,海洋及海洋战略问题一直是主权国家政治和安全中的核心问题。无数政论家和战略家,主要基于国家发展和未来命运考虑,潜心研究海洋和海洋战略问题,撰写出众多鸿篇巨制,构成海洋战略理论的壮丽篇章。对海洋战略大师理论精髓和伟大实践做历史总结和学术探索,既艰辛又具有现实意义。

一

自哥伦布开辟新航路、世界形成整体以来,海洋战略问题研究便与国家的前途和命运紧紧地联系在一起。

着眼于更加广阔的未来,探寻国家命运和发展过程中的海洋战略问题,是世界海洋战略大师的基本出发点和落脚点。英国早期海洋战略大师科洛姆兄弟,着眼于英帝国不断扩大版图,认为英帝国作为囊括广袤殖民地的商业帝国,有着特殊的地缘政治和经济结构,英帝国的防御远非限于英伦三岛免遭入侵,而应包括帝国殖民地安全和连接帝国组成部分的海上交通线安全。大科洛姆甚至认为,英帝国是全球性海洋帝国,它的政治、经济和战略利益存在是全球性的,因此,英帝国海洋问题也只能是全球性的。20 世纪 60 年代印度著名海洋战略家潘尼迦,忧心于长期以来印度国家安全,专注于陆地而忽略海洋的现状,大声疾呼"印度的安危系于印度洋"、"印度洋对于印度经济至关重要",旨在从西方大国和新兴国家角逐印度洋的战略博弈中为印度找到成长为一个"有声有色的大国"

之道。

海洋战略理论体系在不断探索中逐渐显露出清晰轮廓。科洛姆兄弟关于殖民保护、海上交通线、海军至上及制海权的学术观点,科贝特关于海洋战略是"更大的国家战略的组成部分"、要"从整体上把握战争理论,将海军战略与国家的整体战略有机地结合起来",以及将制海权分为夺取制海权、保持制海权和使用制海权三个不同阶段等学术观点,几乎与海权论创始人马汉的制海权理论相比肩;戈尔什科夫将海上力量要素进一步增加,包括捕鱼队、运输队、科考队等,则进一步完善了海上力量要素内涵;法国海洋战略家卡斯泰和印度潘尼迦均认为,影响海权六大要素中应当增加技术水平,更是对海权构成要素的必要补充。

制海权问题在世界海洋战略学说中几乎是一个永恒话题。在小科洛姆看来,确保"大不列颠"和"更大的大不列颠"(Greater Britain)之间海上交通线不被切断是个十分重大的战略问题。他们在著述中大量论述海上交通线对英帝国和殖民地安全的重要性,认为它不仅具有商业意义,而且构成了殖民地首道防线,制海权是英帝国的一大法宝,是帝国安全和巨大财富的根本保障,夺取制海权是海战最根本和最优先目标,"海军主义"的要义就是确保英吉利海峡安全以及英帝国与殖民地之间海上交通线的畅通。科贝特海洋战略学说中,一个重点议题也是制海权问题,他认为制海权的核心意义是控制海上交通线,但控制海上交通线的方式不是马汉这样的后来者提出的"舰队决战",而是通过分散兵力尽早发现来敌,尔后再出击保护海上交通线的方式。卡斯泰总结了17世纪大航路开始到20世纪上半叶的世界海洋战略思想,认为制海权是海洋战略中主要议题,不过,随着新技术发展和潜艇、航空兵以及海上新式武器的投入使用,制海权获取方式发生了深刻变化。当然,制海权战略的最大集成者是马汉,他在1911年成书的《海军战略》中,对通过舰队作战获取制海权的理论做了全面系统阐述,他由此被誉为制海权理论的开山鼻祖。

地理因素始终超越其他因素而成为影响国家海洋安全和海军战略的首要因素。马汉在《海权对历史的影响》中,创造性地提出影响海权的六大因素,将地理位置放在首位,认为它是决定一个国家建立和发展海权的首要条件。潘尼迦从地理角度分析印度面临的战略态势,认为地理因素在塑造印度历史中发挥极为重要的作用,但"印度既没有像中国和波斯那样的陆地观,也没有像日本那样的海洋观",一面对山和三面环海的地理位置,决定印度天然是一个向海洋发展的国家。"印度洋对其他国家来说只不过是许多重要洋区之一,但对印度来说却是至关重要的海域。她的生命线都集中在这个区域,她的未来取决于在这片辽阔水面上自由航行。"[①]

陆海联合作战在英国早期海洋战略著述中是重要研究对象。小科洛姆认为,英帝国具有广袤的殖民地,海军即便拥有制海权也难以保护殖民地,即便打赢海战也无法真正取胜,因此,拥有强大陆军并实现军种之间配合,不单纯是一个军种问题,更重要是一个国家战略问题。科贝特认为,海洋战略是大陆战略的延伸,海军战略是国家战略的组成部分,必须结合国家政策考虑海战的性质,实施陆海军种的联合作战是海战的最高杰作。值得注意的是,陆海联合作战议题在其他国家的海洋战略著述中似乎没有引起多大注意,这大概是英国作为日不落帝国在防御理论著述中的独特现象。

二

一百多年世界海洋和海军战略研究史,反映出海洋和海军战略理论和战略实践发展的基本规律。

海权或曰"海军主义",从提出伊始便与陆权(或曰"要塞主义")不断进行理论上的抗争。在科洛姆兄弟时代,不列颠已成为一个海洋性商业大帝国,殖民地遍布全球。然而,此时的大英帝国,在国家安全上仍然信守要塞主义。科洛姆兄弟对英帝国防护上仍然坚持的要点防御或曰局部防御的观点进行猛烈抨击,认为主要使用陆军分别守护英伦海岛或殖民地的海陆要点、构筑海岸防御的"要塞

---

① 潘尼迦:《印度和印度洋——略论海权对印度历史的影响》,德隆、望蜀译,世界知识出版社,1965 年,第 82 页。

主义"已经过时,国家防护范围不仅要包括英伦岛这个帝国中心,还要守护殖民地和海外商业,确保连接海陆要点的海上交通线安全,从此开启了"海军主义"和制海权理论的探究和发展。

值得注意的是,19、20世纪之交的英国海洋战略家科贝特,吸取克劳塞维茨关于"军事是政治继续"的思想,强调海洋战略只有在国家大战略指导下,与国家的政治外交和经济战略紧密配合,形成合力,才能以较小代价取得最大利益。他认为,海洋战略只是国家战略的组成部分,海洋是陆地的延伸,陆海行动都是实现政治目标的手段,应当实施陆海联合作战。后来的海洋战略大师,虽然所处时代和各国国情有所不同,但他们几乎无一例外地面临陆海孰重孰轻的理论问题。潘尼迦忧虑印度长期以来重陆轻海的传统,大声疾呼要重视印度洋的海权问题,指出"印度的前途不取决于陆地边境,而取决于三面环绕的广阔海洋";莱曼基于维护海军的战略地位提出"海上战略",要求从国家战略高度认识海洋问题,进而提出建设600艘舰艇的海军发展蓝图,等等。这都折射了陆海的轻重问题是海洋战略理论中的重大问题这一基本状况。

海洋战略理论只有经得起历史考验才能焕发出理论活力。几乎所有海洋战略大师的学说和著述,都依据时局变化对国家海洋事务和海洋发展道路提出不同见解,提出若干指导原则。坚持真理的是非曲直,不为时局变化所左右,是海洋战略理论屹立于学术之林的唯一道路。日本海洋战略理论家佐藤铁太郎,是一位与时代有所违逆、追求理论真谛却遭到日本军界一度抛弃的人物。他所生活的时代,正是日本军国主义甚嚣尘上之时,日本海军将领对盛行一时的"大陆政策"中心论极为不满,期待有一种强调海洋立国的理论与之抗衡。1902年和1908年,佐藤分别出版《帝国国防论》和《帝国国防史论》,强调国家创建和维持军备的根本目的首先在于自卫,如果期望国家保持完整、发展和永存,就不能走上对外侵略的道路。也许受到中国古代军事战略家孙子的影响,佐藤的一些学术观点,似乎少了些杀气,多了些慎战内涵,与当时日本对外扩张的既定政策背道而驰,自然也得不到当局的认同。因此,佐藤的海洋战略理论,并没有受到当时日本军界的重视,直到20世纪中叶日本开始奉行"专守防卫"战略,其理论才获得当局青睐,受到广泛重视。

战略理论必须站在国家发展高度才具有持久生命力和影响力。在历史长河中,海洋战略理论可谓层出不穷,几乎可达眼花缭乱的地步。然而,战略理论只有站在国家发展高度,顺应国家发展需要,才具有现实指导意义。早在一百多年前,科洛姆兄弟便从全球视角看待海军运用问题,虽然其目的是维护英国的全球利益,但就其理论本身而言,具有极强的超前性,对英国维护维多利亚时代既得的全球霸主地位具有指导意义。无独有偶,"海权是海洋中可致一个民族成为伟大民族的所有东西"理念,在马汉早些年的论著中就有所提及,却没有引起多大关注,直到1890年美国生产总值超越英国成为世界第一且雄心勃勃地谋求更大发展之时,这一理论因将海权与国家民族兴衰挂起钩来并最终为美国总统接受,才得以发扬光大。20世纪80年代,美国海军部长莱曼提出海上战略的八大原则,虽然其本意是为美国海军重新赢得优先发展的战略地位,但其所揭示的海上战略源于且从属于国家安全总战略、国家战略为海军规定基本任务、海上战略必须是一个全球性理论、必须把美国和盟国的海军结合成一个整体等原则,至今仍然对美国维持全球海洋霸主地位产生着重大影响。

海洋战略理论只有超前思维、不断创新才具有长远指导意义。海洋战略理论是伴随着世界政治、经济和科技等方面的变化而不断演进的,是否具有超前思维,是否具有突破,对国家海洋事业发展的影响巨大。从历史上看,各种海洋战略理论角度不一、内容各异,但凡对国家具有重要指导价值的,均是超前思维不断创新的结果。潘尼迦关于印度海权的理论,虽然也部分继承和沿袭马汉海权论的相关内容,但其论述的印度安危系于印度洋、印度洋对于印度经济至关重要的观点,具有相当的超前性和理论突破性。尽管在当时未为印度当局接受,但随着时代变迁,印度政府逐渐认识到这一理论的巨大价值,这一理论成为新世纪印度成为"有声有色的大国"、跻身世界海洋大国行列的指路明灯。前苏联海军元帅戈尔什科夫对海上力量内涵做了进一步拓展,认为它不仅指海军力量,还应包括国家海上交通力、商船渔船、海上科考力量等,大大丰富马汉的海权论学说,这成为包括中国在内的世界许多后发国家发展海上力量的座右铭。事实上,随着世界海洋政治经济格局的不断变化，海上力量的内涵还在继续发生变化，除了表现为强大的海军力量、海上执法力量、海上运输和科考力量等硬实力外，还应包括海洋意识、海洋法制、海洋规则制定等软实力，甚至也包括国家在海洋事务上的意志决心和机制运行等力量因素。创新和寻求理论突破，是每一位理论工作者不懈追求的目标。

冯　梁

二〇一六年九月十五日

目　录

科洛姆兄弟

具有全球视野的海防先人[①]

科洛姆兄弟(the Brothers Colomb)中的大科洛姆——菲利普·霍华德·科洛姆(Philip Howard Colomb)1831 年 5 月 29 日生于苏格兰,1846 年参加英国皇家海军,舰上服役时间很长,直到 1886 年 55 岁时退役。此后,在格林威治皇家海军学院出任海军战略、战术讲师,走上比较严格意义上的学术道路。大科洛姆目睹和亲自经历英国的海外扩张与殖民及海上军事行动,他的海洋战略思想同这些海军实践紧密相连。大科洛姆的弟弟小科洛姆——约翰·查尔斯·雷迪·科洛姆(John Charles Ready Colomb)1838 年 5 月 1 日生于爱尔兰海中的马恩岛。1854 年在英国皇家海军陆战队炮兵部队服役,1869 年从军中退役。退役以后的 40 年,小科洛姆笔耕不辍,潜心研究英帝国防御问题并由此提出海洋战略思想。

科洛姆兄弟紧紧围绕英帝国防御这个重要战略问题,力求挖掘英帝国安全战略据以形成的根本原则。科洛姆兄弟指出,英帝国安全防御的地理范围涵盖甚广,不仅包含英伦海岛,而且还包含帝国殖民地和连接帝国各个组成部分的海上交通线,以及殖民地权势。英帝国防御的首要手段是海军——主要依靠海军优势对英吉利海峡和英帝国海上交通线的控制,确保联合王国和英帝国殖民地的安全。大科洛姆海洋战略思想包含海上力量、英帝国海军力量、海战概念理论性界定和海战指导性原则等理论观念,而小科洛姆海洋战略思想包含海上交通

---

① 作者简介:晋军(1974—),男,汉族,江苏南京人,南京政治学院马克思主义学院讲师,南京大学中国南海研究协同创新中心助理研究员,国际关系专业法学博士,主要从事国际关系理论与思想、19 世纪英国海洋战略思想等研究。

线和殖民地保护、海军至上(海军第一)与制海权及关于海陆两大军种配合等观念。

科洛姆兄弟提出的海洋战略思想,改变了联合王国朝向内陆的保守思想趋向,改变了联合王国历任海军部和陆军部主政者的政策与实践,为英帝国持续执掌海军霸权发挥重大影响,在英美海洋战略思想史上占据十分重要的学术地位。

运用船只尤其是武装舰船,来控制海洋或者跨海远征,实现捍卫本土甚或守护海外领地等国家安全目标,是任何一个海洋国家或者陆海复合型国家需要考虑的问题。为此,迫切需要有一个海洋战略以及海上力量提供重要实力支撑。众所周知,海军力量是一国海上力量的重要组成部分。就武力及其使用而言,又存有如下根本问题:海军有怎样的作用或者功用? 陆军和海军应有怎样的关系? 而就如何使用海军而言,还有如下根本问题:什么是海战? 如何打赢海战? 如何跨海远征继而登陆侵袭? 科洛姆兄弟对上述海洋战略的根本问题给予了富含理论意味的回答。他们有着全球性视野,看到英帝国如何才能守护全球领地这样一个头等重要战略问题。他们大力批判要塞主义,奋力弘扬海军主义,指出海军可以实现全球抵达,可以守护英帝国全球领地。这些回答是宏观、总体、根本和战略性的,他们由此也被誉为杰出的海洋战略思想家或曰海洋战略大师。[①]

---

① 关于科洛姆兄弟海洋战略思想的杰出研究,中文著述可参见钮先钟:《西方战略思想史》,广西师范大学出版社,2003 年,第 371 - 380 页;钮先钟:《战略家》,广西师范大学出版社,2003 年,第 189 - 191 页。英文著述可参见 Donald Mackenzie Schurman, The Education Of A Navy: The Development of British Naval Strategic Thought, 1867—1914 (London, 1965), pp. 1 - 59; Geoffrey Till, Maritime Strategy and the Nuclear Age (London, 1982), pp. 24 - 28; Howard d' Egville, Imperial Defence and CloserUnion: A Short Record of the Life Work of Sir John Colomb and of the Movement Toward Imperial Organization(London, 1913); Barry Morton Gough, "the influence of sea power upon history revisited: vice-admiral P. H. Colomb, RN", Military history, Vol. 135, No. 2(Summer 1990), pp. 55 - 63.

一、科洛姆兄弟的学术生涯与学术道路

科洛姆兄弟的父亲名曰乔治·托马斯·科洛姆(George Thomas Colomb)，是一位英国陆军将军。科洛姆兄弟成年后选择了父亲的职业，参军从戎。他们的海洋战略思想同他们特有的军人职业经历和军事生涯紧密相关。

1831年5月29日，大科洛姆出生于苏格兰。他1846年参加了英国皇家海军。众所周知，海军生涯平淡无奇、艰苦乏味，舰上生活更加枯燥难忍、寂寞难耐，从此他开始了一种孤零零的职业生涯。尽管大科洛姆从未指挥过一支海军舰队，也尽管他从未被擢升为海军大臣，然而他多有海军历练。1846—1855年，大科洛姆在爱尔兰舰队、地中海舰队和中国舰队服役，游历大西洋、太平洋、印度洋和北冰洋四大洋；1847年他在葡萄牙海岸外的战舰上服役；翌年，他又在游弋于地中海的英舰上辛劳；1848—1851年，大科洛姆乘坐英国皇家海军雷纳德号(Reynard)在中国海域从事打击走私的军事行动；1852—1853年第二次缅甸战争期间，大科洛姆在英国皇家海军巨蛇号(Serpent)工作，英军攻占其首都仰光时，他在舰上隔岸观火；后来他又随舰参加克里米亚战争。1870年大科洛姆被授予上校军衔。大科洛姆在海上服役时间很长，直到1886年55岁时退役。退役以后，大科洛姆前往格林威治皇家海军学院出任海军战略、战术讲师。正是从那时开始，大科洛姆才正式走上比较严格意义上的学术道路。这是他一生最主要的转折点。该学院成为大科洛姆跃入一个新的生涯的跳板。大科洛姆1887年晋升为海军少将，1892年晋升为海军中将。大科洛姆作为一名海军军官，一生当中大部分时间为英国皇家海军效力，他目睹和亲自经历了先前所述的英国的海军实践——海外扩张与殖民及海上军事行动，他的海洋战略思想同这些实践紧密相连。

小科洛姆1838年5月1日出生于爱尔兰海中的马恩岛(Isle of Man)(可译为曼岛、人岛)。他1854年16岁时去英国皇家海军陆战队炮兵部队参军服役。

后来小科洛姆前往朴次茅斯皇家海军学院学习深造一年,学成之后便晋升中尉军衔。尽管小科洛姆不像大科洛姆那样乘坐海军军舰征战世界,然而他在海军陆战队炮兵部队工作的经历还算丰富。他和其他军兵种(例如海军、陆军、地方民兵和志愿军)的军人有过合作,这同他日后提出海陆两大军种之间配合的观念有着直接联系。1867 年小科洛姆被授予上尉军衔。他在海军陆战队的军旅生涯总的来说朴实无华、乏善可陈。1869 年,他从军中退役。退役以后 40 年,小科洛姆笔耕不辍,潜心研究英帝国防御(Imperial Defence)问题并由此提出了他的海洋战略思想,他的学术成果和贡献良多。

(一) 同要塞主义针锋相对和激烈抗争

在科洛姆兄弟那个时代,不列颠业已成长为一个海洋性商业大帝国,其殖民地遍布世界。与此同时,战争技术突飞猛进,使得英国往昔赖以确保其海上优势的木质帆船同铁制蒸汽舰船相比至少在航速和火力方面相形见绌,这是先前国务家和战略(思想)家不曾碰到的。那么能否与如何守护或者保住这么一个大帝国无疑是一个前所未有的重大安全战略难题。①

关于英帝国(英伦海岛和帝国殖民地)的守护,大致有两类根本思路或者途径:一类被称为要点防御或曰局部防御,即主要使用陆军分别守住英伦海岛甚或殖民地一个个海陆要点便可确保大英帝国安全。陆军主义(military spirit)无疑持有类似观念。陆军主义提出国家领土安全多半依靠陆军保护,主张海岸筑防,重视海岸要塞或者防御工事,可被称为"要塞主义"。② 另一类被称为海上交通线防御,亦即确保连接上述海陆要点的海上交通线安全。海军主义持有类似观念。海军主义提出,尽管确有必要使用一定数量的陆军把守这些海陆要点,然而国家领土安全更多依靠海军保护,主张海外御敌,重视海军舰队。19 世纪 60 年

---

① John Charles Ready Colomb, The Defence of Great and Greater Britain (London, 1880), p. 1.

② The Defence of Great and Greater Britain, pp. 15 – 16.

代,要塞主义逐步抬头且势头逼人,陆军优先、要塞首要的观念主导了英帝国关于防范敌手可能入侵行动的战略思考。与之形成鲜明对照,本应弘扬海军主义的英帝国海军部(the Admiralty)却沉默寡言、消极无争。[1] 海军部并未明确无误地表示,单靠舰队便足以对付入侵威胁,对英国那错乱的战略信条不加阻挠,结果巨额军费被投入庞大的海岸要塞或者防御工事。不仅如此,英国海军大臣们,无视英国舰队存在的根本目的——确保制海权,弃置英国舰队的作用——跨洋作战而非海岸防御、其主战场是外海大洋甚或敌国海岸而非英伦海岸这么一项战略必需,仅建造用于海岸防御的军舰,导致那作为海洋性大帝国战略基石的制海权原则遭到了至少是局部的废弃。那么谁来弘扬海军主义以迎击要塞主义?两位海洋战略思想大师——科洛姆兄弟开辟了同要塞主义针锋相对、激烈抗争的先河,贯穿他们学术生涯的便是对要塞主义的猛烈批判和对海军主义的大力弘扬。

科洛姆兄弟紧紧围绕英帝国防御这个头等重要战略问题,力求挖掘英帝国防御大致合理的安全战略据以形成的根本原则,远远早于他们同时代的英美其他海洋战略思想家撰写著述和文章(小册子),站在要塞主义的对立面,公开宣讲他们的海洋战略思想,显示了他们作为战略大师的恢宏眼界,成为异常卓越的两位先驱。

科洛姆兄弟认为,倾向于要塞主义者以及英国大多数国务家,甚至海军界,对于英帝国防御问题几乎未形成任何基本合理的观念。在科洛姆兄弟看来,他们大致犯有两项重大战略性错误:一是战略眼界异常狭隘,忽视英国地缘政治和经济基本构造,将英帝国的防御当作联合王国的防御;二是毫无根据地认定英帝国舰队在战时无力完成其使命——要么被暴风骤雨吞噬,要么被敌国海军摧毁,将海军不再存续、制海权永久丢失当作其战略信条主要前提假设,由此将海岸要塞和防御工事而非海军武力当作联合王国的首要防御。[2] 与之大为不同,科洛

---

[1] The Education Of A Navy, p. 17,19.

[2] Imperial Defence and Closer Union, p. 4,10,11.

姆兄弟有着广阔的全球性战略眼界。他们指出,英帝国作为囊括广袤殖民地的海洋性商业大帝国,远非大陆性帝国可比,有着特殊的地缘政治和经济基本构造:由十个远隔重洋的领土群体组成,而且这些领土群体在安全和经济领域紧密相连,据此他们认为英帝国的防御远非仅仅局限于英伦海岛这个帝国大本营的防御,守护英帝国也远非仅仅局限于确保英伦海岛免遭入侵。相反,英帝国的安全(防御)涵盖甚广,还包含帝国殖民地的安全(防御)和连接帝国各个组成部分的海上交通线的安全(防御),连同殖民地权势的维持。以此为根本战略考量的重要前提,科洛姆兄弟提出了英帝国防御的首要手段是海军——主要依靠海军优势对英吉利海峡和英帝国海上交通线进行控制,来确保联合王国和英帝国殖民地的安全。

1. 小科洛姆对要塞主义的回击

小科洛姆在数年研究后,以 1867 年出版的小册子《关于我们商业保护和我们武装力量分布的考量》(*The Protection of Our Commerce and Distribution of Our War Forces Considered*),对要塞主义予以猛烈回击,独树一帜地大力鼓吹和倡导同英帝国守护(包含英伦海岛和殖民地保护、海外商业保护和殖民权势维持)相连的海军主义,明确指出英伦海岛作为英帝国中心(心脏)倘或将主要精力和力量集中于消极的海岸(要塞)防御会面临重重危险。1889 年,大科洛姆不无理由地评论道:小科洛姆在澄清和确立英帝国防御的若干指导性原则方面起着主要作用,他的这个小册子为此后英帝国防御问题的相关探讨定立了根本基调。[①]

小科洛姆提出,无论平时抑或战时,英帝国是有着广袤殖民地的海洋性商业大帝国这一根本事实无法改变,他将其作为全部理论的根本前提、先决条件,那么在他看来,如何守护这帝国呢?

从这项根本前提、先决条件出发,或者说基于这帝国特有的地缘政治和经济基本构造,小科洛姆做出了一项非常重要的判断:英帝国防御的地理范围应当囊

---

① Philip Howard Colomb, *Essays on Naval Defence* (London, 1896), p. 1.

括整个帝国。换言之,英帝国防御既包含英伦海岛的防御,也包含殖民地(其中还有海外基地和海陆据点)的防御,还包含将帝国各个组成部分连接起来的海上交通线的防御,连同帝国殖民地权势的维持。这充分显示了他那恢宏的战略眼界。更具体地讲,小科洛姆认为,英伦海岛作为英帝国心脏、大本营和根据地固然头等重要,守护这些海岛抵御侵袭无疑成为一项头等重要目标,然而英帝国"国防"(National Defence)就其含义而言,重要目标不能光有这一件事情,不能局限于此,否则便大错特错。殖民地作为英帝国组成部分绝非无足轻重,国防涵盖的地理范围甚至应包含距离英伦海岛最遥远的殖民地。就殖民地而言,小科洛姆认为,殖民地是英帝国一项宏伟的力量来源,而且殖民地防御对于英伦海岛防御同样具有重要意义:英伦海岛安全(防御)和英帝国其他组成部分安全(防御)紧密相连、息息相关。他如此指出,"大部分英国公众甚至不知道殖民地各个港口的防御同大不列颠及爱尔兰居民个人安危紧密相连、密不可分","殖民地防御不能被视为一个抽象和孤立的问题","没有英帝国其他组成部分的安全,也就没有英国本土的安全"。① 与此同时,小科洛姆批判了英帝国防御的地理范围仅限于英伦海岛的观点,反对无端削弱殖民地防御来加强英伦海岛防御,认为此类观点荒谬悖理。在他看来,就领土面积而言,英伦海岛大约仅占英帝国三十分之一,而就国民人口而言,则占五分之一都不到。唯独英伦海岛受到保护并不表示占据帝国总面积三十分之二十九、占据国民人口总数五分之四的殖民地也受到类似保护。小科洛姆如此批评英国公众:"在意义深远的和平时代,我们喜好谈论我们庞大的殖民帝国、遍及世界的贸易和利益。这些语句听起来宏大,也许还有人徒劳地幻想这些壮丽语句必定可以吓退侵略;然而危险袭来,无论是真实还是虚妄,国家惊恐之时,我们却总是忘记,同其他国家相比,英格兰外加其殖民地仍然是一个巨人。倘或没有殖民地,英格兰则是一个侏儒。我们却在这侏儒的臂膀里寻求庇护,事实上表现出对这巨人的不信任感。"②不仅如此,在小科洛姆

---

① The Defence of Great and Greater Britain, pp. 1 - 2, p. 35.
② The Defence of Great and Greater Britain, pp. 35 - 36.

眼里,连接英伦海岛同英帝国殖民地以及这些殖民地之间的海上交通线(Imperial Water Roads)甚至比殖民地防御本身还重要！用他的话说,"海上交通线是殖民地的首道防线并且能够成为最牢固的防线"。① 可见,他认为,确保"大不列颠"(Great Britain)和"更大的大不列颠"(Greater Britain)之间海上交通线不被切断是个多么重大的战略问题！他由此出发合乎逻辑地推导出英帝国武装力量最优化部署和英帝国首要防御是海军防御等重要观念。

既然英帝国防御的地理范围应当囊括整个帝国,那么如何才能实现这帝国武装力量的最优化分布？小科洛姆宣称,"所有海军和陆军作战行动中,无论进攻抑或防守,存有这么一条黄金律,如若忽视,必遭祸败。它是运用于所有战争的一项根本法则,简而言之,即所有作战行动的成功有赖于兵力以如此最优方式加以部署:保护作战基地(base of operations)和确保交通线的安全自由"②。尽管这法则并非小科洛姆首创,然而他创新性地将其运用于英帝国防御。就英帝国防御而言,这里的"作战基地"意指联合王国,尤其是英吉利海峡,而这里的"交通线"意指英帝国的海上交通线,英帝国武装力量的分布应当与之相应。英帝国的防御可以由此推断为主要依靠海军,他的海军主义观念大致浮现,而由英帝国防御观念主导的海洋战略思想也大致成型。

2. 大科洛姆对要塞主义的回击

尽管和小科洛姆的论说方式不尽相同,然而大科洛姆也同他那个时代英国的要塞主义针锋相对,并且据此提出他关于英国作为海洋性商业大帝国和海军帝国(naval empire)应有的海军政策。可以认为,大科洛姆的海洋战略思想同样是要塞主义政策主张的对立物。

面对要塞主义的逼人挑战,大科洛姆指出,倾向于要塞主义的人们大概误读了威灵顿公爵(the Duke of Wellington)关于英伦海岛防御的相关思想。他如此引用威灵顿在一封信件中的言谈:"……我感觉到蒸汽运用于舰船推动力给海洋

① The Defence of Great and Greater Britain, pp. 82 - 83.
② Imperial Defence and Closer Union, pp. 12 - 13.

战争和海上交战带来的变化。一艘舰船可以（从海上）抵达我们这里，而这项进步立即使得这些岛屿海岸全都暴露无遗，无论潮涨潮落，无论暑夏寒冬，蒸汽动力舰船可从世界其他地方到达于此……我们易受袭击……这些海岸，包含英吉利海峡、英伦海岛，它们从诺曼征服至今从未被成功侵袭……这些话揭示了我们的危险。只有在我们的舰队里，我们才有防御（能力），才有防御希望……如果单单行使舰队果真不足以给我们提供保护，那些宣战以后一周我们不再安全……在那（……）海岸，小港或者河口不过七个，它们全无（工事）防守，一支敌军步兵上岸后，可能占领它们，把他们的骑兵和所有口径的大炮送上海岸，然后安营扎寨并且确保（他们）同法国的（海上）交通线。"①大科洛姆认为，威灵顿的认识、警觉和担忧大致是合理的，然而人们只看到他的那句"这些小港或者河口全无工事防守"，显然漏读了、忽略了或者干脆无视他这认识和担忧中还有一项限定性条件："如果英国舰队单单不足以给英伦海岛提供保护。"另外，他们还忽视了威灵顿提及的海军舰队和海上交通线重要作用，"只有在我们的舰队里，我们才有防御（能力），才有防御希望"、"即便是登陆敌军，也需确立同母国的海上交通线"。②

对要塞主义进行大力批判的同时，大科洛姆认为，英帝国是一个名副其实的海军帝国，其显赫优势是往昔时代不可比拟的。他提出，先前所有海战，英国并非都是在开战之初便拥有任何实在优势，在任何受到威胁的节点上，它也少有超越对手的海军力量，仅仅依凭海军统帅的执意大胆、船员水手高尚的精神品性与超群的身体素质，直到战争结束才赢得更高权势地位。然而今非昔比。英帝国拥有遍布大洋、星罗棋布的海军站（naval station），据有超凡价值、互相联结的海陆要点，由此保有对这些战略性资源的绝对垄断。此外，英帝国还产有大量优质燃煤。先前时代，每个国家都拥有大小近乎等同的舰船推动力——风力，然而蒸汽的运用使得各国在舰船推动力方面不再势均力敌——谁占有燃煤，谁就占据

---

① Essays on Naval Defence, pp. 2 - 3.

② Essays on Naval Defence, p. 3.

优势。"威尔士煤田的蒸汽燃煤产量无与伦比，在新西兰和澳大利亚的大块殖民地，英格兰对这蒸汽动力也拥有类似控制。"由此，同任何一个国家或者规模适中的联盟相比，英帝国拥有更大和更优质的蒸汽动力。远不止于此。英帝国的一项巨大优势还在于燃煤煤矿同海外海军站(海陆据点)的结合。这些连同其他方面，例如铁、创新能力和运作不息的工业的巨大优势，英帝国的战略优势是世界其他国家即便联合起来也难以与之匹敌的。"如果英帝国现今冒险进行一场海战，即便与世界为对手，它也能以绝对的、实际的(资源)垄断取胜。"

　　然而大科洛姆也看到了，尽管英帝国享有显赫优势，然而它的战略劣势也同样明显。他比小科洛姆更细致、形象地对英帝国地缘政治和经济基本构造予以庖丁解牛般的阐释。他将英帝国类比为一个"有血有肉"的机体，认为英帝国庞大涣散，心脏、胸肺、头脑、中枢神经、大命脉(动脉和静脉)和血管(毛细血管)构成了一个宏大体系。英帝国的心脏、胸肺和头脑位于英伦海岛，其养分供应地位于印度、澳大利亚和北美这样的大块殖民地。在这么一个活生生的生物体或者机体里，英帝国组成部分之间互相依赖。正因为有互相依赖，英帝国才有其他帝国没有的那种易受伤害性。[1] 大科洛姆更加具体地指出，先前拿破仑战争期间，英伦海岛尚可依凭自给自足、自我苦撑和自力更生赢得胜利，然而在他那个时代，这些海岛严重依赖生棉和食粮进口来维系制造业和国民生计，制造业和商业的巨量增长非但没有改变它们先前特有的易受伤害性，反而使之更趋严重，由此英伦海岛自给自足和自我苦撑难以为继，自力更生难上加难。可见，联结英帝国各个组成部分之间的海上交通线重要意义愈益显著。不仅如此，大科洛姆还提出，英帝国的神经中枢是遍布大洋的供煤站和海陆据点(海军站)。那么如何守护它们？ 大科洛姆认为，它们固然需要海军和陆军共同把守，然而最佳之策在于守住联结它们的海上交通线。[2] 从总体上讲，在他那里，同海上交通线相比，联合王国及其殖民地的海岸和海港的守护在英帝国整体防御体系中应当处于全然

---

① Essays on Naval Defence, pp. 37 - 38.

② Essays on Naval Defence, p. 52.

从属地位。这些观念充分显示了他的海军主义观念,他也据此提出了自己的海洋战略思想。

纵观科洛姆兄弟的学术生涯,他们最重大的贡献或许在于,科洛姆兄弟看到了要塞主义关于英帝国防御观念的"以偏概全"、"只见树木、不见森林",也看到了英国海军部海军主义观念的"缺失贫乏"。他们先于英美其他海洋战略思想家重申和弘扬了海军主义,强调了制海权的至关紧要,做出了可谓"矫枉纠正"的重要努力。小科洛姆逝世当天,英国晨邮报(the Morning Post)的一篇文章颇有说服力地写道:"作为年轻人,科洛姆兄弟都看到了英国政府在追求一项防御性陆军政策时偏离了海军主义信条;他们也都以各自不同方式被消极防御意味的浪费和虚弱所触动。确实可以说,他们在鼓吹现今和马汉上校这个名字紧密相连的那项信条方面是先驱。"①

(二)思想方法、情调风格和学术成果

1. 小科洛姆的思想方法、情调风格和学术成果

在思想方法方面,兄弟二人截然不同。尽管小科洛姆并未全然忽略史例,然而他不喜历史哲理思考,对于历史,特别是海战史探究,少有兴趣。相反,小科洛姆注重说理,往往运用逻辑推理方法,信赖严格逻辑推理的天然功效,倾向于运用简明而强有力的逻辑演绎,对于哪怕是一项简单事实,也给予相对深刻的理论阐释,紧紧围绕英帝国防御这个大问题撰写了很多同海洋战略话题紧密相连的文章,显示了德国而非英国式思想方法那种追求精确细致的严谨刻板。很大程度上可以说小科洛姆是他那个时代首先使用这种方法的海洋战略思想家,为其他海洋战略政论家和著作者树立了显著榜样,提供了重要样板。

在情调风格方面,小科洛姆对国际政治持有现实主义性质的重要见解,采取冷静求实和审慎保守的立场看待国际关系,因此不像大多数同代人那么罗曼蒂

---

① Imperial Defence and Closer Union, pp. XII - XIII.

克，并且依靠不折不扣的演绎逻辑，否定全然新颖和理想主义的原则。

小科洛姆学术著述颇丰，部分重要文章还被编撰成为政论文集，这些学术成果和贡献确立了他作为一位海洋战略大师的声望：

小科洛姆第一篇海洋战略文章最为重要：1867 年出版的《关于我们商业保护和我们武装力量分布的考量》。它是小科洛姆在海军陆战队炮兵部队服役期间匿名发表的，是其开山之作。这篇文章简短精致，提出了后来被无数海洋战略著作家引用的若干项原创性观点，这导致他此后声名鹊起。在其中，他一劳永逸地提出了关于英帝国防御基本思路或者途径的很多带有原创性观点，其中包含他的海洋战略思想最核心内容，为他近乎所有海洋战略的探究奠定了坚实基础。两年后，1869 年小科洛姆以此为蓝本在皇家联合军种防务研究学会（the Royal United Service Institution）宣读了一篇题为"我们武装力量分布"（the Distribution of Our War Forces)的论文。此后，小科洛姆继续坚持和发展这些观念并且大力"推销"之，直至 1909 年去世为止。

第二篇是 1880 年出版的政论文集《守卫大不列颠和更大的大不列颠》（*The Defence of Great and Greater Britain*）。除了引言部分，它收录了小科洛姆 1872 至 1879 年期间撰写的若干篇海洋战略文章：《海军和殖民地》（*The Navy and The Colonies*）、《殖民地防御》（*Colonial Defence*）、《帝国和殖民地在战争中的义务》（*Imperial and Colonial Responsibilities in War*）、《殖民地未开发的海陆军（事）资源》（*Naval and Military Raw Resources of the Colonies*）、《业已开发的海陆军（事）资源》（*Naval and Military Developed Resources*）。

第三篇是 1902 年出版的《我们在战时的海船、殖民地和商业》（*Our Ships，Colonies and Commerce in Time of War*）。它集中探究海上力量的基本要素，例如船只、殖民地和海外商业。

第四篇是 1902 年出版的《英国（面对）的诸多危险》（*British Dangers*）。这个政论文集收录了小科洛姆的一篇重要文章《大不列颠的防御：1800—1900》(British Defence，1800—1900)。

此外，小科洛姆的海洋战略文章、论文或者讲演还包含：《海军组织总原则》

(General Principles of Navy Organization)、《英帝国联邦——海军和陆军》(Imperial Federation-Naval and Military)、《海军和战争》(the Navy and War)与《和帝国相连的海军》(The Navy in Relation to the Empire),等等。上述所有文章大多侧重于安全战略层面,使得小科洛姆在英帝国战略思想界享誉盛名。

2. 大科洛姆的思想方法、情调风格和学术成果

在思想方法上,大科洛姆是严格意义上探究海军史的第一位英国现役海军军官。他服役时循序渐进地将很大部分业余时间用于研读海军史,退休后更是全神贯注地从事与之有关的研究,后来他明确提出,海军史研读对于现役海军军官有实际价值。与此同时,他认为,还不能仅仅局限于海战史实的描述,还应关注海战的指导性、纲领性或者支配性原则。那么如何探寻和发掘这些原则? 和大多数现实主义国际关系思想家和战略思想家类似,大科洛姆注重历史思考和历史探究,使用"历史归纳法"或者"归纳式推导",将研习海战史并且予以富含理论意味的思考当作推导海战指导性原则的基石。不仅如此,关于理论或者思想的价值,他持有实用主义立场,认为这价值在于做出正确的预测,并且确认归纳法在预测未来之事方面有着可靠性。

一个显著的范例是,大科洛姆基于对海战的历史考察提出海战的若干项指导性原则。具体地讲,在《海战及其支配性原则与实践的历史考察》(Naval Warfare, its Ruling Principles and Practice Historically Treated)中大科洛姆大致考察了1585至1604年英西战争、17世纪三次英荷战争(1652至1654年第一次英荷战争、1665至1667年第二次英荷战争和1672至1674年第三次英荷战争)、1688至1697年九年战争、1701至1714年西班牙继承战争、1740至1748年奥地利继承战争、1756至1763年七年战争及1803至1815年拿破仑战争期间英西之间、英荷之间和英法之间的海战,例如1690年比奇角海战和1692年拉荷格海战等,以及1894至1895年中日战争和1898年美西战争期间中日之间、美西之间的海战,另外他还附带论及了1861至1865年美国南北内战、1866年普奥战争期间意奥战争,例如著名的意奥利萨(岛)海战,1879年智利与玻利维亚、秘鲁之间的太平洋战争,亦即第二次太平洋战争,等等。所有这些充分显示

了大科洛姆对海战研究得何等细致!

此外,大科洛姆还尤为注重"实证法",亦即讲求实践对于理论思想甚至方法——历史归纳法是否合理或者正确的验证。他使用新近的海战实例或者史例来验证、校对甚或修正自己的海洋战略思想。例如,他在 1895 年 11 月指出,中日甲午海战验证了 1871 至 1872 年他关于海军两大战斗队形或者战术队形,即"战列线"和"纵队"孰优孰劣的基本观点。与此同时,他还修正了 1877 年关于鱼雷效用——鱼雷的性质不会大大改变海战战术的基本看法。

在情调风格方面,大科洛姆同样对国家间军事斗争持有现实主义性质的重要见解,以冷静求实和审慎保守的立场而非全然新颖的和理想主义的原则加以观察和思考,远不那么罗曼蒂克。

在海洋战略方面,大科洛姆可谓成果颇丰,其显赫声望主要建立在以下两部著述之上:

第一部是 1891 年出版的《海战》。大科洛姆作为海洋战略大师名声鹊起始于《海战》的问世。比马汉《海权对历史的影响:1660—1783》(*The Influence of Sea Power Upon History*,1660—1783)晚一年出版的这部杰作大致由大科洛姆发表在《海陆军插图杂志》(*Illustrated Naval and Military Magazine*)上的一系列论说文章编纂而成。该书内在逻辑严密,首尾连贯,它概览了过去 300 多年英国和其他列强海权争斗史,分析了数次重大海战得失成败,生动具体的海战史近乎占据大半篇幅。基于历史考察,大科洛姆概括和总结了海洋战略,亦即海战性质及其运用的诸项指导性、纲领性或者支配性原则。例如,蓬勃发展的船运贸易和驰骋海洋的军舰为严格意义上的海战浮现确立了两大必要的先决条件,海战的主要目标是争夺制海权,应当将夺取制海权当作目标而非手段,从海上成功夺占陆地领土的若干项条件以及海军舰队的战斗队形等,由此构筑了他的制海权理论体系,实乃他最重要且最具影响的一部鸿篇巨制。

第二部是 1896 年出版的《海军防务论说文集》(*Essays on Naval Defence*)。大科洛姆认为,就他那个时代而言,还没有关于海军守护大英帝国、联合王国的一部单独著述,无论这著述的相关论述有多么笼统、多么概观。

然而,这部文集可谓"填充空白"。它收录了大科洛姆 1871 至 1889 年这 18 年期间撰写的若干海洋战略文章:《帝国守护》(Imperial Defence)、《大不列颠的海洋权势》(Great Britain's Maritime Power)[亦即他的《1878 年海军论文奖:如何最优化增进大不列颠海上力量》(The Naval Prize Essay, 1878: Great Britain's Maritime Power: How Best Developed)]、《海军守护联合王国》(The Naval Defences of the United Kingdom)、《固定不移的防御工事和一支游弋不定的海军舰队之间关系》(The Relations between Local Fortifications and A Moving Navy)、《封锁:在现有战争条件下》(Blockade: under Existing Conditions of warfare)、《护航:它们以后还会可能吗?》(Convoy: Are They Any Longer Possible?)、《海军舰队的攻防》(The Attack and Defence of Fleets)和《海军舰队的攻防》(The Attack and Defence of Fleets)。它们都同海战紧密相连且特别著名。

此外,大科洛姆的其他重要文章和论文还包括:《蒸汽动力战舰与风帆推动力战舰》(Steam-Power Versus Sail-Power for Men-of-War)、《英帝国守护方面海军和陆军的功用》(The Functions of the Navy and Army in the Defence of the Empire)和《海军动员》(Naval Mobilization),等等。

科洛姆兄弟对要塞主义的猛烈批判和对海军主义的大力弘扬有其重要学术平台,即通过 1868 年成立的皇家殖民学会(the Royal Colonial Institute)和联合军种防务研究学会频频宣讲他们的英帝国防御观念以及与之紧密相连的海洋战略思想,影响公众舆论。小科洛姆作为议会议员,其学术平台还有英国议会下议院。他力求塑造公众舆论,唤醒和教育公众,认识到海军的重要意义。可见,他们的意图或者目的,从本质上讲都是宣传性、鼓动性的,他们对于英国军事思想乃至战略思想有着意义深远的影响,一直延续至 1945 年为止。①

---

① The Education of a Navy, p. 11.

二、科洛姆兄弟海洋战略思想的主要内容

(一) 小科洛姆海洋战略思想的主要内容

关于海上交通线和殖民地保护的观念、关于海军至上(海军第一)(the navy primacy)与制海权的观念及关于海陆两大军种配合的观念大致构成了小科洛姆海洋战略思想的主要内容。[①] 可以说,小科洛姆海洋战略思想本身就是他英帝国防御基本观念的根基或者最主要成分:正是在英帝国防御基本观念中,他才提出了帝国防御既包含联合王国(尤其是英吉利海峡)的防御,也包含海上交通线和殖民地的防御,而它们的保护又依赖于握有制海权的海军。强大海军对于帝国防御具有首要作用。与此同时,在海军主义方面,小科洛姆并未趋于极端,他提出仅仅有强大海军也是不够的,海军和陆军应当彼此配合。

1. 对海上交通线和殖民地的保护

19世纪,联合王国业已成长为海洋性商业大帝国,英帝国世界性的伟大来自于它作为贸易大帝国那举世无双的地位。从经济上讲,小科洛姆提出,商业繁荣是英帝国伟大的很大一部分资源或力量源泉。他曾经做出过这样的估算:当时大英帝国殖民地印度、锡兰和澳大利西亚的进出口总值相当于美国进出口总值的五分之四! 以此为基础,小科洛姆提出,商业作为维系英帝国所有组成部分的纽带"将帝国那零散分布的领土的若干利益联结起来",由此商业繁荣同联合王国能和本国殖民地及其他国家殖民地自由地进行贸易直接相关,[②]英帝国在保持海上交通线自由方面比其他任何国家有远为巨大的利益。

若从军事上讲,小科洛姆认为,英帝国的伟大地位有赖于:第一,英伦海岛的

---

①   The Education of a Navy, pp. 25 - 27.

②   The Defence of Great and Greater Britain, p. 40.

安全;第二,殖民地,尤其是战略要地(strategic points)和贸易中心的安全;第三,连接英伦海岛同殖民地之间海上交通线的安全。[①] 这三项安全目标彼此互相依赖、相辅相成。可见,小科洛姆明确提到了后来经由马汉揭示的海权的三项基本要素:海上交通线和殖民地,以及与远洋商船队密切相关的海外贸易或者商业,连同它们之间的紧密联系。

毋庸置疑,海上交通线和殖民地作为海权的两项基本要素在小科洛姆那里有着重要意义,对它们的保护在其英帝国防御观念中占据重要地位。当然,在他看来,这两项保护彼此相连。例如,牢牢控制海上交通线沿线的战略要地——英帝国殖民地组成部分同保护海上交通线本身密切相连;又例如,殖民地防御和资源开发有赖于它们之间海上交通线的安全。他认为,这些对伦敦的商人而言,都是显而易见的简单事实。事实上,对英帝国而言,保护海外商业、英伦海岛、殖民地和海上交通线的安全是分不开的。

对海上交通线的保护

同其他大帝国截然有别,英帝国“国内”交通线是海上交通线,而非陆上交通线,例如公路和铁路。英伦海岛同英帝国殖民地之间以及这些殖民地之间全由海上交通线连接。小科洛姆认为,“英帝国海上交通线是英帝国所有组成部分的共同财产”[②]。在他看来,海上交通线的重要意义是不言而喻的。更具体地讲,海上交通线对联合王国及其殖民地的重要意义主要是商业和军事安全双重意义上的:第一,联合王国依赖对海上交通线的控制获取“经济力量”并且抵御外敌。第二,海上交通线对英帝国殖民地的意义除了商业意义上的,还在于海上交通线是殖民地的首道防线,并且能够成为殖民地最牢固的防线! 确保对海上交通线控制也就保住了殖民地首道防线的安全。除了牢牢控制海上交通线,殖民地方可被有效保护,此外别无他法。[③] 总之,对英帝国存续或者维护乃至繁荣具有至关紧要的作用,可谓“海上生命线”。

---

① The Education of a Navy, p. 21.
② The Defence of Great and Greater Britain, p. 84.
③ The Defence of Great and Greater Britain, pp. 82 - 83.

　　然而,英帝国作为海洋性商业大帝国具有一项显著的易受伤害性:帝国海上交通线易遭敌手威胁、袭击甚或切断,这令小科洛姆忧心忡忡。小科洛姆如此写道:"如果仅仅守护了英帝国心脏和壁垒,那么在帝国遭受袭击时,得知敌手宁愿切断我们未加保护的交通线并且夺占我们门户洞开的殖民地和海外领地,比直接侵袭枪炮林立的英伦小岛更令我们惊悚不已。"①可见英帝国的海上交通线理应得到大力保护。

　　小科洛姆列举了英帝国五条主要的海上交通线:横贯大西洋至英属北美和西印度群岛的海上交通线,经由地中海和绕过好望角前往印度、中国和澳大利西亚的海上交通线,起始于澳大利西亚和太平洋且绕过合恩角(位于智利最南部)的海上交通线。除了这五条主要的海上交通线,②英帝国还有其他若干条次要的海上交通线。那么如何保护这些千头万绪、庞杂漫长的海上交通线?

　　小科洛姆提出了"作战基地"概念(或术语)。在他那里,"作战基地"意指陆上或者海上作战行动应予重点保护的区域。具体地讲,对于英帝国而言,海军作战行动应予保护的重要区域何在? 小科洛姆直截了当、明确无误地指出,英帝国作战基地是联合王国,更确切地讲是英吉利海峡。③ 他认为,在英伦海岛周边海域赢得制海权的敌手未必选择直接侵袭之。究其根本原因在于,直接侵袭成本或者代价过高,而封锁和围困则更加合算、有力甚或致命。这是因为联合王国是世界贸易的中心,成千上万、数不胜数的商船队都会集于此(尤其是英吉利海峡),英帝国海上交通线近乎全然起始于此,并且由此向周边外围辐射。正是在这里,它们最易遭受攻击,敌手也正是在这里可以轻易切断帝国近乎每条海上交通线,这无疑构成天大威胁、天大危险。用他自己的话说,"这不是围困是什么? ……帝国心脏同供应资源彼此相隔,它势必停止跳动"④。此外,海上贸易自由运行的暂时紊乱和海上交通活力过长时间被切断会引发贸易停顿和经济震

---

①　The Defence of Great and Greater Britain, p. 41.
②　The Defence of Great and Greater Britain, pp. 51 - 52.
③　The Defence of Great and Greater Britain, p. 51.
④　The Defence of Great and Greater Britain, p. 52.

颤,由此在帝国最遥远的成员那里产生或大或小的灾难性后果。更严重的是,它会引发英伦海岛民众因无粮草供应而忍饥挨饿直至被迫投降!由此英吉利海峡显然是至关紧要的瓶颈,显然是防范敌手侵袭的关键之地或者要隘之地。小科洛姆有理由更担忧且认为敌手对英伦海岛的局部或者完全围困的可能性要大很多!可见,英吉利海峡必须始终如一地成为世界范围内英国海军行动的"作战基地",应当予以重点保护。在这里,英吉利海峡舰队纵然可能还不是抵御敌手"侵袭登陆"的首道防线,然而它却是抵御敌手"封锁围困"的首道防线和殖民地(首道)防线的最前沿!

总之,在英吉利海峡保护英帝国呈辐射状的海上交通线可以最大限度地保护最大多数海上交通线。倘或将英帝国海军力量大致均等地甚至大部分部署在海上交通线其他部分,而英吉利海峡却并无多少保护,那么一支集中海军兵力且赢得制海权的敌手便可在这里切断英伦海岛同英帝国殖民地之间所有海上交通线。可见,英帝国海军最大部分力量必须集中于此,逼近的敌手海军必须予以坚决遏阻。不仅如此,小科洛姆提出,除了在英吉利海峡保护近乎所有海上交通线的交会聚集区域以外,英帝国还需在远离这个英帝国作战基地的地方保护海上交通线的其余部分。这毋须动用强大海军,仅有能长时期航行于海上的特定等级的巡洋舰即可且足矣,横贯地中海的海上交通线除外——既因为它最为重要,也因为苏伊士地峡不在英帝国手里而最难守护,需要同保护英吉利海峡的强大海军大体相当。值得一提的是,小科洛姆还指出,英帝国多条海上交通线,就其实有价值而言,并非彼此等同,由此与之相对应,保护这些交通线的海军力量可强可弱,不可笼统言之。海上交通线的保护或者巡逻力量应当同这些交通线的价值,以及来袭敌手海军实力相匹配。由此,确保英吉利海峡和横贯地中海的海上交通线安全的海军力量并不适合于保护其他海上交通线。相反,适合于保护其他海上交通线的舰船,例如巡洋舰作为后备力量也不可被征集编入保护英吉利海峡和横贯地中海的海上交通线的海军舰队。

对殖民地的保护

殖民地可被称为"英伦母国的荣耀"。小科洛姆提出了构成国家在物质方面潜力的三项基本要素：人口、粮食种植区域和矿产。就英帝国而言，它们大都分布在各殖民地而非英伦海岛，由此他饶有理由地指出，对殖民地的领有构成了英帝国伟大的一部分资源或力量源泉。

小科洛姆列举了英帝国的十块领土群体：英伦海岛、英属北美、西印度群岛、非洲西海岸、好望角、毛里求斯、澳大利西亚、英属海峡殖民地、香港和印度，它们彼此之间远隔重洋，由海上交通线相连。[①]无论是较大的殖民地，还是较小的殖民地，在小科洛姆那里都有其不同的价值。大陆性殖民地作为较大的殖民地，例如印度和加拿大，和岛屿殖民地作为较小的殖民地，例如西印度群岛，同海权的紧密联系程度或者说海权方面的战略价值不可等量齐观。较大的殖民地有着巨大商业价值，而较小的殖民地尽管并无多大商业价值，然而在海权争夺方面却有着巨大战略价值，例如占据西印度群岛便可控制西太平洋，进而借此牵制美国——封锁和袭击美国南部和东部海岸来保护加拿大；又例如，侵占锡兰便可影响英帝国在印度的军事地位，并以此为基地放手袭击澳大利西亚。

既然殖民地如此重要，那么如何保护？小科洛姆指出，英帝国所有殖民地都应得到保护，殖民地保护或曰防御可谓英帝国的"边陲防御"。他有一篇著名文章就叫作"殖民地防御"。小科洛姆认为，英帝国所有殖民地，就其防御能力而言，并非彼此等同。在他那里，衡量殖民地防御能力是有若干项基本尺度的。唯有比较它们的人口、地理位置和天然"易守"形势，连同敌手在这些方面状况，方可衡量和判定殖民地防御能力。例如，西印度群岛根本无力抵御美国的宏伟战争力量。由此，尽管每块殖民地都有义务守卫自己，然而自我武装、自我防御或曰"自助"（self-help）远非英帝国殖民地防御的一项通则，由此不可不加区分地概而言之。联合王国犹可自我防御、较大的殖民地犹可自我防御，然而较小的殖民地则无力自我防御。不仅如此，在防御（安全）方面，殖民地之间彼此相连。如果轻易丢掉哪怕是西印度群岛这样的较小的殖民地，那么也势必会影响较大的殖民地，例如加拿大的安全。

---

① The Defence of Great and Greater Britain, pp. 48–49.

尽管小科洛姆作为现实主义者并未全然否认"自助",然而他更为强调"他助"和"互助",例如较小的殖民地受到袭击之时,联合王国和较大的殖民地应当予以援救。当然,在这里,海上交通线保护的重要性突显:如果帝国(海上)交通线安全无法得到保证,那么我们的敌手能够使得帝国各个组成部分之间在(某一个)受到攻击之时无法提供实在互助。

还有,英帝国海上交通线沿线遍布了大大小小的战略要地,这些要地扼守着海上交通线,是守护交通线海陆兵力的较小的基地。在小科洛姆那里,并非所有海陆据点都可被称为"战略要地"。小科洛姆为英帝国战略要地的判定确立了三项基本尺度:第一,它们必须处于英帝国控制且位于或者接近海上交通线;第二,它们应当拥有天然优势,例如它们是商船队和海军舰队的安全宽敞的避风港,它们易于进出和防守;第三、它们应当尽可能在任何时候都是毗邻的海上交通线上来往船只的天然会集地,并且是它们控制的海域主要的供煤站,由此(联合王国至加拿大海上交通线的终点)哈利法克斯,(联合王国至西印度群岛海上交通线上的)百慕大群岛、牙买加和安提瓜(岛),(联合王国经由地中海至印度、东方和澳大利西亚海上交通线上的)直布罗陀、马耳他、亚丁、孟买、亭可马里、新加坡和香港等理所当然地成为英帝国的战略要地,它们相当零散地分布在海外。①

小科洛姆始终不忘强调对战略要地的保护、使之免遭侵略这么一项必需,由此它们的保护当然也是殖民地保护的一项非常重要内容不应被忽视或者漠视。那么战略要地为何意义如此重大?小科洛姆提出,除了向海军提供后勤补给,例如军火和燃煤以外,牢牢控制战略要地同保护海上交通线密切相连。为了切断海上交通线,敌手所做的首项努力便是拿下这些要地,因为它们最难被攻破,"不到最后时分决不败降"。据此他认为,无论英帝国海上交通线或长或短,唯有牢牢把持住沿线的战略要地,方可保护这些交通线的安全。海上交通线愈益漫长,那么需要控制的战略要地愈益增多。相反,如果这些地方没有重兵把守,或者被切断补给线而孤立无援,那么它们的重要性便大打折扣甚至丧失殆尽。不仅如

---

① The Defence of Great and Greater Britain, pp. 59 - 61,69 - 70.

此,穿行于它们之间并且从事作战的海军舰队也将由此变得瘫痪无力。甚至更为重要的是,19 世纪 50 至 60 年代木质帆船向钢质蒸汽舰船的转变——煤炭的重要性突显,大大提升了战略要地和海外基地的重要性。① 可见,如果战略要地,连同海外基地在紧急情势下保持任何实际价值,那么它们必须得到严密保护。

2. 海军至上(海军第一)与制海权

海军可被称为"英格兰的得力臂膀"。小科洛姆确认在海权诸项基本要素中,海军毋庸置疑头等重要、头等关键,因为海权其他基本要素都需有海军保护,可见海军作为海权的一项基本要素在小科洛姆那里有着意义非凡的重要性。更进一步和具体地讲,小科洛姆关于海军的观念是他关于海军至上(海军第一)和制海权的观念。② 这一项观念同他关于海上交通线和殖民地保护的观念可以说紧密相连:联合王国、英吉利海峡的保护,海上交通线和殖民地的保护多半有赖于握有制海权的海军。没有强大海军和制海权,海上交通线和殖民地等海权其他基本要素也危在旦夕。

小科洛姆关于海军至上(海军第一)的观念同他对要塞主义的大力批判密切相连。1872 年他在其著名文章《海军和殖民地》中审视了自 1859 年以来英帝国防御安排和政策,指出要塞主义在英国国内的抬头:增强陆军防御力量,使之仅仅守护大不列颠和爱尔兰,并且在英国普利茅斯、朴次茅斯和查塔姆大兴土木,修建要塞堡垒和防御工事,而海军事业并未得到多少发展。③ 他坚决反对意欲取代海上优势的任何标新立异的陆上军事计划,认为在英伦海岛实施纯粹意义上陆军防御必须从属于英帝国的海上安全! 小科洛姆关于制海权的观念,就其基本含义而言,大致等同于他关于海上交通线和殖民地保护的观念,因为用他的话说,"制海权恰恰等同于对英帝国海上通道的控制、对殖民地这首道防线的保

---

① The Education of a Navy, p. 24.
② The Education of a Navy, p. 22.
③ The Defence of Great and Greater Britain, p. 16.

护"①。当然,小科洛姆的海军至上(海军第一)和制海权观念彼此相连,因为拥有制海权的先决条件是保持强大海军,若无强大海军,制海权无从谈起。

海军至上(海军第一)

在小科洛姆看来,即便纯粹意义上的陆军能够保护英伦海岛免遭侵袭,然而它不仅无法抵御敌手海军在英吉利海峡封锁围困之,更无法保护海外贸易或者商业、海上交通线和殖民地。那么它们依靠什么来保护? 小科洛姆无疑强调或者抬高海军的地位和作用,认为英伦海岛、海上交通线和殖民地的安全最需海军保护,并且确认海军是英帝国防御最重要手段、工具和组成部分,据此提出了海军至上(海军第一)的观念。正是这项基本论断使他有足够充分理由被列为海洋战略大师。

在小科洛姆那里,一条颠扑不破的战略"真谛"或者原则是英帝国存续或者维护和繁荣有赖于海军:英帝国存续的先决或者前提条件在于战时能够确保制海权,而与帝国繁荣息息相关的海外贸易或者商业则需海军保护,由此英帝国海军的根本任务或者角色在于控制英吉利海峡和帝国海上交通线,而帝国海军力量必须强大到与这巨型任务相匹配的地步。

更具体地讲,英帝国海军根本任务或者角色是什么? 小科洛姆认为平时,海军的根本任务在于保护英帝国海外贸易或者商业,亦即保护海上交通线。而在战时,海军有两大根本任务:第一,把守英吉利海峡和地中海,与敌手海军交手,阻止其侵袭或者围困英伦海岛;第二,封锁敌手海港,并且保持英帝国海上交通线畅通无阻,与此同时,在公海上保护英帝国海外贸易和破坏敌手贸易。可见,小科洛姆对于英国海军在平时和战时的根本任务有极为清晰、极为明了的基本认识。值得一提的是,在小科洛姆那里,战争期间,保护海外贸易(例如为远洋商船队护航)同封锁敌港、摧毁敌舰相比,两者孰先孰后呢? 或者说这两者之间有没有轻重缓急次序? 小科洛姆明确指出:"(战时)我们舰队的主要职责是摧毁、俘获或牵制海港内的敌舰。在舰队完成这项任务以前,动用海军直接保护贸易

---

① The Defence of Great and Greater Britain, p. 74.

的所有想法必须予以摒弃。"①他还更为具体地提出了若干项海军政策主张。例如，为了保护英伦海岛免遭侵袭登陆或者封锁围困而确保在英吉利海峡的海军优势，英帝国需要保持一支由适合于实施联合行动的舰船组合而成的强大海军，而且其实力同来袭敌手海军保持旗鼓相当；又例如，需要根据海上交通线的不同价值来确定英帝国的海军力量（包括军舰舰种）在全球的基本分布。

小科洛姆还从最坏情况出发，指出如果英帝国海军在英吉利海峡惨遭失败厄运而丢掉制海权，即便联合王国海岸布满固若金汤的堡垒要塞和防御工事，那么它也会输掉甚至输光：帝国片片瓦解，逐步解体，由此不再存续。雪上加霜的是，如果战争长久进行，持续不绝，那么饥荒便肆虐于英伦海岛那稠密人口中。如何应付此类最坏情况？小科洛姆指出，应对之道或者缓解之道并不在于徒劳无益地扩充陆军人数——即便扩充至欧陆规模也无济于事，而应大大增加海军舰船，直至英帝国重新拥有可确保制海权的海军优势。

制海权

海军至上、海军优势意味着海军掌握制海权，否则谈何优势？由此与之紧密相连，小科洛姆提出了关于制海权的观念。在小科洛姆那里，英帝国防御就是要确保联合王国、英吉利海峡、英帝国海上交通线和殖民地的安全，而实现这帝国防御的最根本途径便是拥有制海权的海军。

小科洛姆指出，在大多数人看来，制海权带有纯粹意义上海军的某种含义。他指出，某些人认为，制海权表达了使用舰队"铺遍"海洋这么一项观念，其他人则认为，制海权意指拥有一些比自己邻国更为强大的舰船。然而几乎没有人认识到唯有战略或者战术、纯粹意义上的海军和纯粹意义上的陆军这三者巧妙（scientific）结合方可维持对海洋的控制，亦即制海权。② 可见，在他看来，仅仅有海军还不能稳获制海权，制海权的确保还需有陆军和适当的战略或者战术。

那么到底何谓"制海权"？尽管小科洛姆认为制海权是一个含混不清的术

---

① Imperial Defence and Closer Union, p. 95.
② The Defence of Great and Greater Britain, p. 74.

语,并无精确含义,然而他却直截了当地指出,制海权恰恰等同于对英帝国海上通道的控制、对殖民地这首道防线的保护。① 小科洛姆特别批判了封锁敌手海岸而非保护海上交通线可以确保制海权这类观念,认为前者乃舍本逐末。他举例提出,美国内战期间,叛离的南部邦联在公海缺少军舰,而北方联邦的海军仅次于英帝国,但北方联邦并未保护它在遥远海域的海上交通线,例如贸易航线,仅仅对南部邦联的所有海港予以严厉封锁,其结果是尽管北方联邦占尽了海军优势但无制海权,它的很多商船只好躲在新加坡寻求长期避难!②

3. 海陆两大军种之间的配合

小科洛姆提出"海军至上"(海军第一)观念并不意味着他将海军推向孤军奋战的位置。他认为即便是拥有制海权的海军也不是万能的,由此提出关于海陆两大军种之间配合的二元论观念。③ 可以试想,英帝国有着广袤的殖民地,例如印度和英属北美在陆地上毗邻像俄美这样具有洲际规模的区域性强国,没有强大的陆军哪行? 可见,就英帝国防御而言,陆军是必需之物。小科洛姆甚至如此提到,"如果英吉利海峡舰队暂时失去战斗力,我们可在陆军掩护下准备和增强这只舰队,使之重收失地,重新夺取对我们作为一个民族的命运、作为一个帝国的存续至关重要的对联合王国周边海域的控制!"

小科洛姆关于海陆两大军种之间配合的观念同他关于海上交通线和殖民地保护的观念密切相关,因为正是为了保护海上交通线和殖民地,小科洛姆才提出了海陆两大军种之间配合的观念。例如,保护海上交通线既需纯粹意义上的海军,也需纯粹意义上的陆军:海军提供巡逻或者进行小规模海战的兵力,而陆军则看护海军基地或者军火库免遭敌手摧毁。在这方面,一个特别杰出的范例是战略要地或者海外基地的保护。小科洛姆认为,如果战略要地,连同海外基地在紧急情势下只要具有任何实际价值,那么它们必须得到严密保护。单靠游移不

---

① The Defence of Great and Greater Britain, p. 74.
② The Defence of Great and Greater Britain, pp. 79 – 81.
③ The Education of a Navy, pp. 20 – 22.

定的海军或者筑防于此的陆军不仅势难奏效，还要冒失败的风险：单靠海军，将其牵拴于海军基地或者港口附近，那么舰队行动自由将大打折扣，无法放开手脚。俄国或者其他某个强国遣军可从陆上轻而易举将其拿下，并据此步步进逼，进而对英帝国这个殖民帝国、遍及世界各地的商业和利益发动大规模袭击。而单靠陆军同样也会招致巨大灾难。若无海军确保这要地同帝国基地、这些要地之间的海上交通线安全，那么陆军因为得不到补给资源和后备人员而完全成为一支无援孤军。此外，陆军也无力阻止战略要地的资源，例如煤库和军火库遭受敌舰从海上炮轰损毁，这会导致基地舰队数月里趋于瘫痪。

可见，关于英帝国防御，小科洛姆承认海军是主要力量，但他给陆军保留了相当大的容身之地。如果将陆军排除在外，这防御绝对不能算是完善的。由此可以推断，小科洛姆并非海军思想界中的"蓝水学派"（Blue Water School）。在他那里，英帝国防御不纯粹是海军问题，其根本原因在于：第一，英帝国防御并不仅仅意味着英伦海岛的防御；第二，将战争拖入敌境是一国实施防御的最佳方式，或曰"进攻是最好的防守"。[①] 换言之，如果没有一支进攻型或攻击型陆军，英帝国即便打赢海战也无法实现真正胜利，据此他重视进攻型或攻击型陆军，鄙薄海岛防御型或者守备型陆军，尤其反对花费巨资仅仅用于守护英伦海岛或者殖民地海岸的要塞和筑防陆军。

那么英帝国陆军应当有怎样的根本任务或者角色呢？小科洛姆指出，陆军的根本任务首先是筑防于英帝国的海港、战略要地和海军基地以保护之；其次是守卫印度，防范俄国觊觎和攻占；再次是组建远征部队，在英国海军掩护下，成为攻击敌手领土的先锋利矛；复次是成功击退登上英伦海岛的敌手陆军——这支驻守在联合王国国内的陆军名曰"本土军"，由义勇兵组成，但须足够强大；最后是为驻扎海外和印度的英军提供换防或者接防——这支正规军在联合王国国内必须保持时刻待命且规模可观。

接下来，海军和陆军应有怎样的关系？在他看来，两者并无复杂和困难的关

---

① Imperial Defence and Closer Union, pp. 15 - 16.

系。他提出"海军第一"观念,确信海军是英帝国防御的根本。同陆军相比,它应当占据压倒性优势。例如他反对建立一支欧陆规模的陆军专门防卫联合王国甚至袭击其他国家。与此同时,他指出,英帝国陆军是海军的必要补充,为海军提供必要的支援,陆军反过来还要依赖于海军。也因此,他认为英帝国陆军的发展,例如组织、结构、人数和力量的发展以海军有能力完成那项根本任务——对于海上交通线的控制为前提或者先决条件。那么小科洛姆的这项基本判断依据何在?他认为,联合王国国家特性之一在于可有和可用兵力资源欠缺,由此他指出英帝国国务家应当注意确保国家可有和可用兵力资源得到尽可能有效的或者最大化的使用,由此英帝国的海军和陆军不可等量齐观,齐头并进,海军和陆军之间理应保持一个恰当的比例。即便国家资源允许英国在拥有一支现存规模的海军舰队同时还可以保持一支欧陆规模陆军,小科洛姆仍然认为毋须如此,后者乃多余之物,实无必要,会造成战略精力、资源和努力的浪费性分散,更何况国家资源并非富足盈余。换言之,只要英帝国海军强大到能够拥有制海权,那么英帝国陆军毋须过度扩充;只要英帝国海军牢牢掌握制海权,那么欧陆强国大规模侵袭联合王国本土则是一个不应多加考虑的意外事件,因为在英帝国战时面对的诸多危险中间,这侵袭成功机会必须被视为最低程度,尽管它绝非不可能。

当然,小科洛姆也强调,对海军和陆军这两大军种部署的考量不应被截然割裂。他既不偏袒海军,也不偏袒陆军,还反对它们之间有任何类别争斗。相反他认为,从本质上讲,海军和陆军是一个整体(事物)的两个部分,是一把利剑的"剑刃"和"剑柄"。彼此孤立地谈论海军预算和陆军预算可谓荒唐悖理至极。不仅如此,海军和陆军应有明确分工并且协同作战,它们之间也是"守护坚盾"和"攻击长矛"的关系。① 一旦海军确保了制海权,陆军作为进攻的主要武力便可投入战斗。小科洛姆甚至意识到海陆两大军种融合的重要性,即海军舰队的陆上作战需要甚至要由两栖部队——他曾经服役过的皇家海军陆战队来实现。

总的来看,小科洛姆在对英帝国防御的审视和思考中优先关注海军,提出了

---

① Imperial Defence and Closer Union, p. 16.

"海军第一"的思想,由此他或许可被称为"海洋"观念的首创者,并且同海洋学派大多数海军思想家类似,不可避免地被认为"亲近海军、疏离陆军"。然而小科洛姆关于海陆两大军种之间配合的观念,又使之同他们大致有别,其根本原因大抵是:海洋学派的很多思想家表现出从海军军种而非国家视角出发思考和对待军事问题的思想倾向。他们忽视或漠视陆军作为海军补充物这么一项必需,而小科洛姆从国家视角出发,并未将眼界仅仅局限于海军,也并未将英帝国防御的地理范围仅仅局限于英伦海岛。可见小科洛姆远非海军执迷者或者狂热者,在海军至上(海军第一)、海军优势方面并未趋于极端。更加难能可贵的是,小科洛姆进一步提出,保护英伦海岛、英帝国海上交通线和殖民地既需要海军,也需要陆军,更需要统帅二者、使之协调的权力机关。他如此写道:"(英国)海军部可能以一个方向投送舰队,而陆军部(the War Office)则以另一个方向收拢陆军,然而没有一个权力机关将其合二为一,如果没有这联合,我们防御武力的每个分支会变得无所助益。"他还认为军备或者军事有赖于政策或者政治,据此他向往有这么一个最高层次的核心的帝国防务委员会(the Committee of Imperial Defence),其成员代表不仅限于海军和陆军,还有英国内阁和外交部的政要。①

(二) 大科洛姆海洋战略思想的主要内容

大科洛姆重申了在小科洛姆那里得到弘扬的海军主义。对于这继承方面,他总是承认不讳。然而大科洛姆行于斯,但远未止于此,他大大发展了小科洛姆的海洋战略思想,还在颇大程度上多有延伸、多有超越,甚至走得更远:大力反对要塞主义、弘扬海军主义同时,首先对海战予以理论性界定,继而探究海战的指导性、支配性原则!他确信自己能够推导出海战的原则,为海军军官提供重要指南。② 大科洛姆在《海战》第一版序言中说自己惊奇地发现这么一项广为流传的

---

① Imperial Defence and Closer Union, pp. 30 - 31.

② Philip Howard Colomb, Naval Warfare, its ruling principles and practice historically treated (Maryland, 1990), pp. 3 - 4.

观念:要么没有支配海战的若干法则,要么如果在帆船时代存有这些法则,那么伴随蒸汽动力铁甲舰船、后装膛线枪和鱼雷的出现,这些法则遭到全然弃置和损毁。他继而反驳,没有人甘冒风险断言铁路、电报、后装膛线炮和轻武器已经改变了陆上战争业已确立的法则。不仅如此,他还认为,迄今为止,并无区分海战中"可能与不可能"、"审慎与鲁莽"、"明智与愚蠢"的任何著述,[①]而他的《海战》无疑对于这些方面予以率先和卓越揭示。

大科洛姆的海洋战略思想至少包含:关于海上力量的观念、关于英帝国海军力量的观念、关于海战概念的理论性界定和关于海战指导性原则的观念。可以说,大科洛姆海洋战略思想比小科洛姆复杂得多,它不仅更具历史厚重感,而且还更具理论化意味。

1. 海上力量

大科洛姆提出的"海上力量"(maritime power)概念或者术语多少类似于马汉的"海权"(sea power)。在他看来,增进英国海上力量(并不仅仅局限于海军)至少需要从以下三个基本方面:海军(包含海军军舰和船员)、海上交通线和殖民地(例如战略要地、海外基地、海军站、供煤站和其他补给据点等)付出努力,可见他明确意识到海上力量的三项基本要素:

关于海上力量的第一项基本要素,大科洛姆指出,海军是英帝国的战略性工具,他向往庞大的远洋海军舰队。在他看来,既然严格意义上的海战最终趋于成型,那么海军舰队是不可或缺的,其原因在于海军舰队是实施海战或者夺取和拥有制海权的唯一手段或工具,是远洋舰队而非其他任何小型舰船是大英帝国安全之所系,由此关于海军的观念构成了他海洋战略思想一项非常重要内容。

关于海上力量的第二项基本要素,他指出海上交通线,例如贸易航线,尤其是食粮和原料运输航线对英帝国有至关紧要的意义。毋庸赘言,联合王国无疑位于当时世界经济体系核心位置,而世界其他地区无疑是这核心的商品输出市场和原料来源地,那么联合王国和世界其他地区之间的贸易航线实乃"生命线"。

---

① Naval Warfare, p. 3.

大科洛姆具体指出了连接英伦海岛和世界其他地区的五条贸易航线,可被称为英帝国海上"大命脉":第一条可称为"东方航线",即联合王国往东经由地中海至印度、中国、日本和澳大利亚航线;第二条可称为"南方航线",即联合王国往南至非洲和南美,可以绕过好望角进入印度洋,或者经麦哲伦海峡和合恩角进入太平洋航线;第三条可称为"西南航线",即联合王国往西南方向至西印度群岛和巴拿马地峡航线;第四条可称为"西方航线",即联合王国往西至美国和加拿大航线;第五条可称为"东北航线",即联合王国往东北至波罗的海航线。在大科洛姆那里,这五条贸易航线,就其重要性而言,并非等量齐观。换言之,它们之间亦有比较合理的轻重缓急次序。东方航线被理所当然地置于头等重要地位,而西方航线、南方航线、东北航线和西南航线则依其重要性或者价值大小,相继被置于次等重要地位。还有,所有这些贸易航线中,食粮贸易(进口)航线,或曰"海上粮道"被置于首要地位,原料贸易(进口)航线则被置于相对次要地位。不仅如此,大科洛姆还认为,如果英国的海军巡航航线和贸易航线彼此重合,或者彼此接近,那么后者则相对安全,然而如果两者相距甚远,那么后者便岌岌可危。①

关于海上力量的第三项基本要素,在大科洛姆那里,殖民地被予以重大关注。战略要地在大科洛姆那里具有重要意义。他认为,英国不仅控制了重要的贸易航线,而且还把持住这些航线上若干具有战略意义的海陆要点或曰战略要地,它们是扼守贸易航线的"门户"或曰"关卡",例如埃及、斯里兰卡的加勒、新加坡、好望角、福克兰群岛。他如此写道:"我们占据这些门户,(我们的)敌手如何能够穿越它们呢? ……他们打击我们贸易成功的希望又会有多大呢? 答案是清楚的——没有(希望)。"不仅如此,大科洛姆认为,英帝国更小的殖民地(包含海军站)作为海军的保护性和补给性要素,就其本身而言,还是英国海军的必要组成部分。

2. 英帝国海军力量

海军在大科洛姆海洋战略思想中占据非常重要的位置,他将英帝国称为"海

---

① Essays on Naval Defence, pp. 52 - 55.

军帝国"！大科洛姆具有宽广和恢宏的眼界或者视野。在他那里，一个非常显著的事实是，英帝国是全球性海洋帝国（maritime empire），它的政治、经济和战略利益存在是全球性的，由此英帝国的海洋战略也只能是全球性的。受这个海洋战略支配的英帝国海军必须是驰骋大洋、如履平地的远洋海军。

那么这么一个帝国应有怎样的海军政策？或者说英帝国应当拥有怎样的海军——是建设一支防御性海军，还是建设一支进攻性海军，抑或是建设一支防御进攻功能兼具的海军？关于海军建军方向这个大问题，大科洛姆提出，英帝国海军应被认为是严格意义或者纯粹意义上防御性的远洋海军，而非进攻性的，英帝国应有的海军政策是缔造"强大而不失节俭"（powerful and economical）、具有和平性质的海军（peace navy）。[①] 那么英帝国海军是防御性的是不是意味着这海军"长于防御"、"短于进攻"，或者"一味防御"、"放弃进攻"甚而"被动挨打"？他继而指出，英帝国防御性海军并非绝然"专守防卫"式的，相反其大多数防御性功能必须有赖于攻击之敌对于英帝国战舰的恐惧、畏惧，从而使之"望而却步"，使之"心虚胆寒"。在某些场合和地方，英帝国海军可以发动进攻。那么这帝国战舰如何使得攻击之敌感到恐惧呢？远洋海军在大科洛姆心目中占据最重要位置。他指出，帝国战舰应当拥有猛烈的火力、可观的吨位和深深的吃水。既然英帝国应有的海军政策是缔造"强大而不失节俭"、具有和平性质的海军，那么在这么一项政策统领下，英帝国应有怎样的海军？或者说英帝国海军军舰（舰队）应有怎样的主要功能？

英帝国海军军舰（舰队）的主要功能

在大科洛姆看来，海军军舰作为海战的唯一重要武器应当异常强大。海军舰队作为夺取和拥有制海权的唯一手段或者工具在他那里被予以高度重视。

大科洛姆提出，英帝国海军（舰队）的主要功能大致在于：第一，阻止敌国海军对本国的侵袭。第二，防护殖民地。这两项功能非常易于理解：至少在大科洛姆看来，敌手海军损毁英帝国的直接手段是袭击其殖民地和母国港口，而间接手

---

① Essays on Naval Defence, pp. 48 - 51.

段则是袭击其海军站,由此英帝国海军理所当然地担当起这两大守护任务,可见在这两大方面,海军舰队作用巨大。第三,保护本国海上贸易,为商船护航,确保联结英帝国心脏——英伦海岛和其他地区的海上交通线,亦即"海上生命线",畅通无阻,与此同时攻击敌国海上贸易。第四,海上搏杀、征战和决战。第五,为输送陆军渡海和登陆进攻提供掩护和补给。第六,将敌舰围困于其海港且切断其补给,实施海上封锁,与此同时向己方占领的海港提供补给,等等。①

至于海军军舰(舰队)的克星之一——鱼雷,大科洛姆并不排斥鱼雷的使用,相反他承认鱼雷的功用,认为固定鱼雷是纯粹意义上防御性武器,其唯一用处在于守护陆地,防范占据优势的对手从海上发动攻击。不仅如此,鱼雷和其他机动性攻击武器的诞生还使得海上封锁作为岛国传统的战略利器的效用大大减损,然而他认为,鱼雷的性质并未极大改变现代海战的战术,除非出于权宜之计,否则采用鱼雷攻击且发展其能力并非英帝国努力之事,相反帝国应当发展且具备封锁海港的海军实力。②

必须指出,尽管"存在舰队"[a fleet in being,或曰"(防御性)袭扰舰队"]这一术语的首创者并非大科洛姆,然而在其《海战》中却被广为使用。他承认处于劣势地位,但又不失有力的海军舰队对于敌国渡越海洋登陆侵袭的牵制和干扰有重要作用。③

英帝国海军军舰应有的动力

蒸汽动力运用于拖船、商船甚或游船早于军舰。一旦运用于军舰,首先问世的是蒸汽—风帆混合动力战舰,在其中,蒸汽动力是辅助性的。相应于他那个时代的"新军事变革",大科洛姆推崇英国战舰的蒸汽动力,鄙薄风帆动力。更具体地讲,对于这混合动力战舰,大科洛姆指出风帆动力只能是纯属辅助性的。

此外,在大科洛姆那个时代,燃煤显然是战略性的东西。他认为,英国作为海军帝国,其蒸汽动力舰船大有赖于燃煤的补给和供应,它是英国军舰头等之

---

① Naval Warfare, p. 376; Essays on Naval Defence, p. 44,47,48.

② Essays on Naval Defence, p. 40,128.

③ Essays on Naval Defence, pp. 5 - 6.

需。由此他认为,英国远洋军舰必须存够或者携带能以 5 节航速持续航行 4 000 海里的燃煤。①

英帝国海军军舰的"等级划分"

大科洛姆指出,仅仅建造单一等级的战舰是"不经济的"或者说"不合算的"。他关于海军军舰"等级划分"观念和他提出的某种意义上海战"经济学"紧密相连。在海战中,需要多少不同等级的海军军舰最为"经济"?或者说针对特定作战任务,如何最富有成效地分配或者派遣这些等级的海军军舰?例如,袭击和保护商船则毋需重型海军军舰,派遣更轻型的海军军舰即可完成使命。

一个尽人皆知的常识是,给拳击竞赛者确定重量等级(例如重量级和轻量级)具有重要意义,因为它起码可以保证竞赛者按照重量等级"捉对厮杀"、"对等搏击"。给军舰"划分等级"或者"确定等级"亦如此。

英帝国海军所有军舰在大科洛姆那里并非彼此等同或者等量齐观。他认为,"铁甲舰"或"装甲舰"这一术语实乃"谬误性"命名。不论这装甲舰舰体大小,也不论其装甲重轻,需根据军舰排水量(吨位)确立等级。根据舰船排水量大小(吨位),大科洛姆给军舰确立了四类等级:第一类是 6 000 至 8 000 吨舰队舰(Fleet-ship);第二类是 4 000 吨三桅快速战舰(Frigate);第三类是 2 000 吨巡航舰(Corvette);第四类是 600 至 1 000 吨单桅纵帆船(Sloop)。当然,还有更小的军舰,例如炮舰或者炮艇(Gun-boat)、鱼雷艇(Torpedo-boat)和通信船(Dispatch vessel)等,只是它们无关紧要,并未进入大科洛姆那等级划定的范围内。②

此外,他还规定了与这四类等级相适应的四类使命任务:舰队舰战时主要用途在于封锁敌手军港,协同打击逃脱的敌海军中队;三桅快速战舰承担与舰队舰类似的任务,但也守护遭受威胁的海上交通线;巡航舰和单桅纵帆船则直接充当商业的保护者,保持海上航线畅通无阻,并且保护供煤站免遭孤军袭击;单桅纵帆船在近岸作战,并且是巡航船的补充或者"帮手"。至于炮舰、鱼雷艇和通信

---

① Essays on Naval Defence, p. 70.

② Essays on Naval Defence, p. 71,72,84,114.

船,大科洛姆认为,这些吃水很浅的舰船,无法指望其拥有远洋航行能力和带够足够充足的燃煤,它们的作用相当有限,因而并不重要,只能用于毗邻母港之地。即便航速较快,且能带够很多燃煤的军舰,由于它们过于"轻盈",也不可被当作战舰委以重任。[①]

大科洛姆指出,不同等级的军舰当然应有不同的"基本素质"。例如,舰队舰应当具备四个基本要素或曰"数值指标":第一个基本要素是舰船燃料补给方面,它要带够以 5 节航速持续航行 4 000 海里的燃煤;第二个基本要素是舰船推动力方面的,它主要依靠蒸汽推动力,而风帆推动力则纯属辅助性的;第三个基本要素是舰船攻击火力方面的,它装备有 18 至 25 吨火炮;第四个基本要素是舰船装甲厚度方面的,它要有 10 至 12 英寸厚度装甲。[②]

英帝国海军舰队的组成结构

海军舰队的组成结构多半意指诸多不同类型或者等级的海军军舰的组织方式、组合方式、兵力配置和分工。大科洛姆指出,英帝国海军舰队中各类型或者等级军舰互相之间应有基本合理和适当的比例,唯有如此,英帝国海军才可得到最富有成效地配置。换言之,这支海军舰队组成结构得到了优化,可以大大提高舰队作战能力。大科洛姆继而提出,一支海军舰队的舰船,最概括地讲,大抵可分为以下三类或三个组成部分:一类夺取和保持住制海权;另一类负责守望敌情;还有一类守护住海上交通线。

关于大科洛姆的英帝国海军力量的观念,还需要提及的是,他论及了英帝国平时海军和战时海军部署之间的关系。大科洛姆非常详细地阐释了英帝国海军的平时部署,指出这平时部署和战时部署紧密相连,平时部署要着眼于战时。例如,他从最坏情况出发,设想一个反英大同盟——四个海军强国法意俄德的组建,那么英帝国海军近乎同时应对这四国海军,并且封锁这四国港口。在战争期间,保护英帝国的贸易航线。他指出,应当运用好英帝国现有海军力量,使得四

---

① Essays on Naval Defence, p. 72,116,117.

② Essays on Naval Defence, p. 77.

国小型敌舰全无成功袭击帝国贸易航线且安然撤退的希望,阻止它们"会合"成为一支庞大的海军力量,从而令英帝国沿贸易航线布设的巡逻艇队失去防御职能。

3. 海战概念或者术语

大科洛姆提出了可谓制海权理论体系:关于海战及其指导性原则的观念。在《海战》中,大科洛姆合乎逻辑地首先对海战概念或者术语予以了严格意义上的理论性界定,然后才提出海战的若干项指导性、纲领性原则。他的这些思想都基于对"海战"的历史考察。

那么什么才是严格意义上的海战?海战形成何以可能?或者说海战形成的根本依据是什么?大科洛姆对其予以重要的理论性界定。

大科洛姆认为,尽管陆战和海战都是战争的两大经典形态,然而陆战大致起始于远古时代,而严格意义上海战的最初浮现要晚得多,大致近现代以来才初露端倪。

他指出,古代的海上战斗并非严格意义上的海战。毫无疑问,海上战斗或者打斗古已有之,并不稀罕,然而它本身并不构成严格意义上的海战。在古希腊、罗马和中世纪,海上战斗近乎全无独立的海军谋算,仅仅隶属于跨海远征,或者仅仅是跨海远征那并不重要的组成部分。还有,这些海上战斗并非为了控制陆地战场和周边水域,仅仅是意欲征服领土的一方陆军同阻遏其行进、使之无法登陆的另一方陆军在海上的武装冲突,亦即双方陆军在海上的狭路相逢和殊死斗争。到伊丽莎白一世时期和斯图亚特王朝早期,海上劫掠和跨海洗劫(cross ravaging)盛行,然而它本身亦非严格意义上的海战,仅是一国海军力量对敌国海上财富和敌国领土混乱无序的抢劫和突袭,交战双方近乎并无获得制海权以阻止对手海上劫掠和跨海洗劫的任何念头。不仅如此,对于敌手海上劫掠和登陆洗劫的报复往往是以"以牙还牙"或者"以眼还眼"式的,即同样实施海上劫掠和跨海洗劫。在大科洛姆看来,海上战斗、海上劫掠和跨海洗劫仅仅是陆战的延续、延伸和组成部分,海洋仅被当作陆军渡海的便利通道。[①]

那么到底什么是"海战"? 大科洛姆明确指出,严格意义上的海战要具备两项必要的先决条件:第一,船运贸易占据国家财富的重大份额;第二,舰船能够驰骋海洋、远航外海。[②]

关于第一项必要的先决条件,它表明仅仅有较小规模的海外商业、船运贸易并不够,因为即便船运贸易不断增长,然而同耗费数周甚或数月在海上搜寻和抢劫并不常有的商船相比,跨海洗劫可给自己带来更大利得,与此同时能给对手造成更大伤害,由此更为合算。唯有繁盛的船运贸易发展到对贸易国而言有庞大价值但在战时却要承受巨大运输风险,而对敌国而言袭击这丰裕贸易又有巨大利得的地步,跨海洗劫才无利或少利可图,可见庞大的船运贸易是促成海战趋于形成的一大关键要素,而袭击和保护海外商业开始形成,并由此成为海战的一项常在要素。例如,正是 16 世纪西班牙远洋商船队在海上输送巨额财富才使得1585 至 1604 年英西战争具有海战性质,其原因就在于英国跨海洗劫西班牙领土毫无疑问会伤及西班牙,然而拦截和掠取西班牙远洋商船队在大大伤害西班牙同时还可使英国暴发致富。

关于第二项必要的先决条件,它表明仅仅有古希腊、古罗马和中世纪的划桨甚或桨帆战舰并不够,它们的"续航能力"相当有限,永久性地夺占广阔无垠的海域少有可能。如果意欲征服乃至控制海洋,毋庸置疑,适合于远洋任务的海船是绝对必要的。唯有造船和航海技术进步和发达到这海船能够经受疾风恶浪仍如履平地、持续远航的地步,才可屡屡挫败跨海洗劫,使之无法有效实施,甚至无功而返,可见具有远洋航海能力的战舰是促成海战趋于形成的另一大关键要素。

大科洛姆认为,历史地讲,真正意义上的海战最笼统地说可溯源至跨海洗劫盛行的伊丽莎白时期(Elizabeth era),即 1558 至 1603 年期间,换言之,海战的最初浮现大致是在 16 世纪中叶。大科洛姆更加具体地提出,它以 1567 年西班牙

---

① Naval Warfare, p. 21.
② Naval Warfare, p. 29.

人在加勒比海的圣胡安港袭击英国黑奴贸易创始者、后来的海军统帅约翰·霍金斯(John Hawkins)的贸易船队为重大事件正式拉开序幕,历经英西战争,愈益形成和"固定",直至1604年英西媾和,海战的所有轮廓似乎显山露水。就英国而言,正是从那时开始,船运贸易才逐渐在其国家财富中占据重大份额,海上事业由此真正成为一项重要的国家活动,也正是从那时开始,英国的风帆海船才逐渐具有抵御狂风恶浪的必要能力,从而能够驰骋大洋。[①]

总的来看,到了16和17世纪之交,繁盛的船运贸易和大量驰骋海洋的战舰这么两项必要条件大致确立了纯粹意义上海战,海战愈益形成,并且在一定意义上可以说愈益"固定"下来,从而必不可免地使得跨海洗劫落伍并且让位于浮出水面的海战。当然,大科洛姆还指出,直至1652年第一次英荷战争以前,跨海洗劫仍然存在,和海战并存,可谓新旧相兼。然而,第一次英荷战争时,英国和荷兰都已充分具备上述两大条件,并且牢固确立,海战最终成型,海洋愈益被意欲赢得海战的国家视为必须加以控制的排他性领土而非仅仅是便捷通道,逐步取代跨海侵袭的海战时代由此真正到来。

海战时代真正到来的一个必然结果是海战原则真正通行。例如,在海战时代,如果试图抵御渡海登陆侵袭之敌,那么就必须灭敌于海上;跨海洗劫易遭对手海军的阻遏,等等。倘或熟视无睹甚而因循守旧,那么必遭败局。例如,西班牙在海战时代来临时,即1585至1604年英西战争中,放弃制海权而执迷于"跨海洗劫",结果损失惨重。[②]

4. 海战的指导性原则

大科洛姆认为,关于海军战略的思想少之又少,"海军战术学仍太模糊不清,难以令人满意"。然而他确信,他能找到海战或者海军战略的原则,并由此提出了海战的若干项根本的指导性原则,它们至少包含:第一,夺取制海权是海战最根本和最优先目标;第二,夺取制海权唯一途径或手段是海上争斗;第三,牢不可

---

① Naval Warfare, p. 26,27,28,29,31,43,45,46.
② Naval Warfare, p. 31,34,35,37,43,46.

破的制海权、海军和陆军统帅互相配合、足够充足的陆军人数及物品、人员的补给构成了成功登陆侵袭需要具备的必要条件。[①] 可见,其中最根本的核心原则是"制海权"。大科洛姆尤其强调"制海权",念念不忘"制海权",他的一个最根本观念就是唯有获得制海权,海军才能产生实在的国家利得,即保护本国海上贸易和抵御敌国大规模海上入侵的同时,毫无顾忌地袭击敌国船运贸易和侵扰其海陆交通线。当然,大科洛姆还从他这项最根本的指导性原则推导出其他很多原则,例如,优势海军对于牵制、拦截或者阻挡劣势海军对于陆地领土的侵袭作用重大、意义非凡,在他看来这项原则是绝对的并且颠扑不破的。

大科洛姆指出,伴随海战最初浮现、愈益形成和最终定型,海战的指导性原则也逐步"固定"下来。他认为这些原则坚定不移、恒久不绝,如若违背,必遭惩罚。[②]

大科洛姆从列强海军斗争史中概括和总结了若干项海战的指导性原则。他认为,从海战指导性原则"固定"下来直至他那个时代,尽管海战面貌已改,然而这原则如初。军事技术的突飞猛进,例如帆船舰船被蒸汽动力舰船取代,事实上并未改变海战的指导性原则。

大科洛姆在给《海战》第一版的序言中如此写道:"⋯⋯写作此书时,我头脑里有这么一个双重目标:揭示存有支配海战实施的(若干)法则,倘或违背,难免受罚;并没有理由相信这些法则被最近数年来任何一个变化所改变。"[③]例如,在海战最初浮现时期,亦即16世纪后半叶,西班牙违背初露端倪的海战指导性原则,结果惨遭失败;又例如,在海战最终成型时期,亦即17世纪中叶,第一次英荷战争中,同英国海军近乎势均力敌的荷兰海军在分兵实施贸易护航同时,和前者争夺制海权,后者失败势所必然;再例如,法国数度征英努力都将夺取制海权当

---

① Naval Warfare, p. 47,56,66,93,102,107,138,163,243,245,294,296,318,371,410,487, 488,492.

② Naval Warfare, p. 3,39.

③ Naval Warfare, p. 3.

作实施登陆的途径而非目的本身而屡屡失败。[①]

制海权

大科洛姆大致先于马汉，但远不如马汉那般自觉地向人们系统展示了盎格鲁—撒克逊民族在现代历史上所以能纵横世界的奥秘，这个奥秘后来成为19世纪末20世纪初盛极一时的"海军主义"最为核心的信条——"对海洋的控制"，亦即制海权。

关于海洋，大科洛姆说，"海洋不是，也不可能是'中立场所'。战争期间，为了航行自由，海洋不是受一方控制，就是受另一方控制。如果一方意欲自由航行，那么必须通过夺取目标海域来据有之"、"如果从前将海洋当作跨海（洋）远征的公共通道，将海战当作驱赶敌手、使之远离自己前进航路的手段的话，那么伴随蒸汽舰队出现，为了取得海战胜利则必须经常、长久地占领海洋，取得舰队在海上行动的自由权，亦即夺取制海权"。

在大科洛姆看来，对海洋的控制或曰制海权是"海权权杖"、"海权权柄"，举足轻重，制海权的拥有者具有巨大优势，似乎可以横扫海上千军万马。然而他并未严格界定制海权这一概念，尽管如此，他至少认为，制海权意指阻遏和挫败图谋侵袭之敌渡越海洋成功登陆或者促成和确保本国侵袭之军渡越海洋成功登陆的权势。[②]

大科洛姆指出，如此确认制海权的含义显然含混粗略。他继而提出，制海权有程度不等之分，或者说制海权是要分等级的，要分层次的，不能概而言之。[③]可见，在他那里，制海权并非抽象笼统，而是具体可测，最起码它有绝对强大、不容挑战的制海权，亦即对海洋的完全控制，也有不那么绝对强大但仍可称为足够强大的制海权，亦即对海洋的不完全控制的区别。最高等级的制海权无疑是阻挠登陆侵袭和所有其他目标的首要条件，例如，1856年克里米亚战争中，英法海

---

① Naval Warfare, p. 139,154,162,163,164,165,168,169,180,182,183,184,185,195,197, 207,208,209.

② Naval Warfare, p. 245.

③ Naval Warfare, pp. 245 - 246.

军握有坚不可摧的制海权,而稍次等级的制海权可确保本国渡海远征大军攻击敌国海岸时不受敌海军任何类别的破坏但又无法确保自己海上交通线绝对安全的制海权。例如,1861 至 1865 年美国内战中,尽管南部邦联的海军从未强大到可从海上破坏北部联邦同盟海军对其海港的袭击,然而前者却可偶尔干扰后者同其基地的海上交通线。事实上,在大科洛姆那里,并不仅仅存有这两个等级的制海权,制海权强大程度逐步递减,直至完全丧失。①

不仅如此,大科洛姆紧密结合制海权的实有缺失和程度大小,大致对海战海域做出了如下划分:

第一类:争斗双方全无制海权,这海域无关紧要,实属"中立之海"(the state of Indifference)。②

在此条件下,渡越海洋发动侵袭的远征大军和阻止其成功侵袭的对手,都不拥有或试图拥有任何程度的制海权。换言之,双方并未投送海军于攻守,施以海上威胁,所有作战行动仅仅局限于陆地,而所有作战军种仅仅局限于陆军,海洋畅通无阻,可见这里谈论制海权显得毫无意义。这里探讨的海域并非海军攻防之地,而仅仅被当作从一地向另一地输送兵力的行进之地或者媒介,由此可视为荒漠,实属"中立之海",例如跨海洗劫盛行之时,海洋仅仅被当作渡越陆军的便利通道。

然而,造船和航海技术的突飞猛进使得一方确立的制海权会受到另一方海军的威胁或者破坏,争斗双方的"中立之海"绝非海洋的常在状态,更为普遍的是如下所示的"争斗之海"以及一方的"无害之海"和另一方的"无助之海"。

第二类:争斗的每一方制海权受到威胁或者破坏,对于双方而言,这海域为"争斗之海"(the state of Disputed Command)。③ 在此条件下,一方可能会在到达实施攻击的海域以前或者实施攻击之时或之后遭到另一方干扰或者袭击,例如被切断海上交通线。换言之,一方制海权在任何时候和任何地方都可能遭到

---

① Naval Warfare, pp. 245 - 246.
② Naval Warfare, p. 249,254.
③ Naval Warfare, p. 254.

威胁或者破坏。这样的制海权显然是不牢靠的。

第三类:争斗一方牢牢握住制海权,对于这一方而言,这海域实乃"无害之海"(the state of Assured Command),[①]而对于另一方而言,由于没有或者丢掉了制海权,这海域实乃"无助之海"。在此条件下,完全拥有制海权的这一方海军实施攻击时肆意行事,全无遭到对方海军干扰或者拦截之虞,或者至少在完成攻击的所有目标以前如此。

夺取制海权:海战的最根本和最优先目标

大科洛姆为多项战时重要军事目标,例如夺取制海权、保护海外贸易、渡越海峡登陆等确立了异常分明的轻重缓急次序,即夺取制海权头等重要、头等关键,压倒其他任何重要目标。在他那里,夺取制海权是海战的最根本和最优先目标。[②]

大科洛姆认为制海权是英帝国的一大世界性权势根基,而海战的最根本目标则是夺取和保持住制海权而非其他任何重要目标。大科洛姆指出,海战中,任何一方都可有多项重要目标,例如夺取制海权、规避对方海军、跨海突袭和奇袭对方领土、进行纯粹防御性的贸易护航等,然而夺取制海权纵然不是海战的唯一重要目标,但弃置制海权而追求其他任何重要目标的国家实属舍本逐末,甚至仅仅为了某项特定目标而一度暂时从对方手中夺得制海权,亦即仅仅将夺取制海权当作某类权宜之计而非根本之策,都不可避免地要么遭到挫败,要么退居次等甚或劣等海军强国地位。如果它依然如故,那么摧垮对方从而获取最终胜利则全无希望。[③]

夺取制海权是海战的最根本目标,那么如何处理它同其他重要目标的关系?他指出夺取制海权是海战的最优先目标。这项论断充分体现了战略集中原则。大科洛姆认为,将制海权作为海战的最优先目标至少意味夺取制海权是实现其他重要目标的绝对前提或者前奏。海战中,每一方在确保拥有制海权以前,追求

① Naval Warfare, p. 254.
② Naval Warfare, p. 47,93.
③ Naval Warfare, p. 11,47.

其他任何重要目标都将冒着重重危险。例如,1585 至 1604 年英西战争中,从西班牙方面看,唯有同英国海军正面交锋并且挫败之,从而夺取制海权,它才可在海上无拘无束地输送贸易或者阻绝对手贸易。反之亦然,亦即从英国方面看,唯有全力压服或者制服西班牙海军舰队,从而获取制海权,这才是捣毁西班牙贸易的绝对前提或者前奏。又例如,法国数度意欲攻破英国,其海陆军两大力量同时合成作战:一支海军强大得足以击败或者牵制敌对的英国海军,和一支运输船队多得足以载运可完成征英的陆军部队,然而即便如此,法国唯一的胜算在于登陆入侵之前首先必须击败英国海军。①

那么如果不将夺取制海权当作海战的最优先目标,会导致什么重大后果呢?大科洛姆提出,海战中,一方在夺取制海权的同时,倘若还追求其他任何一项或者多项重要目标,例如派遣舰队护航保护海外贸易、渡越海峡实施登陆等,那么很可能无功而返,甚至损兵折将,铩羽而归,有时还会全军覆没。在他看来,将夺取制海权当作最优先目标和齐头并进的多项重要目标中的一项,这两者显著有别,不可混同。第二次英荷战争和第三次英荷战争中,尽管英荷经济繁荣严重有赖于船运贸易,然而两国都懂得必须集中全部力量和精力于夺取制海权,而非分兵保护贸易。为了夺取制海权,不至于输掉,荷兰排除对于这项根本目标的种种干扰,甚至忍痛割爱,暂时放弃和牺牲占据优势的船运贸易,任凭英国海军恣意袭击,坚定不移地将全部注意力和海军力量集中于制海权夺取。相反,从 1690年法英荷比奇角海战至 1805 年特拉法加角海战,法国数番仿效 1066 年威廉公爵(Duke William)征英壮举的重大努力,试图夺取制海权的同时,将登陆大军渡越英吉利海峡,结果屡战屡败。可见,英伦海岛安然无虞并非偶然。事实上,如此行事之国又何止法国一国? 西班牙、俄国和丹麦等莫不如此。大科洛姆认为,法国意欲渡海登陆侵袭本身无可厚非,然而倘若将渡海登陆同海上争斗以夺取制海权齐头并进,同时并举,那么就大错特错了。此类战略大错的根本原因,当然,这也是将夺取制海权作为最优先目标的根本原因大致在于,夺取制海权意

---

① Naval Warfare, p. 43.

过于重大、任务过于艰巨、过程过于复杂、实施过于困难,以至于需要资源、力量和注意力的完全集中而非分散,由此无暇也不可分心他事,必须将其置于压倒任何其他重要目标的最优先位置。[①] 可以推断,如果二者同时并举,本应完全集中于某一类军事行动的资源、力量和注意力将不得不分散和丧失,以至于暂时夺取哪怕是局部性制海权也会险象环生。

那么如何处理制海权夺取和渡海登陆实施这两者关系? 大科洛姆指出,合适的办法应当是将渡海登陆侵袭划分为两个迥然不同的阶段:第一个阶段,集中全部海军兵力实施海上争斗从而获取和确保制海权,将其置于压倒其他任何重要目标的位置;第二个阶段,进行渡海登陆。[②]

总之,在大科洛姆那里,制海权须臾不可或缺。如果套用他不那么适切精准的话说,"夺取制海权"应当是"目的(the end)而非实现其他目的的手段(the means to an end)"。[③]

海上争斗:夺取制海权的唯一途径或者手段

如何夺取制海权? 大科洛姆提出,夺取制海权的唯一途径或者手段在于海上争斗。一方制海权若需得到另一方心悦诚服的承认,须经双方全部海军力量进行"命运攸关"的较量来争夺之。[④]

他认为,夺取制海权,就其本质而言,是进攻性的,而非防御性的,是直接正面而非间接迂回的,是主动出击而非消极应对的,例如"避敌锋芒"、"调虎离山"、"避敌就虚"等,通过规避敌国海军或者诱使其远离目标海域而非与之进行海上直接对决来夺取制海权的努力都是徒劳无益的。[⑤] 此外,侵袭和征服陆地领土这项重大目标的成功到头来大有赖于依凭优势海军兵力痛击敌国海军而非规避之。他指出,伊丽莎白一世女王时代英国著名海军统帅们无不强调海上争斗的

① Naval Warfare, p. 93,245.
② Naval Warfare, p. 139,410.
③ Naval Warfare, pp. 138 – 139,p. 184.
④ Naval Warfare, p. 243.
⑤ Naval Warfare, p. 210,217,242.

至关重要性。另外,17世纪三次英荷战争中,英国和荷兰的海上优势同海战结果紧密相关。不仅如此,歼灭对手海军主力并不够,只要被击败的海军尚未被完全摧毁,例如有"存在舰队",那么仅仅数场海战胜利还不足以确保完全的制海权。这三次英荷战争中,尽管英国和荷兰各自都取得了海战胜利,然而它们事实上仍保持相当的海军实力,和平缔结之时,制海权争夺远未结束。

总之,夺取制海权需要"正面交锋、决战决胜、灭敌殆尽",唯有通过数次对决消灭敌舰全部或者完全封锁敌舰军港,方可夺取制海权,海上争斗将制海权赋予最终取胜者。

登陆侵袭、跨海远征成功的必要条件或者要素

如先前所述,大科洛姆指出,夺取制海权应当是最根本和最优先目标。同这项制海权观念相连,他提出了成功登陆侵袭、跨海远征的条件或者要素。他指出,成功登陆侵袭需要具备以下条件:牢不可破的制海权、海军和陆军的互相协调和合作、足够充足的陆军人数、物品和人员的补给。[①] 第一项必要条件或者要素——制海权牢牢在握无疑头等重要,海军确保拥有不受任何威胁和挑战的制海权,负责输送陆军渡海和掩护其登陆,可见此时海军是主攻力量,然而一旦成功登陆,陆军便取代海军成为主攻力量,而海军则退居次要地位。除了继续牢牢掌握制海权以外,海军还要协助陆军进攻,例如炮轰对手阵地,并且从海路为陆军提供源源不断的物品和人员补给。可见,在确保完全拥有制海权前提下,为了成功实施登陆侵袭,这些其他条件或者要素也是绝对必要的。

首先是牢不可破的制海权。在大科洛姆那里,跨海远征的成败首先有赖于海战、制海权。唯有完全确保制海权,或曰对海洋的完全控制,亦即直至歼灭对手甚至小股存在舰队之时,方可发动登陆侵袭。相反,劣势海军并无完全的制海权,除了规避强敌以外别无他策,其发动的登陆侵袭也必遭失败。

他如此写道:如果任何跨海远征的成功并未依赖自己海军力量,而是指望敌手并无情报或者某种程度上并无准备未及时动用足够的海军(救援),那么这是

---

① Naval Warfare, p. 294,296,318.

何等的不牢靠。① 大科洛姆认为,如果海上力量足够强大,海军兵力足够宽裕,为了成功登陆,可以如此分兵:调拨一支兵力对付和挫败对手可能前来救援的海军舰队,确保制海权牢牢在握,而与此同时动用另一支兵力掩护陆军实施登陆。可见,这两支兵力的作用和职责简直如此泾渭分明。他还指出,如果海军兵力不够充足以至于无法分兵时,那么不应发动跨海远征,其原因在于制海权受到威胁或者挑战时实施此类行动往往注定失败,除非奇迹出现。毕竟在大科洛姆看来,不掌握制海权,一国至少近乎无法计划实施侵略,除非可望从被侵略国国内得到襄助。不仅如此,但凡无法保护本国海岸免遭海上之敌攻击的国家也近乎无法袭击别国海岸。总之,大科洛姆认为,唯有完全掌握制海权的国家,只要不切断自己登陆大军同海上交通线的联系,它发动的登陆侵袭、跨海远征才会趋于成功。相关史例昭然可见:尽管拿破仑的陆上大军势不可挡,但他的舰队在阿布基尔海战中毁于从直布罗陀驶入地中海的英国舰队,远征行动遂因海上供应线被切断而破产。

其次还有其他必要条件或者要素。大科洛姆指出,除了牢不可破的制海权外,成功的登陆侵袭、跨海远征还有赖于海军和陆军的互相协调和合作、足够充足的陆军人数、物资与人员的补给。大科洛姆将海军和陆军应有协调和合作确认为成功登陆侵袭的另一项重要条件。在完全拥有制海权的情况下,海军不仅要将陆军部队投送上岸,使之攻城略地以外,还要富有成效地配合陆军攻破城池。此外,登陆实施陆战的人数必须足够充足,同肩负的使命任务相称。物资与人员的补给当然也是不可或缺的条件或者要素,否则登陆部队在后勤方面会大为吃紧。②

---

① Naval Warfare, p. 362.
② Naval Warfare, p. 365.

三、科洛姆兄弟海洋战略思想的理论贡献与实践影响

科洛姆兄弟海洋战略思想的理论贡献与实践影响是毋庸置疑的。英国维西·汉密尔顿(Vesey-Hamilton)上将曾经公开宣称:"海权对历史的影响现在是一条为世人接受的原则。然而,我想提醒你们,这条原则由约翰·科洛姆爵士早在1873年提出……我可以说,数年前我在中国舰队(此处指皇家海军中国站)出任总司令时,依据约翰·科洛姆在联合军种防务研究学会发表的那些论文和他兄长菲利普·科洛姆的著述来为舰队制订我们贸易保护计划。尽管马汉上校因其著述而享誉盛名,然而我想指出的是,他是从科洛姆兄弟那里推导出这著述基本原则的。"①不仅如此,国际政治学名家乔治·莫德尔斯基(George Modelski)和威廉·汤普森(William Thompson)在其经典著述《全球政治中的海权,1494—1993》(*Seapower in Global Politics*,*1494—1993*)中提出,"19世纪中期英国海军战略最清晰明了的审视者或许是约翰·科洛姆(他的兄长菲利普·霍华德·科洛姆对于海战也有所著述)"②。

事实果真如此。科洛姆兄弟不仅在英美海洋战略思想史上有其重要地位,而且作为开路先驱改变了联合王国国内整个战略思想趋向,最终也改变了联合王国历任海军部和陆军部主政者的政策与实践,③可以说这不仅为帝国维持其优越海军地位提供了根本的战略指南,并且在颇大程度上影响了英帝国的海军政策,他们无愧于海洋战略大师的显赫称谓。

---

① The Education of a Navy, p. 34.

② George Modelski, William R. Thompson. Seapower in Global Politics, 1494—1993 (Seattle, 1988), p. 8.

③ Imperial Defence and Closer Union, p. 6.

（一）小科洛姆海洋战略思想的理论贡献与实践影响

尽管大科洛姆经常提及他们兄弟二人的海洋战略思想是多么近似甚或一致，然而小科洛姆海洋战略文章（小册子）的撰写，对海军主义的宣讲、鼓吹和倡导远远早于其他海洋战略大师：早在 1867 年小科洛姆便开始鼓吹一支帝国舰队所拥有的巨大战略优势这个重大信条，①紧紧围绕"英帝国防御"这个尚未被论及的大问题，远远早于大科洛姆和马汉，独树一帜地大力倡导同英帝国守护相连的海军主义，认定英帝国首要防御是海军防御，由此最早对蒸汽动力铁甲舰即将盛行这么一个崭新时代，海军在英帝国防御中应有至上地位予以了合乎理性的阐释，从而成为那个时代首位海洋战略著作家，可谓一位开路先驱。不仅如此，小科洛姆关于英帝国战略性问题那绞尽脑汁般思考，为后来海洋战略思想家富有成效地运用历史探究方法预设了一个总体框架。正是在他的战略性思考框架下，也正是在他开启的大辩论中，思想方法上和小科洛姆截然有别的海军史学家们，例如大科洛姆、约翰·劳顿（John Laughton），甚至马汉相继谱写海洋战略思想史并且向公众宣讲，最终纷纷涌现，甚至脱颖而出。②尽管人们不能认为，倘或没有小科洛姆，就没有其他著作家的海洋战略思想，然而仍可毫不夸张地讲，小科洛姆的海洋战略思想确实出类拔萃，并且影响了他往后每一位著名的海军史学家的著述，最起码可以说激发了他们的兴趣，触发了他们的灵感，使他们纷纷开始探究同他相连的海军主义。

从某种意义上甚至可以认为，小科洛姆往后的英美海洋战略思想家是从小科洛姆那里获得某种"启示"，并且在某种意义上"续写"了他的海洋战略思想。撇开小科洛姆谈论那个时代其他海洋战略思想家都是徒劳无益的。小科洛姆辞世后第二天，1909 年 5 月 28 日发行的英国晨邮报提出：

---

① J. E. B. Seeley. Preface, in Imperial Defence and Closer Union, p. v.
② The Education of a Navy, pp. 34 - 35.

"约翰·科洛姆爵士(是)现代英国海军战略之父和英帝国防御先驱。过去40年中,关于这些问题的探究,他那独具慧眼、颇有见地的观点无人可及。和15或者20年以前相比,如果海战及其在守护联合王国和英帝国中的地位的观点更广为流传,那么这主要归功于约翰·科洛姆爵士,在英国,海洋战争的思想家都是他的直接或间接门徒。"①不仅如此,唐纳德·麦肯齐·舒尔曼(Donald Mackenzie Schurman)教授在其名著《一支海军舰队的教益：1867至1914年英国海军战略思想的发展》(*The Education of A Navy：The development of British Naval strategic thought，1867—1914*)中指出,1867年以前,海军史,而非战斗记录,近乎可以说并不存在,而小科洛姆从1867年便开始了有关于此的写作,由此成为最早的一位海军战略著作家。同他那个时代给予海权主题精致思考的其他著作家相比,小科洛姆并不逊色,在战略帝国主义思想家中享誉盛名。②

1. 小科洛姆海洋战略思想的理论贡献

第一,小科洛姆的海洋战略思想具有大战略的宽广视野和眼界。

尽管小科洛姆关注海军,强调海军,然而他并不拘泥于海军,局限于海军,他的头脑中并非只有海军。在他那里,有军事力量的另外一个重要组成部分——陆军,还有政治和外交。例如他承认武装力量或军事有赖于政策或政治;又例如,他要求英国内阁和外交部参与英帝国防务政策的制定。不仅如此,小科洛姆对帝国防御中所有要素都予以审慎明智的考量、对其中每项要素的实有价值和它们之间应当保持怎样比例也予以谨慎稳妥的评估。更为重要的是,小科洛姆关注政治目的甚于军事手段并且主张政治挂帅。这分明是克劳塞维茨式的。尽管小科洛姆在其海洋战略文章(小册子)中并未提及克劳塞维茨,然而他关注战争的政治目的甚于战争的手段并且主张陆海军服从政治领导简直就是重申了克劳塞维茨的这么一种思想! 他作为海洋战略设计者显然有非凡的大战略视野和

---

① Imperial Defence and Closer Union, p. 3.

② The Education of a Navy, pp. 1 - 3.

眼界,这才是一位真正意义上的海洋战略大师应有的视野和眼界。

第二,小科洛姆对制海权予以了理论性界定。

制海权是19世纪末期、20世纪初期盛极一时的"海军至上主义"最核心信条。小科洛姆远远早于其他海洋战略思想家对这制海权予以理论性界定:对海洋的控制恰恰等同于对帝国海上通道的控制、对殖民地这首道防线的保护。

第三,小科洛姆先于大科洛姆和马汉明确意识到蒸汽动力铁甲舰时代,海外基地或者战略要地的重要性有了显著提升。

小科洛姆如此指出,"军舰舰队越是依赖机械动力和人力,那么对于舰队行动而言固定不移的作战基地越有必要,而且这些基地的资源必须越益充沛。因此,伴随海战技术进步,开发战略要地的资源并且有效守护它们的这项必需可能将增强"①。可见,他作为一位海洋战略大师的独特贡献大抵在于先于大科洛姆和马汉明确意识到,19世纪50至60年代木质帆船向铁质蒸汽动力舰船的转变大大提升了海外基地或者战略要地的重要性,由此它们必须得到严密守护。

具体地讲,他强调以蒸汽动力铁甲舰为主力的新型海军对于燃煤的依赖提升了海外基地,例如海军站的重要性等级,使之成为英帝国守护的不可或缺的组成部分。他完全估计到帆船被蒸汽动力舰船全然取代。更重要的是,他看到蒸汽动力舰船无论在什么地方非得有燃煤不可,尤其在紧要关头,一艘没有燃煤的军舰毫无价值可言,无异于一堆废铁,可见燃煤对于海上行动的攻击方和防御方都有价值,分布广泛的供煤站由此显得格外重要,英帝国海上交通线沿线这些供煤站得到彻底有效的保护由此具有头等重要性。"尽管我们因即便是船只动力所需的煤库主要都是我们自己的而感到庆幸,然而我们必须记住,只有保护好这些煤库,使之免遭轰炸摧毁或者袭击夺占,它们才真算是我们的。"②不仅如此,他还指出,铁质船壳易受海水侵蚀和海浪撕扯,和过去

① The Defence of Great and Greater Britain, p. 75.
② The Defence of Great and Greater Britain, pp. 77 - 78.

在倾侧位置上修理木质舰船相比显然费事很多，并且需要更多专业人员予以维修，这使得在海外拥有物资储备充足并且处于战略性位置的干船坞，连同维修人员变得比先前更为重要。

第四，小科洛姆提到和阐释了"作战基地"的重要作用。

小科洛姆提出的"作战基地"意指英帝国的大本营或曰"心脏"，即联合王国，尤其是英吉利海峡。为了避免敌手海军在英吉利海峡夺取制海权从而一举"端掉"这帝国"老巢"并据此捣毁英帝国，他要求英帝国海军力量的部署应当考虑对这一重点区域加以重点保护，这一思想无疑体现了大战略的"战略集中原则"。

第五，小科洛姆关于战时封锁敌港、摧毁敌舰应当先于商业保护的观念近乎成为大科洛姆关于制海权夺取是海战最根本、最优先目标这项提法的理论先声。

小科洛姆提出，战时封锁敌港、摧毁敌舰应当先于商业保护，"在舰队完成这项任务以前，动用海军直接保护贸易的所有想法必须予以摒弃"。

2. 小科洛姆海洋战略思想的实践影响

小科洛姆的海洋战略思想在英帝国海权实践中有其重要影响。依凭纯粹的逻辑论证力量，小科洛姆提出的海洋战略思想和政策主张，连同其他很多重要因素，后来不仅被英国国内各个政党所接受，而且也被陆军和海军所认可。如果从英帝国海权实践方面探究，可以认为小科洛姆海洋战略思想有其重要影响，这影响大抵是两方面的：

一方面，小科洛姆海洋战略思想作为观念本身具有的那种吸引力、影响力和感召力。另一方面，小科洛姆本人的亲力亲为，即在公众场合，例如皇家殖民学会和皇家联合军种防务研究学会频频发表他关于英帝国防御的谈话，其中听众多半是军人，有时高层人物也来参加此类会议，听取小科洛姆的论文宣读。例如1886年5月31日英国陆军元帅主持皇家联合军种防务研究学会的一次会议，听取小科洛姆一篇论文"英帝国联邦——海军和陆军"的宣读。尽管高层人物未必一定是这论文思想或者观念的支持者，然而他们的出现表明他论文所具有的"议题"重要性或者优势，而且他的思想无疑也会引起高层的注意。再例如在英国议会下院,小科洛姆频繁宣讲他的海军主义,比方他反对自由党人关于削减英国海军经费的主张,相反提出保持海军力量的必需。这里特别有必要指出,从1886至1892年、1895至1905年这么两个时间段,小科洛姆在英国下议院担任议员,而正是在这20年期间(从1886至1906年),英国重整海军军备,掀起了造舰狂潮! 必须指出,小科洛姆在公众场合讲演和宣讲,其吸引力、影响力和感召力远非立竿见影,例如他在19世纪70年代发表的谈话,其精要直至1900年才可以在高层人物提出的那类思想里找到。

第一,小科洛姆的海洋战略文章和公开宣讲为最终挫败联合王国国内出现的要塞主义开启了"战端",并且由此改变了英国公众整个思想倾向,也最终变更了英帝国防御政策和实践,使之持续成为真正意义上的海洋帝国。

19世纪中叶往后要塞主义开始抬头的时候,小科洛姆率先出头,独自辩争,在1867年以其《关于我们商业保护和我们武装力量分布的考量》予以坚决反击,这为其他海洋战略思想家纷纷弘扬和宣讲海军主义、与要塞主义积极论争并最终挫败之开启了"战端"。

19世纪60年代,小科洛姆面对的是联合王国国内那夸大敌手海上直接侵袭威胁的战略理论。这理论不仅忽视海上优势信条,而且主张花费巨资修建要塞堡垒和防御工事,严重削弱进攻型陆军部队、阻滞英伦海岛和殖民地为了英帝国防御而实现合作的基础。在联合王国公众还未真正意识到作为"帝国"的防御这项重大问题时,小科洛姆便提出了有关于此的基本观念,与此同时他积极参加公众活动,在公开场合的警示性宣讲息息不止,频频发出"盛世危言",并且不失时机地提出和宣讲他的海军主义信条。为了海军主义主张得到认可、重视和采纳,小科洛姆付出了长期努力,当然他最终也取得了成功,看到了自己毕生孜孜以求倡导的诸多海军主义观念坚定和持久地扎根于英国公众和国务家心中。可以说,小科洛姆的海洋战略文章(小册子)和公开宣讲改变了英国公众整个思想倾向,使得那里的人们开始思考海军和全球性海洋战略,由此也最终变更了海军部和陆军部继任行政官员的政策和实践,并且唤醒了英帝国,使之持续成为真正意义上的海洋帝国。①

这里稍微提及英帝国海军力量急剧扩充。人们可以试想,大英帝国殖民地遍布全球,其海外贸易或者商业业已扩展到全球。为了保护海外贸易,它需要在世界各地建立海军基地。不仅如此,这些海军基地需要得到保护,而且连接这些基地的海上交通线也需要保护。那么如何加以保护?它们需要拥有能够控制各大洋的海军力量。换言之,它们需要更多的舰船和经费。由于小科洛姆的持久努力,连同其他若干或许远为重要的因素(例如军事利益集团和经济利益集团的复合和鼓噪、英国选举制度改革使得选民范围急剧扩展,连同经济萧条)作用下,直至1895年,英国很大部分公众业已怀抱强烈的海军意识,对于海军事务也有着越来越强烈兴趣,而小科洛姆先前坚定主张的海军至上(海军第一)的观念也被他们所接受。更重要的是,英国海军部意识到并且接受了经他弘扬的海军主义信条。英国海军部长普雷蒂曼曾经在英国议会下院曾经指出,"大不列颠计划在海军造舰中保持领先而非尾随地位"。相关事实昭然可见:自19世纪八九十年代开始,英国海军节节扩充。到了1905年,海军、舰队在英国民众心理、国防预算中确立了不可撼动的位置,得到了财政的大力支持。现时代的人们可以相当清晰地看到,加强英国海军力量的"双强标准",亦即"英国的海军力量应等于或者大于世界上两大次强海军总和"的海军扩军法案,正是在那个时候被提出和大致接受,并且在1889年3月被英国政府决定采用。

如果考察英帝国后来的防务政策,可以发现它的政策根基显然类似于小科洛姆早在1867年提出的帝国防御基本观念。从某种意义上可以说,小科洛姆的这类观点最终主导了英帝国防务思想领域,对于英帝国防御做出了重要贡献。尽管将英帝国防御政策的巨大变更归结于小科洛姆一个人显然过于夸张,然而他的很多挚友和门徒认为他在这方面确实做出了重要贡献,小科洛姆一个人朝着这个目标做出的很大部分努力必须予以充分肯定。

---

① Imperial Defence and Closer Union, p. 6.

第二,小科洛姆关于英帝国殖民地和联合王国共同防御、联合防御的观念为英帝国所有组成部分更为紧密的实行海军防御提供了重要启示。

小科洛姆大致意识到联合王国作为海岛国家在规模方面必不可免的局限性,由此要求英帝国大小殖民地和联合王国共同承担防御重任,例如为庞大的英帝国海军建设提供资源。1909 年英帝国会议上,英帝国海军部说得如此直截了当:"如果英帝国所有组成部分拿出资源提供给英国海军,那么(英国海军)权势可以实现最大化。"作为这会议的一项结果,英帝国殖民地,例如加拿大、澳大利亚、新西兰和南非,都或多或少地有所贡献,增加英帝国海军总的资源储备。例如,1884 年英国成立帝国联邦联盟,试图强化英帝国内部各殖民地之间政治纽带,而小科洛姆则正是这联盟的一位缔造者;又例如,19 世纪末期开普议会已经认可了(殖民地和联合王国)共同承担帝国海军防御义务原则,永久性地为帝国防御出力尽力。

(二) 大科洛姆海洋战略思想的理论贡献与实践影响

伦敦大学国王学院军事学主讲人 M. E. 霍华德(M. E. Howard)在《新编剑桥世界近代史第 11 卷:物质进步与世界范围的问题:1870—1898 年》第八篇章"武装力量"中指出:朱利安·科贝特关于马汉的《海权对历史的影响》将海军史首次建立在哲学基础之上的论断有失公允。霍华德认为,(科贝特的论断)对于在科贝特本国正在发展的思想,特别是海军少将菲利普·科洛姆的思想来说是不公正的,科洛姆的《海战》这部有分析性的伟大著作与马汉的名著同时问世。[①]不仅如此,连马汉本人在其《海军战略》(*Naval Strategy*)中列举海军战略著述时仅提大科洛姆一人:"当时我说:'自 1886 至 1888 年我实际居留此地期间以及其后的四年中,我一直向国内外主要的陆、海军军事图书销售商索取图书目录,

---

① [英]F. H. 欣斯利编:《新编剑桥世界近代史第 11 卷:物质进步与世界范围的问题:1870—1898 年》,中国社会科学院世界历史研究所组译,中国社会科学出版社,1999 年,第 311 页。

并仔细查阅其内容……在这一讲话中我毫未涉及海军战略;因为,除了1890年出版的科洛姆所著的《海战》一书之外,尚无正式论著,只是偶尔有些论述文章散见于报刊之上。"①

1. 大科洛姆海洋战略思想的理论贡献

第一,关于海洋战略思想和海战史研究,大科洛姆使用历史归纳法。

在思想方法上,大科洛姆使用历史归纳法,对海战及海战的若干原则予以历史考察和探究。在这方面,他的《海战》做出了首次重要尝试,这在方法论上有着重要意义。不仅如此,大科洛姆注重新近的历史经验对于他理论的检验或者验证,并且伴随海洋战略实践的推进,不断修正他的思想和理论。

第二,大科洛姆肯定了蒸汽动力时代海洋的重要价值和海军对陆军的这一经典范式。

海洋被先前伟大的思想家,包含海洋战略思想家予以高度重视。然而在蒸汽动力时代,伴随蒸汽机和铁路的问世,人们难免心存疑问:同陆地和陆军相比,海洋和海军还有那么重要吗? 大科洛姆肯定了海洋的重要价值和海军对陆军的这一经典范式,并且提出了海军对陆军的优势。他如此指出,"走陆路运输和补给全然不可与走海路同日而语且与之相争……即便同蒸汽船只相比,铁路火车的速度更快……然而铁路也必须修筑;海洋总是宽阔无垠,并不像陆地那样受到限制"②。

第三,大科洛姆关于海战最初浮现、愈益形成和最终成型的思想有其重要理论意义。

海战的雏形大致溯源于古希腊和罗马时期。在那个时代,争夺制海权多半在近海沿岸或者狭窄海域通过海上决战展开。在大科洛姆看来,这些海上决战远非严格意义上的"海战"。大科洛姆关于海战最初浮现、愈益形成和最终成型的思想有其重要理论意义。

---

① [美]艾·塞·马汉著:《海军战略》,蔡鸿幹、田常吉译,商务印书馆,1994年,第13页。
② Naval Warfare, pp. 254 - 255.

事实上,15世纪以前,并未被大科洛姆确认和界定为"海战"的海上交战和陆战非常相似。在那个超长时代,舰船要么是橹桨推动力——划桨船,要么是风帆推动力——单层甲板大帆船,要么是橹桨推动力外加风帆推动力。划桨船机动灵活,交战之时,讲求船舷相交:它们互相接舷以后,船上士兵和水手才猛冲过来,以刀枪和长矛逼近对打,互相砍杀,进行肉搏,有如争夺海上城堡或者堡垒那般。划桨船的好处还不止于此:靠装置一个撞角,并且渐次达到划行全速,它能实际撞沉另一艘船,而那是一艘结实得足以承受撞击的木质帆船做不到的。然而划桨船和单层甲板大帆船作为战船有其严重缺陷。它们无法在天气恶劣时留在海上,也不能一次离开补给港口几天以上,因为使它们能在平静的水面快速行驶的船体样式——长但浅而窄,单甲板且平底,剥夺了大量士兵和水手饮食供给所需的装载空间,而且以撞击速度划行就需大量水手,由此它们并不具有远洋航行能力,更遑论实施和完成航海大发现、大探险这类宏大使命。不仅如此,它们组成的海军从来不是自主的战略工具,仅仅是陆军的延伸,或者更准确地说是其"伙伴"。这帆船舰队的近海一翼通常与相伴陆军的近岸侧翼挂钩,它与陆军"共生":陆军携给养推进,进至帆船可得补给的位置。

可以说,划桨船和单层甲板大帆船都不是大科洛姆界定的那类远洋海船,它们后来被不那么依赖陆地后勤补给的木质帆船取代。不仅如此,这类木质帆船可以带够足以在海上航行许多个月的补给,由此续航时间长久,作战航程长远,它可以远离基地,早在1520年,已绕好望角航行的葡萄牙战舰就能在印度西海岸外与一位地方统治者的舰队交战,并且击败之。大科洛姆所说的"能够驰骋海洋、远航外海的舰船"最终出现。

大科洛姆提出,海战的"最初浮现"大致在16世纪中叶,因为正是从16世纪起,大炮木质帆船开始行使对海洋的控制。他界定的严格意义上的"海战"分明是风帆推动力和蒸汽推动力时代的"海上交战"。这类交战和陆战截然有别。无论是风帆推动力抑或是蒸汽推动力,舰船都可驰骋大洋、远洋航行,船上还安装有重炮,舰船攻击性、毁伤力由此大大提高。不仅如此,在海战中,两舰互不接触,相打即可,无须船舷相交。还有,在海战中,由于舰船两舷都安装了火炮,可以先用其一舷全部炮火向敌舰或其他攻击目标予以射击，然后调转船头，再用没有开火的另一舷火炮射击，由此一个编队甚或整个舰队的队形只好都排成一列，是为"战列"队形。

如果人们起草一份"15场决定性海战"的清单，除了公元前480年萨拉米斯海战以外，其余14场，从16世纪的勒班陀海战(1571年)和无敌舰队海战(1588年)，到17、18、19和20世纪的奎贝隆湾海战(1759年)、弗吉尼亚角海战(1781年)、坎普尔顿海战(1797年)、尼罗河口海战(1798年)、哥本哈根海战(1801年)、特拉法加角海战(1805年)、纳瓦里诺海战(1827年)、对马海战(1905年)、日德兰海战(1916年)、中途岛海战(1942年)、三月护航船队海战(1943年)和莱特湾海战(1944年)，显然都是发生于大科洛姆界定的那严格意义上的"海战"时代。

第四，大科洛姆早于马汉提出了海上争斗(海上决战)的重要性。

大科洛姆提出，夺取制海权的唯一途径或者手段是海上争斗，海上争斗将制海权赋予最终取胜者。可见，马汉后来在其《海军战略》中提及的海上决战的重要性、商业袭击战的无效无非只是重申了大科洛姆的这项论断，尽管马汉使用了与"争斗"含义存有很大区别的"决战"术语。

第五，大科洛姆关于制海权观念有其重要理论意义。

众所周知，马汉是"制海权"论集大成者，深信国家权势兴衰的"秘诀"就在于"控制和失去海洋"，亦即拥有或丢掉制海权。然而在这方面，大科洛姆与其难分伯仲，强调制海权对维持英帝国这个海洋性商业大帝国、对保持英伦海岛相对于欧陆强国的地缘政治优势有重要作用，由此独创性地提出了在马汉那里同样得到非常系统表述的很多带有理论意味的重要结论。

大科洛姆指出，夺取制海权是海战的最根本和最优先目标。海战当然可以有多项重要目标，例如制海权的夺取、海上劫掠的实施、从海港驶入公海自由的确保、对沿岸航运的保护和对入侵的防御等，然而在他看来，制海权的夺取尤为根本，应被置于头号重要地位。不仅如此，在他那里，海权的若干基本因素——无论是海军、海外贸易，还是殖民地，它们都是国家实施对海洋控制，亦即制海权的手段,而非目的。换言之,他强调制海权本身就是目的。

在大科洛姆看来,如果没有制海权,英帝国可能什么都没有。后来很多范例证明了这项基本判断。例如,1915年5月英德日德兰战役后,英国海军获得了制海权并且对德国予以海上封锁,德国海军舰队被紧紧困在自己的基地动弹不得。然而德国对英反封锁获得了较大成功,靠的是它迅速膨胀的潜艇舰队,及在1917年采取了一种不予警告就击沉的政策。当然,握有制海权的英国海军回到18世纪的做法,即为结队航行的商船护航,其成效最终遭到抑减。又例如,一战期间,协约国和德国在法国境内西线鏖战、恶斗,那时法国人斗志消沉,英国人严重受挫,然而一支美国的生力军依靠英国海军制海权的保护,安然横渡大西洋以足够数量抵达战场,大为改变那里的"胶着"、"死结"局面。

2. 大科洛姆海洋战略思想的实践影响

和小科洛姆类似,大科洛姆的著述改变了英国公众整个思想倾向。不仅如此,他本人亲力亲为,即在公众场合,例如皇家联合军种防务研究学会宣读他的论文,并且与陆军军人提交的对应论文互相交锋、互相论战。此外,他还撰写论文,竞评此类研究学会组织和颁发的论文奖,他获得1878年的海军论文奖——《如何最优化增进大不列颠海上力量》便是一个杰出范例。所有这些努力使得大科洛姆的海洋战略思想在列强海权实践方面——无论是英帝国,还是俄国和后来苏联的海军建设都具有重要影响。当然,很难说大科洛姆的影响到底有多大,毕竟在他那个时代,海军主义鼓吹甚嚣尘上,大科洛姆和其他海洋战略大师都是非常重要的旗手和推手。但无论如何,仍可以最笼统地讲,大科洛姆及其追随者促使人们开始思考海军和海洋战略。不仅如此,他持有并经由他展示的、对于英帝国安全和繁荣及英帝国"老大"地位维持有至关紧要意义的海军政策后来被逐步和愈益广泛地接受,由此从某种意义上可以说最终变更了英帝国海军部和陆军部防务规划者的政策和实践,从而唤醒了英帝国,使之持续成为强大的海洋帝国。

大科洛姆认为制海权是英帝国的一大法宝,是帝国安全和巨量财富的根本保障，而且没有牢不可破的制海权，成功实施登陆侵袭、跨海远征无从谈起，由此而来的一项必然推论是制海权是决定所有海洋事业成败之根本。他还提出海战的最根本、最优先目标是夺取制海权，而夺取制海权的唯一途径或者手段在于海上对决，亦即主力舰队的"总决斗"——一两场命运攸关的根本较量。关于同制海权夺取和海战较量紧密相连的海军，大科洛姆提出，巡洋舰、鱼雷艇和潜艇的作用充其量是辅助性的，只能是战列舰的补充，因为集尽可能强大锋利的火炮、宽阔稳定的船身平台、必要的装甲和较快的航速于一体的舰船只能是战列舰，各国海军力量的对比，终究是以大型战列舰来计算的。美国、英国、日本和其他列强深受大科洛姆（当然还有马汉等其他海洋战略思想家）海军和制海权观念的重要影响，由此以战列舰为核心的"大舰巨炮主义"和舰队"总决战"或"大决战"思想成为上述海军强国的金科玉律。例如，19世纪和20世纪之交，德国以准备海上大决战的架势掀起了造舰狂潮，挑战英帝国的制海权。

可以认为，在大科洛姆集中努力，连同其他若干或许更重要的因素（例如军事利益集团和经济利益集团的复合和鼓噪、英国选举制度改革使得选民范围急剧扩展，连同经济萧条）的"联合"作用下，自19世纪八九十年代开始，英帝国大力建造昂贵的主战舰，帝国海军节节扩充。例如，80年代末英国通过了"双强标准"；又例如，1889年英国通过了海军防务法。它表明英国决意耗资2150万英镑实行一项海军建设计划，要在往后3年内建造10艘战列舰［其中8艘是新型的"君主"(Sovereign)号级，吨位超过14 000吨，是当时世界上最好的战列舰］，以及9艘大型巡洋舰和33艘较小的巡洋舰。大科洛姆没有活着看到1905年朴次茅斯的皇家军舰"无畏号"(Dreadnought)的龙骨铺置，那是一艘18 000吨的战列舰，令所有舰只统统过时。

不仅如此，大科洛姆的海洋战略思想得到大陆性国家，例如俄国、德国、法国和瑞典的关注，尤其在苏俄和苏联那里倍受重视。苏俄和苏联海军战略、理论与实践的杰出研究者罗伯特·韦林·赫里克(Robert Waring Herrick)在其1988年出版的《苏联海军理论和政策》(Soviet Naval Theory and Policy)中指出，苏俄和苏联的历史学家—战略家(historian-strategists)对于大科洛姆著作予以了格外关注。赫里克那细致入微的研究和发人深省的思考大致显示,对于大科洛姆著述,苏联作为位于心脏地带的大陆性国家而非海洋国家要比 20 世纪西方强国远为热衷、远为认真。迟至 1953 年,大科洛姆得自历史探究的关于制海权的经典观念被斯大林的批判者们细致研读。[1] 可以推断出这无疑对苏俄和苏联的海军建设有重要影响。

---

① Barry Morton Gough, "Notes on Sources and Acknowledgments", in Naval Warfare, its ruling principles and practice historically treated, pp. ix - x.

科贝特

制海权理论先驱[①]

朱利安·斯泰福德·科贝特(Sir Julian Stafford Corbett，1854—1922)，英国军事理论家，也是公认的英国最伟大的海洋战略家。

在剑桥大学获得法学学位后直到 1882 年，科贝特一直从事法律工作，这段职业生涯直接影响了科贝特的学术风格，即从"历史实证中求结果"。此后曾在牛津大学和皇家海军学院讲授历史课，后任英国国防委员会历史部主任，从事海军历史研究。1917 年，被封为爵士。1922 年 9 月 21 日，在苏塞克斯郡逝世。其有关战争史和海军学术方面的著作，主要论述 16 世纪末至 19 世纪初帆船舰队的战斗活动，赞同阿尔弗雷德·赛耶·马汉和菲利普·霍华德·科洛姆的海权论观点，认为海军在战争中起主要作用，并断言掌握制海权和控制海上交通线是取得胜利的条件。还提出一系列新的海上作战原则，主张在总决战前采取防御战略；对敌岸实施远距离封锁；以辅助兵力进行小型海上作战等。

科贝特的海洋战略思想主要集中于《海军战略的若干原则》之中，而该书也使其跻身世界级战略学家的行列，其学术价值堪与马汉《海军战略》相匹。格林威治皇家海军学院对他的评价是，科贝特对海战理论的研究成果，使其跨入世界著名战争理论家的行列，并可与克劳塞维茨并驾齐驱。温斯顿·丘吉尔在对比科贝特与马汉的战略著作时，认为马汉的海权论是本标准的著作，而科贝特的著

① 作者简介：郑雪飞(1974—)，河南南阳人，2002 年毕业于南京大学历史系国际关系史专业，获历史学博士学位。河南大学教授，主要研究领域为国际关系历史与理论。主要科研成果有《战时中立国海上贸易权利研究》、《贸易政策的国内政治分析》、《对近代主要国家海上安全环境的解读》等。

作则是最佳的论述。

然而,科贝特的主要思想形成之时正是马汉思想风靡全球之日。马汉理论的耀眼光芒大大掩盖了科贝特的光辉。但随着马汉理论在现实的校验中面临越来越多的疑问,科贝特的海权理论最终受到人们的重视。科贝特能够清醒地认识到海权的优势和劣势,并根据海洋国家的基本特点创造性地提出以有限战争为代表的慎战理论,这不仅需要敏锐的战略眼光和卓绝的政治智慧,而且也要有敢于挑战传统、正视非议的胆略和勇气。尤其是在空权等因素对海战模式及理论的冲击下,后冷战时代重温科贝特的思想将受益匪浅。

1815 年以后世界进入"不列颠治下和平"(Pax Britannica)时代,英国实际控制着海洋,全世界似乎都视英国海军在世界各大洋执行警察任务为理所当然。但到 19 世纪下半叶,资本主义世界的工业化浪潮使英国在经济技术领域的领先地位悄然发生变化,以蒸汽铁甲舰为代表的世界舰船制造技术使英国海军进入转型期。当后起的帝国主义国家——美国、德国、日本逐步显示出其军事潜力时,英国学者开始关注帝国安危,潜心海军理论和海洋战略研究。[①] 其中堪与美国的 A. T. 马汉齐名的除了科洛姆兄弟(John Colomb & Philip Colomb)之外要数朱利安·科贝特爵士(Sir Julian Stafford Corbett)。

一、科贝特生平与主要著作

(一) 科贝特生平简介

朱利安·科贝特于 1854 年生于英格兰南部一个富庶家庭。从剑桥大学获得法学学位后,他选择律师行业,直至 1882 年,这段求学和职业生涯对科贝特从事海军学术研究产生了重要影响。在后来的著述中,科贝特经常引用法律术语

---

① 钮先钟:《西方战略思想史》,桂林:广西师范大学出版社,2003 年,第 375 页。

和法理逻辑来阐释战略原则的基本原理,其严谨细致的学术风格,也明显带有律师从"历史实证中求结果"的鲜明特点。"科贝特所受的法律训练及其思维模式,使他更加乐于与敌斗智,而不愿与之斗勇。"①1882 年之后在游历世界中,他领略到英国皇家海军的实力和影响力,这使他对海军历史和战略产生浓厚兴趣。之后开始从事写作,1889 年他发表了关于海军上将乔治·蒙克(George Monk)和弗朗西斯·德雷克爵士(Sir Francis Drake)的真实题材小说,其历史分析能力得到了世人的欣赏。

1893 年,英国海军组建了"海军史料学会"(Navy Records Society),海军历史学家约翰·诺克斯·劳顿教授(John Knox Laughton)将约翰·科洛姆兄弟等当时英国一大批从事海军史研究的优秀人才招致麾下,负责编撰出版英国海军历史文件。受劳顿的邀请,1896 年科贝特开始编一部关于 1585—1587 年西班牙战争的文献,这是他作为海军历史学家,并最终成为"无畏战舰"年代英国海军部非正式的历史顾问的起点。在英国海军史料学会任职期间,劳顿和科洛姆的历史研究法、整体安全观以及对海陆联合作战的关注,对科贝特产生了重大影响。

由于对伊丽莎白时代特别感兴趣,他的第一部历史著作就是写的那个时代。1898 年,科贝特出版了他的第一本著作——《德雷克和都铎王朝的海军:英国作为海上强国崛起的历史》(*Drake and the Tudor Navy*),这部著作中的不少主张使得科贝特被置身于"海军历史学家的前列"。1900 年他出版了《德雷克的继承者》(*The Successor of Drake*),这两本书对英国历史上的海上战争和联合作战都有颇为独到的见解。

1902 年,科贝特受邀为格林威治皇家海军学院讲师,主要讲授海战课程(naval war course),从而开始了他的海军战略理论研究。其作战训练班主任(Director of the War Course)梅上校(Captain W. J. May)允许科贝特自由选择教材,但必须以战术和战略为重点。梅上校认为"课程内容必须现代化,以使从

---

① 转引自付征南:《略论朱利安·科贝特的海洋战略观》,载《国际政治研究》,2008 年第 4 期。

其中所归纳出来的教训可以应用于今天的战争",这也使得科贝特的理论研究更加偏重于指导实践。梅上校的继任者斯雷德上校(Captain Edmond Slade)与费歇尔海军上将关系极为密切,对于联合作战深感兴趣。斯雷德促使费歇尔扩大战争班,并提升了科贝特的地位。斯雷德认为只让科贝特去教四五十个学员实在是大材小用,他应该协助海军参谋总长建立一个咨询机构,其任务是对一切战争问题做有系统的独立思考,而不受海军部例行公事的干扰。① 1905 年科贝特成为英国海军部非官方的战略顾问。

1906 年,科贝特开始系统研读克劳塞维茨的《战争论》,并对书中战争与政治之间的关系以及有限战争等理论观点表现出了浓厚的兴趣,但也对克氏理论过于局限于陆战而忽视海洋因素的缺陷进行了批判。科贝特指出:"很明显,克劳塞维茨的理论虽然博大精深,意境深远,但他却并未完全领会其理论的重要意义。他的观点完全是大陆性的,陆战的缺陷使其所确立的战争原则并没有得到进一步的延伸。"在此基础上,科贝特结合英国的海战历史,对克劳塞维茨"战争是政治的继续"以及由此引申而来的"有限战争"(limited war)概念进行了进一步的补充和完善,而这也成为其海洋战略理论部分内容的雏形。

科贝特从事战略教学与研究工作直到 1914 年为止,在英国海军中有许多高级军官都曾受其教诲。科贝特通过全面严谨的研究所得出的思想和观点,展示了自己在战略研究领域的能力,在研究过程中,科贝特坚信海战的经验和战略在风帆时代和铁甲舰时代是相联系的。

在此期间,他完成了四部权威著作,其中包括历史著作《英国在地中海》(*England in the Mediterranean：A Study of the Rise and Influence of British Power within the Straits，1603—1713*)和《七年战争中的英国》(*England in the Seven Years War：A Study in Combined Strategy*)。此外,他又为海军史料学会编辑了三套学术性的资料集。其中 1905 年出版的《作战指令》(*Fighting Instructions，1530—1816*),和 1908 年出版的《通信与指令》

---

① 转引自钮先钟:《西方战略思想史》,桂林:广西师范大学出版社,2003 年,第 405 页。

(*Signals and Instructions*，1776—1794)，对风帆时代的海战演进过程的研究都是必要的资料来源。

科贝特在1911年出版了其经典名著《海洋战略的若干原则》，这本书的雏形常被称为"绿色小册"(The Green Pamphlet)，这本手册正是在斯雷德上校的坚持和指导下才得以整理成书(1906)。它反映了科贝特和斯雷德两人对于两栖战争和克劳塞维茨理论的兴趣。正如海军学院历史学教授兰福特评论说:"科贝特对海战理论的研究成果，使其跨入世界著名战争理论家的行列，并可与克劳塞维茨并驾齐驱。"[1]

1914年科贝特被授予皇家部队联合研究所(Royal United Services Institution，简称RUSI)的最高奖——切斯尼金质奖章(Chesney Gold Medal)，以表彰他在军事科学研究领域的杰出成就;1917年科贝特被授予爵士位。

科贝特在海军历史和海军战略领域的著作为他成为19世纪末20世纪初英国著名的海军历史学家和战略学家奠定了基础，他在海军领域的研究成果促进了英国皇家海军在当时的改革。他的经典著作《海洋战略的若干原则》到现在也是研究海洋战略的经典著作。科贝特是费歇尔的好朋友和忠诚的支持者。科贝特以海军和海战为研究的出发点和目的，试图影响海军当局。科贝特向海军将官们传播他关于有限战争和防御战略的观点，但他的观点与当时人们所接受的海军理论和战略形式有很大的不同。

但是作为英国海军部高级顾问的科贝特对于官方政策究竟有多大的影响力还是很难断言。[2] 时任海军大臣的丘吉尔在对比科贝特与马汉的战略著作时，认为马汉的海权论是本"标准的著作"，而科贝特的著作则是"最佳的论述"。[3] 一战前，在费歇尔的邀请下，科贝特出任英国海军部的高级顾问，他的思想和观点对一战前后英国海军战略的制定产生了潜移默化的影响。受时代条件的限制，科贝特的某些观点(如反对大力兴建主力舰，反对海军中心主义，以及主张采

① 付征南:《略论朱利安·科贝特的海洋战略观》，载《国际政治研究》，2008年第4期。
② 钮先钟:《西方战略思想史》，桂林:广西师范大学出版社，2003年，第411页。
③ 付征南:《略论朱利安·科贝特的海洋战略观》，载《国际政治研究》，2008年第4期。

取"战略防御"的方式来达到"不战而屈人之兵"的目的),不仅与当时英国海军的主流观点相反,还触动了海军某些集团的利益,在英国海军内部引起了严重的分歧。这些分歧,加之战略推行过程中的失当,科贝特的理论在实践过程中并没有取得预期的效果。达达尼尔海峡之战①的失败、1916年日德兰海战中初战失利,使科贝特遭到极大的非议。日德兰之战②后,丘吉尔撰文替他自己在战争初期所采取的海军政策辩护(当时丘吉尔为海军大臣,费歇尔为海军参谋总长),就引用的是科贝特的著作③。对此,英国海军内部的激烈争论直到第一次世界大战结束之后仍持续不断。这使科贝特很难置身事外。尽管1914年第一次世界大战爆发后,他进入英国帝国防务委员会,负责编纂官方的海军史,但在其书《海上

---

　　①　达达尼尔海峡战役:在第一次世界大战期间,英法联军于1915年2月19日—1916年1月9日实施的一次战役。此次战役目的是,控制达达尼尔海峡和博斯普鲁斯海峡,占领土耳其首都君士坦丁堡(伊斯坦布尔),迫使土耳其退出与德国联合的战争。战役计划不周、准备不足、陆海军协同不力、低估土军战斗力等是英法联军失败的主要原因。战役的直接后果是保加利亚加入同盟国,英国海军大臣丘吉尔辞职。英法联军统帅部低估了敌方的防御能力,忽视了战役准备的隐蔽性和第一批登陆兵登陆的突然性;第二批登陆兵登陆又过于迟缓,使敌方在此之前建立了强有力的防御。德土统帅部巧妙使用陆军、海岸炮兵和抗登陆水雷障碍,以及德国舰队在海上交通线上的有效作战,都是英法在达达尼尔海峡战役中失利的主要原因。达达尼尔海峡战役经验迫使人们重新探讨有关准备和实施攻占海防筑垒地域的方法,制订出准备和实施登陆战役的新方法。英法联军唯一成功的是,他们在撤退时无一伤亡,堪称杰作。

　　②　日德兰海战(Battle of Jutland,德国称为斯卡格拉克海峡海战,1916年5月31日—6月1日)是英德双方在丹麦日德兰半岛附近北海海域的一场海战。这是第一次世界大战中最大规模的海战,也是一战中交战双方唯一一次全面出动的舰队主力决战。海战结束后,交战双方都宣称自己是胜利者,以至于如何评判它成了世界海战史上的一段著名公案。就战术而言,德国人的确是这场海战的胜利者。1918年年初,贝蒂在海军部的一次会议上说,"现在必须认为,德国的战列巡洋舰中队的确比我们的优越"。然而就战略而言,德国海军没能打破英国的海上封锁,全球海洋仍然是英国海军的天下,德国大洋舰队困在港内,仍然是一支"存在舰队"。英国损失的舰只,凭着强大工业经济力,很快得到补充,正如美国《纽约时报》所评论的那样:"德国舰队攻击了它的牢狱看守,但是仍然被关在牢中。"但就海战理论来看,很难说日德兰海战的结果是印证了还是驳斥了科贝特的理论。

　　③　整个一战过程中,英国海军部内部围绕"护航"、"战略防御"、"兵力的集中与分散"一直存在争议。例如杰利科因为采取防御性的转向而遭到批评,他努力采取其他的反潜措施、反对商船进行护航是他被首相大卫·劳合·乔治解职的主要原因。相反更倾向于在对德国进行的重大海军行动中大胆使用无畏战舰和护航制的贝蒂则得到首相的支持。至于丘吉尔,在战争初期支持并推动汉密尔顿的远征达达尼尔海峡计划,这一计划过于冒险、失策、运输困难且分散使用英国皇家舰队而遭到很多人(包括费歇尔)的反对,达达尼尔海峡战役的失败使丘吉尔暂时退出历史舞台。

作战:依据官方文件的一战史》(*Naval Operations:History of the Great War Based on Official Documents*)出版时,英国海军部却于 1923 年发表声明指出其中所提倡的若干原则与官方意见直接冲突。不过,此时科贝特已经在一片质疑与争议声中辞世(1922 年 9 月 21 日),没有机会阅读那份声明,然而他在生前就很清楚自己的研究成果与官方的分歧。他的写作旨趣在于研究一战中的英国海军正史,然而写官方历史有一定的局限性,在写作的过程中科贝特还必须要接受偏离历史分析和考察的写作方法。实际上,他的许多写作是建立在不同集团之间的争论,以及不间断的阻挠之上的,虽作为一个"官方历史学家",但研究成果却异于官方意见,此种分歧的阴影伴随他直至 67 岁逝世。

(二)学术背景及主要著作简介

科贝特在剑桥大学主修法律,但他更热衷于历史研究(包括对具体的海战事例的分析),这为他的海洋战略思想研究提供了丰富的素材。

早年的经历使他对皇家海军产生了浓厚的兴趣,对历史经验的重视及对蒸汽铁甲舰时代英国海军实力及地位的忧虑促使他努力发掘历史经验对当时海军所起的作用,并在此基础上思考海洋战略理论,且以此为依据来总结英国在一战中的海上行动。科贝特的研究成果沿着历史研究、理论总结、理论评析的历程逐步得以深化。英国海军的发展历程是科贝特将研究结论用于指导英国海军建设的重要背景。

1. 历史背景:英国海军的发展历程

从 1692 年到第一次世界大战期间,英国海军是世界上最强大的海军,不仅帮助英国成为 18 和 19 世纪的军事及经济强国,也是维持大英帝国重要工具。

在英国,首次使用有建制海上力量的人是韦塞克斯(Wessex)的阿尔弗雷德大帝(Alfred the Great),他派遣舰只抵御北欧海盗的入侵。在伊丽莎白一世时期,海军成为主要的防御力量,并成为英帝国全球扩张的工具。到斯图亚特王朝(1603—1714)时期,查理二世(1630—1685)将海上力量定名为皇家海军。18 世纪,皇家海军与法国海军为争夺海上霸权进行了漫长的斗争,1805 年特拉法加海战(Battle of Trafalgar)之后,整个 19 世纪,皇家海军再未遇到任何挑战。

"和平世纪"(1815—1914 年)是近代英国海军发展的重要阶段,皇家海军维持着所谓英国式的和平,即由于主要欧洲国家间力量平衡而出现的长期相对和平局面,这在很大程度也取决于英国海军的维持和使用。

(1) 1815 年的转型

在 19 世纪相当长的时间里,英国的工业实力世界第一。在 19 世纪后期,即便新兴大国崛起,英国失去了第一工业国的桂冠,但有着庞大殖民地和工业生产能力的英国依旧拥有强大的综合国力。19 世纪到 20 世纪初期,英国海军实力依然独步全球。

特拉法加海战后,英国海军已无对手。1815 年,英国皇家海军调整其建设目标,从建设一支"打不败的舰队"转为一支"敌人不敢冒险进攻的舰队"。

与此同时,海军技术也随着第一次工业革命的完成而得到迅速发展。蒸汽动力和螺旋桨推进器用于军舰使海军行动更加灵活。

(2) 19 世纪中后期的英国海军

从 1815 年到 1856 年克里米亚战争结束,英国海军完成了第一次战略转型。

1853 年克里米亚战争爆发,在战争中海军发挥了重要作用。在海上占据技术和数量优势的英法顺利取得了制海权,并将制海权用于支援陆地战争。克里米亚战争的获胜,使英国海军的全球海洋霸权日益巩固。

19 世纪 60 年代到 80 年代初,普法战争中法国失败,已不再对英国的海上霸权构成威胁。这一时期正是蒸汽螺旋桨舰队大发展的时期,英国敏锐地看到了海军技术发展的巨大作用,在蒸汽舰队的海军竞赛中夺得桂冠。英国凭借其强大的工业实力迅速使海军舰船实现了蒸汽动力化和装甲化。

英国海上实力的急速膨胀和竞争者的相对衰落,使得英国拥有了现实的全球性海洋霸权。欧亚非海域的"五把战略大锁"以及日益密布的航线是其海权的直接体现,也是其海洋霸权的保障。正如剑桥战争史所说:"英国之外所有国家的海军吨位之和,也不及英国海军……英国由于拥有除达达尼尔海峡之外的所有扼守重要海上航线的殖民地而独占鳌头。"

（3）19 世纪末期英国海上霸权地位的动摇

从 19 世纪 80 年代中期开始，美、德两国的工业产值相继超过了英国，但这一时期英国海上实力仍旧是世界第一，由于其他强国海上力量的不断发展，英国海军只能勉强维持"双强标准"，即英国海军实力要大于或等于世界第二和第三海军强国的吨位之和。

但是对英国的海上霸权发起挑战的国家愈来愈多。不仅有从战争中恢复的俄国和法国，新兴的美国和德国，甚至还包括新崛起的日本。其中，德国海上力量的崛起对英国构成了最为直接的威胁，英国被迫集中力量对付德国。为此，1901 年英国放弃了北美海上优势；1902 年放弃"光荣孤立"政策，与日本结成同盟；1904 年与法国结盟；1907 年与俄国结盟；1912 年 3 月，英国大西洋舰队从直布罗陀撤回本土，地中海舰队则撤至直布罗陀驻防。1913 年，英国宣布，皇家海军的首要任务是保卫本土水域。尽管如此，1908 年，英国海军舰艇总吨位大致相当于美、法、德三国之和，战列舰数量超过美国和德国之和。在质量上，英国也在这一时期始终保持领先。19 世纪 80 年代后期，英国在战舰上普及小口径管退式速射炮，并迅速研制出大口径管退式舰炮，作为战列舰的主炮。1893 年，英国"皇权"号战列舰服役，性能优于同时期美、德建造的战列舰。新技术的不断应用，也使得英国在海军军备竞赛中获得先手。1906 年，"无畏"号战列舰服役，从而开启了海军的"无畏舰时代"，跨越式的技术发展使得各国现役和正在建造中的"前无畏舰"完全过时，引领了海军技术革新的潮流，也为英国在海军竞赛中赢得了时间。英国的海军实力无论数量还是质量，都超过其他国家。

值得注意的是，这一时期英国海军虽然主力收缩，但其遍布全球的殖民地依旧有较强的海上力量，世界的主要水道依旧在英国手中。经过两次世界大战，英国海军失去了霸权地位。

2. 主要著作

科贝特学术研究生涯处在英国称霸海上的时代。科贝特的学术研究特点是从历史中得出对现实有指导意义的经验。总的来看，科贝特的代表作包括《英国

在地中海》《七年战争中的英国》《日俄战争中的海战：1904—1905》（Maritime
Operations in the Russo-Japanese War：1904—1905）《特拉法加战役》（*The
Campaign of Trafalgar*），以及其传世之作《海洋战略的若干原则》。

（1）历史著作

科贝特最主要的学术思想体现在其海洋战略领域，且鉴于我们在这里重点
讨论科贝特作为英国海洋战略思想大师的一面，因此，本书只简要列举科贝特历
史著作中的一些结论或观点。

① 历史可以提供原理性的结论。历史是记载的经验，历史的经验价值为许
多政治家、军事家所重视。科贝特在《七年战争中的英国》一书中特别提到魁北
克的征服者沃尔夫对他当年身为下属时所参加的军事活动做了详细的记录和评
论——保存自身经验的记录使他在未来担任统帅的事业中获益匪浅。作为军事
历史学家，科贝特重视历史，重视前人的军事研究成果，善于运用自己对历史资
料的驾驭来阐述、提炼战略原理和结论。

② 在制订一切军事计划中必须正确估计国际形势，并将其作为军事计划的
必要因素。科贝特认为，在七年战争中，英国的行动之所以强而有力，就在于海
军、陆军还有外交等这些因素都掌握在老皮特这个大人物一人手中。尽管他也
曾用过专业顾问，但最后的战略决策仍然由他做出。老皮特对这些方面的情况
进行统一权衡并将它们协调于共同行动之中，使它们相互支持对共同行动发挥
最大的作用。海军军官都应注意国内外形势；海上战略的成效取决于政治家、海
军、陆军等各方面的密切合作。科贝特的这一论点后来成为其战略思想中的一
个必要组成部分。

③ 位置对战争进程具有重要性。交通线及海上焦点地区是科贝特海洋战
略思想中的主要议题。在《英国在地中海》一书中，科贝特通篇介绍了导致英国
进入地中海的诸多偶发事件，并由把其海军以地中海为稳固的基地而使英国成
为地中海的强国；进而又说明了英国优势海军力量于地中海的存在，必然有助于
军队在陆上发挥作用，从而影响战争的总体进程。直布罗陀海峡的战略价值也
是显而易见的。

④ 海权的有限性。科贝特发现,特拉法加战役的直接后果出奇的小,与其形成鲜明对比的是 1806 年拿破仑耶拿之战的胜利直接导致了普鲁士政权的垮台。海权并不能直接推翻一个主要的欧洲国家,但是海权具有独特的消耗能力。应用海权进行经济消耗和战争压制的基本方式就是封锁。

(2)《海洋战略的若干原则》

《海洋战略的若干原则》由科贝特在海军学院的讲稿整理而成。他的讲稿先是被整理为名为"战略笔记"(Notes on Strategy)的文件,又常称为"绿色小册"(The Green Pamphlet),即后来的经典名著《海洋战略的若干原则》(Some Principles of Maritime Strategy)[①]。

① "绿色小册"[②]

"绿色小册"强调海军战略仅为战争艺术的一个整合部分。战争是一种政治关系,武力只是用来达到外交政策的目的,舰队的调度只是手段。

科贝特把战略分为两类:大战略(major strategy)和小战略(minor strategy)。前者也就是战争的目的,现在通用的名词是"grand strategy"。后者为战争的特殊部分,包括陆军、海军以及联合作战的计划作为。海军战略(Naval Strategy)或舰队战略(Fleet Strategy)只是战略的一个分支(sub-division)。

然后,科贝特又把战略分为两种不同的态势(posture),即攻势与守势。主动发挥影响的为攻,阻止敌方达到其目的的为守。在比较攻守优劣之后,科贝特似乎也像时人一样相信攻击享有天然的优势。他说:"攻势,具有积极的目的,自然是比较有效的战争形式。而作为一种规律,较强的方面应该采用它。"不过,科贝特又很微妙地说明守势自有其特殊重要性,对海权国家来说,更是如此:"在海上我们固然很少有机会用守势作为全面计划,但并无理由忽视它。在我们的海

---

① 本书中所有对《海洋战略的若干原则》一书的引用均来自 Julian Stafford Corbett, Some Principles of Maritime Strategy, Annapolis, MD: Naval Institute Press, 1988 的相关部分。

② 此部分除参考 "The Green Pamphlet"(详见 Julian Stafford Corbett, Some Principles of Maritime Strategy , Annapolis, MD: Naval Institute Press, 1988, Appendix.)外,还主要参考了钮先钟的《西方战略思想史》第 405 - 408 页(钮先钟:《西方战略思想史》,桂林:广西师范大学出版社,2003 年)。

军史中不乏敌方在海上采取守势以支援其在陆上的攻势,遂使我们受到欺骗和挫折的故事。我们在应付这种态势时很少成功,而只有研究守势才会有成功的希望。"

"绿色小册"分为两篇。第一篇用来解释概念,第二篇用来讨论海军战略,他特别指出:"海洋战略从来不被认为是依赖在交通之上,但事实上,它比陆上战略的依赖程度还更大……所有的海军战略都可以简化成为'通道和通信'(passage and communication),而这也许即最佳的解题方法。"

于是科贝特遂又转而论及制海的观念:"这与占领领土的陆军观念有相当大的差异,因为海洋不可能成为政治主权的标的。我们不可能在其上取得给养(像陆军在征服地区上那样),也不能不准中立国进入。在世界政治体系之中,海洋的价值在于作为一种国家与其组成部分之间的交通工具。所以,'制海'的意义即交通的控制。除非是在一个纯粹海洋战争中,否则制海永远不可能像占领领土一样,成为战争的最终目的。"

科贝特认为交通的控制只有在战时才能存在,就性质而言,又可分为全面(general)或局部(local),永久(permanent)或暂时(temporary)。至于确保控制的方法,他认为必须采取决定性的舰队行动,始能赢得"永久全面控制",不过其他的行动也还是可以获得局部及暂时控制,其中就包括各种不同方式的封锁在内。

②《海洋战略的若干原则》

《海洋战略的若干原则》是"绿色小册"的最后修正版,也是科贝特的传世之作。本书完成了科贝特的海洋战略理论体系,提出了独到的海洋战略理论原则。此书比马汉的《海权对历史的影响,1660—1783》只晚了20年左右,但是与马汉著作同时代海上战略理论的名著。正如海军学院历史学教授兰福特评论说:"科贝特对海战理论的研究成果,使其跨入世界著名战争理论家的行列,并可与克劳塞维茨并驾齐驱。"①

---

① 付征南:《略论朱利安·科贝特的海洋战略观》,载《国际政治研究》,2008年第4期。

二、科贝特的战争理论

对海权国家来说研究海洋战略意义重大。科贝特生活的 19 世纪后半叶,正是英国海上霸权时代,因此科贝特的海军战略理论是基于当时英国海军现状的,即为一支实力强大、海军基地和殖民地遍布世界的全球性海军量身定做的海上战略理论。在《海洋战略的若干原则》一书中,科贝特建立了自己的海上战略理论体系,提出了独到的海洋战略理论原则。

(一) 科贝特战争理论概述

作为历史学派的代表人物,科贝特在《海洋战略的若干原则》一书中首先精辟地评析了传统的战争理论及观点,尤其是克劳塞维茨与约米尼的思想,同时对于若干公认的军事教条也发表了与时人完全相反的意见。

1. "海洋战略是大陆战略的延伸"

科贝特继承了克劳塞维茨"战争是政治的继续"的思想,强调海洋战略只有在国家大战略的指导下,与国家的政治、外交和经济战略紧密配合,形成合力,才能以最小的代价,换取最大的利益。

科贝特认为,"由于战争是政治的继续,任何政治概念以外的因素,特别是与海陆军行动密切相关的一切因素,都只是我们用来实现政治目标的手段。因此,战争计划的首要原则,手段必须尽可能不与战争的政治条件发生冲突……军事行动仅是国家政策的表现形式,它绝对不能代替政策,所以政策永远是目标,而战争只是我们实现目标的手段,手段必须永远以目的为考量"①。因此"海军战略并不是一个单独的知识分支,它是战争艺术的一个组成部分……海军战略或

---

① 付征南:《略论朱利安·科贝特的海洋战略观》,载《国际政治研究》,2008 年第 4 期。

舰队战略只是战略的一个组成部分,所以不能仅从海军作战的观点来研究战略,真正的方法应是从整体上把握战争理论,将海军战略与国家的整体战略有机地结合起来。"

基于此,科贝特不同意战略有陆海两派之说,而是认为海洋战略只是大陆战略的延伸,并非彼此对立。克氏的观点完全是大陆性的,陆战的缺陷使其所确立的战争原则并没有得到进一步的延伸。① 因此他试图将克劳塞维茨未完成的著作推广到其未曾研究过的海洋。科贝特强调海洋战略是更大的国家战略的组成部分,海上战略目标是根据国家政策目标制定的,必须结合国家政策考虑海战的性质,即海洋战略是为大陆战略服务的工具。科贝特经典名言是:"人类是在陆地上生存繁衍,而不是在海中。"

由此,科贝特将国家大战略、海洋战略(军事战略)和海军战略这三个不同层次的战略概念整合在一起,并由上至下构建了一个三层战略体系。科贝特认为,各级战略之间不仅是指导与被指导,而且也是互相支持、互为呼应的关系。海军战略并不是一个独立的知识领域,它是战争艺术的一个组成部分,而海军战略或舰队战略只是战略的一个组成部分,所以不能仅从海军作战的点来研究战略,真正的方法应是从整体上把握战争理论,将海军战略与国家的整体战略有机地结合起来。② 科贝特指出:"从最广泛的意义上说,大战略与国家用于战争的全部资源有关。大战略是国家政治的一个分支,它将陆军和海军视为国家整体军事力量的一部分,是国家的战争工具。它必须时刻牢记国家的政治和外交立场(决定军事工具行动的有效性),以及国家的商业和财政形势(为军事力量提供动力)。"

2. 海陆军联合作战

在综述欧洲战争理论时,科贝特首先承认克劳塞维茨和约米尼的著作使他获益良多,然后又说明自己理论观点的不同之处。

---

① 付征南:《略论朱利安·科贝特的海洋战略观》,载《国际政治研究》,2008 年第 4 期。
② 同上。

科贝特指出海上战争与陆上战争同为整个战争现象的分支。他主张应用海洋战争而不用海军战争,因为无论就手段还是目的而言,它都超出海军行动范围,而且与陆上行动的发展有密不可分的关系。因此,科贝特强调海军与陆军联合作战的重要性,海战目的不仅是寻歼敌舰队,更重要的是达成战略目的。

从国家战略出发,科贝特重新评价了拿破仑战争中英国海军的作为。科贝特认为,特拉法加海战并不是决定战争胜负的转折点。英国虽然在海上决战中击败了法国舰队,获得了大西洋和地中海的制海权,但法国依靠其强大的陆军占据着欧洲大陆。

鉴于此,科贝特提出:海军不能单独夺取战争的全面胜利,必须学会与陆军紧密结合,共同完成政府赋予战争的政治目标。科贝特认为:"战争几乎不可能仅凭海军行动来决定胜负。若无协助,海军的压力只可能用消耗方式来发挥作用,而且会使我方的商业受到严重损失。若欲决胜则必须使用较迅速而猛烈的压力。因为人是生活在陆上而非海上,所以基本都是采取两种方式来决定战争胜负:其一是陆军进占敌国领土,其二是海军使陆军有此可能。"

人是生活在陆上而不是海上,最后的决战必须在陆上进行。成功的海洋战略的核心就是要阐明海军与陆军之间的紧密关系,并将两者合二为一,形成统一的战争工具,以便在制订战争计划时能够根据各自的功能和角色合理分配任务。

科贝特所主张的联合作战包括两个层次的含义:首先,从狭义上看,是海陆两军的联合作战。科贝特通过分析英国战史,认为英国的敌人主要来自于陆上,海洋战略的终极目标是对陆上事务施加影响,海洋战略的实现必须依靠海陆两军的密切配合。科贝特指出,"由于人生活在陆上,而不是海上,因此战争时期国家间的主要问题,一直都是由陆军通过侵占敌国领土以及破坏敌国国计民生的方式来解决,或者依靠海军为陆军提供协助,使其能够完成陆上作战任务",所以"有限战争成功与否,主要取决于海陆联合行动的密切程度,因为海陆联合作战能够使海、陆分遣队具备超出其内在实力的机动力和战斗力"。其次,从广义上看,是联盟作战。长期以来,联盟战略不仅是英国国家安全战略和军事战略的支柱,也是英国参与国际事务、处理危机和冲突、维护其全球和地区利益的重要手段。由于英国陆军规模无法与欧陆大国相比,因此在欧陆均势失衡以及展开大规模的海外远征行动时,英国只有通过联盟的方式,借助另一大国的陆上力量,将海上优势转化为陆上优势或者海上优势与陆上优势相结合,取得最后的胜利。科贝特指出:"我们一直采用的有限战争模式,与大陆盟友为实现无限战争的目标而展开联合作战,而且我们也取得了全面的胜利。"

在此基础上,科贝特根据作战区域的不同,又将英国所实施的海陆联合作战分为两大类:殖民地战争和欧陆沿海作战。

(1) 殖民地战争

科贝特指出:"海陆联合作战的第一种模式,是殖民地战争或以远方海外领土为目标的战争,其目的就是征服。"他认为两次鸦片战争是英国海陆联合作战的典范。1849 年,英国驻沪领事阿礼国(Sir Rutherford Alcock KCB)在给英国女王报告中的一段话,也许是对英国殖民地有限战争模式的最好概括,"在中国这样一个幅员辽阔、人口众多的帝国中,派遣一支小型舰队到大运河口,便能够发挥效力。这是较之摧毁中国内地或沿海口岸的 20 个城市更为有效的一种威胁办法……因此将来订立任何政策,都要考虑这种事实和看法,以替代不得已而进行的现实敌对行动……摆脱一场消耗极大而且拖延时日的战争的麻烦"[1]。

(2) 欧陆沿海作战

"英国海陆联合作战的第二种模式,是在欧洲大陆沿海地区所展开的作战行动,其目的并不是永久性的占领,而是扰乱敌方计划,加强盟友和我方实力。"科贝特认为,英国在欧陆爆发大规模的无限战争过程中,不必派遣其全部兵力应战,只需派遣一支海陆联合作战分队在欧陆沿海具有战略意义的关键地区配合盟军作战,就能对整个战局产生举足轻重的作用,因此"我们的领土目标必须集中在大陆沿海地区,使我们的敌人无法控制海洋。这样……就会极大地扰乱敌人的主攻方向"。

上述战例基本反映了以英国为代表的海洋国家实施有限战争的特点。科贝

---

① 齐思和:《第二次鸦片战争》第六卷,上海:上海人民出版社,1979 年,第 8-10 页。

特认为，在海陆联合作战中，海军的主要任务是为远征军提供海上支援，而陆军部队的主要目的则在于从陆上配合海军歼灭负隅顽抗的敌海军舰队，其目的则是"用有限战争的方式达到无限战争的目的"，彻底瓦解敌国威胁英国海上安全的能力，进而巩固和扩大英国的制海权。

3. 海洋国家的作战区域

科贝特通过分析英国海战史中的成功经验，总结出海洋国家对外作战的主要目标都集中在两大地区，即"在战略上易于海军实施阻断和隔离"的地区（如海岛和半岛）和"通过海陆联合战略行动能够造成实际隔离效果"的地区（如沿海地区），而不应舍己之长在陆上过度扩张，从而陷入无限战争的深渊，因此科贝特向海洋国家提出了一句忠告，"为了真正实现有限战争的理念，我们必须远离大陆战场，转而进行联合作战或海上作战"。

从历史上看，以日本和英国为代表的海洋国家，由于在陆上过度扩张，其国际地位一落千丈，这也验证了科贝特观点的某种先见之明。①

（二）战略防御与进攻

科贝特强调防御的利益。他借鉴克劳塞维茨的观点，认同防御的积极作用，同时同意毛奇的观点，认为战略攻势配合战术守势实为最有效的战争形式。

1. 战略防御

战略防御是指武装力量为抗击敌对战略集团的进攻和重创敌人，扼守本国的要塞地区，以及为转移战略进攻创造条件而采取的军事行动。从概念上看，防御意指抵御进攻，其特征则表现为等待进攻。在防御战局中可以有进攻行动，在防御会战中也可以使用某些兵力进行进攻。因此，防御这种作战形式绝不是单纯的盾牌，而是含有巧妙的打击的盾牌。防御无非是一种更为有效的作战形式，

---

① 付征南：《略论朱利安·科贝特的海洋战略观》，载《国际政治研究》，2008 年第 4 期。

人们利用这种形式以便在取得优势后转入进攻,也就是转向战争的积极目的。

科贝特认为,"防御应该是这样的:尽可能地准备好一切手段,有一支能征善战的军队,有一位行动主动、沉着冷静的统帅,有不怕围攻的要塞,最后,还有不怕敌人且使敌人畏惧的坚强民众。具备了这些条件以后,防御同进攻比较起来,大概就不会扮演可怜的角色了,而进攻也不会像某些人所说的那样轻而易举和万无一失了"。

2. 战略进攻

战略进攻是武装力量为达到战略目的而主动采取的军事行动。战略进攻能粉碎敌军战略集团,占领敌军战略地域,从而能根本改变军事政治局面或导致战争结束。

战争中的防御不是绝对的等待和抵御,也就是说,防御不是完全的忍受进攻。相反,它是一个相对的、自始至终带有进攻因素的过程。同样,进攻也不等同于单纯的进攻,它始终是与防御相结合的。两者的差别在于:没有反攻的防御是无法想象的,反攻是防御的必要组成部分;而进攻则不是这样。进攻或进攻行为就其本身而言是一个完整的概念,防御对其来说并非必要的组成部分。这是因为,第一,进攻不可能一气呵成,直到战争结束。它需要一定的间歇,在间歇的时间里,自然就成防御状态。第二,进攻军队通过后,留在其身后的区域空间,是维护进攻军队生存所需要的,这个空间并不总是能受到进攻的保护,它必须专门加以防守。

战争中的进攻行为,尤其是战略进攻行为,是进攻和防御的不断转化和紧密结合。防御在这里不是对进攻的有效准备,也不是为了增强进攻力度;它不是一种积极因素,而是一种不得已的行为,是给各方面带来困难的延缓力量,是进攻的致命伤。之所以说防御是一种延缓力量,是因为防御即使没有对进攻造成不利,它所体现出来的时间损失本身就必然会降低进攻的效果。但是,并不是说每次进攻包含的防御因素都会妨碍进攻。战略防御之所以能发生如此作用,其中一个原因在于:进攻不可能不和防御相结合。在进攻的间歇,进攻方处于不利的防御形势时,防御中的进攻因素就能积极地发挥作用。

战略进攻的目标可以分很多层次,进攻的目标一旦实现,进攻也就随之停止,并转化为防御。人们据此似乎可以把进攻看作有特定范围。但科贝特认为,如果实事求是地分析,情况并非如此。进攻的意图和手段在何时转为防御,通常并不能在事先确定好。军队指挥官很少或者至少不是常常可以预先准确地确立进攻的目标,他要根据事情发生的具体情况来确立和调整。进攻通常是要比原来的设想走得要远一些。但是,有时进攻在指挥官原来设想的时间之前就停止了,转为真正的防御。从这里就能看出,如果成功的防御能不知不觉地转化为进攻,那么进攻也能在不知不觉间转为防御。

3. 战略防御与进攻的相互关系

进攻和防御是可以区别开的两个概念,但防御的规则以进攻的规则为基础,而进攻的规则又以防御的规则为依据。科贝特从战术和战略两个领域来分析两者之间的关系。

从战术领域来看,在战斗中克敌制胜的因素虽然包括军队的优势、勇敢、训练或其他素质,但比较重要的、极有利于取胜的因素只有三个,即出敌不意、地形优势和多面攻击。综合来看,进攻和防御的关系应该这样理解:进攻者只能利用第一个和最后一个因素的一小部分,而防御则可以利用这两个因素的大部分和第三个因素的全部。

从战略领域来看,所谓战略成果,一方面是指为战术的胜利做好的有效准备,这种准备越充分,战斗中的胜利就越有把握;另一方面是指战术上已取得的胜利。会战胜利以后,战略能够通过各种安排使会战胜利产生的效果越多,它能够从已被会战动摇根基的敌军那里取得战利品越多,它的成就就越大。能导致这种成果或使得这种成果容易取得的主要条件,也就是在战略上起作用的主要因素有以下几个:(1) 地形优势,(2) 出敌不意,(3) 多面攻击(以上三个因素同在战术上的三个因素是相同的),(4) 战区通过要塞及其一切附属设施所产生的有利作用,(5) 民众的支持,(6) 对巨大精神力量的利用。

从以上这些因素看,进攻和防御的关系如下:

作为第一因素的地形优势,防御者占有地形优势,而进攻者具有奇袭的有利条件,这在战略领域和战术领域完全相同。但是应该指出,奇袭这个手段在战略领域比在战术领域更有效,也更重要。在战术领域,奇袭很少能够发展成为大的胜利,而在战略领域,通过奇袭一举结束战争的情况却不少见。

第二个因素,在一定地点配置优势兵力造成出敌不意。不管防御者是否认为此举包含隐忧,都应如此。

第三个因素是多面攻击,在战略领域,侧翼攻击和背后攻击涉及战区的背后和侧面,因此,其性质就大为改变。(1)火力夹击不存在了,因为从战区的一端不可能射击到战区的另一端;(2)被迂回者对于失去退路的恐惧要小得多,因为在战略领域内,空间很难被人封锁;(3)在战略领域,由于空间较大,内线的效果增大,这对抗衡多面攻击极为不利;(4)交通线非常脆弱是一个新的因素,交通线一旦被切断,影响就大了。

在战略领域内,由于空间较大,通常只有掌握主动的一方,即攻方才能进行包围;防御者不能像在战术领域那样,在行动过程中进行反包围,因为它既不能将他的军队部署得纵深较大,也不能部署得很隐蔽。包围对进攻者来说最大的影响就体现在交通线方面。这在战略领域也许可看作取胜的因素之一。不过在初期,这个因素的作用并不大。随着战局的发展,当进攻者在敌国国土上逐渐成为防御者,它的作用才变大。

第四个因素,即战区的有利作用,自然是在防御者一方。当攻方发动战役,他们所要通过的作战区域越大,他们受到削弱的可能性就越大,而防御者的军队则仍然保持着同各方面的联系,他们可以利用自己的要塞,不会受到什么削弱。

民众支持作为第五个因素,并非历次防御中都能拥有,因为有的防御战局是在敌人的国土上进行的。这里所说的民众支持主要是指战时后备军和民兵武装的作用。

在分析了克劳塞维茨关于战略防御和进攻的概念及相互关系的基础上,科贝特认为,由于战争特点的多样性以及目标的重要性,人们应该对战争进行分类。

一般来说,从战争的政治目的来看,如果战争的政治目的是积极的,即进行战争的目的就是夺取敌方的某些东西，那么战争的性质就是进攻性的；另一方面，如果战争的政治目的是消极性的，即只是简单地阻止敌人夺取己方的优势地位，那么己方所进行的战争就是防御性战争。对于一个海上大国来说，在任何情况下，如果不寻求武力控制海洋的话，都不可能既确保海上防御同时又全力以赴去发展海上进攻能力。而且，不论该国的战略防御目标是多么明确，但最有效的寻求海上利益的方式还是通过海外战争。进攻性和防御性战争的最终目标都是针对敌人的武装力量尤其是海上力量。它们唯一的区别就在于，如果战争的目标是积极的，在一般情况下的战争计划就是进攻性的；但是如果战争目标是消极性的，那么战争规划就应该是防御性的。在战争中最好的防御就是进攻，防御不是一种积极的态度，它对战争会有消极的影响。但是如果能够适当运用的话，就有机会进行战略反攻。

尽管仅从战争的政治目的来分类在实践性和逻辑性方面存在不合理性（例如分类标准是完成战争目标所使用的手段不同，结果容易导致人们对错误的假设进行争论：积极的战争就意味着是进攻性的战争，而消极的战争意味这是防御性的战争。更加严重的错误是把战争分为进攻性和防御性意味着进攻和防御是相互排斥的），但是在大多数战争中，为实现积极战争目标的一方经常是使用进攻性方式的，而为实现消极性战争目标的一方一般都采用防御性的方式。在研究了这种分类的可行性之后，这种区别就自然地展现了出来了，那就是它迫使人们去分析和研究进攻和防御战略的相对优势，在科贝特看来，清楚地理解它们的相对优势是战略性学习的关键所在。

人们往往认为，战略防御在通常情况下不适用，因为战略防御虽然能阻止敌人的前进，但是它同时也降低了自己的实力。此种观点可以在陆战中得到验证，但在海洋战争中就不那么明显了。防御战略在海上也是有可能存在的。对于英国来说，当敌人在自己的海域或基地的时候英国几乎不可能去攻击，但是敌人通常会在英国力量消耗严重的情况下实施进攻。此时英国最好的解决办法就是利用各种手段迫使敌人与英国进行战斗，哪怕是在敌方基地附近。战略防御的优势在后来的日俄战争中得以体现；战略防御的现实威慑力和娴熟的运用在英国的古老传统中就很著名,甚至可以说屡试不爽。尤其是在英国本土海域,当英国舰队较弱而不宜进攻时就想尽一切办法去阻止敌舰入侵。

因此为了现实的政治目标把战争分为进攻性的和防御性的是有一定道理,但最重要的是清楚地理解进攻和防御的内在联系和各自的相对优势,即在具体的情况下,如果总能保存一种进攻性的意志,当进攻有可能导致不利局面的情况下,即使战略防御也可能使自己在相对劣势的情况下取得一定的胜利。

(三) 无限战争与有限战争

1. 无限战争

无限战争又称全面战争①,是国家实施总动员,全力以赴进行的战争,以武装斗争为主,军事、政治、经济、文化、科技、外交等各条战线的斗争紧密配合,协调一致地发挥国家的整体力量,以保证战争的胜利。

科贝特并没有对无限战争明确定义,但他认为无限战争的目标应该永远是打垮敌人,打垮敌人并不必然表现为占领敌国的全部国土。重要的是观察敌国所依赖的重心,所有力量的打击都必须集中在敌人的这个重心上。如果敌人由于重心受到打击而被削弱,那么胜利者就不应该让对方有时间恢复重心和力量,而应该一直沿着这个方向继续打击,永远打击敌人的重心。只有不断地寻找敌人力量的核心,以求获得全胜,这样才能真正地打垮敌人,获得无限战争的胜利。

科贝特从大量的历史经验总结出打垮敌人的几个办法:(1) 如果在某种程度上是敌人的军队在起主要作用,那么就毫不犹豫地粉碎这支军队。(2) 如果敌人的首都不仅是国家权力的中心,而且还是各个政治团体和党派的所在地,那么就占领敌人的首都。(3) 如果敌人最主要的盟国比敌人还强大,那么就有效

---

① 在世界军事学术史上,"全面战争"的概念,是马克思、恩格斯在研究欧洲战争的发展趋势中,于 1854 年首先提出来的。在帝国主义国家里,"全面战争"的理论产生于第一次世界大战之后。帝国主义进行的第一次世界大战,打了几个月之后,战略储备物资消耗殆尽,战争双方都被迫进行了国家经济动员,从而使战争的总体性大有发展。

地打击这个盟国,即如果能够通过战胜几个敌人中间的一个敌人而战胜其余的敌人,那么,打垮这一个敌人就必须是战争的目标,因为这样就击中了整个战争的总重心。

2. 有限战争

科贝特所言的目标的有限性只有一个标准,即战争足以控制在有限的范围内,不至于扩大成一场无限战争。①

3. 科贝特对有限战争理论的分析及发展

海洋战略中的有限战争理论是科贝特海洋战略思想的主要内容和观点。科贝特在著作中用大量篇幅阐述克劳塞维茨对有限战争理论的分析,对战争进行此种分类是由克劳塞维茨首先提出来的。

克劳塞维茨根据他的个性特点把战争分为"有限战争"和"无限战争"两种类型。克劳塞维茨认为在一种战争中政治目标对交战者双方来说是至关重要的,以至于交战双方都要付出几乎全部的努力和牺牲去实现。但是在另一种战争中政治目标就没有那么重要了。他把这两类战争称作"无限战争"和"有限战争"。

从克劳塞维茨的分析中,科贝特得出这样的结论:拿破仑时代的战争成就告诉我们,战争不能仅仅依靠绝对战争的思想,而是应该基于有限战争和无限战争这种有区别的战略思想。

科贝特认为,很有必要清晰地把握两种战争形式的区别,从历史上看,拿破仑时代之前的战争中交战双方通常是倾整个国家实力进行的,然而现代战争是在常备军之间展开的而不是在整个国家之间进行的。这一区别当然会产生具有深远影响的结果,但是这与"有限战争"和"无限战争"的区别基本上没有什么联系。在拿破仑时代所开展的战争可能为了有限的战争目标也可能是为了无限的战争目标。对于一个交战国来说其战略目标的有限性往往导致它在整个国家的实力消耗殆尽之前放弃这一战略目标,以避免在交战中生命和财产的付出大于

---

① 师小芹:《理解制海权的另一条路径》,载《和平与发展》,2010年第1期。

他们所希望实现的目标的价值。

在总结了克劳塞维茨关于有限战争的讨论之后,科贝特认为"克劳塞维茨从来都没有完全理解他的伟大理论的深刻含义。他对自己理论的见解仍然是纯粹的大陆性质的,陆上战争的有限性可能掩盖了他所创立的理论的更深层含义"。科贝特指出,克劳塞维茨关注的大陆战争历来都不重视有限战争,因为这种战争不可能割裂出有限目标。而在海上战争中,有限战争却非常重要。因为要在有限战争中取胜,只需要占领和守住一个足够重要的有限目标,迫使敌人坐到谈判桌上来。科贝特指出,克劳塞维茨的早逝使他的战争理论注定永远也不能得以完整地表述,而他自己将要引用克劳塞维茨的有限战争理论"去改进帝国的战争条件,首先是坚决维护海洋因素的重要性……它对海洋有着深远的影响首先是对海洋强国的影响"。在把克劳塞维茨的理论引进到海洋战争独特的环境中的过程中,尤其是为了满足英国战略的需要,科贝特创立和发展了自己关于海洋战略的有限战争理论。

科贝特从自己的历史研究中理解了这一课题的性质,克劳塞维茨首先拥有了对"有限战争"的完整表述,但是他在理论框架形成的过程中并没有强调所有的战争,也没有强调决战的作用。这就给科贝特以动力,科贝特把陆地的、无限制的战略发展为海洋的有限的战争形式。科贝特独创的理论不仅超越了克劳塞维茨,也为海洋战略增添了一些重要内容。与克劳塞维茨不同的是科贝特有着丰富的海战史经验,通晓海军,并对大英帝国的历史有着深刻的了解。

从广邃的大英帝国视角,科贝特发现克劳塞维茨的有限战争理论受其的大陆观点影响。因此,他开始构建自己的有限战争模式,科贝特的主要观点可以概括如下:

第一,就战争的条件而言,陆地上与在海洋上的战争是相反的,陆上战争几乎是在邻近的国家间进行的。在科贝特的观点中,这使得战争的扩大几乎是不可避免的。"这些领土经常是敌国的一部分,对于你的对手来说可能特别重要以至于要付出一切努力去保有它。"这种结论非常有道理,但是我们不能说克劳塞维茨忽视了战争扩大的问题;事实上,他已经很清楚地意识到战争会扩大的内在趋势。

第二,陆地上相邻国家之间的战争"任何战略性的障碍都不能阻止一国使用自己的全部兵力"。换句话说,陆上战争的性质使得我们很难限制它的政治目的,因为在陆上战争中任何国家都可能使用所有的手段去保护重要利益。一个国家进行海战或者帝国战争不是在陆上邻国而是在海外或者在遥远地区,在那里并不会威胁其他交战国的重要利益。因此,在这种环境中扩大战争是不可避免的,因为对手能限制他的政治目标也可以根据自己的意愿使战争扩大。海洋战争与陆上战争的另一个本质的区别在于:在海洋环境中,占主导地位的海军力量能够摆脱战争的威胁去防止敌人援兵的介入,以及寻求国内的防御地位。这意味着有限战争存在的条件仅仅是在海洋战争中,而且只有在海军实力占优势的国家才能进行,"有限战争仅仅可能发生在岛屿国家或者被海洋分开的国家,而且只有实力较强的国家渴望通过有限战争去控制海洋,只有在这种情况下才可能进行有限战争"。科贝特在概括英国以弱胜强的成功经验时,也道出了有限战争理念的精髓:"有限战争并不是由交战双方的总体实力决定的,而是取决于在具有决定性意义的点上,双方实力和意志的对比。①"

如果海军能够足够强大去保护国家不受侵略,如果一个岛国的海军力量能够拥有独特的优势,这样的海军能够很容易地保护本国有限的陆上力量同时也能阻止敌人进行同样的活动。即使按绝对价值计算,海军力量比较弱小,但是它也不仅能够保护好它自己也能够在海外利用它的实力起到比陆上力量更大的作用。在科贝特的判断中,这是英国力量的秘密所在,它诠释了"一个小国仅仅拥有弱势的兵力是如何在地球上得到他们想拥有的领土的,而其他国家要实现这样的目标要付出很大的军事力量……这一问题在克劳塞维茨看来仍然不能解释,他只向我们展示了这是因为有限战争的内在所固有的优点"。"有限战争"的另一个优势是,一旦展开战争,即使部分失败了,所取得的结果也会大于付出的代价。当一个国家掌握了这种战争方法,在交战的时候就可以选择采取战争的

---

① 付征南:《略论朱利安·科贝特的海洋战略观》,载《国际政治研究》,2008 年第 4 期。

方式。

因此,科贝特最终设计了一个适用海军的独特理论,使用这种战争理论可以使人们利用有限的兵力去达到较高的政治目标,而且战争也不会扩大。科贝特把他理论的这一方面比作战略防御方面的优势,也就是说"有时候处于劣势地位的兵力在对付优势兵力的战争中也能取得想要的结果"。有限战争让海军力量在战略和战术两方面保持主动性,取决于它所处的战略环境。在科贝特认为进行有限战争的理想环境下,海军兵力应该在没有暴露出自己的弱点之前就立即摆出进攻姿态。科贝特后来得出这样的结论:"有限战争比无限战争在这些方面更有效……这一点至关重要,它对现在的学说有着直接的影响,在战争中需要有一个合理的目标,它要打破敌人的防御,它的首要目标应该是敌人的武装力量。"

值得强调的是,从当时和当代海上力量格局来看,科贝特关于"有限战争"和"无限战争"理论研究中有以下两方面的重要之处:

(1) 有限战争和"从海上"。科贝特独创了海上有限战争的观点。他认为,在海上战争中,有限战争非常重要。因为要在有限战争中取胜,不需要全面摧毁敌军,只需要有能力占领和守住一个足够重要的有限目标,就可迫使敌人坐到谈判桌前。(2) 无限战争中的有限干涉。在海上全面战争中,科贝特强调,英国海军不一定要将主力参与到大规模的海上决战中。这里的全面战争,指的是与英国不直接相关的,发生在第二、第三海上强国之间的战争。科贝特阐述了在"无限战争"中施行"有限干涉"的理论,他认为,新技术、新兵器使得新的战法不断出现,海军可以以有限的手段达到控制海洋的目的。科贝特认为,干扰敌方海上交通线,能够以较小代价,达到影响敌国经济、心理和战争潜力的效果。科贝特曾说:"干扰敌人的贸易有两种效果,它不但是实行次要战争、施加压力的辅助手段,而且可以作为消磨敌国国民抵抗意志的主要手段。"

三、科贝特的海洋战争理论

科贝特的海洋战争理论主要有两点:一是制海权论,二是海上集中兵力的特殊性。

科贝特认为,制海权是控制海上公共交通线。海战的目标就是控制交通线,公海对国计民生的唯一积极价值在于交通。打击一个濒海国家的国计民生的最有效方法就是不让它得到海上贸易资源。控制交通线,可分为全面与局部控制,永久或暂时控制。全面控制只能通过舰队决战,这通常是优势舰队的做法;局部控制可通过部分成功行动,通过阻止敌人使用一个特定区域,劣势舰队也可采用这种办法。科贝特指出:"海战,必然直接或间接地以获取制海权或者防止敌人获取制海权为目标……无论是出于商业目的还是军事目的,制海权的关键在于控制海上交通线。"

海上集中兵力的特殊性在于集中了兵力都找不到敌人,因为劣势兵力避免决战,躲在防守严密的港内保存实力。在这种情况下,优势海军如一味集中兵力寻歼敌舰队,往往达不到目的,不如迫敌参战。海军兵力机动灵活,可以分散攻击或保护海上交通线,当大的威胁出现时能够迅速集中于指定海区。这里关键是分散兵力时也要随时做好进行舰队决战的准备,非如此,舰队决战不可能发生。科贝特的理论是对马汉思想的发展与更新。

(一) 海洋战争的理论目标——控制海上交通线

人们经常把海洋战略目标看作直接或间接地形成对海洋的有效控制或者阻止敌人对海洋的控制。科贝特认为,在阻止敌人控制海洋方面人们一直普遍存在着一个误解,即一旦在海洋战争的过程中己方失去了制海权,那么在交战中也必定要失败。了解海军和海战史的人们都知道在海洋战争中,最常见的情况是交战双方都没有获得制海权。海洋的自然状态是没有被控制的,而不是在任何一方的控制之下。但是长期以来,关于海战的目的是实际上获得对海洋的控制还是在理论上形成对海洋的控制一直存在着争议。

这种看法忽视了战略防御的重要作用。如果在战争中碰到了非常强大的舰队,并且发现己方并没有足够的实力形成对海洋的控制,那么就应该尽最大的努力去阻止敌人形成对海洋的控制,这种理论可能会遭到许多人的反对,但是它应该得到支持和推广。这种理论不仅仅是战争理论的一部分,在现实的战争实践中也是许多战略家的明智选择。

在科贝特看来,在他所生活的那个时代,战略防御在海洋战争中变得那么无关紧要。海战和陆战的首要问题变成了战略进攻或战略防御的相对的可行性问题。在海洋战争中,即使是最强大的舰队和最惨烈的交战也不能完全消除对手的战略防御,这些战略防御都毋庸置疑地会阻止进攻。实际上在海上的战略防御比陆上的防御更能有效地阻止进攻。这种战略防御我们还要进行认真的思考,尽管许多国家在战略防御上已经取得了不少利益。"控制制海权"这句话我们还需要继续进行分析,并且准确地弄清楚它在海洋战争中的重要意义。

可行的方法就是研究一下哪种方法能够使我们更加安全有效地阻止敌人拥有制海权。把在海上的捕鱼权利排除在外,国家及其海军在海上拥有的唯一权利就是海上通行权。换句话说,海洋对国家生活来说唯一的积极价值就是作为一种交通通道,对于一个海洋国家来说它却有很大的价值。因此,控制了一个濒海国家的制海权和占领了该濒海国家的领土是一个性质的。

海洋作为一个交通通道,它不同于陆上交通通道,它也是敌国的一个屏障。如果成功地控制了海洋,攻方就能把海洋这一屏障给移除,从而把自己置于一个有利的位置,以便对那些陆上敌国的国家生活施加直接的军事压力。与此同时,海军强国可集中一切力量对付敌国,阻止敌方对己方施加直接的军事压力。因此,控制海洋除了意味着控制海上交通线之外并非毫无他义。海洋战争的目标就是控制海上交通线。

1. 捕获权的重要性

显然,如果海洋战争的目的是控制海上交通线和海上联系,那么具体表现在如果可能的话就必须制订一定的方案去限制船只的通行。在科贝特生活的时代,交战国拥有的唯一一种控制海上交通线的方法就是捕获或损毁海上货物。这种捕获和损毁货物是对对手的一种惩罚,因为他们没有控制海上通道还想从此通过。从法律意义上说,这是对对手进行的严厉惩罚。

在科贝特看来,如果在海上被剥夺了捕获权,英国进行海上战争的优势就将不复存在。如果这种取得战争胜利的方式在海上和陆上都遭到禁止,那就意味着在比较文明的国家战争将会消失。如果国际争端也能够用和平的方式去解决的话,人类将向前迈出一大步。但是在科贝特生活的时代及至目前来看,世界上都缺乏这种成熟的机制。在 20 世纪初,控制商业和金融的作用比控制国家的对外政策作用更大。只要英国在海上还拥有捕获敌方财产的权力,对手就会在每次海战中失败。失去了对私有财产的捕获权,这种威慑就会消失。

2. 控制海上交通线

重申海上交通路线的重要性是制海权理论产生的根源所在。

海上交通线则有着广泛的意义,它不仅是舰队的补给路线,也与海上交通线的公共通行权相关。这种海上交通线的公共使用权是大陆国家提出的,它最终使得海上交通线与陆上交通线有了完全不同的使用范围。海上交通线交战双方都可以使用,而陆上交通线只有在国内才能使用。围绕海上交通线的战略意义,海上战略进攻和防御都会存在。在正常情况下,如果一方剥夺了对方的海上交通权,对方也会用同样的方式进行报复。

科贝特认为:在陆上战争中,英国只有在交战中取得决定性的胜利后,才能获得对敌人进行陆上经济封锁的可能;而在海上,战争一开始英国就可以用一定的手段对敌人进行海上经济封锁。这种海上与陆上战争的根本性的区别驱使英国做出战略选择和决定。

同时,科贝特认为在海洋战争中英国一开始就使用经济制裁的方式是合乎情理的,原因在于:首先,使用经济制裁的方式,和英国处在战略防御地位并寻求机会去进攻在理论上一样的。如果用经济制裁的方式不能达到英国想要的结果,那么就直接使用军事力量。其次,对敌人的经济制裁存在着两个方面,它不仅仅是对敌人的经济施加压力,也是削弱敌人抵抗力量的重要方式。战争并不仅仅是由陆军和海军纯军事力量决定的,经济因素在其中也起着很大的作用。在其他实力都一样的情况下,谁的经济实力越强谁就能赢得战争的胜利。因此,如果英国能够削弱敌人的经济实力,那就是战胜他们的直接手段。对付一个濒海国家,英国能够使用的最有效的方式就是剥夺他们的海上贸易权利。

然而科贝特发现在海战中,不管英国用多大的努力去直接进攻敌人的武装力量,如果有可能逃避攻击的话敌国还是会选择逃避,从而可以保持军事和经济实力,这些都是武装力量所要依赖的基础。因此,控制敌人的海上交通线是最重要的。如果试着把控制海洋与控制海上公共交通线的思想做对比,在英国进行各种海上行动时,其价值就能展现出来。控制海洋的目的是控制海上交通线,而控制海上交通线可分为不同的程度。在战争中英国可能控制整个海洋交通线来取得决定性的胜利;如果英国没有足够的力量去控制整个海洋交通线的话,那么英国可以选择一般性的或者局部性的控制。

要控制海洋,必须要提升和完善己方的海军装备,让它能够对付战争中出现的任何情况。海洋国家实力的增加取决于自身力量的增强。这种优势当然并不是纯粹取决于实际上的相对力量,而是要受到海军地位的相互关系的影响。海军地位首先意味着海军基地的数量,其次是所拥有的交通线和贸易线的重要性。

(二) 海战中的集中兵力和分散兵力

海上军事力量的分布一般情况下取决于制订战争计划时在多大程度上受防御或进攻思想的影响。一般而言,它有助于实力较强的一方尽快制订一个可行的方案。相反,力量较弱的一方总是寻求避免或延迟战争的方式去积蓄力量。

1. 集中与分散兵力的含义

集中与分散兵力是指在战争过程中,根据己方军队和战争形势的实际情况,军队进行利于取得战争胜利的部署,使己方军队在实际兵力不变的情况下,通过不同的组合形式,力量变得相对强大。

分散兵力在科贝特生活的时代是许多战略家批评的对象,但是分散兵力在科贝特看来并不是消极的。分散兵力在许多战争中起着或多或少的积极作用,在很多情况下,集中兵力不能实现的战略目标则需要通过分散兵力去实现。通常情况下,往往需要通过必要而主动的分遣使用兵力,为在决战的时点达成集中优势兵力创造条件。

2. 集中兵力与分散兵力的作用

最好的战略是首先在总兵力方面,其次在决定性的地点上始终保持强大的力量。因此除了努力扩大兵源以外,战略上最重要而又最简单的准则是集中兵力。除非是为实现迫切的任务,否则任何部队都不应该脱离主力。

科贝特要阐明的法则是:一切用于某一战略目的的现有兵力应该同时使用,而且越是把一切兵力集中用于一次行动和一个时刻就越好。但是,在战略范围也存在着一个有侧重点地和持续地发挥作用的问题,即逐步运用生力军的问题,特别是当生力军是最后取胜的撒手锏时。

3. 科贝特对集中兵力与分散兵力的分析

科贝特认为,"集中兵力"这一战略术语存在三种意思。第一,通过集中兵力使部队能达到必要的组织形式,为接着开赴战场提供必要的前提条件。第二个意思就是它在组织好的部队行动的过程中使用,以便更好地控制和操作。第三,当部队的战略部署已经完成,战略能够立即实施时,需要集中兵力进攻。

"集中兵力"这一术语可能经常使用在陆上战争中,科贝特发现如果把它运用到海洋战争中会更加合适。

为了实现集中兵力,分离和联合的思想一样必不可少,在海洋战争中更为举足轻重。

因此,海上集中兵力还蕴含着"联合"和"集中"的必要性。海上集中兵力以及海上战略部署会涉及很广泛的地区,寻求能迅速集中到这一区域的两个或两个以上分区域,使这一区域的任何分区域都能联系在一起,使实力得到整合。总之是为让所有分散的兵力在战略需要的时候能迅速地联合在一起。

集中兵力这一方式在海洋战争的进程中有着特殊的意义。在海上,兵力比在陆上更为分散。由于20世纪初英国军队庞大的规模,自然的海洋航线限制了他们的运动。对于一个舰队来说,正常的形式就是在港口集中,然后通过不同的运动过程到达战略中心实现所需要的战略部署。但海洋的特定状况对集中兵力提出了挑战,挑战之一来自贸易保护。许多战争计划都需要英国更加密集地集中兵力,而贸易保护则是在兵力分散的情况下进行的。另一种类型就是在海上特殊的自由和秘密的航行,在海上没有办法限制各国的航行路线,所以对手的航行路线英国也很少知道。英国的舰队所保持的最远的距离和最广泛的分散点就是要确保英国能够尽可能观察到敌人。从而科贝特认为:两个或两个以上舰队在分散状态下的联合很可能是基于自己客观需要而不一定是基于总体战略的部署要求。很显然,兵力联合的多样性在海上比在陆上更多,而且联合的形式也在不断地向与主要密集兵力相对立的方向发展。

科贝特认为,只要敌人的舰队分散开来,英国实施进攻就有机可乘,英国的战略部署既要对付各种联合兵力,又要保护自身目标,所以英国集中起来的兵力要保持尽可能的自由和灵活。在英国曾有一种观点认为,密集部署思想的优势只能在和平的状况下产生而不能在战争的状况下产生,而科贝特则认为英国人应该避免这种逐渐落伍的战略思想。英国海军必须致力于紧密的战略联合。

集中兵力对维护和实现和平起着积极的影响,人们对它已经产生了一种认同感而忽视了分散的作用,科贝特认为只有当分散的舰队处在联合部署的能力之外时才是不可取的。它使得在遇到强大力量的攻击时这些舰队会受到阻力而不能返回到战略中心。这种可能性也许永远都不能成为现实,它们经常取决于诸多技术因素和指挥者的指挥才能,以及天气条件,但是这样的危险性还是存在的。

　　一般认为,理性的战略原则是除非你有一个强大的力量,否则分散兵力是不可取的,令科贝特感到不可思议的是劣势一方却在事实上保持了一种分散的兵力部署。英国海军的主要目标就是要打破此种战略部署。强迫处于劣势的敌人集中兵力很有必要,它首先能够保证英国所制定的目标能取得压倒性的胜利。迫使敌人集中兵力使英国能够通过制订可行的战略计划增加胜算。通过迫使他们集中兵力,英国可以使面临的问题简单化并迫使对方在这两个问题中进行选择:要么败退,要么殊死搏斗。

　　在科贝特看来,英国海军经常迫使敌人集中兵力,但是英国自身并没有注意到集中兵力到底存在哪些缺陷。英国海军自己也要集中兵力去打击那些处于集中兵力状态的敌人。但是如果是英国过分强大,那么英国集中兵力部署太完美以至于让对手没有获胜的希望,这时英国的集中兵力很可能会对敌人产生影响,使他们分散兵力并采取行动。对力量较弱的交战者来说,偶尔的袭击行动也比没有任何行动要好。对他们而言另一个积极的方式就是做出冒险的活动去阻止英国。偶尔袭击是不能取得对海洋的控制的,但是能影响到英国计划的顺利实施。他们总是希望这种小规模的袭击会使英国的集中兵力松散,使他们能得到同样的机会去获得一定程度的胜利。

　　科贝特认为,英国所需要的恰当的兵力分散程度取决于敌人所攻击的英国的海洋利益、海军港口,以及他们能分布的海岸线的范围。这一原则从以前的军事行动中可以展现出来,那就是英国不仅要阻止敌国对英国要害地区进行的攻击,也要在他们实施其他行动的时候对他们进行攻击。英国必须把自己的每一次尝试当作一种反击的机会。分散兵力的目的就是应对不同的敌人。

　　集中兵力不仅仅取决于部队的数量和敌人军事港口的位置,还可能会根据这些港口辐射英国海域范围大小而改变分布情况。这一原因很简单,无论敌人怎么对抗英国,英国必须经常把一支舰队放在国内。在很多情况下分散兵力能够实现远距离的战略援助并有机会反击。另外,如果像同荷兰作战那样,战线能横跨英国的海域,就必须有一支集中的部队。英国分散的实力将会通过实力相加的总和来衡量,也会通过为了打击敌人远距离的海洋利益而分散的舰队力量来衡量。

兵力集中与分散的另外一个原则是灵活性。集中兵力时所有的部分都能迅速在任何地点组成密集兵力。并且理想的集中兵力应该是一个较弱的外形下面覆盖着一个真正强大的实力。

总的来说,科贝特不相信集结海军兵力是最高最简单的战略法则,兵力集中原理是"自明之理,没有人会质疑,但作为实战的总则,它却是错误的"。科贝特指出过分强调集中忽视了古老的战争经验;若不分散兵力,则根本无战略联合可言。若己方兵力能保持有弹性的分散,则敌方就很难知道我方的意图和实力,而且也比较易于引诱其进入毁灭的陷阱。

概括来看,科贝特的主要观点是海上较好的兵力集中并不必然会取得大胜,相对于陆上军队而言,在海上敌人的舰队更容易逃避。一方舰队集中得越是强大,较弱的对手躲避战争的可能性就越大。只有通过分散,或是假装分散,较强大的舰队才能诱惑敌人进入战斗。

因此,较少的兵力集中(或者表面上的兵力集中)才会导致一场较大的战争。海上兵力集中同样有其他的问题。海军集中得越多,海上交通航线就会越少,可占据和控制的空间也越少。"事实上,兵力集中暗含着凝聚和联络的矛盾。"科贝特这一观点的一个必然结论即"完全或充分的海上集中兵力是不可能的"。

海上兵力集中还有另外一个严重问题,舰队集中得越大,越难隐蔽船只的动向。"一旦大规模集中形成就意味着隐蔽和灵活性的丧失",科贝特相信假装分兵和"无形化"可以为取得胜利,带来意想不到的惊人效果,"战争已经证明,胜利不仅需要赢得,也要做好准备工作,要有战略上的组合,至少进行战略分散是必要的。胜利的取得必须要冒险,而这最有效的方式就是分兵法"。

四、科贝特的制海权理论

对海洋的控制是海上战争的目标，制海权是海洋战略家的研究主题。制海权及制海权理论有其历史发展过程，科贝特的制海权思想在此历史长河中颇为闪光。

（一）制海权及制海权理论的历史发展

制海权是交战一方在一定时间内对一定海洋区域的控制权。公海对人类生活的唯一价值在于它的通道意义，人类进行海上作战的目标不是占领海洋而是能够自由利用海洋。[①] 保障己方海上交通运输和沿海安全；同时，剥夺敌方的海上行动自由。根据控制海洋区域的目的、范围和持续时间，可分为战略制海权、战役制海权和战术制海权。

夺取制海权的斗争，在古希腊就已出现，随着资本主义的发展和技术的进步，争夺制海权的方式也发生了变化。随着海军装备的大发展和帝国主义各国之间争夺制海权斗争的需要，出现了各种关于制海权的理论，如英国的科洛姆兄弟和科贝特等人认为制海权是英国的国策，是保护国土、防止大规模入侵以及保护与英国生命攸关的海上运输的最佳途径，争夺制海权的最直接、最经济、最有效的方法则是用绝对优势兵力进行海上决战或封锁敌方港口。

（二）科贝特的制海权理论

19世纪末科贝特步入海战研究的学术生涯，科洛姆兄弟和马汉的研究再加

---

① 师小芹：《理解制海权的另一条路径》，载《和平与发展》，2010年第1期。

上其他国家学者的著述,海权论逐步成为海战战略中的主流。科贝特从历史研究中深信海权的实践是非常复杂而且微妙的事情,它不仅仅是把敌方的战列舰队打进海底,也不仅仅是在追求自己的商业利益时扼杀对手的商业行为。首先,如果敌人极力避战但同时又保有足够的威慑力量,绝对的海上霸权难以获得;其次,一旦通过各种途径获得了海上霸权,就会带来更多的问题,包括关键性的大陆联盟的支持。最后,科贝特得出了海战有其局限性的观点:海军未必能仅靠自身力量就彻底赢得战争,如果在特殊环境和条件下,这个过程可能会漫长而困难重重。

与马汉"舰队决战"理论所不同的是,科贝特认为制海权最现实的核心意义就是控制海上交通线。① 在此基础上,科贝特根据海洋国家掌握海上交通线的程度不同,将制海权分为三个阶段,并相应规划出海军在不同历史阶段的主要任务:首先是夺取制海权阶段,即敌对双方海军力量呈现出强弱差别的态势,强势一方通过寻求有利于己的作战和封锁的形式夺取制海权;处于劣势地位的海军国家应通过袭扰、破坏敌方的海上交通线并对其海港实施偷袭,以便在有限时间内对有限区域建立有效控制。其次是保持制海权,即处于相对优势地位的海军国家,应采取分散部署的战略方针,通过占据海上交通要道进而有效控制海上交通线,向敌国施加强大的物质和心理压力以迫使其屈服,或引诱敌方海军进行海上决战进而将其一举歼灭,将所受的威胁和损失减少到最低限度。最后使用制海权阶段,即占据绝对优势地位的海军强国,在不受任何海上威胁的情况下,享有海上行动自由权,通过对敌人入侵的防御作战,破坏敌人贸易、保护己方贸易,以及攻击敌人远征、保障和支援己方远征的多种形式使用制海权,通过"力量投送"对陆上事务施加影响。由此可见,科贝特的思想对于处在不同历史发展阶段以及具有不同地缘背景的岛国和濒海国家的海军建设,均有极强的借鉴意义和启示作用。②

---

① 师小芹:《理解制海权的另一条路径》,载《和平与发展》,2010 年第 1 期。
② 付征南:《略论朱利安·科贝特的海洋战略观》,载《国际政治研究》,2008 年第 4 期。

1. 海洋与陆上战争的根本区别

科贝特认为,一般的战争理论包括三个明确的特点:第一,有集中兵力的战略思想,那就是说这种战胜敌人的战略思想是通过瞄准敌人的战略要害,然后最大限度地集聚自己的力量实现的;第二,战略主要是明确交通线的问题;第三,集中兵力努力去攻击敌人的思想,意味着你仅仅看到了你所要战胜的力量,而没有看到你日后所要面临的问题。科贝特把这些战略因素放在陆上和海洋战争中做对比,总结出海洋与陆上战争的区别。

第一个战略原则分析核心是:我们的首要目标是敌人的主要力量。在现代海军中这一准则经常以这种形式在海洋战争中使用:那就是己方作战舰队的主要目标是寻找并破坏敌人的力量。

第二个与海上交通线的控制有关。在铁甲舰时代,除了缺乏燃料外,没有任何障碍能够限制舰队的航行。水面上没有任何东西能够确定敌人的地点以及决定敌人的移动方向。所以英国在进攻时需要"搜寻出敌人的舰队"。

海上战争与陆上战争的第三个相区别的地方在于:陆上战争的任务是赢得战争,而舰队的任务则是保护商业,战争中真正重要的是经济实力。即使英国在与荷兰战争中最辉煌的时候,整个作战计划的目标以破坏敌人的商业为重点,但是英国对自己商业的保护有时候也是不尽人意的。

科贝特认为摧毁敌人的舰队并不是对自己商业进行保护的最好办法。有句格言是这样说的:"敌人的海洋就应该是我们的前线。"这并不像"搜寻出敌人的舰队"那样是纯粹的军事格言。己方在敌人海岸线上的舰队通常把在紧急关头保护自己的商业作为自己的首要战略目标。最好的方法可能也是唯一的方法就是确保海上只允许自己的贸易任意通行,并且自己的巡洋舰能随时对敌人发动进攻。

2. 安全控制海洋的方式

(1) 制订合理的计划

无论什么样性质的战争,有限战争还是无限战争,对海洋进行有效控制都是取得最终胜利的决定性条件。寻求安全控制海洋唯一的方式就是用自己的舰队与敌人进行交战,实现对海洋的控制,而且是越快越好,这是英国所坚持的传统原则。英国皇家海军对此的结论是:英国舰队的首要任务就是搜寻出敌人的舰队并且消灭它。但科贝特认为此种海洋战争理论表面上看似乎符合逻辑但有一定的危险性,没有什么比把战争原则当作一种对战争的判断更危险。

很明显,"搜出敌人的舰队"这句格言在心理上是令人振奋的,它的价值在于鼓舞海军士气。此中似乎隐含着英国海上地位的秘密,但科贝特利用自己对海军史料的丰富知识和灵活驾驭,论证"搜出敌人的舰队"本身并不足以确保这一决策的安全。

（2）实施封锁

从封锁的观点来看,科贝特所说的封锁行动包含了宽泛的特征和战略目的。通过海军封锁英国可以阻止敌人的武装力量离开港口,或确保能在敌方对英国采取别有用心的举动之前先发制人。海军封锁作为安全控制的一种方式和作战舰队的一种职能,可能被认为具有实战目的。商业封锁是灵活控制的重要方法,它的主要目标是影响敌人的海上运输贸易量。

科贝特认为有必要确定商业封锁与海军封锁之间的关系。第一点,通常来说,商业封锁是从属于海军封锁的,它们是不可分割的一个整体。第二点,商业封锁最直接的目标是灵活控制,它还有一个间接的目标与安全控制有关。也就是说,它的直接目标是逼近敌人的商业港口,间接目标是迫使敌舰出海。

因此,商业封锁在"公开"封锁的形式上与海军封锁有着密切的关系,英国希望敌人舰队出海的时候就会采取这种形式。商业封锁通常是设法让敌人的舰队移动,并寻求以最有效的方式逼近他们的商业港口,获得制海权。以同样的方式,控制他们的海岸线,从而,使他们要么接受战败的结局,要么进行反击。但是科贝特强调,在任何情况下都应清楚,单纯依靠海军行动的方式是不能把自己的意志完全强加给敌人的。对敌人长期实施严密而不间断的封锁在英国的实力严重消耗之前可以使敌人筋疲力尽。通常情况下哪儿有英国的实力,敌人就愿意在哪里屈服于英国。

的确,对秘密封锁和公开封锁的选择是一个极为复杂的问题。科贝特认为这种选择主要依赖于敌方军官和士兵的战斗精神,如果敌方战斗精神比较高,英国就会采取秘密封锁的形式;如果敌方军队的作战士气比较低下,英国就会使用公开的封锁。

3. 争议中的海洋及控制:以小规模进攻的方式取得制海权

对于弱方来说,小规模的反击行动是可取的。鱼雷的出现给予这种理论新的重要性。这种重要性现在已远远超出了当时人们对它的预测。科贝特主张通过具体的案例去谨慎地评价其重要性。

20世纪初,由于缺乏足够的经验验证,科贝特无法更多地论证这种理论。尤其是像鱼雷袭击、火力打击这样的事情,在科贝特看来经验比军官和士兵的士气和技能更重要。以前所说的仅仅是用于对海洋的安全控制,而不是行使有争议的海洋控制措施。

4. 灵活控制海洋的方法

(1) 对外贸易中的进攻和防御

科贝特认为,敌人借助军事行动打击英国的对外贸易,这对英国来说是颇具威胁力的。战争计划中首要的目标就是破坏对方的贸易。由于海上联系极为常见,贸易的进攻和防御就密切地联系在了一起,以至于在军事行动中很难区分到底是进攻还是防御。最有效的进攻方式就是占据敌人的货物集散地,在他们控制的港口实施贸易封锁。但是这样的军事行动常常需要封锁附近的海军港口,它还要为英国的贸易采取防御性的措施。

针对20世纪初的军事和通信技术的发展,科贝特认为,加强商业保护的趋势还会有大的发展。英国的贸易远比过去更有发展潜力,在新的情况下,英国的贸易比以前更加脆弱。因此,英国必须花费更多的精力和实力进行贸易保护。但是贸易和战争本身都需要强大的海军支撑,在贸易保护方面海军兵力紧张,使得英国面临更大的困难。因此,随着现代化的发展,对巡逻舰队的要求提高了,巡逻舰艇致力于贸易保护的机会增加了。

科贝特的结论可以用两条准则来表述:第一,贸易的脆弱性与它的贸易量成反比;第二,进攻的能力也意味着防御的能力。后者在现代的发展中被着重强调。进攻的能力也意味着灵活的控制能力。灵活的控制能力,需要的不仅是军队数量,还有速度、质量和对压力的承受能力等。在为贸易保护进行武装力量分配时,科贝特提出:英国一定要有一个度。从来都不会有一种方式可以对贸易进行全面的保护。

(2) 进攻、防御以及海军远征

在海外军事远征中的进攻和防御行动很大程度上受到贸易上的进攻和防御原则的制约。对于舰队来说最主要的是要优先考虑交通运输。依据历史经验教训,科贝特认为,以往考虑或拥有护卫舰队已经证明是无用的。重复历史上的不起作用的经验是无用的。在以往海军的舰队建设中,"敌方的交通运输工具是自己首先要考虑的问题",20世纪初,在某种程度上它已经成为一种通用的模式。英国的经验已经毫无争议地证明,仅靠海军是不能保证成功的防御和军事远征,也不能确保能够阻止敌军的航行,或在运输过程中对他们进行军事打击。尤其是在公海海域,他们可以自由地选择航线。因此,一支装备充足的海军可以有效地阻止一次侵略,但是要防御军事远征它也必须要配备一支强大的陆军。为了增强英国进攻的实力,这样的陆军必须装备精良以确保在所有的军事远征中尽可能地减少舰队的逃脱,而他们在登陆时也不会受到致命的损害。为了这一目的,军队只要进行训练、组织、分配三项就足够了。

因此科贝特主张把军事远征与舰队结合起来。一支舰队由两部分组成,商船舰队和军队中的作战舰队。作战舰队是复杂多功能的有机体。它由四部分组成,第一部分是陆军;第二部分是运输系统和登陆小舰队,也就是由平板船和蒸汽船组成的小舰队,这些都可能在运输中得以应用或协同运输;第三部分是舰队,负责运输,也就是说它包括正规的护卫舰队和轻便小船组成的小舰队来完成登陆工作;最后一部分是伪装的舰队。伪装舰队不仅要同护卫舰队和支援舰队区分开,而且它经常会成为登陆小舰队的重要部分,也可能是登陆力量的一部分。同样的,护卫队也可能充当运输系统,不仅是支援军事力量的一部分,也可能是登陆力量的一部分。科贝特认为联合舰队在实际操作中具有重要的价值。

作为伪装舰队，它肩负的任务就是避免惊扰敌人的武装力量，所以它要尽可能地远离目标，以便能迅速地对企图对它进行干预的力量实施攻击。科贝特提醒英国要牢牢记住这一原则：无论多么需要支援，伪装舰队绝不能过多地卷入登陆军事力量之中，以至于不能及时地从中摆脱出来，作为一支单独的海军实体进行战斗，施展自己的功能优势。

五、科贝特战略思想评析

在上一世纪之交，科贝特作为推动现代海军学说发展的重要角色，深受克劳塞维茨和约米尼的影响。科贝特试图把陆地战争的理论运用到海洋战争中去，他的主要目标是通过规范海战的理论和原则，去填补英国海军学说的空白。科贝特所致力的是海战战略，他最初把精力放在了熟练运用海军上。

和同时代的美国海军少将马汉一样，科贝特把海战看作国家大战略的一部分。从这一点上来说，克劳塞维茨对他的著作有很大的影响。对科贝特的另一个主要影响者是约翰·诺克斯·劳顿教授，他是大家公认的首个海军历史学家，科贝特被看作他的继承者。克劳塞维茨的《战争论》对科贝特的理论来说是一种十分宝贵的基础以及起到很大的促进作用。在完善有限战争的理论中，科贝特又一次使用《战争论》作为他理论的出发点，得出了唯一一个在海洋环境中进行有限战争的理论。

(一) 科贝特的战争观

科贝特并没有提出全面的海洋战争理论，而是把思想集中在海洋战略的性质以及海洋战争对国家实力的影响上。科贝特的海洋战略思想可以概括为：战略原则指导战争；海、陆军联合作战的重要性；保护交通线在海上比在陆地上更难以实施;科贝特并不赞成寻求决定性的战役或进行战略进攻;科贝特并不认为集中兵力是最有效最便捷的战略形式;海洋战略中的有限战争理论;制海权的夺取、保持和使用。

从对海洋国家的现实意义看,科贝特的理论价值对于今天的军事专家来说存在于五个方面:控制交通线,密切关注着敌人,获得战术上的优势;在政治、经济及金融方面进行战争和在技术、物质方面进行战争的性质是一样的;战争中的首要政治目标就是制定一种可行的战略去保护国家的利益;在战争中强调保护沿海财产的效率;慎战思想。

尽管科贝特表达的这些观念具有革命性,但受时代条件和个人因素的制约,也存在缺陷。从理论的本质目的来看,与其他西方战略思想家一样,都是希望通过控制海洋来夺取或保持世界霸权,其思想都折射出对力量和武力的崇拜,强调海上争霸和陆上夺权,因此与《孙子兵法》以义战为先、强调战争的正义性,并在此基础上追求"不战而屈人之兵"的战略意境相比,科贝特理论中的"慎战"成分大打折扣。除了近代西方战略思想的普遍缺陷外,科贝特思想的缺失至少有下述几点:

(1)科贝特所推崇的有限战争模式,从概念上来说是自相矛盾的。科贝特认为,与大陆国家以扩展陆上领土为目标的"无限战争"相比,以英国为代表的海洋国家发动战争的目标则更为有限,因此有限战争更适合于海洋国家。但是,科贝特又把以扩张领土为目标的殖民地战争也列入有限战争的范畴,而这在本质上与克劳塞维茨所主张的以攻城略地和消灭敌国为核心目标的"无限战争"是没有任何区别的。虽然科贝特为英国等海洋国家提出了远离大陆战场的忠告,但是由于英国海外殖民地是其全球霸权的战略基石,所以英国根本就无法远离大陆战场。[①] 随着殖民地人民的日益觉醒,科贝特所推崇的殖民地战争,不仅未能减轻对英国国力的损耗,反而进一步加剧了其所面临的危机。对此,马汉评论说:"英国的属地为数众多而又遍布各地,尽管过去和现在它们在促进贸易和为战争活动提供基地方面为英国带来诸多好处,但它们一直是危险的根源、防御措

---

① 付征南:《略论朱利安·科贝特的海洋战略观》,载《国际政治研究》,2008 年第 4 期。

施紊乱的根源,以及因此而造成的脆弱的根源。"①

(2)科贝特未曾预料敌方潜艇在战争中所能扮演的角色、未能敏锐地捕捉到以飞机为代表的军事革命对未来海战模式的冲击和影响,这也成为其理论的一个不尽完美之处。

从理论体系来看,科贝特的理论前提是,海洋是不可逾越的屏障,因此海军能够维护海洋国家的绝对安全。然而,一战前飞机的发明及其在战争实践中的应用,使海洋国家的地缘战略价值发生贬损,单凭海军已经无法保证海洋国家,尤其是英国的绝对安全了。潜艇和飞机的发明如同此前的鱼雷、蒸汽舰船一样给海洋战略提出了新的课题。

科贝特相信商船有较高的速度而也不那样易毁,所以对于潜艇的价值做了错误的低估。事实上,英国庞大而型号繁多的商船队既是英国强大的贸易和殖民扩张工具,同时也是帝国体系中易受攻击的薄弱环节。当时海战中日益显山露水的潜艇和飞机没有引起任何理论家的充分重视。

(3)科贝特不认为有采取护航(convoy)制的必要。护航是一种传统的海上贸易保护模式,不仅在铁甲舰之前的历史上被广泛采用,在此之后也多次出现。但在铁甲舰时代,由于技术和经济原因,护航战术遭到拒绝和怀疑,尽管没有在实战中被完全废弃,但很少采用。对于英国而言,在传统的大海战时代,英国人使用护航措施曾获得广泛的成功,这是一项不应该忘记和忽略的重大教训,尤其是对于向科贝特这样伟大的海权学者来说,出现这种失误显然是不应该的。

(4)科贝特的"最大失败"也许是他造成了一种印象(其实并不能完全怪他),使人相信舰队若能凭借其存在和地理优势来确保制海权,即无与敌交战之必要。

(5)在集中兵力与分兵的辩证关系上,科贝特在论述"分散兵力"(分兵)与"集中兵力"(合兵)时,提到分散的舰队或兵力在某个战略地点或战略场合或情况必要时的连接、联合、组合以及分散兵力在迷惑敌人方面的作用等,"分兵"以

---

① [美]马汉:《海军战略》,蔡鸿幹、田常吉译,北京:商务印书馆,1994年,第171页。

迷惑敌人使敌方不清楚己方的战略意图与目标及主力的去向,从而贸然以主力出击,则己方围而歼之。在合击之前的"分兵",各分舰队之间互相呼应、联系、策应,则体现了分中有合,分兵是为了合击。因此,可以说,"集中兵力"在海战中的核心作用和最终制胜的作用是不可替代的。显然,科贝特认为海上分散兵力比集中兵力更重要,这在战略上有其理论意义,但在战术上是值得商榷的。也许他的思想同他那个时代英国海军的实际情况和海军战略有关。科贝特的理论更多依据的是英国海军实力相对强势的历史时期,善于从历史中总结理论和经验,但却并不适应 20 世纪初已经变化了的英国海军实力地位的现实背景。

(6) 无论是海战理论还是海洋战略,作为一位主张制订军事计划时应该考虑国际形势诸因素的战略家来说,其战略思想中对海战法的忽视也是不可思议的。这一方面可能是因为在信奉"强权即公理"的传统强权政治时代,英国的海上实力地位决定了未来海战中英国不会接受海战法规的约束;同时可能因为科贝特对于法律条文能在多大程度上影响国家的海上实力、地位及战争的结局并不觉得值得考虑。科贝特的思想中很难发现法理主义的琐碎与严密。事实上,一战既见证了国际海战法的发展与变革,也在英国与中立国的交涉中见证了海战法研究对于交战国(即使是像英国这样的海上强国)的重要性。[1]

(二) 科贝特与马汉思想的比较

马汉的海权观集中体现在三本书中:《海权对历史的影响:1660—1783》、《海权对法国革命与帝国的影响:1793—1812》和《海权与 1812 年战争的关系》。马汉十分强调制海权对国际政治的意义,这是他的一大特色。他通过对 17、18 世纪重商主义和帝国主义时期的海上强国英、日历史的大量研究,提出了关于美国海军政策、海军战略、海军战术的一系列基本原则。

---

① 详见郑雪飞:《"自由船、自由货":战时中立国海上贸易权利之争》,中国社会科学出版社,2004 年,第三章"一战期间的中立国海上贸易权利之争"。

马汉的海权思想体系概括起来讲包括两个大部分,一是海权的构成,即海权的影响要素;二是海权的运作。马汉一直强调制海权的重要作用,认为谁控制了海洋谁就可以控制世界。

马汉的海权思想和海军战略在世界范围内引起了极大的轰动,对百余年的世界历史产生了重大的影响。从马汉的战略思想中,人们第一次透彻地认识到海权以及控制海洋的能力对国家命运和世界历史的巨大作用,而且成了西方各主要国家制定国策的考虑要素,对世界历史的发展产生了广泛的影响。

作为海军战略家中"历史学派"(historical school)的创始者,科贝特与马汉有很多类似之处。他们都是中年以后才开始认真治学;他俩都是核时代以前的海军战略理论家,都从研究历史与海战入手,总结出海战的基本原则和规律;都强调夺取制海权、控制海上交通线的重要性;强调海上集中兵力的原则;强调摧毁商业航运不是海战的决战样式;强调海军为国家政治目的服务。他们都同样强调历史对海军教育的贡献,都以海军史和海军战略为主题,科贝特在这一领域的成就可以说与马汉相互伯仲。马汉为世人所回忆的特点是他能把军事史正确地放在国际关系和经济事务之中,而科贝特则被公认为最了解海军战略运用。科贝特与马汉的不同之处在于:

马汉所处的时代,美国正处于实力的上升期,因此马汉的海军理论可形容为"龙虎争霸",海军需要突破老牌殖民帝国的固有势力范围,科贝特所处的时代,英国海上力量已达到顶峰,他的理论强调"以虎搏兔",将海军转变为对殖民地和传统陆权强国进攻的利器。

马汉主要根据约米尼的战略理论研究海军战略,科贝特则是根据克劳塞维茨的战略理论研究海军战略。

马汉注重研究海上力量与海军战略的普遍原则,而科贝特注重分析英国作为海上强大帝国成功的原因,这是他对海军战略思想最重要的贡献。

科贝特对舰队决战的强调较少。他的这种观点引来了不少皇家海军军官的不满,他们认为科贝特的这种观点缺乏纳尔逊将军战略思想的那种英雄气概。

与马汉海洋战略思想相比,科贝特的理论强调海军战略是国家战略的组成部分,他坚持必须结合国家政策考虑海战的性质;科贝特强调海军与陆军联合作战的重要性,在科贝特的理论中联合作战才是海战的最高杰作;科贝特还独创了海上有限战争的观点;科贝特强调海上集中兵力的特殊性,运用海军兵力分散攻击或保护海上交通线,当大的威胁出现时能够迅速集中于指定海区。这里关键是分散兵力时也要随时做好进行舰队决战的准备,非如此,舰队决战不可能发生。在后世的英国海军史学者看来"科贝特的学说在认识海权的局限性以及海上力量如何支援陆上和两栖行动方面与马汉和科洛姆的理论有很大差异"。①科贝特在使用制海权的方法上,与马汉的海权理论有某种相通之处,但在马汉的基础上,增加了"绝对优势"的舰队如何寻找和歼灭处于收缩防御中的"劣势舰队"的方法,是对马汉思想的发展与更新。

从理论和历史的发展来看,马汉优于科贝特的思想主要体现在:

第一,在马汉的战略理论中,他对潜艇在未来战争中的作用给予了充分的肯定和强调。而科贝特则未曾预料到敌方潜艇在战争中所能扮演的角色。

第二,马汉强调采取护航制的重要性,认为护航是对自己商业的保护,只有保护好了商业才能在战争中获得优势;此外"须对运输船队进行直接保护,这就是说,必须有一支武装舰船伴随其活动,这些武装舰船的力量要同航运事业的重要性相互对称……仍须记住,这样的运输船队往返时都要像这样有武装舰船保护防卫"②。而科贝特则不认为采取护航制有什么必要。

第三,在战略进攻与防御方面,马汉强调在海战中进攻的主动性和优势,强调大规模的会战和决战,他认为只有进攻及大规模的会战和决战才能确保战争的胜利,才能更好地控制制海权。马汉认为,防御的有利条件主要是防御方可以从容准备采取多种预防措施。它不仅是弱方迫不得已而采取的态势,而且当战线不只一条时,这是常有之事,防御方还会苦于难以进一步确定敌人可能在何处发起攻击。这样便会导致倾向于分散兵力。真正的防御必须具备两个因素:一

---

① [英]理查德希尔:《铁甲舰时代的海上战争》(世界近现代海战史系列2),谢江萍译,上海:上海人民出版社,2005年,第215页。
② [美]A. T. 马汉:《海军战略》,蔡鸿幹、田常吉译,商务印书馆,1994年,第196页。

是实力虽悬殊但防御方却可以通过骚扰等给对手造成损失来逐步缩小兵力差距直至转守为攻;二是采取守势还必须有一支虽属劣势但却具有相当规模的战斗舰队,以及敌人非经正规作战就难以夺取的港口。而科贝特在《七年战争中的英国》(第一卷)中认为:"当我们说防御乃是更为强而有力的战争方式之时,指的是,如果计划得当,它只需要一支较小的兵力,当然,我们仅就只有一条确定的作战线而言。假如我们对于敌人将要攻击的大体作战线确实一无所知,我们也就无法将自己的兵力集结于该线,于是防御就会脆弱,因为我们必须被迫分散兵力,以便能在敌人可能选择的任何一条作战线上阻止敌人。"这在马汉看来颇为奇怪:因为显而易见,一支强大到足能在数条作战线上阻止敌人的兵力就应以其所拥有的优势采取攻势。马汉不喜欢"防御乃是较之进攻更为强而有力的战争方式",认为"防御不外是在于善处逆境;其所为并非所愿,而是在不得已的环境之下,尽力而为"①,海军舰队在海上的积极作战行动是最好的支援海岸防御作战的做法;海上攻击是海军舰队在攻防中的基本作战方式。

从二人对当时和后世的影响来看,马汉实居于遥遥领先的地位。当马汉的《海军战略》于1911年11月正式出版之后,首先受到当时世界第一、坚持"两强原则"的英国海军的推崇,他们一致认为马汉的《海军战略》一书远在较早出版的科贝特的《海洋战略的若干原则》之上。不仅当时美国以及其他国家的政策都受到他的影响,而且即使在今天,他也仍然是"蓝水学派"的祖师爷。反而言之,科贝特对于当时英国海军政策虽不无影响,但到今天可能除研究海洋战略的学者之外,几乎已经很少有人知道他的大名了。

(三) 科贝特与克劳塞维茨思想的比较

1. 克劳塞维茨与他的《战争论》

克劳塞维茨(Carl von Clausewitz, 1780—1831)在西方战略思想史上的地

---

① [美]A. T. 马汉:《海军战略》,蔡鸿榦、田常吉译,商务印书馆,1994年,第260页。

位几乎与孙子在我国战略思想史中地位大致相当。英年早逝后,著作由其夫人整理出版,全集共 10 卷,而《战争论》为前三卷。《战争论》共为 125 章,分为 8 篇:论战争性质、论战争理论、战略通论、战斗、兵力、防御(克劳塞维茨写完该篇才感觉到其所写完的部分有修改之必要)、攻击、战争计划。

克劳塞维茨的《战争论》虽是一部为世人所公认的不朽名著,但它也是一部不完全的书。首先应指出的是他的注意力焦点放在战争的较高层面上,也就是所谓政策、战略、作战指导、战略计划等。克劳塞维茨所界定的战略实际上仅为"作战战略"(operational strategy),不过他也是注意到战争有社会层面的第一位大思想家。

克劳塞维茨对于战争的海洋方面也几乎不曾讨论,克劳塞维茨是一位内陆国家的陆军职业军官,他可能一生都不曾有过航海的经验,所以,他的书不曾给予海洋因素以任何注意。但有一点必须指出,他的书虽并未公开讨论海洋战争或海军战略,但这并不意味着其所发展的概括性理论和观念不能够应用到海上战争。事实上,他的基本观念可以普遍地应用,而不受任何时空因素的限制。实际上,20 世纪初期的两位海洋战略大师,马汉和科贝特就是分别从约米尼和克劳塞维茨的著作中找到其所需要的灵感,从而建立他们的海洋战略思想体系的。

与一般人的想象并不完全一致,克劳塞维茨并非不重视经济因素在战争中所扮演的角色。他在《战争论》第八篇中讨论 18 世纪的战争性质时,曾明白指出"军事组织以金钱和人力为基础"。依照他的看法,国家的经济资源,与其地理及社会政治条件结合,即足以决定其军事政策。不过,经济、地理、社会、政治等对于战争或战略都只是一种先决条件,并非其理论架构中所要分析的重点。

克劳塞维茨的著作虽然如此伟大和不朽,但还是有其显著的弱点,并应予以补充和矫正:(1)科技的发展给战争带来了新因素,那是他无法预知的,当然也无从考虑。(2)在他那个时代非常简单的问题到今天可能已经变得非常复杂,而他的书对于这些问题都不曾给予应有的重视。(3)某些主题被他认为与战争指导无关,但在现代战争中都已成为众所关注的部分。(4)克劳塞维茨在其书中所做的观察或所引述的资料也不免偶然会有错误而应予以校正。①

2. 科贝特与克劳塞维茨的比较

科贝特和克劳塞维茨有诸多相同之处。首先两人都强调政治因素在战争中的首要地位以及制定出合适的战略来保卫民族利益。很明显，科贝特在读《战争论》以前就明白了政治因素的重要作用，但是克劳塞维茨的思想使他的这一理论更加清晰。基于教育的目的，科贝特同样坚持研究和发展战争理论，这一点在"关于战争的理论研究——战争的作用及局限性"（《海洋战略的若干原则》第一部分）中表述得很清楚。

其次，两人同样都认为，即使最好的战争理论也"不是判断和经验的替代品"，它不能将战略系统化为具体的科学，充其量，理论能搞清楚什么是"正常的"，但是战争，由于其相互性、不确定性以及复杂性，却经常受到异常规律的制约。因此，科贝特像克劳塞维茨一样反复强调理解战争理论的价值和其固有缺陷的重要性。

再次，双方对"大战略"概念存在认同。克劳塞维茨虽未使用"大战略"这样的名词，但他对于大战略的含义则早已有明确的了解。在第一篇第一章"战争永远不应视为某种有自主权的东西，而经常应视为一种政策的工具"，随后在提出战争三位一体观念时，他指出："作为一种政策工具，战争的服从要素使其仅受理性支配。"因为大战略的要义就是战争对政策的服从，所以姑且无论政策为何，其执行都必须在战略权力所能达到的范围之内。②

科贝特和克劳塞维茨观点的不同主要体现在"集中兵力"和"有限战争"两个方面。

（1）集中兵力

科贝特不赞同克劳塞维茨等陆战理论家及大多数他那个年代的英国海军战略家所钟情的"大战情节"。

---

① 钮先钟：《西方战略思想史》，桂林：广西师范大学出版社，2003 年，第 279 页。

② J. Fuller, *The conduct of War*, 1789—1961, Rutsers University Press, 1961, p. 66.

最大限度地集中兵力确实是赢得决定性战役消灭敌人的关键因素,克劳塞维茨、孙子、约米尼以及其他所有的思想家都会认可这一最为重要的战争法则。

科贝特不同于克劳塞维茨之处却恰恰与孙子的观点相类似。例如,科贝特不相信集结海军兵力是最高最简单的战略法则。科贝特强调在关键时刻兵力集中的重要作用。对于科贝特来说,兵力集中不是克劳塞维茨和马汉所声称的单纯集结大量船只,相反,他认为要操纵敌人的战略,这样就可以按照自己的方式作战。这些战略通过创造敌人必须服从的条件来使敌人做出相应的举动。他们通过诱惑敌人,用利益加以引诱,这样就可以保存力量来迎敌。

其次,科贝特对战争之前或之中形成的外交同盟体系感兴趣,并且他关注战争中的经济和金融,同样关注战争的技术和物质方面。这些克劳塞维茨不感兴趣。科贝特和中国古代军事理论家孙子都认为一个好的战略应该按照自己喜欢的方式并且发挥比较优势。

克劳塞维茨相信军事经济是一个危险的虚假经济,他更愿意关注结果,而不是成本。他说:"因为在战争中,努力太小不仅会导致失败,并且会造成危害,使每一方面被迫使转向其他。"在克劳塞维茨观念中一个真正的军事经济不是以最小的成本赢得胜利,而是充分利用可以利用的兵力而不计较成本。

和克劳塞维茨不同,科贝特没有寻求决战或者战略进攻的兴趣。总体来说,他比较喜欢战略进攻,但强调进攻要保持在可操作的程度,科贝特的战略是基于理性推断。而克劳塞维茨凭借军事天才的直觉,认为可以冒重大的风险。科贝特同意重视勇敢是领导者必备的品质,但他认为仔细的思维和战略创造能力必须支配所有行动。

根据科贝特理论,海洋战略家必须接受这样一个事实:海战不是游戏,因为它几乎不可能完全控制整个海洋。并非总是当一方失去了对海洋的控制权,控制权就会传递到另一方。在海战中通常的情况是双方都未能取得控制权,也就是正常的情况是海洋不是得到控制,而是没有被控制……控制权通常存在争议。这种争议使海战战略备受关注。但是科贝特并不是很关心此问题,因为他相信忠诚的皇家海军可以以最快的速度控制制海权。

然而，达到期望的集中兵力并且赢得关键性战斗的胜利值得所花费的成本吗？克劳塞维茨、约米尼、马汉以及大陆战略家都会给出肯定的答案。然而，对于科贝特来说，对取得决定性战役胜利的探寻却没有同样的吸引力。作为一名海洋战略家，他认为"人类依靠陆地生存，而非海洋，战争中两个国家之间的最大问题从来都是由己方的军队能够对敌人的国家和生活产生哪些威胁决定的，或者是由于敌人害怕军舰增强了己方的军事威慑力"。在一个所有其他海军战略家都认为纳尔逊在特拉法加海战的胜利是值得效仿的年代，科贝特指出这样的崇拜是不值得的。他指出，毕竟大海战胜利这一战略结果远不足在大陆上对拿破仑战役那样受到关注，并且，纳尔逊或许会遭受很大的战术风险。特拉法加海战的胜利"使英国最终获得了海洋的统治权，但他却使拿破仑获得了陆地的统治权"。

（2）有限战争

科贝特所创立的有限战争理论，为我们准确地认识他对一般的战略尤其是对海军战略的贡献上提供了很好的例证。科贝特所论述的有限战争理论，与克劳塞维茨所论述的有限战争理论有很大的不同。科贝特关于有限战争的新观点也使我们能够认识到，通过海军视角可以对战略进行更新颖更深刻的理解。

事实上，克劳塞维茨的理论并不能对英国实力的扩大做出令人信服的解释。能够对此做出解释的只有科贝特根据海洋的独特环境所建立的有限战争理论。克劳塞维茨的理论认为只有战争目标有限或者实力较弱的国家才应该进行有限的防御战争；然而，科贝特却认为不管国家的实力有多么有限，只要能够采用适当的战略并拥有独特优势的战略环境，就能使国家的实力大增。我们知道，对于克劳塞维茨来说，进行有限战争的决定首要考虑的是战争的政治目标（同时也应该取决于战争手段的可行性）。科贝特把他的海上有限战争的理论模式在此基础上向前推进了一步，使它成为一种新的战争理论。在这个过程中，他撇开对有限战争的政治目标考虑，而是把精力集中到研究特定战争手段的有效运用上面来，用自己科学的有限战争的理论模式替代克劳塞维茨所认为的"有限战争是偶然发生的事故"。他的这一理论融合了海军和陆军战争理论，使用一些小规模但有实力的海军力量,利用它特有的部署使一些特定手段发挥最高的效率。他的这一理论的成功把"有限战争是偶尔发生的事件"和"海军和陆军行动紧密联合在一起能够给敌人一种灵活的沉重的打击,而且打击的力度会远远超过海军和陆军所固有的实力范畴"这两种理论联系到了一起。这种情况就是说明整体所取得的结果要大于各部分之和。

在《19世纪战争理论的发展》一书中,盖特(Azar Gat)把科贝特的海洋战略原则描述为"克劳塞维茨的翻版"。这种论述完全低估了科贝特战略理论的原创性和对战略理论的贡献。克劳塞维茨的战争论对科贝特的理论来说是一种十分宝贵的基础以及起到很大的促进作用;但是,它并不是科贝特理论的整体框架。通过对理论倾向和对英国模式战争的影响比较,我们可以看出和克劳塞维茨相比,科贝特与孙子的理论更为相似。① 概括而言,科贝特对海军战略的贡献,尤其是纯海洋战略理论和一些特殊的海战中的集中兵力原则对海军的贡献更大。

六、科贝特海洋战略思想的历史影响

科贝特的思想诞生于英国称霸海上时代,受英国海战史和海权的影响,其目的是维护英国海上霸权。由于他在海军学院任教过,英国海军许多军官受过他的影响,他的思想也传遍了海军。虽然英国海军受马汉的思想影响,但在不觉中也运用了科贝特的理论。如海陆联合作战,鸦片战争中最为明显。尤其是他的有限战争理论对英国的影响比较大。在海湾地区,英国总是避免插手海湾各国事务,英国在此利益只限于控制海湾的海权。② 不仅在海湾地区,在其他地区英国也进行有限战争,尤其是远东和欧洲。第一次世界大战结束后,在英国的全球

① Michael I. Handel, "Corbett, Clausewitz, And Sun Tzu", issue of Naval War College Review *Naval War College Review*, Autumn 2000, cited from http://findarticles. com/p/articles/mi-m0JIW/is-4-53/ai-75098729.

② 寇艳香:《海权视角下英国海湾政策及其实施》,硕士学位论文,河北师范大学,2012年。

战略中,远东曾占据相当重要的地位,随着欧洲局势的日趋紧张,英国海洋政策开始转变,把海军的力量集中于欧洲,在远东战略任务只能限于:"(一)维持新加坡海军基地的安全;(二)保持贸易线的畅通;(三)防止日本对澳大利亚、新西兰可能的攻击。"英国海军的远东战略从原先的进攻转向防御。① 二战结束以后,英国的海上霸主地位被美国所取代,科贝特为处于霸主地位的英国量身定制的海洋战略在海上格局、海战技术、交通通信条件、核潜艇等因素共同作用下,正经历着历史的考验,但其有限战争以及控制海上交通线理论依然对今天的海洋大国意义深远。尤为重要的是,科贝特的理论对当代美国海军及太空战略的制定有着新的启示。

(一)科贝特与二战后的美国海洋战略

对于美国来说,在二战之前美国海军的建设主要遵循马汉的理论,强调海上力量决定国家命运,强调海军单一军种的海上决战。但是战后进入核时代以后,在冷战时期,基于核威慑的历史背景及同苏联和华约进行全球大战的战略构想,美国不得不强调三军均衡发展和联合作战,强调联盟作战。鉴于战后美国经常应付的是地区性的常规有限战争,美国海军在 20 世纪 50 至 60 年代转而对科贝特的海军战略理论感起兴趣。从尊崇马汉到尊崇科贝特,反映出现代美国将海军作用看作全局战略的一部分,这说明美国海军战略指导思想的逐步成熟和完善。

冷战结束后,美国海军的作战对象和作战环境发生了翻天覆地的变化,因此美国海军也面临着严峻的转型任务。在美国海军内部,科贝特的战略思想日益受到重视,美军的将领和理论家普遍认为,后冷战时代的美国海军,正需要科贝特的战略理论。1993 年,美国海军战争学院举办了一场主题为"马汉还不够"

---

① 周旭东:《二战爆发前后英国海军战略与远东政策的演变》,载《浙江师大学报》,1997 年第 4 期。

(Mahan is not Enough)①的学术研讨会,此次研讨会不仅标志着冷战后美国海军战略思维已开始发生重大转变,而且也使科贝特这位被湮没了近一个世纪之久的战略思想家重新回到人们的视线中。

(二)科贝特与美国的太空战略

作为一种成熟的理论成果,科贝特的理论在当今以空军力量为主的时代所产生的影响要比他当时所预测的还要大。当今,维持空军力量的地位以及运用精确的制导设备所需要的情况更符合科贝特的要求。维持制空权在世界的任何地方都使得有限战争变得更为必要。现在和将来的战争技术将使人们放弃传统的战争理论,而去运用科贝特的"有限战争"理论。

"制太空权"是"制空权"一词的沿用。而"制空权"的概念是由"制海权"衍生而来的。美国空军将"权"(以力量主导)的概念成功运用到空战战略。空军借鉴了海军在二次世界大战之前和期间所持的基本设想,大力倡导空中力量,并将其视为最有效的进攻性战略手段和最佳的战略阻遏手段。因此,一些历史学家甚至认为,空军将官实际上比海军将官更善于宣扬力量型战略。最终,空中力量取代了海上力量,成为美国国家安全战略的基石。美国海军在 20 世纪上半叶的经历表明,一个国家若想主导国际社会,力量型战略当为首选。但是,若所求的主导权仅限于具体战区,那面对最沉重的未来安全问题,这种战略或非良策。马汉仍然深受美国海军尊崇,不过他的思想及海权论在今天的海洋战略中已趋式微。

传统的海权论及海战思想强调舰队对决式的海洋决战,现在的海洋战略则主张陆海协调配合,两者之间有明显差别。海域包括了全球所有的海洋及与之相邻的陆地,因而海洋战略影响到国家对外交、信息、军事和经济等力量手段的利用。可见,海权战略仅仅是海洋战略的一个分项。

---

① James Goldrick and John B. Hattendorf, *Mahan is not Enough: The Proceedings of a Conference on the Works of Sir Julian Corbett and Admiral Sir Herbert Richmond*, Newport: US Naval War College Press, 1993.

值得注意的是,在对国家外交、信息、军事及经济利益的影响上,海洋与太空有着惊人的相似。既然在海洋与在太空的战略意义相同,且这两种载体均包括远程"基地"或分散部署在远程交通线上的作战枢纽,那么它们的战略制定也必然相似。

1. 海洋战略与太空战略

科贝特的海洋战略理论为太空战略的制定提供了借鉴。根据科贝特的观点,海洋具备固有的交通价值,海战的目的就是取得制海权。谁能成功于此,谁就拥有自由进出海洋及由此带来的所有利益。濒海国家通过制海权的确立可以沿海上交通线自由航行而把敌方的威胁降到最低,确保海上交通线的畅通。

科贝特论述了海军如何能影响竞争国之间的力量平衡。建立强大的海军舰队和获取制海权,从而使其他国家处于劣势。通过这种办法,濒海国家就能保护自己在世界各地的利益,并拥有干预敌方从海上进行商务贸易的能力。

濒海国家广泛使用海上交通线进行商务贸易,因而必须对其中最重要的线路加以保护。为此,科贝特认为海军必须沿交通线部署兵力,但又能在需要时迅速集结优势兵力。为保护己方在海上的商务贸易活动,沿海上交通线分散部署兵力势所难免。因此,海洋战略必须要兼顾战时的兵力集中和非战时的兵力分散。

科贝特把进攻战视为较"有效"的手段,而防御战则为较"有力"的手段。由于防御战强有力的特点,它能够使弱小的海军取得杰出的战绩;如果弱小的一方对优势敌手采取进攻策略,结果极可能是以卵击石。当政治目标要求采取措施阻止敌人获取时,防御战略就能大显身手。

把海洋战略作为太空战略的基本框架有诸多好处,但也存在缺点,毕竟运行在海洋和太空的系统所需技术存在差异。尽管现代军舰广泛采用尖端设备,但先进程度仍不及飞机。由于军事战术取决于现有的技术水平,因此太空战在战术层面上更像空战,但在战略上却与海战类似。战略原则理应不受时间限制,以海洋战略作为框架更有利于制定长久的太空战略。

尽管海洋环境中的外交、信息、军事及经济利益与太空环境中的情况极为相似,太空战和海战在战略层面上的共性并不能抵消两者的差异。因此,借鉴海洋战略思路来制定太空战略,只是为探讨出入太空的活动提供可参照的共同语言。

2. 海洋战略对太空战略的启示

依据海洋战略的思路,太空具备固有的交通价值,确保使用太空的力量也就显得极为重要。美国的《太空联合作战准则》规定,在必要时"为友军提供太空行动自由,而按令拒敌于太空之外",可见确保己方天空交通线畅通的必要性。

因循海洋战略思维制定太空战略强调,太空活动与国家利益密切相关。这一思想已从美国日常活动对天基系统的依赖中得到验证;依赖于太空的商务贸易直接影响到美国的总体经济利益,太空也因此与国家力量挂钩。海洋战略说明,任何已掌握太空技术的国家都会保护自己的太空利益。这种观点与美国2001年的《太空委员会报告》一致。该报告宣称,由于美国对许多太空技术的依赖,国家可用一切手段来"阻吓和抵御"太空敌对行为。

脱胎于海洋战略思维的太空战略也能提供一些重要观点,其中最为深刻的是对攻防战略作用的反思。当政治目标要求从敌方进行夺取时,采用太空进攻战略是合适的,有利于达到政治目的。克劳塞维茨和科贝特相信进攻乃是较为有效的战争手段,从这一角度看,航天强国通常会尝试进攻型的太空战。但以进攻战取得决定性胜利的机会渺茫,作战指挥官在下决心发动进攻战时必须小心谨慎,否则可能会因为发动"不明智的进攻战"而丢失天基系统。另外,当政治目标要求对敌方所求加以阻止时,防御性战略便显露锋芒,弱小的航天部队应当广泛采用此战法,直至反守为攻成为可能。因此,真正的防御是占据有利地势等待进犯之敌。

太空战的首要任务是确保己方使用太空交通线的权力。在海洋战略中,巡洋舰承担类似的责任。典型的海战是巡洋舰以其足够的航程及充足的耐力来保护遥远而分散的海上交通线。由于海洋和太空战略的基本原理相同,因此太空利益的保护正需要巡洋舰所代表的思路。

太空交通线在现阶段还需同时使用陆基和天基设备系统,就如通信中的上行链路和下行链路一样。这意味着"太空巡洋舰"这一概念必须涵盖陆、海、空三种平台，以保护自己的太空使用权。因此，这一概念还包括把陆地交通网作为进入天基网络的后备通道，能迅速补射被毁的卫星，能摧毁敌方的反制平台。无论"太空巡洋舰"的总体构想是运用陆基、海基、空基还是天基系统，它在太空战略中始终占有最重要的地位。

参照海洋战略的经验，天基技术设备和系统应分散部署，以扩大覆盖区域，同时又能保留快速集结的能力。分散有利于保护广泛的利益，并可在许多不同的天空交通线上开展防御作战。当面临严重威胁需要展开进攻战时，这些技术装备和系统能很快集。战术部署可以包括能发射定向低功率干扰信号的卫星。虽然一颗卫星在某一特定区域作用有限，但如果这类卫星群集配合，就能在更广的空域中封锁敌方的天空交通线。同样，这类战术部署也包括将多个轨道武器平台集中在一起，用动能武器攻击一个或多个地面目标。

与"太空巡洋舰"的构想一样，这种分散则守、集中则攻的战略依赖于地基和天基系统的配合使用。因此，要摧毁敌方的太空设备或通信系统，就必须同时调用陆海空武器装备，配合使用，对敌实施攻击。用海洋战略中的制海权这一概念就不难理解建立制天权对确保太空使用权的重要性。

3. 因循海洋战略制定美国太空战略

因循海洋战略思维所制定的太空战略可突出目前太空力量战略中尚未涉及的构想，包括把确保在太空交通线的出入及使用作为太空战略最重要的因素。根据这一构想，凡为天空交通线提供保护的系统应当获得优先考虑。正确理解进攻战略和防御战略的关系，就意味着知道如何用后者来确保天空交通线的安全。因此各种防御战略，都是保护天空交通线及获得重要制天权的，任何全局性的战争计划都把防御战略和进攻战略看得同等重要。

当代的军事活动已延伸到外层空间。在很大程度上，许多陆海空部队和海军陆战队在执行任务过程中已经大量使用天基技术。由于力量主导型太空战略有其固有局限，因此以海洋战略思维指导而制定的太空战略更能为战场官兵指明正确的方向。要获得最佳的战略方针，就应该将太空战略的最佳框架建立在累积几世纪之久的海战经验之上。①

尽管科贝特的海洋战略思想面世迄今逾一个世纪，但在完全不同的国际形势和技术背景中仍然具有鲜活的现实意义，他的保护海上交通线及海权相对性和陆海协同作战对现代海军的发展有很重要的指导作用。保护海上交通线的重要性是濒海国发展的必要基础，因此各濒海国都非常重视，近些年多国派军舰到亚丁湾护航就是一例。制海权的重要性使各个濒海国家都大力发展海军去争夺制海权，美国在全球，印度在印太地区，中日在亚太甚至南海都在争夺制海权。

进入 21 世纪以来，随着中国的快速发展，亚太、印太的战略竞争更为激烈。冷战后美国采用了科贝特的战略思想，了解科贝特的思想能够了解美国的战略意图及部署，使我们及时采取相应的战略部署。此外，研究科贝特海洋战略思想可以辨清海权理论的基本主题，对世界海权理论研究有可资借鉴的学术基础和实践指导作用，对于中国"蓝水海军"的建设与发展、建设新型海洋大国和海军强国并进而维护中国的海洋权益同样有着重要的理论借鉴意义。

---

① 约翰·J. 克莱恩:《以太空力量主导太空战略不相宜》,载美国空军大学《空天力量杂志》,2007 年夏季刊。载 http://mil. news. sohu. com/20080122/n254821509. shtml。

马　汉

海权论鼻祖[①]

阿尔弗雷德·塞耶·马汉(Alfred Thayer Mahan)1840年9月27日出生于美国一个丹麦移民家庭,其父丹尼斯·哈特·马汉是西点军校著名教授。受军人家庭环境影响,小马汉立志从军,对海军情有独钟。

1856年9月,马汉到美国海军军官的摇篮——安纳波利斯海军军官学院学习,开始了长达40年的海军服役生涯。在海军服役期间,马汉先是在舰上度过了飘摇难熬的20年甲板生涯,历任副舰长、舰长,巡航过远东、欧洲和南美多国。1875年以后,先后在波士顿海军造船厂、海军学院、纽约海军造船厂、海军军事学院等单位任职。1896年12月,马汉退出海军现役。丰富的海军任职经历,使马汉对海洋和海军的重要性有了深刻的洞见,为海权论的提出奠定了坚实的基础。

马汉的主要理论贡献集中在两个方面:一个是提出了海权论,另一个是提出了海军战略理论。1890年5月,《海权对历史的影响(1660—1783)》一书在美国首次出版,该书和随后1892年发表的《海权对法国大革命和帝国的影响(1793—1812)》,以及1905年的《海权的影响与1812年战争的关系》,合称为"海权论三部曲"。这三本书的出版,宣告马汉海权论思想体系完成,也确立了马汉在世界海军史和海军战略理论方面的权威地位。海权(seapower)是马汉海权论的中心概念,马汉将其定义为"使一个民族依靠海洋或利用海洋强大起来的所有事情"。

---

① 作者简介:邓碧波(1978年—　),男,军事学博士,现为军事经济学院国防经济系副教授。长期从事教学科研工作,主要研究国家安全和反恐问题,先后于2008、2010年两次参加国防白皮书撰写工作,合作出版《大家精要:马汉》、《军事透明论》等著作,发表文章20余篇。

马汉提出了发展海权的三大环节和六大因素,并通过回顾欧洲和美洲的历史,系统地阐述了海权能够决定性地影响国家兴衰乃至世界历史的观点。

马汉的海军战略理论集中体现在1911年发表的《海军战略》一书。马汉将海军战略定义为对海军的建设和运用,提出了海军战略的四个要素,论述了海军基地和海军舰队之间的关系,阐明了海战的攻防性质,特别强调海军最主要的作用在于进攻。在书中,马汉把约米尼的陆战战术运用到海战中,提出了包括"中央位置"、"交通线"、"集中兵力"等许多基础性原则,至今仍有指导意义。这本著作确立了以海权论为中心的海军战略,明确提出海军战略的根本目的在于夺取制海权,控制海上交通要道,进而控制全球,是对马汉30多年来研究海权的一个总结。

海权论提出后,立即在西方世界引起极大轰动,并迅速风靡全球,陆续被译成德语、法语、俄语、日语等多国文字,成为当时影响最大的世界畅销书之一。西方的政界、军界和舆论界都对该书予以极大重视,高度评价其价值,认为马汉创立的海权论在海军史上具有划时代的历史意义。马汉本人也被公认为海权论的开山鼻祖,被称为"海权理论之父"。

1914年12月1日,马汉在华盛顿海军医院与世长辞,终年74岁。尽管斯人已逝,但是他的著作已成为各国海军军官的必读名作,他的理论也成为不朽的世界精神财富。

阿尔弗雷德·塞耶·马汉(Alfred Thayer Mahan,1840—1914),是"海权论"的开山鼻祖,被公认为"海权理论之父"。他的思想在美国乃至世界范围内都享有盛誉,自其产生之初就为许多国家所推崇。美国第26届总统西奥多·罗斯福曾称他"拥有第一流政治家的头脑",是"美国历史上最伟大、最有影响的人物之一"。

一、海权的实质及制约因素

马汉一生著述颇丰,涉猎甚广,海权论是其立论基础,著作也主要围绕海权展开,其中最重要的是 1890 年出版的《海权对历史的影响(1660—1783)》,1892年出版的《海权对法国革命与法兰西帝国的影响》,以及 1905 年出版的《海权与1812 年战争的关系》。这三部书被称为海权论三部曲,其中最重要、最著名的是第一部,它是马汉的成名作,是海权论三部曲的首部曲,也是海权论的奠基之作,第二部和第三部可以看作对第一部在历史上的延续和资料上的补充。

(一) 海权的实质

马汉关于海权的研究实际上可以分为两个部分:第一部分揭示了海权的概念、建立和发展海权的环节、影响海权发展的因素以及海权对国家兴衰乃至世界历史的影响。这部分在理论上相对独立和完整,是海权论最精彩、最核心的部分,也最能体现马汉的思想。第二部分,马汉评述了从 1660 年至 1783 年间西班牙、葡萄牙、荷兰、英国、法国等欧洲海上强国争夺海洋霸权的过程,以及海权对法国革命与法兰西帝国、1812 年战争的影响,全面回顾和总结了欧洲的海战历史。这部分资料翔实、评论中肯,是马汉全部理论的基础和依据。

马汉一针见血地指出,海权是利用和控制海洋,使国家和民族繁荣强盛起来的所有事情;发展海军以争取海权是每个海洋大国在未来的贸易竞争中保持优势地位不可或缺的重要条件。他说:"海权的历史,虽然不全是,但是主要是记述国家与国家之间的斗争,国家间的竞争和最后常常会导致的战争的暴力行为。海上贸易对各国的财富和实力的深远影响,早在指导海上贸易的发展和兴旺的正确原理被发现之前,就已经被人们清楚地认识到了。一个国家为了确保本国人民能够获得不均衡的海上贸易利益,或是采用平时立法实施垄断,或是制定一些禁令来限制外国的贸易,或是当这些办法都失败时,便直接采取暴力行动来尽力排除外国人的贸易。这种各不相让的夺取欲望,即或不能占有全部,至少也要占有大部分贸易利益,和占领那些尚未明确势力范围的远方贸易区域,这些利益冲突所激起的愤怒情绪往往导致了战争……因此,海权的历史,从其广义来说,涉及了有益于使一个民族依靠海洋或利用海洋强大起来的所有事情。海权的历史主要是一部军事史。"①

毫无疑问,马汉清楚地认识到,资本主义国家对获取财富的欲望是无止境的,它们的对外贸易必然伴随着血腥和暴力。尤其是在当时,主要资本主义国家都拥有大量的海外殖民地,海外贸易是整个贸易的重要组成部分。因此,海洋必然成为各海上强国进行争夺和发生冲突的主要领域。而要保护本国的船舶和贸易的顺利开展,就必须建设一支强大的海军。对此,马汉正确地指出,"海军的出现是由于平时有海运,随着海运的消失,海军也将消失。除非当一个国家有了侵略意图时,才会保持一支海军,并且也只是作为军队编制的一部分"②。至此,马汉揭示了一个已经运行了数百年的道理:海军除了作为军队的一部分来保卫国家或进行侵略外,还可以用来保护本国的海上贸易。事实上,数百年来,不少国家和政府正是这样做的。尤其是近代以来,欧洲列强就是先用坚船利炮敲开别国的大门,然后用军舰和刺刀来保护海外贸易的顺利开展。马汉在这里重新定义了海军的性质和作用,实际上也是在向各国政府兜售他自己的一贯主张:既然海军无论是战时还是在平时都有如此巨大的意义和价值,那就是一笔划得来的买卖,为什么还要吝啬那点投入海军建设的资金呢?

在马汉看来,海上贸易离不开海军的保护,而一支强大的海军也离不开由海上贸易带来的财富的支持。只有那些没有意识到海上贸易有利可图,并对海上贸易不感兴趣的国家,才会忽视海军的发展。而没有海上贸易支持的海军,即使

---

① [美]马汉著:《海权对历史的影响(1660—1783)》,安常容、成忠勤译,解放军出版社,2006年,第1页。

② [美]马汉著:《海权对历史的影响(1660—1783)》,安常容、成忠勤译,解放军出版社,2006年,第27页。

它再强大，也经不起战争的考验，迟早会衰退下去。马汉认为，资本主义制度是一种弱肉强食的制度，战争是人类生存的重要组成部分。因此，他始终在强调这样一种理念，即国家为了生存与发展，必须建立强大的海军，以保护不断发展的海外贸易，获得更多的财富，以使国家长久保持繁荣强盛。

马汉在书中一再强调，海权并不单纯指一个国家的海军力量，它是海上贸易和强大海军的有机结合。马汉选择使用"Seapower"这个单词并不是随意的，而是经过深思熟虑的。"Seapower"一词在英语中有多重含义，既有"海上力量"的意思，又可以翻译为"海上实力"，还可以理解为"海上强国"。马汉曾经说过，他之所以不用 maritime 这个词，是因为这个词太通俗，不能引起人们的注意，而且也不能完全表达他心中之所想。在定义 Seapower 的含义时，他指出，它不仅包括用武力控制海洋或海上军事力量的发展，而且还包括舰队赖以存在的平时贸易和海运的发展。在绪论中，他进一步将 Seapower 定义为："从其广义来说，它涉及了有益于使一个民族依靠海洋或利用海洋强大起来的所有事情。"显然，马汉在这里不仅强调了海军力量的发展，而且还特别强调了与海洋有关的商船队和海运等能力的发展。总而言之，海权不仅只在于其强大的海军，也不只单独存在于兴旺的贸易之中，海权在于强大的海军和海上贸易两者的完美结合。其实质是国家通过运用海上力量与正确的斗争艺术，实现对海洋的全面控制。我国大部分学者将 Seapower 翻译为"海权"，但也有一些学者将 Seapower 翻译为"海上力量"或者"海上实力"。从上述分析来看，似乎翻译为"海权"更确切些，因为这更能体现马汉的原意，也更能揭示其深刻的内涵。

（二）生产、海运和殖民地：发展海权的三大环节

马汉认为，海权产生、发展有三大环节：生产、海运和殖民地。"生产，是交换产品所必需的；海运，是用来进行不断交换的；殖民地，是促进和扩大海运活动，并通过不断增加安全的据点来保护海运。在这三者中，我们将会找到决定濒海

国家的历史和政策的关键。"①马汉把这三者看作海权产生和发展的三块基石,而其中的首要环节就是生产,尤其是用于交换的生产。

资本主义时代生产的一个最大特点就是用来交换。只有当生产是为了交换,并且交换的主要对象是在海外时,一国的经济发展才会呈现出强劲的扩张势头,并对海外贸易的胃口越来越大,这正是发展海权最坚实的经济基础和内在动力。为此,马汉曾明确指出,"海权根本有赖于商业"。因为,只有商业发展,才有了发展海权的内在需要,并且为发展海权提供强大的经济实力。要发展海权,首先就要有为了交换而进行的生产。16 世纪资本主义萌芽最早产生的西欧国家——荷兰和英国,商业生产最发达,因而海权也最强大。西班牙和葡萄牙虽然商业生产也产生较早,但他们发展商业主要是为了赚取奢侈品,而不是为了进一步扩大再生产,因此建立起来的海权很快就随着生产的衰败而衰落了。对于法国来讲,由于君主专制制度的阻碍,资本主义生产方式一直发展非常缓慢,商业生产没有坚固的基础。只有在遇到英明的统治者的时候,法国的海权才能有所发展,一旦统治者转移意志,建立和发展起来的海权很快便会衰落。作为一名美国人,马汉对美国发展海权的第一个环节十分自信。南北战争后,美国已经进入了一个经济高速发展的黄金时期,生产能力已经超过很多欧洲国家,进入世界前列。事实上,到 1890 年,美国工业在世界工业中的比重已达 31%,超过了英国,成为世界上最强大的工业国。因此,当时的美国已拥有了建立和发展海权的第一个环节——生产。

建立和发展海上力量的第二个环节是保证产品能顺利交换的海运。马汉把海洋比喻为可以通向四面八方的"广阔的公有地",但是由于受到各种条件的制约和限制,只能选择其中的某些作为固定的航线,这就是贸易航线。在马汉眼里,海洋是进行海外贸易,使国家和民族繁荣富强的黄金通道。国家无论怎样强大,一旦与外界隔绝,就会不可避免地陷入衰败。而如果控制了海洋,就能控制

---

① [美]马汉著:《海权对历史的影响(1660—1783)》,安常容、成忠勤译,解放军出版社,2006年,第 29 页。马汉有关海权三大环节、六大要素的论述详见该书第 29 - 78 页,这也是海权论论述最精彩、理论性最强的部分。

海上交通，将商品运往海外市场，获得巨大的财富。

马汉所说的"海运"包括了两个密切相关的内容：商船队和海军。要实现国内商品与海外市场的交换，需要足够的商船队，其规模及能力决定着一国的海外贸易能否顺利实现。但仅有商船队是远远不够的，因为海上航线漫长，可能遇到各种各样的危险，尤其是来自敌国或者海盗的武装侵扰。因此，商船队必须由武装船舶为其提供保护，这就是海军。商船队和海军，两者相互联系，缺一不可。没有海军，就不能获得制海权，商船队就很难安全地进行海外贸易，而没有强大的商船队，就难以保证国内经济的繁荣，海军也就失去了生存的根基。

除了用于交换的生产和畅通的海运，一国建立和发展海权还有第三个重要环节，即占有广大的殖民地。殖民地的作用，是"促进和扩大海运，并通过不断增加安全的据点来保护海运"。殖民地是 15 世纪地理大发现后，西方资本主义国家在亚非拉等落后国家和地区建立起来的。这些地区资源丰富，是殖民者掠夺资源和大量倾销商品的主要场所，西方资本主义的迅速发展正是建立在对殖民地的残酷掠夺的基础上的。另外，殖民地还可以为宗主国提供补给和安全据点。任何国家的船舶从其离开本国海岸的时候，就需要得到能供贸易、避难和补给的场所，殖民地可以满足这些需要。在和平的时候，这些据点可以比较方便地使用，但是一旦发生战争，情况就会有所改变。要想在任何时候都能方便地利用这些据点，就只有永久性地占领。因此，马汉极力主张通过各种手段占领和控制更多的殖民地以确保海上航运畅通和有效补给。当然，这种占有离不开海军的帮助。任何一个国家要想成为海上强国，就必须尽可能多地占领和控制海外殖民地，否则最终都难以避免失败的命运。大量丧失海外殖民地正是荷兰海权衰落的一个重要原因。荷兰本是第一个充分发展了殖民制度的资本主义国家，但由于荷兰人在建立殖民地时，满足于在独立自主的国家的保护下进行贸易，结果，当这些殖民地被他国夺占时，荷兰的生产和海运便日益萎缩，素有"海上马车夫"之称的荷兰便日渐式微了。正因为如此，马汉建议美国政府要及时建立自己的殖民地，为国内过剩的生产找到足够的市场，并在将来作战时，能为自己的军舰找到栖息的港口，能及时补充燃料和进行维修。

总之，在马汉看来，生产、海运和殖民地是发展海权的三大环节，缺一不可。只有尽一切可能把握这三大环节，并使这三大环节相互协调地发展，国家的海权才能得到健康发展，缺少其中任何一个环节都会导致海权的丧失和国家的衰落。马汉认为，当时的美国只具备发展海权的一个环节，即充足的用于交换和贸易的国内生产，它还缺乏海外殖民地，以及作为中间环节的平时海运和与海运有关的其他条件。当然，他也认为，这两个环节的缺乏是可以弥补的，这也正是他强调海权的目的之一。

（三）影响海权发展的六大要素

马汉指出，并非任何国家都有平等发展海权的机会，有六个基本要素直接影响和制约着海权的建立和发展。

第一个要素是地理位置。马汉认为，地理位置是决定一个国家建立和发展海权的首要条件。首先，如果一个国家所处的位置，既不靠陆路去保卫自己，也不靠陆路去扩张其领土，而完全把目标指向海洋，那么这个国家就比一个以大陆为界的国家具有更有利的地理位置。也就是说，濒海国家尤其是岛国和群岛国家更容易把注意力放在建立和发展海权上，因而比大陆国家拥有更大的发展海权的优势。马汉举例指出，英国在地理方面的优势就大于法国和荷兰。法国和荷兰有较长的大陆边界，因此不得不长期保持一支较大规模的陆军。尤其是法国，它既有较长的大陆边界，又有漫长的海岸线，这种地理环境使得它的政策经常摇摆不定，有时注重发展海权，有时又由海上转而向代价高昂的大陆扩张，最后丧失发展良机，在与英国的斗争中落败。英国则完全不一样，由于英伦三岛与整个欧洲大陆分离，可有效地利用英吉利海峡这一天然屏障抵御来自欧洲大陆的入侵，因此它能心无旁骛地发展海权。其次，如果一个国家的地理位置不仅能有利于集中它的部队，而且还能为对付敌人可能的进攻提供作战活动的中心位置和良好的基地，那么这种地理位置也是有利于发展海权的。马汉认为，在这一点上，英国也具有比其他国家更为有利的条件。英国一方面面对着荷兰和北方强国,另一方面又面对着法国和大西洋。当英国受到海上强国联盟的威胁时,位于唐斯和英吉利海峡的英国舰队,甚至位于布雷斯特外海的英国舰队都占据了内线位置,英国联合舰队可以迅速反击想通过英吉利海峡进行会合的盟国舰队。最后,如果一个国家的地理位置除了具有便于进攻的条件外,还坐落在便于进入公海的通道上,并控制了一条世界性的主要贸易通道,那么它的地理位置就具有重要的战略作用。英国在这方面也占据了有利位置。因为,荷兰、瑞典、俄国、丹麦的贸易以及经各大河流进入德意志境内的贸易,都必须经过英吉利海峡。相反,西班牙由于失去了直布罗陀,意大利由于失去了马耳他和科西嘉,它们的地理位置的优越性就丧失大半了。从有利于建立和发展海权的三个地理条件看,英国无疑是最有利于发展海权的,事实也是如此。

马汉最后从历史的经验总结出了两个观点。第一个观点是地中海在世界历史的进程中起到了独特的作用。无论是从贸易角度,还是从军事角度来看,它所起的作用都比同样大小的海域所起的作用大得多,所以每个国家都想要控制它。第二个观点是由第一个观点引申出来的。即美国要想发展海权,就必须控制与美国获得发展海权优势地理位置密切相关的地区,尤其是巴拿马运河和加勒比海地区。他认为,加勒比海在许多方面类似于地中海,一旦巴拿马运河修通,那么加勒比海就会从一个终点站、一个地方性的贸易场所,变成世界上一条比较重要的交通干线。沿着这条交通干线可以进行大量贸易,并且可以把其他一些大国的利益,主要是欧洲国家的利益带到美国东西两边的海岸。美国的位置与这条航线的关系,将会类似于英国和英吉利海峡的关系,类似于位于地中海的国家与苏伊士运河的关系。为此,马汉极力向美国政府建议,必须掌握巴拿马运河的开掘权并控制运河区,还应在加勒比海占领一些地方,用作应急或辅助性作战基地,使美国舰队能尽快赶到出事地点。这样,美国从其地理位置和实力上,就能在这个战场上取得毋庸置疑的优势。马汉的这一建议为美国政府所采纳,从修建巴拿马运河的第一天起,美国就牢牢把运河控制在自己的手中,直到20世纪的最后一年,美国人才恋恋不舍地将运河的主权归还给了巴拿马。

第二个要素是自然结构。一个国家的领土结构在很大程度上促进或者阻碍其国民向海上发展的动力。如果一个国家拥有漫长的海岸线和众多的港口尤其是深水港,那么这个国家就拥有发展海权的较好潜力。相反,如果一个国家的海岸线太短,又缺少良港,则会制约国家向海洋发展。除了海岸线的轮廓和优良港口外,还有其他的一些自然条件也很重要,尤其是气候和土壤。法国同样拥有漫长的海岸线和许多优良的港口,并坐落在各大河流的出口处,按说也应该非常适合向海洋发展。但他们为什么没有像英国人和荷兰人那样的热情呢?马汉经过研究,得出了自己的结论。他认为,法国是一块理想的陆地,气候适宜,自己生产的东西完全可以满足人民的需要,因此,他们向海洋进军的动力不大。而英国和荷兰则与之相反,大自然赐给他们的很少,迫使他们不断向外开拓殖民地,海权也相应地得以发展。领土结构对发展海权的影响还体现在,当海洋把一个国家分隔成两部分或几部分时,是否控制海洋就成为一件涉及国家生死存亡的事情,因为,这种自然结构的国家对海洋具有无法摆脱的依赖性。马汉认为,西班牙就是一个最好的例证。15 世纪地理大发现以来,西班牙利用开辟新航路的优势地位,占领了尼德兰、西西里和意大利的一些领地,在美洲大陆拥有众多的殖民地。但是,这些殖民地及领地与西班牙本土相距遥远。在 1588 年"无敌舰队"惨败后,西班牙再也没有一支强大的海军将其各个领地紧密地连在一起,结果他们的海运都被荷兰人抢走,原本属于它的尼德兰、那不勒斯、西西里、哈瓦那、马尼拉、牙买加等地也相继被别国夺走,西班牙从此一蹶不振。

马汉特别提醒美国政府一定要以法国为戒,不能步法国的后尘。这与当时美国国内的情况有关。美国在独立战争后开始走上了大规模领土扩张的道路,在 19 世纪上半期的半个世纪里,美国领土从密西西比河扩张到太平洋沿岸,从原来的 230 多万平方公里扩张到 777 万平方公里。新扩张的领土尤其是西部富饶肥沃的土地吸引了许多美国人,不少人举家迁往西部"淘金",寻求广阔的发展天地,浩浩荡荡的"西进运动"开始了。马汉对这种状况忧心忡忡,他并非完全反对开发西部,但他特别担心美国人会像法国人那样满足于在大陆上寻求发展,而失去了对海洋的兴趣,那样将会失去发展海权的动力和机会。因此他强烈呼吁,无论西部如何富裕,如何值得开发,美国人和美国政府都要牢记发展海权才是最根本、最重要的。

第三个因素是领土范围。主要指一个国家的总面积，以及海岸线的长度和港口的特点。马汉认为，海岸线的长度与人口的比例决定着一个国家能否发展起强大的海权。他以美国南北战争为例进行了详细的分析。南北战争中北方之所以获胜，不仅是因为南方没有海军，人民不以航海为业，而且是因为它的人口与它必须防御的领土范围、海岸线的长度以及众多的港口极不相称。如果南方有众多的人口，人民又有尚武精神，并且有一支强大的海军，那么它漫长的海岸线和无数的港湾，就能形成强大的海上力量，挫败北方在海上的封锁和进攻。但事实却是北方人口众多，且拥有大量优秀的水手，海军力量也大大超过了南方。因此，在战争期间，北方政府能够对南方的整个海岸进行有效封锁，并且通过海岸线上的每一个缺口进入南方城市。这样，南方漫长的海岸线、无数的良港不仅没有变成南方的优势，反而成为北方战舰长驱直入的最佳通道，曾有利于南方积累财富和支援南方脱离美国的贸易渠道转而成为不利因素。所以，在整个战争期间，北方军队在陆战中屡战屡败，但是最后却取得了战争的胜利。为什么呢？关键因素就是海权，海权作用的重要性和决定性在这场战争中表现得淋漓尽致。

第四个要素是人口。马汉所说的人口不仅仅指一国的人口总数量，他特别强调必须把水手或至少是可以直接为海运或者海军服务的人数计算在内。因为，当庞大的商船队和海军舰船活动在海上的时候，不仅需要一定数量的海员，还需要大批从事与海洋及各种舰船有关职业的人员，只有拥有大量熟悉海运的人口数量，才能保证一国海权的持续发展。马汉还专门讨论了预备役力量在现代海战中的作用。他认为，必须保持一定规模的预备役力量。一旦两个强国发生战争，一次战役不能决定战争的胜败，那么后备力量将开始发挥巨大的作用。首先是有组织的后备力量，其次是以航海为业的人员、熟练的机械工人和财富等后备力量将开始起作用。马汉同时强调，有一支强大的后备力量固然重要，但其前提是必须保持一支适当规模的常备武装力量。对于一个国家来说，就算不愿意花大钱建立庞大的军事机构，但至少也应设法使军事机构有足够的力量，一旦战争爆发能很快进行动员，把人民的精神和才智转移到战争中来。他尖锐地批评了美国当时的现状,指出美国还没有建成具有防御能力的海军,更没有充足的后备力量,甚至连充分满足美国海运需要的海员都不具备。马汉为此心急如焚,他强烈呼吁,必须建立一支强大的海军和后备力量,要"把海权的基础建立在悬挂本国国旗的大批商船上"。

第五个要素是民族特点。民族特点对一国发展海权的影响体现在两个方面:一个方面是民族特点影响贸易方式。马汉认为,所有的人都追求利润,但是不同的追求利润的方法将会对商业的命运和一个国家的历史起到至关重要的影响。马汉对比了几种不同民族特点的国家及其海权的发展历史,揭示了民族性格对发展海权的巨大作用。他认为西班牙人和葡萄牙人的获利愿望使他们产生了极为可怕的贪婪,他们在殖民地只是一味地寻找金银财宝,而不是去寻找新的工业基础,去促进国家商业和海运的发展,私人企业的自由健康发展受到了严重的束缚,甚至连本来可以得到大力发展的海军也毫无建树。结果,财富被挥霍一空,海权也迅速衰落。而法国人则完全不一样,他们爱节省储备,胆子不大,只敢在小范围内冒险,同时又非常鄙视那些从事制造业和贸易的人,这种民族特性大大妨碍了法国贸易和海运的发展。马汉对英国人和荷兰人则比较赞赏,认为他们是天生的商人、贸易者、生产者和交易者。他们在国内是主要的制造商,生产大量用于交换的商品;在国外,尤其是在殖民地,则到处努力挖掘当地的一切资源,使其所控制的地区逐渐富起来,产品成倍增长。国内和殖民地之间进行交换需要更多的舰船,于是英国和荷兰的海运事业、海军也就随之而发展起来。从民族性格来讲,英国和荷兰对待贸易的态度是比较认同的,这对发展海权当然有好处。

另一个方面是民族特点决定一个国家是否有能力建立尽可能多的殖民地。由全体人民迫切需要和本能的欲望创建的殖民地,其基础是最坚实的,殖民地的发展主要取决于开拓者的特点,而不是本国政府对殖民地的关心。英国之所以成为世界上最强大的殖民地开拓者,在于其另外两个重要的民族特点:一是英国殖民者愿意在他们新开辟的地区里定居。他们虽然对祖国充满怀念之情,但却绝不会为渴望返回祖国而焦虑不安,这与法国人总是思念故土大不相同。二是英国人会本能地、迅速地从多方面寻求开发新地区的资源。后一特点不同于西班牙人和荷兰人。西班牙人的兴趣和志向范围太狭窄,限制了他们全面发展一个新开发地区的能力。而荷兰人则只是单纯为了商业和贸易的需要去建立殖民地,他们只满足于获利,缺乏政治野心,而且倾向于使殖民地与本国保持贸易依赖关系,否定了殖民地自我发展的固有原则,只会使殖民地产生离心倾向。美国人具有进行贸易的才能,具有兴办企业追求利润的冒险精神,而且对促进贸易和追求利润具有敏锐的嗅觉,在开拓殖民地方面具有很好的天赋,因此,美国人在这一方面具有无可比拟的优势。

第六个要素是政府的特点。马汉指出,如果一个国家具备了上述五项条件,政府的特点和政策就对国家建立和发展海权起着决定性的作用。如果一个国家的政府足够明智,充分地认识到海权的重要意义,并一贯支持发展海权,那么国家就一定能实现富国强兵。但是一国政府真正能按上述方法发展海权并非易事。自由民主政府一旦确定发展海权的目的,其信念是最牢靠、最持久的,但它由于权力分散,内部意见难以统一,决策过程往往很慢,容易贻误最佳时机。相反,一个精明而坚定的专制政府往往能利用其手中的权力,动员全国的人力物力,最快地创建一支强大的海上贸易队伍和卓越的海军,这比民主政府缓慢的行动更容易达到目的。当然专制政府发展海权有一个最大的弊端,那就是一旦暴君去世,政府能不能坚持既定的方略还很难说。为了能更有力地证明自己的观点,马汉对英、荷、法三国政府的特点和政策及其对发展海权的影响进行了详细的剖析。马汉认为,在建立和发展海权上,英国政府的特点和政策最值得称道,因为英国各届政府的行动在总的方向上都保持了一致性,那就是控制海洋,从来没有过摇摆。荷兰虽然曾经从海上获得了繁荣和生存的机会,甚至一度远远超过了英国,但荷兰政府的政策和特点非常不利于给海权以一贯的支持。荷兰原来是由七个省份组成的七省联合体,每一个濒海省都有自己的舰队和海军部,各省之间互相猜忌,存在离心倾向,不利于集中力量发展海权。荷兰政府在大多数时候也不愿意为发展海上力量支付更多的金钱,"当危险还没有迫在眉睫时,他们是不愿意为他们的防御支付款项的"①。当荷兰政府将注意力转移到陆上时，很快就丧失了依靠其海上力量在各国中建立起来的领导地位。法国的地理位置使其具备了发展海权的极好条件，也曾经有过一段时期的辉煌。但是，法国国王路易十四政府在发展海权的政策上却出现了摇摆，致使亨利四世及其首相黎塞留发展海权所取得的成功前功尽弃、功亏一篑。

马汉指出，政府可从两个方面来加强海上力量的建设。一是利用其政策来支持民族工业的正常发展，并支持它的人民利用海洋进行冒险和满足人民获利的癖好。如果人民对民族工业和海洋缺乏兴趣，政府就应竭力培植它们。二是以其最合理的方式保持一支武装齐备的海军。这支海军的规模要与国家海运的发展以及与之有重要利害关系行业的发展相称。此外，这支海军还要有合理的组织机构，应有助于形成一种健康的思想和健康的行动，战争期间能充分利用预备役人员和舰艇，并且能够考虑到人民的特点和企求，采取适当的措施，把总的预备役力量动员起来为迅速展开战争做准备。同时，政府还必须保持适当的海军基地，武装舰船要为贸易商船进行护航。要保证殖民地从外部为宗主国的海上力量提供最可靠的支援，政府应在和平时期通过各种办法激励殖民地依附宗主国的热情，并促使其利益一致。这样，一旦发生战争，各殖民地就会尽全力支持宗主国。

马汉关于政府的特点和政策直接影响和制约一国海权发展的论述，是其阐述影响一国海权发展的六个条件中着笔最多的。他曾说："一个国家的政策是随着时代的精神和统治者的性格及英明程度的不同而各不相同。但是，濒海国家的历史不是由政府的精明和深谋远虑决定的，而是由它的位置、范围、自然结构、人口和民族特点——一句话称之为自然条件所决定的。可是又必须承认，并且将会看到，由于个别人的明智行为或愚蠢的行动在一定时期内，必将从很多方面

---

① [美]马汉著：《海权对历史的影响（1660—1783）》，安常容、成忠勤译，解放军出版社，2006年，第65页。马汉对欧洲各国政府发展海权的态度有非常精彩的论述，可参见该书第55-84页。

大大地影响海权的发展。"①这段论述非常精彩，充满了辩证色彩。他正确地指出，虽然一个国家的地理条件决定着一国能否发展海权，但是政府的政策和意志对发展海权具有至关重要的影响。如果自然条件很好，但是政府不能制定正确的政策，或者政策摇摆不定，没有一贯性，再好的自然条件也起不到作用。马汉如此不惜笔墨强调政府在发展海权中的作用，是有其良苦用心的，其意在告诫美国人和美国政府，必须把注意力放在海洋上，要为国家建设一支强大的海军，大力发展海权，否则美国也将坐失良机、后悔莫及。

二、海军战略：海军的建设和运用

马汉的海军战略思想是在研究海权的过程中逐步形成的，其思想主要体现在《海军战略》一书中。他认为，海军战略就是对海军的建设和运用问题。海军是国家海上力量不可或缺的一部分，也是国家发展海权的必要条件，海权国家必须建立和发展一套符合本国国情的海军战略。任何一个濒海国家要想成为海洋强国，就必须首先建立海权，控制海洋，尤其是要控制有战略意义的海上交通要道，因而海军的运用应该围绕如何保证本国控制海洋来进行。海军与陆军完全不同，陆军是"养兵千日，用兵一时"，而海军则是"养兵千日，用兵千日"。海军不仅可以应用于战时，平时也可以用来为商船队护航或者保护对本国贸易至关重要的海上交通线。因此，海军无论在平时还是战时，都需要制定自己的战略，而不能把海军战略的范围仅仅限于战时。海军战略不仅关系到国家的安全，也关系到建立、维护和发展一国的海权，对国家的发展、繁荣和富强起着重要作用。从某种程度上讲，海军战略也是国家总体战略的一部分。

---

① ［美］马汉著：《海权对历史的影响（1660—1783）》，安常容、成忠勤译，解放军出版社，2006年，第29页。

（一）海军战略的四个要素

马汉认为海军战略有四个要素：一是集中；二是中央线或中央位置；三是内线；四是海上交通线。马汉认为，随着科技的发展，应用于海军建设的各种物质条件有所改变，但指导海军作战的原则不会改变。只有认真把握这些要素和原则，才能取得海战的胜利，否则就有可能遭到失败。

首先是集中原则。这是马汉在书中强调得最多的一个原则。英国著名海军将领纳尔逊有一句名言："集中兵力乃是第一需要。"马汉对此十分认同。他在书中不止一次地说过，"集中的方法是海军战略的入门"①，"集中这一原则，就是海军战略的 ABC"，它贯穿于海战的各个方面，包括海军兵力部署和舰队使用等。集中是古今中外一条带有普遍规律性的原则，拿破仑在战争中之所以能取得辉煌成就，重要的一点就是善于集中兵力。

马汉所说的集中有两层意思，一是指目标和意志的集中，尤其是指国家内部或者联盟之间要有统一的目标和行动。拿破仑曾经说，"目的的专一乃是获取巨大成功的秘诀"。目的的专一意味着将意志集中于一个目标而舍弃其余，于是便产生思想观点和精神信念的集中、决心的集中以及现实中兵力部署的集中。马汉谆谆告诫国家领导人：做任何事情的时候，千万不要脚踩两只船，除非你的力量强大到足以双管齐下而绰绰有余。如果你想样样具备，势必会样样落空。法国著名的政治家黎塞留在指挥反对奥地利皇室的战争中，屡战受挫，原因就在于他野心太大，总是妄想同时达到多个目的，既在比利时，又在意大利，同时还想在西班牙都获得利益，结果什么目的都没有达到。二是指力量的集中，它包括两个方面的内容。首先在兵力部署上必须集中，在任何边境线上，或在任何战略作战正面上，力量的配置都应该集中于一个部位，而不能将有限的力量分别部署在数个不同的战线上，除非所部署的力量强大到在每条战线上都能保持绝对的优势

---

① ［美］马汉著：《海军战略》，蔡鸿幹、田常吉译，商务印书馆，1994 年，第 43 页。

地位。日俄战争中,俄国之所以失败,就是因为它把自己的舰队分别部署于波罗的海、旅顺口和弗拉迪沃斯托克(海参崴),造成自己兵力分散,结果被日本人各个击败。其次,要在作战兵力的使用上集中,通过优势兵力战胜对手。要适当集中兵力来保持本国舰队的优势,除非具有绝对优势,否则一分为二只能是一种错误,它使两个部分都处于挨打的地位。当敌人的兵力分散的时候,就更有必要利用这种分散造成的弱点,毫不迟疑地摧毁它的一部分,再掉过头来对付另一部分。仍以日俄海战为例。在战争中,日本舰队的力量比波罗的海分舰队和旅顺口分舰队中的任何一支都要强大,但是两支俄国分舰队联合起来,其所形成的巨大优势则是日本舰队所不可比拟的。但是日本舰队司令官东乡看准了俄国舰队分散的弱点,集中强大的舰队首先歼灭了旅顺口分舰队,等到波罗的海分舰队来的时候,旅顺口分舰队已经不存在了,东乡又以逸待劳,一举将波罗的海分舰队加以歼灭。由此可见,即使总兵力不如对手,但只要通过运动集中相对优势兵力,对敌之一部分进行毁灭性打击,就将对海战产生决定性的影响。俄国舰队之所以遭到覆灭的命运,主要原因就在于分散配置舰队,违背了集中这一原则。俄国的兵力总和尽管占据优势,却始终最后并以最少的兵力到达战场,从而造成海战的彻底失败。马汉特别强调,不能机械地理解集中的含义,他自己也没有教条地坚持直接接触式的密集集中。事实上,他认为相互支援也是非常重要的。如果有必要分开配置兵力,并且每一部分都能由其他各部分减轻部分压力,这一部分同时也能为其他部分减轻负担。同时,部署在各部分的兵力能及时集中成密集队形的话,分散配置也是可以允许的。这需要根据当时的情况来决定。

"中央位置"及内线原则。这也是马汉反复强调的一个重要原则。中央位置是指位于战场中间地带,介于两个或数个敌人之间的区域。中央位置具有十分重要的战略价值,谁占据了它,谁就能利用内线作战的优势,取得控制两边或两边以上敌人的有利态势,赶在敌方展开之前实施打击或相互支援。内线的特征使中央位置向一个或更多的方向延伸,借此便可有利于在敌人的各个分散集团之间保持插入位置,继而集中力量对付其中一路,同时亦可以明显的劣势兵力牵制其另一路。中央位置和内线是两个联系十分紧密的概念,只有占据了中央位置,才能提供给军队运动的内线,没有中央位置,内线也就无从谈起。

马汉十分推崇拿破仑说的一句话"战争就是处置位置"①,并将其运用于海战中,认为海战也是一种处置位置的艺术。力量加上位置,就会超过仅有力量而无位置的一方。他得出的一个著名公式就是:威力=力量+位置。举例说,在三十年战争中,法国在陆地上横亘于奥地利和西班牙这两个敌国之间,假如法国在海岸也配置一支相当规模的海军,那么法国舰队也横插在西班牙和意大利各港口之间。这样,法国所处的中央位置便使其具有攻防兼备的优势,攻有较近的路线可供选择,守可以很快收缩兵力集中防御,而敌方却不具备这样的有利条件。马汉进一步指出,当前的德、奥集团在对抗英、法、俄协约国集团中,也拥有这样的中央位置。德、奥位于中欧平原,相对于英、法、俄而言,占据着中央位置和内线,从地理位置上看,两者又连为一体,加上铁路交通比较发达,一旦与法俄发生冲突,两国能很快集中兵力进行内线运动,迅速击垮法俄中的任何一方,再掉头对付另一方。

中央位置的价值不单纯在于位置本身,更重要的是体现在对它的运用上。如果不能利用中央位置,那它就可能成为一笔闲置的财产,如果使用不当,则有可能酿成灾难。不过中央位置由于其固有的威胁,总能在战争中起到牵制敌人兵力的作用,使敌人不得不减少用于进攻的兵力。日俄战争中,俄国占领的旅顺口就起到过这样的作用,它对日本和奉天(今沈阳)来说就居于中央位置,这就使日本不得不抽出一支巨大的特遣部队对其进行围困,从而大大削弱了作战的主力部队。在1877年俄土战争中,土耳其所占领的普莱夫纳(又译普列文)也曾经起到过中央位置和内线的作用,这个位置阻止俄国向君士坦丁堡进军达五个月之久。

控制海上交通线原则。马汉认为,连接各个战略据点的线就是战略线,而战略线中最重要的是涉及交通运输的那些路线,因为交通支配战争。马汉将交通线定义为军事集团、陆军部队或海军舰队赖以同国家实力保持生存联系的运动

---

① [美]马汉著:《海军战略》,蔡鸿幹、田常吉译,商务印书馆,1994年,第35页。

路线,它是前方军队联系国内基地和各个战略点之间的机动路线。海上交通线是舰队的生命线,能否保持稳定的交通运输,对海战胜负具有至关重要的作用。首先,舰队活动所需的军需、装备和粮食大部分都需要由本国运送,维持海上交通线的安全畅通对海军是生死攸关的大事;其次,海洋最重要的价值在于其关键的航线上,只要控制了对贸易和战争至关重要的航线或者通道,就能保证己方的贸易顺利进行,大量财富和资源就会不断涌入国内,为战争的继续进行提供雄厚的财政支持;最后,交通线还具有双重价值,因为它通常还是退却线,退却是依赖本土基地的最终表现。因此,交通线对于海战意义十分重大。在海战中必须高度重视交通线的问题,既要保护好己方的交通线,又要力争破坏敌方的交通线,使敌人不能有效地获取补给或者顺利地撤退。一句话,在海战中只要有效地控制了海上交通线,就能最终获得胜利。

马汉特别指出,海上交通线能够决定海战乃至整个战争,作为战略要素之一,它凌驾于其他要素之上。[①] 在古罗马与迦太基的第二次布匿战争期间,汉尼拔之所以最终失败,原因就在于他的陆路交通线和海上交通线都被罗马切断,缺乏援兵和补给。三十年战争期间,西班牙曾试图通过英吉利海峡从科鲁尼亚向多佛尔海峡输送援军,结果遭到惨败。原因就是法国控制了莱茵河流域,封闭了西班牙从米兰输送援军的通道,通过日耳曼的路线又被法国的同盟国瑞典切断,于是英吉利海峡便成为西班牙至尼德兰的唯一交通线。但这是一条外线,容易被从法国赶来的援兵截击。而英国在与西班牙、荷兰和法国争夺霸权的斗争中之所以能取得胜利,就在于它牢牢地掌握了重要的海上交通线,掌握了制海权。在奥格斯堡联盟战争期间,英国国王威廉三世成功地控制了英格兰与爱尔兰之间的交通线,从而彻底剿灭了詹姆斯二世的残余势力,巩固了自己的王位,消灭了法国的这个盟友。在西班牙王位继承战争、奥地利王位继承战争、七年战争和拿破仑战争期间,英国所控制的海上交通线对赢得战争胜利都起到了重要的作用。

_____

① [美]马汉著:《海军战略》,蔡鸿幹、田常吉译,商务印书馆,1994 年,第 158 页。

控制交通线有两个重要的战略要素：一是一支机动的海军，二是靠近航线的港口以作为基地供海军驻泊，其中最重要的是前者。无论是远离本土的舰队和提供补充给养的基地之间的交通线，还是维持海外殖民地与本国联系之间的交通线，都需要依靠海军舰队来维持，舍此别无他途。因此，海上交通线与海军舰队的关系是相辅相成、互为补充的。一方面，交通线的安全需要海军舰队来保护，另一方面，舰队需要的大部分军需装备和补给，乃至整个国家战争时期需要的财富和资源又是通过海上交通线的安全畅通获得的。英国正是凭借其强大的海军舰队维护其遍布世界各地的海上交通要道的。

海军有两种方法来强制保证交通线的畅通：一是清除海洋各个方向上的敌巡航舰船，从而使自己的舰船可以安全通过，这种方法需要将国家的海军力量扩散到较宽广的海域；另一种是为支援远距离作战的供应船队进行护航，这种方法一般需要把力量集中在运输船队在某段时间内航行的某一海区。

（二）海军基地与海军舰队

马汉特别重视海军基地的作用。他详细探讨了海军基地的性质及其用途，他认为，如果一个国家要想控制某些重要海域，就必须在交通线上每隔一段适当的距离建立一个战略据点，这就是所谓的海军基地。当海军远离本土作战或行动时，这些基地可以用来提供淡水、粮食、武器，并且对战舰进行维修保养。尤其当战争在全世界范围内展开时，海军基地的作用就更加明显了。海军基地既是海军舰队生存的根据地，又是舰队实施海上攻击的出发地，所以它是支援海上攻势作战必不可少的依托。因此，海军基地具有进攻属性，而不能把它仅仅看作防御工具。

一个地方是否可以作为海军基地使用，取决于三个方面的因素[①]。一是它的位置。马汉也称之为态势，态势的价值取决于其接近海上航道的程度，取决于

---

① ［美］马汉著：《海军战略》，蔡鸿幹、田常吉译，商务印书馆，1994年，第127-154页。

其接近贸易航线的程度。假如一处位置同时位于两条航道之上,或者接近于它们的交叉点,那么这个位置的价值就会增大,如果限于地形,通道很窄,则其价值就会更大。比如直布罗陀海峡,它是地中海进出大西洋的唯一通道,因此英国对它志在必得并竭力长期占据。与此相似的还有英吉利海峡和佛罗里达海峡,以及苏伊士运河和巴拿马运河等。马汉认为加勒比海控制着作为大西洋和太平洋联系纽带的中美洲地峡,是一个重要的战略关键区,对维护美国的利益至关重要。美国要掌握太平洋和大西洋的海权,必须首先取得对加勒比海的控制权,将加勒比海变成自己的内湖。而古巴和牙买加则是控制加勒比海的战略要冲,它们可以控制进出加勒比海和墨西哥湾的尤卡坦海峡、向风海峡和莫纳海峡等海上通道。因此马汉极力鼓吹美国应该尽快控制上述地区。

二是它的军事力量。包括攻势力量和守势力量。如果一个地方有适宜的位置,也有很好的资源,但是却缺乏军事力量而不坚固,那么就需要加强其防御力量和攻击力量。海港的防御包括两个方面,即防御来自海上或者陆上的攻击,主要防御手段是使用鱼雷艇和潜艇。但是,海军不能只限于防守港口,而应该将其应用于进攻。海港的攻势力量存在于三项能力之中,即能够集结一支既有战舰又有运输舰的强大兵力,能够将这支兵力安全而顺利地投送到远方,能够给这支兵力提供源源不断的支援和补充直至战争结束。简单地说,就是它的攻势力量体现在集结、投送和保障三个方面。

三是它的资源。包括它本身的资源及其附近可供利用的资源。一般而言,基地周围的区域越小,资源越少,其力量也就越弱。因此,在其他条件相同的情况下,大岛的战略价值要大于小岛。如直布罗陀、马耳他和梅诺卡岛等地攻守兼宜,位置极好。但它们天然资源都比较缺乏,因此,控制该地后首先就要对其进行人工改造,以弥补先天的不足,使之更适合海军的进攻和防御。在各种资源中,干船坞是最重要的,因为它们的建造需时最长,而且便于进行各种舰船维修以保持舰队的战斗力。在以上三个基本条件中,态势最重要,是必不可少的,因为力量和资源都可以用人力予以补充,但一个港口是否位于战略位置上,则是天然的,也是人力无法改变的。

马汉辩证地阐明了海军基地与海军舰队的关系。他认为海军是广阔战场上的野战军,而基地、要塞则是舰队的根据地。舰队不应该用于防御,而应该用于进攻,它是海上进攻的主力军,基地、要塞则是这支主力军赖以依托和获得支援的可靠后方,因而基地也是海上进攻力量的重要组成部分。要想控制遥远海外的属地,就必须用强大的海上力量控制一些关键位置,包括具有重要战略意义和军事价值的岛屿、港口和殖民地,以此为依托,就可以向外出击,控制任何对自己有重要价值的航线或海域。

在过去的几百年时间里,英国就是这样做的。它采取将其海上力量获得的领地与他的海上力量相结合的方针,取得了马耳他、直布罗陀、塞浦路斯、埃及、梅卡诺岛等地,还有美国独立前的纽约、纳拉甘西特湾、波士顿等地,以及西印度群岛中的巴巴多斯、圣卢西亚、安提瓜岛和印度的亭可马里、孟买等地。总之,无论是大西洋、地中海、印度洋还是加勒比海,凡是有战略价值的地域,都有英国的基地或者要塞。正是遍布世界各地的海军基地,使得英国海军在世界各地都有了可靠的立足之地,能获取军事行动所需的各种补给,及时维修战舰等,能随时攻击并占领对己有利的据点,威胁敌方的航线和交通要冲,为英国赢得战争打下了坚实的基础。

既然基地(或要塞)和海军舰队都有如此重要的作用,那么,究竟是基地重要还是舰队重要呢?当时存在两种截然对立的观点和理论。一种观点被称为"要塞舰队"理论,该理论认为,舰队只是基地、要塞的辅助力量,除协助基地、要塞进行防御作战外没有其他任何意义。这种理论的支持者主要是俄国人,在其他国家的军事思想中也有所表现。另一种观点被称为"存在舰队"理论,该理论认为,海军是国家命运之所在,应独立于其他因素之外,基地、要塞只是暂时为舰队提供燃料、修理或休息的设施,除此之外别无价值。这种观点的支持者主要是英国人,后来又被英国绿水学派所继承。

马汉在许多场合都曾激烈抨击过这两种观点。他认为,"要塞舰队"论和"存在舰队"论这两大理论是各走极端、相互对立的。可以说,它们代表着两极化的海军思想或军事思想。① 一个将全部重点都放在要塞上,使舰队成为要塞的附庸,除协助要塞之外别无存在理由;另一个则完全抛弃要塞,将要塞视为只供舰队进行加煤、修理和人员休整的临时庇护所。一个是单独依靠设防工事对国家海岸线进行防御;另一个则是独自依靠舰队进行实际防御。在上述两种观点中,舰队和基地这两者之间的配合都是以褒此贬彼为特征,从而表现为互相排斥的。

在批评"要塞舰队"理论的时候,马汉指出,俄国人把舰队视为服务于要塞防御的力量,是要塞附属品的观点,从根本上违背了他关于"海军舰队的真正目标乃是敌方海军舰队"的论断,因而是十分错误的。他指出,俄国在军事上毫无进取心可言,对于单纯防御已经偏爱到了麻木不仁的地步,没有把进攻作为国家和政府的决策,没有将舰队用于进攻目的,而是以舰队支援要塞进行防御,这种等待攻击而不是进行攻击的行为是极其愚蠢的,将导致毁灭性的后果。正确的做法应该是海军舰队避开要塞防御的正面,直接攻击敌方的海军舰队,如果己方兵力足够强大,歼灭了敌人的舰队,那么要塞之围自然就解了,就算不能歼灭敌方舰队,至少也可以将其逐出海岸线,缓解敌方围攻要塞的危险。总而言之,不能将海军舰队看作要塞的附庸,只有把舰队用于海上积极的作战行动,才能有效地支援海岸防御。1799 年法国和西班牙结成联盟反对英国时,其联合舰队曾三次出现在英吉利海峡。由于当时西班牙的主要目的是收复直布罗陀,为此,法国和西班牙从海上和陆上投入了巨大的力量去进攻直布罗陀。结果不仅直布罗陀久攻不下,还白白丧失了以强大的联合舰队进攻英国舰队的机会。英国的海军力量得以保存,法国和西班牙联军则实力大损。

对于"存在舰队"理论和英国绿水学派提出的海军只需舰队就行,基地、要塞只是为舰队提供暂时补给、休息的场所,在战略上无足轻重的观点,马汉也进行了批驳。他认为,海军的作战方式是攻势的,其职能则是防守的,而海岸要塞的作战方式是守势的,其职能却是攻势的。无论是海岸要塞还是内陆要塞,都要靠

---

① [美]马汉著:《海军战略》,蔡鸿幹、田常吉译,商务印书馆,1994 年,马汉对"要塞舰队"论和"存在舰队"理论的研究和批判,详见该书第十三章"关于日俄战争的研讨",第 358 - 382 页。

保持在其壁垒后面的攻势力量进行防御,海岸要塞则主要是以其所隐蔽的舰队来保卫其所属的国家。海军基地作为海上进攻力量的重要组成部分,其作用是不能忽视的,尤其是在世界性的战争中,海军基地对保持远方舰队的持续攻击能力更是必不可少的。即使对于像英国这样拥有世界上最强大的海军力量的国家而言,也必须拥有数目可观的海岸要塞,因为海军并不能控制所有地方。英国海军可以保护不列颠群岛的安全,但在其他海域,就必须需要像直布罗陀、马耳他等类似的位置,否则英国海军就难以控制如此众多的海外殖民地,也无法在争夺世界霸权的斗争中立于不败之地。一旦重要的海岸要塞被攻破,海军舰队的行动势必会暴露在敌人的进攻之下,因此,失去一处最好的港口便是一场很大的灾难。马汉由此强烈建议,美国必须在大西洋和太平洋两岸建立最为安全的海军要塞,尤其是太平洋方面在构成海权诸要素方面比较薄弱,因此特别需要加强。只有建设了坚固的海岸要塞,美国舰队才能满怀信心地在世界范围内进行活动。

(三) 海战的攻防性质

在书中,马汉还阐明了海战的攻防性质。马汉一再强调,海军最主要的作用在于进攻。在海战中,不论是进攻性的还是防御性的行动,舰队总会以攻击行动去达到战役目的。即使在保护海上交通线或对运输舰队担任直接掩护的行动中,舰队应以驱逐敌方舰队远离交通线,或采取进攻战斗攻击敌方舰队为主。所以,海上攻击是海军舰队的基本作战方式。在海战中,由于无地形可以利用,再加上舰队机动性强,这就决定了进攻是强有效的作战方式,只有进攻而不是防御才能掌握制海权。如果舰队只能接受战斗而不会挑起战斗,这样开始的战斗只能以失败告终。马汉进一步指出,一个国家即便是处于防御态势,也应实行积极防御和攻势防御,只有这样,才能以进攻的手段达到防御的目的。如果将海军保持在港内实施消极防御,那就是将海军同海外的交通联系放弃给敌人,只能对自己更不利。

海战的作战方向决定于敌方的舰队和海军基地的位置,即要着眼于消灭敌人的舰队。占据要地之后不应停止作战,而应该对敌方舰队实施追击并力求予以歼灭。作战目标不应该是地理上的点,而是敌人有组织的兵力。[①]像直布罗陀、梅诺卡岛等港口之所以重要,不仅仅因为其所处位置重要,更主要的是因为那里有大量训练有素的部队,而且敌方的舰队能利用这种有利位置在不同的方向上发起攻击。因此,歼灭敌方舰队,歼灭敌之有生力量,是海战的首要目的和第一原则。

法国海军在与英国海军的屡次对抗中总是落败,固然与法国坚持错误的大陆扩张政策有关,也与法国海军自身长期以来形成的防御式作战思想密切相关。马汉调侃地说道,法国人喜欢通过节俭积累财富而不愿冒险投资的特性看来已深深地渗透到了海军建设和作战之中。他们担心保持舰队需要很大的开支,因此要求海军谨慎言战,即使进行战斗,也要将努力减少舰船的损失放在首位,因为舰船有了损耗就需要加以补充。这种既想维持海军进而取得海战胜利,又想节省钱财不愿付出代价的自我矛盾导致了在与敌交战时,法国海军只能被动地接受敌人的进攻,而不是去进攻敌人,在作战活动中,不是给敌人以致命的打击,而是保存自己的舰船。经受多次海战失败教训的法国人自己也承认,这种防御式作战方式预示着必然的失败和毁灭,但它早已成为法国人的习性而难以改变。离港去执行任务的分舰队总是有意避开敌人,只有在迫不得已的情况下才将战舰投入战斗,他们屈服于敌人,而不是迫使敌人就范。实践证明,在这种消极防御作战思想的指导下,法国海军屡战屡败,不仅几次把法国辛辛苦苦建立起来的舰队消耗殆尽,而且使法国政府和法国人民失去了发展海军的信心,法国始终也走不出大陆政策的陷阱。

在书中,马汉还探讨了当时比较盛行的贸易破坏战(又称巡航战)理论。这种理论认为,在海战中,只要袭击敌人的商船队,对敌人的贸易航线进行破坏,就能达到击垮敌人的作战目的。马汉指出,这种理论根本就站不住脚。贸易破坏战对敌人造成的损失只不过是轻伤,而不是致命打击,它令人伤透脑筋,但后果

---

① [美]马汉著:《海军战略》,蔡鸿幹、田常吉译,商务印书馆,1994年,第238页。

并不十分严重。如果敌国的实力足够强大,贸易破坏战所造成的破坏根本不足以将其拖垮,而且进行巡航战的地域和范围都十分有限,一旦离自己栖息的港口太远,它便无法实施行动。从实战经验来看,法国曾经对英国实施过较大规模的巡航战,甚至一度令英国商船队谈虎色变;美国在独立战争期间也对英国进行过巡航战,给英国船队造成较大的损失,但它们最终都没有达到目的。事实证明,要在海战中战胜对手,唯一可行的方法就是实施舰队决战,运用强大的海军舰队歼灭敌人的海军舰队,唯有如此,才能确保战争的最终胜利。

三、海权论的地位及其影响

《海权对历史的影响(1660—1783)》于1890年出版后,很快便风靡世界,成为当时的畅销书。西方的政界、军界和舆论界都对该书极其重视,高度评价其价值,认为马汉创立的"海权论"在海军史上具有划时代的历史意义。有些人甚至将马汉与哥白尼相比,认为马汉创立"海权论"就像哥白尼创立"日心说"一样,开创了一个崭新的时代。

《海权论》出版后,第一个做出高度评价的就是马汉的好友西奥多·罗斯福,他后来成为美国第26届总统。他在写给马汉的贺信中说:"它是我所知道的这类著作中讲得最透彻、最有教益的大作。""它是一本非常好的书,妙极了,如果它不成为一部海军圣典,那将是我的极大错误。"接着,罗斯福在《大西洋月刊》发表评论文章,用热情洋溢的语言对《海权论》的出版给予高度评价。许多美国海军军官,也很快就认识到这部著作的重要价值,他们对这部著作所传达的信息给予了高度评价。美国的《芝加哥时报》则评论说:马汉的海权论"令人吃惊地发现,在整个历史上,控制海洋是一个决定国家的领导地位和繁荣的主要因素,同时也常常是决定一个国家存亡的主要因素"。

马汉在书中鼓吹走发展海权以求国家繁荣富强的道路,在很大程度上起到了唤起美国政府和一般民众重视海洋价值、增强海洋意识的作用,适应了帝国主义、殖民主义对外侵略扩张的需要,对美国放弃"孤立主义"政策,走上争夺海洋之路起到了积极的推动作用。美国政府不久也接受了马汉关于突破传统的近岸防御思想,建立了一支具有进攻能力的强大海军。1898 年,美国在美西战争中打败了西班牙,控制了加勒比海、波多黎各和关塔那摩,并占领了菲律宾,随后又吞并了夏威夷、威克岛、关岛等,走上了向亚洲扩张之路。1908 年美国海军实现了从沿岸防御战略向远洋进攻战略的转变,其实力从 19 世纪 80 年代的世界第 12 位跃居世界第 2 位,仅次于英国。罗斯福组织美国海军史上历时 14 个月之久的"大白色舰队"的环球航行活动,向世人展示和炫耀了美国海军的实力,震惊了全世界。第一次世界大战中威尔逊总统也是依据马汉的思想,促使国会通过著名的"海军法案",建成了世界上第一流的海军舰队,从而取代了英国海洋霸主的地位。当时就有许多评论者认为,马汉的著作是美国内战后开始结束孤立主义政策的信号,也是美国帝国主义发端的信号,美国在不久的将来注定要同英国争夺在海军和商业方面的世界领导地位。

马汉的著作出版后,在英国引起了极大的轰动。不少英国评论家称这本书在"海军史著作方面名列前茅",并公认马汉是"海军的贤哲之一"[1]。《海权论》的出版特别适合英国军官的口味。英国地中海舰队"泰梅雷里"号舰长诺埃尔上校最先给马汉来信致贺:"我从未见到和读过比《海权论》更精彩的海军读物了。它妙趣横生,观点鲜明,分析透彻,事实准确,知识广博。而在我们国家的海军中,至今还没有出现一本这样有趣的读物。"贝雷斯福德海军上校也给马汉写信说:"如果我有至高无上的权力,我将命令大英帝国及其殖民地的各家各户的书房里都摆上你的著作,教育我们的人民,我们是如何为控制海权进行不屈不挠的战斗,又如何通过对海权的控制而首先为伟大帝国奠定了基础。"实际上,向来傲慢的英国人如此推崇此书,有着十分深刻的原因。当时,英国有相当一部分陆军军官和文职官员主张,英国的海军实力已经足够强大,没有必要再投入过多的精

---

[1]　张炜、郑宏著:《影响历史的海权论:马汉〈海权对历史的影响(1660—1783)〉浅说》,军事科学出版社,2000 年,第 174 页。

力和金钱,只要沿英国海岸设防,就足以保护本土的安全。这种观点当然引起了不少反对的声音,而马汉的著作正好给他们提供了强有力的反驳武器。科洛姆海军少将是英国较早论述海权的历史学家之一,《海权论》出版时,英国的《陆海军画报》也开始连载他所著的《海战》一书。他在序言中写道:"我非常高兴地看到,马汉上校的《海权论》在大西洋彼岸出版,这位才华出众、思想深邃的作家,其著作的某些思想与我的观点不谋而合。"英国皇家海军的劳顿教授、鲍里斯教授和伦敦的《泰晤士报》的海军专栏作家瑟斯菲尔德也对马汉的著作极为赞赏。瑟斯菲尔德还高度赞扬"马汉在《海权论》中探讨的精神,完全可以与亚当·斯密在《国富论》中的精神相提并论"。英国决策者依据马汉的思想,出台了"双强标准"——英国海军舰船总吨位不少于两个仅次于它的大国海军的吨位之和这一新的海军建设方针,以确保英国的海上霸主地位。这为英国在随后不久的第一次世界大战中战胜德国发挥了关键性作用。

就在马汉的《海权论》问世前一个多月,即 1890 年 3 月,德国著名的"铁血宰相"俾斯麦首相被德皇威廉二世解职。俾斯麦是普鲁士王国的首相,他在任职期间推行"铁血政策",发动了丹麦战争、普奥战争和普法战争,统一了四分五裂的德意志各邦,是德意志帝国的开国元勋。在任德意志宰相期间,为了争取有利于德国发展的外部环境,极力主张采取"大陆政策",避免引起海上霸主英国的猜忌。经过苦心经营,逐步确立了德国在欧洲大陆的霸权,并与英国保持了较好的关系。尽管他功勋卓著,但他在究竟是维持德国在欧洲的大陆霸权,还是发展德国在世界的海上霸权的问题上,与德皇威廉二世产生了严重分歧。皇帝认为,德国需要一支海军保护其日益兴旺的商船队和迅速增长的海运贸易,并夺取尽可能多的海外殖民地。他狂热地鼓吹:"德国的殖民目的,只有在德国已经成为海上霸主的时候方能达到。"虽然他意识到德国的未来在海上,但对改变德国民众根深蒂固的大陆意识却束手无策。他最需要的,就是一套完整系统地建设一支强大的海上力量的理论。因此,当看到马汉的著作时,他欣喜若狂、如获至宝。他说:"我现在不是在阅读,而是在吞噬马汉的书,努力地把它牢牢地记在心中,这是第一流的著作,所有的观点都是经典性的。我们所有的舰船上都要有这本书,我们的舰长和军官要经常地引用它。"马汉的观点使德皇更加确信,他关于德国未来的崛起依赖于控制海洋的判断是正确的,从此下定决心,一改只注重陆权的军事传统,大力发展海军,争夺世界霸权。德皇出台了极具德国特色的"冒险理论"和"存在舰队"战略,形成了庞大的海军建设计划,从此走上了扩建海军的道路,并在短短的十多年中,建成了一支仅次于英国的海军舰队,成为英国在第一次世界大战中的强劲对手。

俄国统治者很久以来就渴望拥有属于自己的出海口,改变俄国作为内陆国的闭塞状态,彼得大帝曾说过,"水域——这就是俄国所需要的","只有陆军的君主是只有一只手的人,而同时也有海军才能成为两手俱全的人"。为此,他向南北两个方向发动了争夺海域的战争。在彼得大帝及其后继者的努力下,俄国先后打通了黑海和波罗的海的出海口。当马汉的书传到俄国时,在俄国的统治者中引起了强烈的共鸣,他们将其奉为"海军的圣经"。当时的沙皇尼古拉二世借此迅速重振俄国海军,企图与欧洲的海洋强国一决雌雄。

《海权论》出版时,法国是世界第二海军强国。很自然,马汉对海权的论述也引起了这个国家的注意。法国海军上校达里耶是法国海军军事学院的战略与战术学教授。他说:"对马汉的著作,要阅读再阅读。"他非常同意马汉对法国历史上丧失海权教训的论述,并为法国海权的衰落而感到深切的悲哀。不久,他写了一本名为"海上战争"的书,以唤起国人对未来海上争夺的重视。

《海权论》的出版,不仅在欧美掀起了狂涛巨浪,也直接影响到了日本。该书一出版立即被译成日文,日本上至天皇和皇太子,下到政府官员、三军军官和学校师生,都争相传阅,很快举国上下统一了发展强大海军的思想,励精图治建设了一支强大的舰队,并且在马汉制海权理论指导下,制订了同中国清王朝作战的战略计划。在日本海军发展的早期历史中,佐藤铁太郎是一个值得关注的人物,他出生于1865年,是日本明治时期的海军军官,后官至海军中将,被誉为日本海军第一代战略家,他本人亦有"日本马汉"之称。佐藤的军事思想深受中国军事战略家孙子和马汉海权论的影响。他将马汉的思想加以改造,创立了日本特色的海洋国防理论。正是在他的倡导下,日本的海军得到了长足的发展。在赢得了同中国的"甲午海战"和同俄国的"对马海战"的胜利后,日本一举成为20世纪初的世界海军强国。

马汉以战略家的理性和史学家的智慧,总结研究了有史以来的海上战争及其影响,第一次系统论述了海权的性质、地位和意义,提出了制海权决定一个国家兴衰存亡的思想,不仅轰动了当时的整个世界,直接促成了德、日、俄、美诸国海军的崛起,影响了近百年的世界历史。《海权对历史的影响(1660—1783)》在美国再版30余次,几乎被所有欧洲国家翻译出版,直到今天,该书还和《圣经》等书一起,被称为影响世界的名著。

四、海权论的启示及其局限性

马汉的海权论是一个内容完整的理论体系。他试图从理论上向世人证明一个运行了数百年的道理:任何一个海洋国家要想保持长久的繁荣富强,就必须建立和发展一支强大的海军舰队,以夺取和保持重要的海上通道和海外殖民地,保障对外贸易的顺利进行。为此,西方有人甚至将马汉的"海权论"与哥白尼的"日心说"相比。这一理论反映了当时帝国主义国家争夺殖民地的客观需要,因而在第一次世界大战之前极为盛行。当时主要的帝国主义国家英、法、德、美、日竞相追捧马汉的理论,不惜血本大力发展海军,由此引发了旷日持久的海军军备竞赛。在马汉的影响和极力劝说下,美国政府大力发展海军,夺取菲律宾和关岛,加强对夏威夷群岛和加勒比海的控制,凿建沟通大西洋与太平洋的巴拿马运河,为美国今后的崛起和利益拓展创造了重要条件。直到今天,控制海洋,尤其是控制具有重要战略意义的海上通道,如英吉利海峡、直布罗陀海峡、霍尔木兹海峡、马六甲海峡、台湾海峡、白令海峡等,仍然受到西方海上大国的重视。

时代发展到今天,人们的海权观念也在不断发生变化。马汉所处的时代,由于科学技术发展水平有限,人类所能掌握的交通方式只有陆路交通和海路交通,而海路交通则是人类唯一的远洋交通方式。只要控制了海上交通线,就能对别的国家施加有效的影响。在那个时代,人们主要是把海洋作为一种交通的媒介,海洋在对外交流中起到桥梁的作用,其本身并不能为国家财富的增值带来什么影响。随着时代的发展进步和科技水平的提高,人类发现海洋蕴藏着极为丰富的资源,能为社会的发展提供所需的能源、矿产,直接影响到一国未来的生存与发展。因此,控制海洋不仅要控制海洋交通,更重要的是要控制和争夺海洋本身,即海洋中所拥有的丰富资源。近年来,各濒海国家围绕岛屿主权、海域划界、海洋权益、海洋资源开发等问题的冲突日趋激烈,反映了人类对海洋的争夺已经达到了前所未有的程度。但是,不管是控制海洋交通,还是控制海洋本身,马汉关于夺取海权对国家发展具有重要影响的思想,以及从国家战略的高度研究海洋、海军地位与作用的方法,至今仍在影响着世界。

马汉自小就对海军情有独钟,因而他的书中处处表现着对强大海军的神往与渴求。当时,海军在美国还不是一个独立军种,无论是在理论上还是在实践中,海军都只能从属和配合陆军部队的作战行动。但是,马汉经过研究和观察认为,海军是国家海上力量的重要组成部分,不仅战时能对战争的进程和胜负起决定性作用,而且平时还能为国家的海外贸易提供护航,为国家的繁荣强盛服务。因此,海军及海军战略应纳入国家战略范畴,在国家生活中发挥重要的影响和作用。应该说,马汉对海军的定位及其作用的认识的高度,是他的同时代人所未曾达到的。事实上,当时许多国家,包括美国都认为海军耗资巨大、作用有限,国家没有必要耗费巨资去建设一支强大的海军。

马汉在巡航欧亚的过程中提出,当今世界信奉的是弱肉强食的丛林法则,国家若想生存和发展,就必须壮大自己的实力。他主张美国应坚决摒弃孤立主义思想,建设一支具有进攻能力的强大海军,首先控制加勒比海和中美洲地峡,进而向太平洋和大西洋扩张。在麦金莱和西奥多·罗斯福任美国总统期间,美国开始逐渐接受海权论,并按照马汉的建议大力发展海军,更加积极地对外扩张。1898 年,美国发动美西战争,在不到 4 个月的时间里,美国海军就彻底打垮了西班牙海军,控制了加勒比海,并占领了菲律宾、关岛、波多黎各和夏威夷等重要战略要地,从而获得了向亚洲扩张的跳板。美西战争是美国走向扩张之路的第一场战争，它也是按照马汉的思想所进行的一场战争。从此以后，马汉的海军战略思想便一直是美国海军战略的基本指导思想。

从美国发展的历史可以看出，近代列强中起初最忽视海军建设的是美国，最后把海军建设得最有成效的也是美国。而美国之所以能够强大，之所以在与其他老牌资本主义国家竞争中能立于不败之地，重视海洋、建设强大的海军不能不说是一个重要原因。直到今天，美国的海军仍然是世界上最强大的，它的舰船游弋在世界的各个海洋上。这些，从某种意义上讲，都得益于马汉的海权思想及其实践。

毫无疑问，马汉的海权论有着深刻的政治和历史局限性。作为帝国主义扩张的理论工具，马汉的这一思想服务于美国垄断资产阶级获取经济利益、争夺战略利益和扩展意识形态的需要。作为对世界历史特别是近代史的一种解读，马汉的海权论显然有其不可避免的片面性。海权对近代大国崛起产生过重要影响，但绝非唯一的条件。社会的生产方式、政治制度、自然地理和文化传统等，都可以在一定条件下决定大国的兴衰成败。历史过程表现为一切重要因素间的交互作用，而决定性因素归根到底是现实生活的生产和再生产。近代西方海权发展的最根本的动力，应当从资本的生产与扩张中去寻找。

莱 曼

打造 600 艘舰艇海军的总设计师[①]

美国第 65 任海军部长。生于 1943 年 4 月,在学生时代,先赴英国剑桥大学攻读法律,获得学士和硕士学位,后又在美国宾夕法尼亚大学获得国际关系博士学位。莱曼为共和党总统候选人巴里·戈德华特竞选班子服务时年仅 22 岁,被誉为政治神童。25 岁时,他已成为尼克松总统国家安全委员会高级工作人员;32 岁时,作为主要代表与苏联进行均衡裁军谈判;33 岁时,出任美国军备控制与裁军署副主任,一年后成为代理主任;1981 年 2 月 5 日,38 岁的莱曼就任美国海军部长。在 1981 年 2 月至 1987 年 4 月任职期间,这位美国历史上最年轻、最富有进取精神的海军部长,积极配合里根政府的"重振国威"、"重整装备"、"将苏联推回"的三大对苏战略,为重振美国海军做出了重大贡献。他领导美国海军的军事改革。担任海军部长伊始便开始对海军部、海军装备采购制度进行大刀阔斧改革并取得显著成效。他启动美国海上战略研究,所提出的海上战略八大指导原则被认为是美国海军制定海上战略的指导思想。1986 年 1 月,"海上战略"最终以海军作战部长沃特金斯海军上将的署名文章公布于世。对这部诞生于冷战末期的"海上战略",前参联会主席马伦上将给予了高度评价:"在同苏联争霸海洋的较量中,美国海军没费一枪一弹就赢得了胜利,靠的就是'海上战略'本身的智慧。"他在任内推动美国 600 艘舰艇海军建设。在其任期 6 年时间中,美国海军舰艇以惊人速度增加近 100 艘(其中包括 3 艘航空母舰),最终以悬殊的实力

[①] 作者简介:季晓丹(1965—),女,中国南海研究协同创新中心研究员,军事战略学博士,现为海军指挥学院副教授,硕士生导师;陈良武(1963—),男,中国南海研究协同创新中心研究员,海军指挥学院教授,硕士生导师。

对比确立了对苏联的海上优势。莱曼的海军学术思想主要反映在其撰写的《制海权：600 艘舰艇的海军》及美国海军学会在 1986 年 1 月出版的《海上战略》等书和文献中，奠定了在美国海洋战略和海军战略中的历史地位。

1981 年 1 月 22 日下午 5 时 17 分，就在里根总统就职后的第三天，莱曼接到总统的电话，"约翰，我希望你来担任海军部长"。总统的电话无疑是宣布了莱曼在 14 位海军部长的竞争人选中胜出的消息。1981 年 2 月 5 日，年仅 38 岁的莱曼宣示就任美国第 65 任海军部长。受里根总统之命，莱曼负责美国海军的重建工作。这位美国历史上最年轻、最富进取精神和最有作为的海军部长，在任职的 6 年时间里，为重建美国历史上最强大的海军呕心沥血。最终在他的努力下，美国海军由 500 艘舰艇扩展至将近 600 艘，而且凭借悬殊的实力对比，制定了应对苏联威胁、同苏联海上争霸的前沿战略，即美国海上战略。

一、莱曼早年丰富的经历

莱曼受命于美国海军危难之时，用他自己的话说，"我之所以要担任海军部长，是因为美国海军已经衰落到了极点。这种衰弱已经对我们的安全构成严重威胁"[①]。正是这种强烈的使命感、责任感和紧迫感，使莱曼义无反顾地投身于重建美国海军的伟大事业。期间，莱曼不顾海军高级将领们的反对和白宫官僚们的干扰，力排众议，始终坚定于既定的奋斗目标。莱曼之所以如此热衷于海军事业，担任海军部长之职，这同父亲对他的影响、在国家安全委员会充当基辛格助手的岁月、担任武备控制和裁军署副主任的经历，以及作为海军后备役中校飞行员的亲身体验是分不开。

---

① 小约翰·莱曼：《制海权：建设 600 舰艇的海军》，北京：海军军事学术研究所，1999 年，第 1 页。

（一）父亲热爱海军的影响

莱曼早年对美国海军的耳濡目染，得益于父亲的亲身经历。莱曼的父亲约翰·F.莱曼是赢得太平洋战争胜利的31.7万名美国海军军官中的一员。其父亲从后备役军官学校结业后（仅接受训练三个月后就被任命为海军中尉），就开始指挥一艘新建的两栖攻击舰LCS-18。该舰的武器装备精良，编制为120名官兵。莱曼父亲指挥的这艘战舰参加了冲绳岛登陆战，直至战争结束。尽管战争一结束，莱曼的父亲就离开了现役部队，但他对海军的热情却一点都不曾减少。

父亲把他对海军热爱的感情，带到了自己的家庭生活之中。莱曼的姐弟们被父亲严加管教，他们就像是在一艘严格管理的军舰上成长起来的那样；而且父亲对国际事务和政治始终怀有一种积极而又浓烈的兴趣，这种兴趣对莱曼也产生了深刻的影响。莱曼的父母是富兰克林·罗斯福、哈里·杜鲁门、德怀特·艾森豪威尔和理查德·尼克松的热情支持者。他们从不参加任何党派的政治活动，但他们的观点和兴趣无疑为莱曼日后的政治选择确定了基调。

父亲的持续影响使莱曼报考了父亲的母校——欧弗布鲁克的圣约瑟夫学院。在那里，莱曼对哲学、政治和经济学理论方面的课程尤其感兴趣。就在大学第一学年结束之时，莱曼产生了在政府机构和外交政策方面开拓其事业的想法。大学期间，莱曼师从吉姆·多尔蒂（后成为莱曼的好友）。在导师的推荐下，莱曼如饥似渴、贪婪地阅读了苏格拉底、柏拉图、亚里士多德、西塞罗、塞尼加、安布罗斯、马西利乌斯、马基雅维利、洛克、休谟和伯克的著作。对古典理论和哲学的一往情深，使莱曼逐渐养成了一种理性的思维方式，并使他能把各种零散的、不同性质的知识融会在一起。更重要的是，这些古典理论和哲学知识为他日后的逻辑学、富有理性的辩论和无与伦比的雄辩能力打下了坚实的理论基础。

(二) 同外交政策研究会的结缘

大学期间,莱曼通过吉姆·多尔蒂结识了《地缘政治学》的作者罗伯特·斯特劳斯-休普,加入了他的那个由现实主义外交政策的学者们组成的"社团"。该社团就设在宾夕法尼亚大学外交政策研究学会。20 世纪 50 至 60 年代,在奠定杰克逊民主党人和保守派共和党人的外交政策的基石方面,宾夕法尼亚大学外交政策研究会比美国其他任何一个智囊团发挥的作用都大。因为被斯特劳斯-休普高超的写作能力和绝妙的演讲口才折服,莱曼暂时放弃了进入法律学校深造的机会,请求加入他的"社团"。

1964 年,通过罗伯特·斯特劳斯-休普——巴里·戈德华特的顾问之一,莱曼在戈德华特的竞选班子中找到了一份工作。他所承担的任务是在共和党全国代表大会上为史蒂夫·谢德格工作。尽管此项任务算不上是什么重大的工作,但对于来自费城的莱曼而言,真是大开了眼界。自此之后,莱曼认定了未来工作的方向。1965 年 1 月,莱曼开始在宾夕法尼亚大学学习。在校期间,斯特劳斯-休普推荐莱曼以享受韦弗/埃尔哈特奖学金的研究生身份,前往英国剑桥大学学习国际法律。在剑桥的最后一个学期,正当莱曼考虑是否继续留在伦敦时,收到一封来自金特纳教授的邀请函。金特纳教授是宾夕法尼亚大学美国外交政策问题的著名学者和外交政策研究学会副主任。信中,他推荐莱曼担任外交政策学会的行政管理人员。这一推荐对于莱曼而言极具吸引力,因为,只要在宾夕法尼亚大学完成博士学位,莱曼就能完全胜任这项工作,更何况这是一份莱曼心仪已久的工作。于是,莱曼欣然接受了金特纳教授的邀请,返回宾夕法尼亚大学以完成博士学位的学习。

(三) 在国家安全委员会的锤炼

在莱曼看来,宾夕法尼亚大学的外交政策研究会,不仅是一个充满了真知灼见而且是一个人才济济的研究机构。该研究会杰出的教授和学者包括人类学家洛伦·埃斯利,历史学家汉斯·科恩、斯特劳斯-休普、金特纳和罗伯特·帕夫尔泽格拉夫以及苏联问题专家阿尔文·Z.鲁宾斯坦等。研究会是由哈佛国际事务中心新成立的乔治敦战略研究中心和其他研究机构组成的学会网的一部分。通过该学会网,莱曼有幸结识了乔治敦战略研究中心奠基人戴维·阿布希尔、理查德·V.艾伦。最值得一提的是,在这里莱曼结识了亨利·基辛格,也得到了基辛格的赏识,为日后步入政坛打开方便之门。基辛格刚开始是外交政策委员会的准会员,后来才担任哈佛国际事务中心的负责人。通过这些组织,莱曼有了发挥自己才华的机会。1968年,莱曼作为尼克松外交政策机构中一名兼职研究员,参加了尼克松的总统竞选运动。在外交政策机构中,欣赏莱曼才华的除了基辛格之外,还有当时已是尼克松外交政策的专职工作人员的迪克·艾伦。在总统竞选活动结束后,艾伦被指定为亨利·基辛格的负责国家安全事务的一个主要副手,而莱曼则作为艾伦手下的低级工作人员。

在完成了在宾夕法尼亚大学的学习之后,莱曼前往纽约,为尼克松的过渡班子工作。在这里,基辛格和艾伦把莱曼安排在国家安全委员会,主要从事的工作是外交和国防政策的过渡问题。对于莱曼而言,参加政府工作无疑是莱曼生活的一个全新开始。期间,莱曼参与了国家安全委员会对美国海军兵力结构的全面考察活动,花了两年时间最终形成了一份国家安全决策备忘录,要求重建海军。莱曼在这项研究中秉持的见解和累积的学识成了莱曼在任职海军部长期间所制订的各项计划的真正基础。

(四) 在越战中的经历

作为美国海军一类后备役军官,除参加周末训练外,每年还需要服现役2周。因此,1969年至1973年间,莱曼和许多其他后备役人员一样,每年都要去越南服现役。1971年之前,莱曼主要前往越南南方执行任务。1971年7月,莱曼被编入一个海军攻击机中队(VAL-4)执行飞行任务。1972年7月,作为第

75 攻击机中队 A - 6"入侵者"攻击机上的一名中尉轰炸员，莱曼从航空母舰"萨拉托加"号上起飞，飞往越南北方对敌人的"萨姆"导弹进行压制。在越南的亲身经历，让莱曼了解到在战场上不幸牺牲的无数的海军军官和飞行员，是被那些身居军事指挥系统要职和华盛顿的官僚主义者们愚蠢地滥加使用的结果。美国飞行员的攻击目标总的来说是毫无意义的，而且选择的目标也是愚蠢的，因为这些目标都是由那些远在万里之外的参谋人员选定的。看到自己身边的战友对毫无意义的目标实施攻击之后一个接一个地倒下，莱曼对官僚主义者们更加深恶痛绝，也更坚定了日后要改革海军的信念。70 年代初，越南问题已经成为政府和国会之间争论的核心，而对外援助、战略计划、国防战备以及所有国防政策都变成了次要问题。1969 年至 1974 年，在总统的有关外交政策和国防力量问题上，莱曼连续进行了 240 次不同的、立法方面的交锋。正是因为莱曼在立法方面的优异表现，1969 年 8 月就在艾伦辞职离开白宫时，年仅 26 岁的莱曼成了实际上的高级工作人员，同时也被认为是立法方面的战略家。

（五）在军备控制与裁军署的收获

1974 年 1 月，莱曼离开了国家安全委员会的办事机构，成为约翰斯·霍普金斯大学高级国际研究员的一名访问学者。此间，莱曼完成了哲学博士论文，于1974 年 6 月获得博士学位。莱曼博士论文由普雷格出版社出版，书名为"国会，总统和外交新政策"。论文就宪法尚未解决的国家安全政策到底应由国会还是总统来控制这一问题，进行了分析研究，展开了系统论证。莱曼认为，明智的办法是让这样的问题在实际斗争中求得解决方案。在莱曼的论文中，不难发现莱曼在外交政策问题上重实际、求实效的思维模式和倾向。

博士论文完成后，军备控制与裁军署主任弗雷德·伊克莱聘请莱曼担任了在维也纳举行的共同均衡裁军谈判的代表。如果说，莱曼的工作始于与国会打交道，那么，现在莱曼的主要任务是与整个西方自由世界的威胁或者说是美国的主要威胁——苏联进行谈判。谈判的议题复杂而棘手，直接关系到美国战后持续时间最常、经费支出最大的核心军事承诺问题:西欧防务问题。二战结束后,美国在欧洲驻扎了大约40万部队。到肯尼迪-约翰逊政府期间,美国驻欧部队已经削减至大约30万人。然而,苏联不仅不削减反而在欧洲将其部队人数不断增加,"从古巴危机时的47.5万人增加至1969年的60万人"①。1972年5月,尼克松总统出访莫斯科期间,尼克松和勃列日涅夫同意就均衡裁军问题开始谈判。整个1974年,作为谈判代表,尽管莱曼在谈判期间尽了最大能力,但共同均衡裁军谈判一直没有取得实际进展。事实上,该谈判一直持续进行到了80年代中期,也未能有什么成果。其主要原因是:东、西双方普遍满足于欧洲既有的政治—军事态势。1975年,莱曼升任为军备控制与裁军署副主任,成为弗雷德·伊克莱的副手。弗雷德·伊克莱是兰德公司和军事情报小组的杰出人才,是一流战略思想家和谈判专家,莱曼在与他共事的两年时间里,学到了大量理论知识和实际经验。可以说,在军备控制与裁军署的工作,使莱曼对苏联的威胁了解得更为透彻,为日后作为海军部长制定对苏海军政策更有针对性提供了极大的帮助。

1977年年初,莱曼卸去了军备控制与裁军署副主任之职。应共和党全国委员会主席比尔·布洛克的邀请,在共和党全国委员会国防顾问委员会中担任要职。这一职务让莱曼在很多方面处于反对派的地位。对于莱曼而言,这样的工作比在执政方的工作更有意思。在那些年里,莱曼他们对卡特和布朗(时任国防部长)进行了毫不留情的批评和驳斥。在他们定期发行的白皮书中,明确阐述了共和党向卡特政府提出各种可供选择的政策和方案。期间,莱曼应参议员约翰·托尔的请求,担任了共和党政策委员会主席一职,以协助托尔为增加国防预算而努力,特别是协助他反对卡特政府竭力削减海军军费的提议和做法。莱曼和托尔一样,对美国海军面临的严重问题深表关切。美国海军的衰落,既让莱曼感到痛心,也让莱曼更坚定了日后要重振美国海军的雄心。

---

① 小约翰·莱曼:《制海权:建设600舰艇的海军》,北京:海军军事学术研究所,1999年,第104页。

二、引领美国海上战略的制定

1981 年 2 月 6 日,就在批准任职后的第二天,莱曼就随同海军作战部长海沃德上将及海军陆战队司令罗伯特·巴洛上将前往参议院军事委员会,发表了海军和海军陆战队的态势报告,并首次向国会提出了如何重建海军的看法。

(一) 倡导恢复美国的海上优势

为了尽快恢复美国传统的海上优势,莱曼刚上任,就在海军积极开展以战略问题为主要内容的重大改革,力图把美国海军的作用和地位提高到二战之后的最高水平。在美国历史上,海军部长曾是地位显赫的职务,担任海军部长职务的也不乏能人。但到莱曼的时候,海军部长的辉煌已经成为过去,其权力也相应收缩。海军决策方面的所有事务都由海军作战部长及其 2 000 多名参谋人员、海军陆战队司令及其 800 多名参谋人员负责处理,海军部长及其参谋人员不再参与决策工作。莱曼决心改变这一局面。上任后,他组建了"海军政策委员会",并经常在其办公室附近的"兰室"召开会议,讨论战略问题,中心议题就是要恢复美国的海上优势。

让莱曼吃惊的是,长期以来,海军已经习惯了系统分析家对海军的定论,即在美苏对抗中海军"不会有什么作为"。也正因为如此,美国海军的作用、地位一直在不断地下降。在卡特执政期间,国防部长哈罗德·布朗及其由系统分析家们组成的参谋机构持有这样一种看法:海军和海军陆战队不再是美国安全的一个重要因素。国防部长办公室的 2 000 多名成员也一致认为:美苏之间一旦爆发战争,中欧是生死攸关的唯一战区,东、西方在欧洲的对抗将是美苏军事力量平衡的支点,美国应该加强陆军和空军的能力以保卫欧洲,而海军在这个战区根本不可能发挥重要作用。海军即使在海上击败了苏联,也不会削弱苏联的作战能力;相反,对苏联海、空军目标的袭击却有可能使战争初期的冲突进一步升级。按照他们的理论,海军的作用仅为"实施在开战30天之后出现的重大补给任务"①。但是,莱曼不这么认为。他指出:"确实,在海上击败苏联并不能保证北约组织因此在防御上取得成功,但更为重要的事实是,北约组织丧失海上优势,必将导致北约组织的失败。"②鉴于此,莱曼认为,美国海军必须尽快恢复海上优势,以确保二战以来一直掌握在美国海军手中的大洋控制权不会丢失。

1. 重申马汉的"海权"思想,为"海上优势"思想寻找理论基础

莱曼发现"海上优势"这一传统观念已经被海军遗忘,甚至在某种程度上是被某些人愚蠢地抛弃了。莱曼意识到问题的严重性,下决心要为海军重新找回这个自西奥多·罗斯福时代就形成的不仅是海军的,更确切地说是美国的传统观念——"海上优势"。

莱曼很清楚,以自己的地位、资历和学识是无法轻易改变那些掌握着海军命运,却又冥顽不灵墨守成规的官僚们的思想的,唯一可做的就是站在巨人的肩膀上,借助巨人的高度和力量来拨正美国海军的航向。这位巨人就是撰写了《海权对历史的影响(1660—1783)》的马汉。马汉在其著作中反复强调,英国因为控制了海洋,才成为殖民帝国,并利用从海洋贸易中获得的利益,把那些企图撼动它海洋霸权的大陆强国一一打败。马汉坚信,无论是作为国家海上力量不可或缺的一部分,还是作为国家发展海权一个十分重要的必要条件,海军都注定是海权的主体力量。马汉的海权论成为当时世界各国主张建设强大海军的理论依据。历史证明,正是在马汉的海权论及其海军战略理论的正确引导下,美国海军才成为世界上最强大的海军,从近岸走向远洋,最终为美国取得了海洋霸主的地位。莱曼正是希望通过重申马汉的海权论,重新掀起建设美国海军的热潮,恢复美国海军的海上优势,再创美国海军的辉煌。因此,他一上台就向国会游说:"为使国

---

① 小约翰·莱曼:《制海权:建设600舰艇的海军》,北京:海军军事学术研究所,1999年,第148页。

② 同上。

际环境恢复稳定,为了重新回到自由之风盛行而极权主义衰落的环境,美国必须再次拥有修昔底德、西庇阿、沃尔特·雷利爵士、纳尔逊勋爵以及艾尔弗雷德·马汉所坚持的作为海洋国家生存所必不可少的海权。"[①]

2. 分析美国的海上环境,为"海上优势"思想寻找现实根据

莱曼不仅为"海上优势"思想寻找有力的理论依据,还通过分析美国的地理特征以及当时美国所处的海洋环境,为恢复海上优势找出现实根据。

莱曼首先分析了美国所处的地理环境:美国是一个利用广大海区把自己与盟国、贸易伙伴及资源连接在一起的一个"大陆岛国"。也就是说,美国建立的全球联盟体系是一个大洋性联盟,或者可以说是一个海上联盟。莱曼反复向国会说明,美国及其联盟要在美苏对抗中生存下来,就必须在战时能自由使用海洋。而要在战时自由使用海洋,避免出现美苏海军在海上的相持局面,美国就必须掌握无可置疑的海上优势。因为一旦美军的护航运输队在海上受阻,不能及时到达亟需支援的欧洲盟国,那么,美国在与苏联发生任何一种冲突的几周内就可能失败。因此,确保海上优势是确保平时、战时使用海洋,并在冲突中赢得战争的先决条件。

为了进一步说明确立海上优势的必要性,莱曼警告说:美国的海岸安全已经处在潜在的敌性环境之中。这一警告确实振聋发聩、发人深省。因为就在苏联因 1962 年古巴事件受挫后开始大规模建设海军的时候,美国却因为 70 年代后期越南战争的影响,单方面削减海军力量,导致其丧失了原有的海军优势。到 70 年代末,苏联海军舰艇猛增至 1 700 艘,而美国海军的舰艇数量却从 1969 年的 950 艘锐减至 479 艘。尽管美国海军在舰艇的总吨位上仍然超过苏联,但美苏海军这样的实力对比已无法让美国相信,美国海军还能不受约束地、自由地使用海洋。

实力不断增强的同时,苏联海军的势力范围也在不断扩大,其触角已经伸向世界的各大海洋,甚至触及了美国的附近海域。苏联的导弹潜艇经常游弋在美

---

① 小约翰·莱曼:《制海权:建设 600 舰艇的海军》,北京:海军军事学术研究所,1999 年,第 150 页。

国的沿海，其远程轰炸巡逻机也在美国沿海一带进行定期监视和侦察活动。这对有一半以上人口居住在离海岸线 150 英里区域内的美国来说，无疑是一种巨大的威胁。针对海上方向来自苏联海军的威胁，莱曼强调美国海军必须握有确定无疑的海上优势。莱曼解释说，"海上优势既不是一种谋求在各大洋无所不在的优势，也不是试图去扮演一个国际警察的角色，其目的只是在美国的利益攸关地区受到敌人联合军事威胁时，美国海军有能力应对他们的挑战"①。当然，莱曼也清醒地意识到，美国海军和海军陆战队只有在得到友邦和盟国海上力量的支持以及联合兄弟军种——空军、陆军所拥有的能力时，才能真正拥有海上优势。

3. 利用里根政府对海军的支持，加大宣扬"海上优势"思想的力度

莱曼的"海上优势"思想经常遭到各方的质疑和反对，因此，莱曼不仅为"海上优势"思想寻找理论基础和现实根据，他还利用里根政府对国防和海军的大力支持，竭力地向决策机构和决策官员反复强调和灌输"海上优势"思想。尽管莱曼和美国总统里根的关系不如马汉和罗斯福总统的关系那么紧密，不过，莱曼关于美国海军的真知灼见却同样得到了里根总统的赏识。个中原因并不复杂，因为里根是一个坚定的海权主义者，他把海洋霸权视为全球霸权的重要支柱，把海军视为夺取全球霸权的重要力量。这一点在里根竞选总统的政纲中就已十分明显。当时，莱曼是里根竞选班子国家安全顾问小组里的一名成员，里根竞选总统的政纲核心之一就是"建立一支拥有 600 艘舰艇的海军"。当选总统之后，里根再次肯定"海上优势"思想。1982 年 12 月 28 日，里根总统在长滩的行政性仪式上发表了令人振奋的讲话："苏联历来是一个陆上强国……但它却建立了一支强大的海军……对比之下，根据需要，美国应是一个海洋强国，它在很大程度上依赖海洋进口极为重要的物资……能否自由使用海洋是关系到我们国家命运的大

---

① 小约翰·莱曼：《制海权：建设 600 舰艇的海军》，北京：海军军事学术研究所，1999 年，第151 页。

事……海上优势对于我们来说是必不可少的。"①

在莱曼任职的六年时间内，尽管国防部长的参谋人员拒不批准使用"海上优势"这个词的所有海军文件，鉴于当时的国防部长温伯格和里根总统认同莱曼的看法，莱曼对国防部长办公室的参谋人员采取不予理睬的态度，坚持不懈、不遗余力地宣扬着他的"海上优势"思想。

(二) 提出海上战略的八项原则

作为一名热爱海军并致力于海军事务的官员，莱曼无法忘记在 1978 年 3 月 28 日所受的屈辱。那天，莱曼应邀陪同卡特政府的海军部长（莱曼的前任海军部长）格雷厄姆·克莱特前往纽波特参加在海军战争学院举行的年度海军部长战略研讨会。会上，预算局局长兰迪·杰恩的讲话内容充斥了对美国海军侮辱性的攻击。他斥责海军作为一个军种既没有可以执行的使命，也没有统一的指导思想。更让人扼腕痛心的是，莱曼看到听众席上大约 300 名从少校到上将的各级海军军官不是在咬牙切齿、摩拳擦掌，而是做出了频频点头表示赞同的表情。这一幕刺激不仅顿时使莱曼萌发了要担任海军部长的想法，而且下定了要彻底改变海军以及改变海军人员被瓦解、打垮精神状态的决心。也就在那一刻，莱曼把这种想法变成了一种讨伐：要趁海军还没有完全不可救药之前，赶走卡特，请回共和党人。因为在卡特政府里盛行着轻视甚至是反海军的态度。时任国防部长的罗德·布朗毫不掩饰地坚持认为，海军只有二等使用价值。而卡特本人，尽管他出身海军军官学校，但他与里科弗持同样的论点：除了核潜艇，海军并没有其他什么用武之地。

要恢复海军的自信心和海军的使命感，消除弥漫在海军中玩世不恭和失败主义的情绪，莱曼很清楚第一步要做的就是确定正确的战略原则，并在这些原则

---

① 小约翰·莱曼：《制海权：建设 600 舰艇的海军》，北京：海军军事学术研究所，1999 年，第 152 页。

的基础上制定海上战略。因此,自宣誓就职海军部长的第一天起,无论是在发言、演讲、记者招待会和背景情况介绍上,还是在各种接见活动中,莱曼一直在反复灌输指导海上战略的八大原则。

1. 海上战略源于且从属于国家安全总战略①

海上战略必须服从并服务于国家安全战略,国家安全战略是制定海上战略的依据。根据所处的国际环境和面临的安全形势,美国历届政府在执政初期都会调整国家的安全战略。在新的安全战略指导下出台的一系列政策,都要把国家的根本利益和当前的形势同新的政策指导和目标结合起来。里根政府也不例外。里根政府的安全战略是以竞选班子讨论和研究的结果为基础的。莱曼把其主要内容归纳为以下四点:

(1)外交和军事同盟。美国同40多个国家签订了军事条约。美国依靠由此形成的像蜘蛛网一般的军事同盟和军事合作关系,构筑了全球防务体系,但同时美国也承担了为这个体系中所有盟国提供共同防御的义务。

(2)商业上的依存关系。80年代初,世界贸易格局发生了很大变化,世界各国在经济上的相互依赖程度不断加大。美国在太平洋地区的贸易额要比大西洋地区的贸易额大50%;美国贸易额中的95%是依靠海洋来完成的。

(3)对能源的依赖。美国大约有50%的石油依靠进口。

(4)对矿物资源的依赖。支撑美国经济的最重要的18种战略矿物资源中的90%以上依赖海外进口。

上述国家战略的四大要点,正是制定海上战略的依据。海上战略必须以维护美国的国家利益为出发点和归宿点。

2. 国家战略为海军规定了基本任务②

莱曼认为,制定海上战略必须要明确国家战略给海军规定了哪些任务,要围

---

① 小约翰·莱曼:《制海权:建设600舰艇的海军》,北京:海军军事学术研究所,1999年,第153页。

② 同上,第154页。

绕着海军的使命任务来制定新的海军战略。事实上,国家战略赋予了海军七大任务。

一是负责控制各种国际危机。自 1945 年冷战拉开序幕以后,在这个"充满暴力的和平"年代,作为直接处理危机的部队,美国海军已经执行了部署任务 250 多次;有 11 万人在海外执行各种任务;平均每年要对 100 多个国家进行正式或非正式的访问。每当危机发生时,总统首先会问:"航空母舰在哪里?"

二是实施威慑。美国武装部队的根本任务是实施威慑,通过威慑制止战争。海军同样要在和平时期发挥威慑作用,时刻准备实施连续的整体威慑:整个冲突频谱中从低级到高级任何一级的暴力行动。也就是说,海军既要能实施常规威慑,又要能实施核威慑。海军必须拥有这样一种常规能力,即在任何情况下,在任何地方(水下、水上和空中)都能遂行常规作战,并能将其兵力及时投送到岸上。同时,海军还必须保持一支生存能力强、常备不懈的战略核导弹部队,以慑止核战争的爆发。

三是阻止敌人从海上发起攻击。一旦威慑失败,美国海军就要设法阻止敌人利用海洋对美国及其盟国发动攻击。20 世纪 80 年代,苏联海军发展很快,尤其是在潜艇方面,不仅拥有 60 多艘战略弹道导弹潜艇,还拥有数百艘攻击型常规潜艇。其中一部分弹道导弹潜艇一直部署在美国的东、西海岸附近。因此,美国海军必须拥有能摧毁这些潜艇的能力,阻止苏联所有的海上攻击行动——无论是对美国还是对美国的盟国。

四是在战争状态下不让敌人利用海洋进行运输活动。尽管苏联地处欧亚大陆中央,却拥有一支由 2 400 艘船只组成的商船队。这支商船队担负着包括内河航运在内的将近 80%的运输任务,使它同亚、非、拉美附庸国保持着密切的海上联系。一旦战争爆发,美国海军的主要任务就是要扣押苏联的商船队,切断苏联的海上运输线,阻断苏联的海上贸易,以便可以在不使用核武器的情况下尽快结束战争。

五是在战争状态下确保美国及其盟国自由地使用海洋。美国商用及军用物资总吨位中有 95%依赖海上运输。但是,美国及其盟国的商用船只数量一直维持在很低的水平上,一旦这些商船受到重大损失,有可能导致以美国为首的"自由世界联盟"的败北。同盟国在二战中已经领教过这一教训。20 世纪 80 年代的苏联,拥有一支由 270 艘攻击型潜艇组成的潜艇部队,还有能够袭击大西洋和太平洋运输线的数千架飞机。因此,美国海军要确保美国及其盟国海上运输线畅通的任务将变得十分艰巨。但是,要赢得战争,美国海军就必须保证美国及其盟国能自由地使用海洋。

六是确保利用海洋支援陆上作战。战争一旦爆发,除了要为在欧、亚的盟国提供后勤支援之外,美国的海军和海军陆战队还要以各种方式支援陆上作战。比如进行两栖登陆作战,利用航空母舰战斗群为地面部队提供空中支援、对沿岸纵深为 24 英里范围内的地面部队提供舰炮火力支援,以及利用常规或核巡航导弹从潜艇和水面舰艇上对 1500 英里的内陆纵深实施精确打击等。

七是确保利用海洋把战场推向敌人一方,并在有利的条件下结束战争。一旦苏联发动战争,美国海军的任务就是要粉碎苏联想把战争限制在其实力最强战区的企图,将战场推向苏军力量最薄弱和最易受攻击的地区,比如他们的亚洲附庸国,并设法把战争打到苏联的领土上,系统地摧毁苏军及其永久性军事设施,包括摧毁苏联的弹道导弹核潜艇,并在最有利的条件下尽早结束战争。

3. 海军承担的任务需要建立海上优势[①]

莱曼在阐述这项原则时指出,该原则已经"隐含在国家战略给海军规定的任务之中"了。如果美国海军不能确保海上优势的话,海军就不可能完成承担的任务。一直以来,莱曼总是不停地重申"海上优势"这一战略思想。1981 年 2 月 6 日,在参议院军事委员会全体人员参加的第一次意见听取会上,莱曼把此项原则作为里根重建海军计划的一个主要目标再次加以强调。他解释说"海上优势是指美国必须有能力——而且要让对手看出美国有能力——确保那些与美国有重大利益关系的地区保持海上商业航线的畅通和航运的安全"。莱曼强调,如果想

---

① 小约翰·莱曼:《制海权:建设 600 舰艇的海军》,北京:海军军事学术研究所,1999 年,第 158 页。

要作为一个自由国家继续生存下去,美国就必须拥有这样一支海军和海军陆战队,能够确保其盟国以及美国所需的能源资源和贸易伙伴不会成为敌对国家联合进攻力量的抵押品,并能从军事上打败那些阻挠美国达成上述目的任何军事威胁和战争企图。为此,莱曼号召海军要在今后的建设中遵循这条简明扼要的原则:"建立海上优势。"莱曼在论述建立海上优势的重要性时曾经说过这样一句话:"只有海上优势,未必取胜;但没有海上优势,必然失败。"由此可见,莱曼对这条原则的重视程度非同一般。

4. 海上优势要求有一个严谨的海上战略[①]

由于国家战略赋予海军的任务要求重建海上优势,因此,必须首先为海军和海军陆战队重新确立一个基本理论,以指导海上战略的制定。莱曼认为战略绝不是那些华盛顿官僚们的空想,也不是那些喜欢纸上谈兵的战略家们炮制出的一系列假设。从其本意上来说,战略来自现场指挥官,"战略是为实现政策目标而对军事手段进行分配和加以运用的一种艺术"。对于海军部长、海军作战部长和陆战队司令来说,"战略则是要按照严格的逻辑去分配宝贵的资源,以便更好地去执行国家战略为海军和海军陆战队规定的任务"。自担任海军部长的第一天起,莱曼就着手进行海上战略的制定工作。1981 年 4 月,在海军战争学院举行的战略年会上,莱曼发表了题为"欢呼恢复战略"的重要演说。25 年后的 2006 年 6 月 14 日,在海军战争学院举办的另一次战略论坛上,时任美国海军作战部长的马伦上将对莱曼的演讲给予了极高的评价。马伦指出,"莱曼的演讲是一个分水岭,因为它概括了一系列指导海军建设和运用的新思想;它还是一座基石,因为在冷战的最后几年,是它拨正了海军通往胜利漫长道路上的航向"。

在莱曼吹响制定海上战略的号角之后,海军加快了制定战略的步伐。时任海军作战部长的吉姆·沃特金斯上将负责海上战略方面的具体工作,研发、完善并在舰队及各大机构中颁布执行。另外,1981 年,海军在海军战争学院建立了

---

① 小约翰·莱曼:《制海权:建设 600 舰艇的海军》,北京:海军军事学术研究所,1999 年,第 159 页。

专门从事战略研究的"战略理论小组"。由此,该小组开始了为期一年的战略研究,并为海上战略的制定做出了巨大贡献。从那以后,海军战争学院每年都有新的海军战略研究小组诞生。

事实上,海上战略文件在1984年就已经起草完毕,但海军并没有马上公开发表,而是开始对其进行修改和完善。莱曼等人很清楚,海军需要一个严谨的海上战略,海上战略能否贯彻执行、能否得到认同,这关系到海军的发展,关系到海军未来的命运。正如海军上将哈里·特雷思在谈论战略时所说的一段充满机智和幽默的话那样,"战略问题是复杂的,对于战略的发展和说服他人接受某一战略来说,都没有一蹴而就的简单办法。兜售战略就像兜售产品一样,你必须把战略卖给给你钱的人;你必须将战略售与那些为你执行的人,以及那些在你的战略中成为下属指挥官的人"。因此,为了确保海上战略的贯彻执行,海军建立了一个战略检验、完善和更新制度。海军的军事演习和模拟试验,特别是海军战争学院每年举行的全球军事演习,都对海上战略进行反复检验。海军的大规模演习是以海上战略为基础来拟订的计划,而演习本身反过来又成为检验海上战略的试金石。除此之外,海军还从马岛之战、入侵格林纳达、袭击利比亚等危机和冲突中吸取经验和教训,并据此对海上战略进行相应的修正和改进。

　　5. 海上战略必须把对威胁的现实评估作为基础①

海上战略必须要建立在对现实威胁正确评估的基础之上,这是由战略本身的实践性和对抗性等特点所决定的。战略涉及的是对立的阶级、国家和民族的利益较量,因而具有针对性和应变性。它要求始终关注战略对手的力量消长、对方真实的战略意图、主要威胁方向、威胁性质与程度,并据此做出相应的反应。莱曼所强调的海上战略的现实基础,是美国与苏联争霸世界海洋的现实。

作为美国在大洋上的唯一威胁,苏联海军自1962年以后发展迅猛。到1980年,苏联已经拥有一支由1 700艘舰艇组成的海军,其中包括4艘携载垂直

---

① 小约翰·莱曼:《制海权:建设600舰艇的海军》,北京:海军军事学术研究所,1999年,第164页。

起降飞机的航空母舰,与美国同等数量的巡洋舰和驱逐舰,还有数量为美国 1.5 倍的弹道导弹核潜艇。同时,苏联海军的战略理论也发展到了新的高度,提出了"对岸为主"的"海军战略使用"理论,强调利用弹道导弹潜艇实施对岸突击,认为"现在海军对陆地作战,不仅能解决领土改属问题,而且能够影响战争的进程和结局"[①]。苏联海军已经成为一支拥有全球性进攻能力的远洋海军,其影响力已经从尼加拉瓜扩大到了南太平洋,从越南延伸到了非洲,并且能够将舰艇部署在西方国家国际贸易赖以生存的重要海上航线和海上交通枢纽上。莱曼不无担心地指出:苏联海军的部署行动表明,它已经拥有前所未有的全球性军事实力。一旦这个世界上最大的陆上强国拥有了彼得大帝所说的"双手"——强大的陆军和强大的海军,那么,西方世界的噩梦就要开始了。

苏联海军对美国及其盟国已经构成了威胁,它野心勃勃,欧洲大陆已不能满足它的胃口,它正在秣马厉兵、磨刀霍霍,企图以军事手段来达成称霸海洋的目标。莱曼认为,美国海军必须采取措施来弥补美国海军在某些方面的劣势,打破某些方面的均势,直至全面恢复美国海军的海上优势。苏联海军的现实威胁就是莱曼极为关注的海上战略的现实基础。莱曼之所以要制定海上战略,建设一支 600 艘舰船的海军,其目的就是要建立强大的海上优势,在全球范围内遏制苏联海军的扩张。

6. 海上战略必须是一种全球性理论[②]

莱曼指出,海上战略必须是全球性战略,因为美国的利益、美国的盟国和美国海军的对手都是全球性的。首先,海上战略的全球性是由美国利益的全球性决定的。美国是一个濒临大西洋和太平洋的大陆性岛国。自 1898 年美国发动美西战争开始向海外扩张以来,美国在政治、经济和军事上的重大利益遍布全球。而苏联海军在经过了 60、70 年代的发展之后,到 80 年代已经成为一支远洋

---

① 谢·格·戈尔什科夫著:《国家海上威力》,房方译,北京:海洋出版社,1985 年,第 277 页。
② 小约翰·莱曼:《制海权:建设 600 舰艇的海军》,北京:海军军事学术研究所,1999 年,第 170 页。

攻击性海军,对美国的全球利益具有潜在威胁。为维护美国的全球利益,美国海军已经不可能与苏联海军进行一场局部的、有限的军事较量了。

其次,海上战略的全球性是由美国联盟体系的全球性决定的。20 世纪 40 年代末,在罗斯福总统关于美苏合作管理战后世界的设想化为泡影之后,美苏对抗加剧,冷战由此拉开了序幕。期间,美国一直视苏联为其安全的最大威胁。在这一背景之下,美国开始在全球编织联盟体系,联合盟国力量与苏联争夺世界霸权。1947 年,美国与拉美 18 个国家签署了对美国联盟战略的发展有着里程碑意义的《美洲国家互助条约》(即《里约热内卢条约》);1949 年,美国、加拿大与欧洲 10 国签署了奠定战后联盟体系基石和框架的《北大西洋公约》;1951 年,美澳新、美菲、美日分别签署了《美澳新安全条约》、《美菲共同防御条约》、《美日安全保障条约》。在整个冷战期间,美国逐步建立了针对不同需要、不同对象的遍布全球的以美国为中心的联盟体系。在美国利用盟国力量的同时,美国也要兑现对盟国的承诺,因此,保护遍布全球的盟国的利益,决定了美国的海上战略必然是全球性战略。

最后,海上战略的全球性是由美国海军的对手——苏联海军的全球性所决定的。由于美国海军和苏联海军都是远洋海军,在世界每个主要战区都有美苏两国海军的舰艇部署。有时,它们甚至相距不过数百英尺。一旦威慑失败,欧洲爆发战争,那么,美苏两支海军之间的战争就会成为全球性的海上战争。莱曼认为,苏联海军在每个战区都部署了强大的军事力量,因此,美国海军不可能一个战区接着一个战区地进行作战;而卡特政府的"调拨战略"(Swing Strategy)——从一个大洋抽调海军兵力以支援另一个大洋的海军,根本就是无稽之谈,这么做等于把该战区拱手让给苏联。因此,要同苏联海军抗争,美国海军的海上战略必须是全球性的战略。

7. 海上战略必须把美国和盟国的海军结合成一个整体①

莱曼认为,"海上战略牢固地建立在国家战略基础之上,联合作战和盟国的

---

① 小约翰·莱曼:《制海权:建设 600 舰艇的海军》,北京:海军军事学术研究所,1999 年,第 170 页。

重要作用,要求同兄弟军种协同行动。"也就是说,海上战略的成功与否,取决于美国的盟国和美国海军的兄弟军种能否做出有效配合。美国的盟国拥有大量的常规潜艇、护卫艇、沿海巡逻艇、扫雷舰艇和海上巡逻机,这些海上兵力是美国要在平时和战时控制海洋时必不可少的力量。事实上,在某些海域,如东大西洋和英国周边海域,盟国已经提供了大量用于对付苏联威胁的反潜兵力。如果不依靠盟国的海上力量,要对付苏联的 1 700 艘作战舰艇,美国需要建设一支数量上远远超过 600 艘舰船的海军。除了依靠盟国海上力量之外,美国海军还应加强同空军、海岸警卫队和陆军的合作关系。莱曼认为,"把空军、海岸警卫队和陆军统一纳入海上战略中来,对于海军赢得胜利是十分重要的"。[1] 1982 年 9 月,莱曼与空军部长签订了一个重要的保护伞备忘录,双方同意建立一个工作组,以便使海、空军作战在战略支援方面实现一体化。1984 年,海军与陆军签订了同样的保护伞备忘录,以便使两军在作战、装备、程序等方面加强协同能力。海军还同海岸警卫队签订了建立海上防御区的协议备忘录。根据这一协议,战时,海岸警卫队和海军(包括现役部队和后备役部队)要共同保卫沿海港口和水运航道。

8. 海上战略必须是前沿战略[2]

莱曼解释道,海上战略之所以必须是"前沿战略",是由以下几个因素决定的。首先,美国海军任务繁重而兵力却十分有限,这决定了美国海军的战略必须是前沿进攻战略。也就是说,必须是一个能捕捉和利用对手弱点的战略,能够用有限的兵力去完成全球范围的海上任务。莱曼主张美国海军应该前出到苏联沿海的"高威胁区",直接威胁后置于苏联沿海的战略兵力(弹道导弹核潜艇),逼迫苏联将部署在大洋的海军主力尤其是攻击型潜艇后撤,以保护其部队和沿海的安全。

其次,地理条件本身决定了美国海军的战略必须是一个前沿进攻战略。莱

---

① 小约翰·莱曼:《制海权:建设 600 舰艇的海军》,北京:海军军事学术研究所,1999 年,第171 页。

② 同上。

曼解释说,美国的盟国如"挪威、土耳其和日本等地处苏联的前沿海区,为在冲突初期成功地保卫这些盟国,美国海军必须采用前沿进攻战略"①。美国海军要让苏联明白,如果苏联海军胆敢发动战争,它们就使自己处在防御而不是进攻的位置上了。

莱曼另外还举出了其他一些也需要美国海军采用前沿进攻战略的情况:比如为了实施先发制人的军事行动,为了压迫敌人的海上交通线,为了阻止敌人集中兵力以及为了赢得时间动员潜在的战争能力等。简言之,美国的海上战略必须确保美国海军能够在最有利于自己的条件下作战,能够充分利用苏联在地理和兵力上的弱点,使苏联时刻担心腹背受敌的威胁,"迫使苏联海军从攻击美国弱点的进攻态势转为保护其自身弱点的防御态势"。

以上是莱曼为指导制定海上战略而规定的八项原则。从中可以看出,海上战略将牢固地建立在国家战略的基础之上,毫不动摇地以国家军事战略三大支柱"威慑、前沿防御和盟国团结"为支柱。海上战略强调联合作战和盟国的重要作用,要求海军同空军、陆军和海岸警卫队之间加强合作,因而战略本身呈现出了"超军种"的特色。通过分析国家赋予海军的使命任务,莱曼还指出海上战略必须是一种全球性的前沿进攻性战略。总之,莱曼的八项指导原则为海上战略的制定奠定了理论基础,并为海上战略满足现实需求提供了保证。

(三) 领导海上战略的制定

莱曼担任海军部长的初衷是重整海军,但他一直没有意识到任务的艰巨性。上任之初,莱曼一连数月要求海军作战部长办公室介绍海军战略,但一直没有结果。直到 1981 年 5 月,莱曼才知道无人理睬的原因:海军根本没有战略!这一发现着实让莱曼吃了一惊,同时他也清楚地认识到海军重建问题的艰巨性和重

---

① 小约翰·莱曼:《制海权:建设 600 舰艇的海军》,北京:海军军事学术研究所,1999 年,第172 页。

要性。

1. 海军地位及使命任务的争论

自美国海军诞生以来，海军战略就一直是引发争论的话题。直到 19 世纪末 20 世纪初，马汉海权论和海军战略理论的横空出世，才为美国海军的建设和运用指明了方向。二战时期，美国海军的阵容空前强大。但是，战后不到一年，海军就开始走下坡路了。原有 300 万以上的现役官兵，一年之后，只留下不到 50 万人；退出现役或封存起来的军舰达 2 000 艘。另外，海军与其他军种不同，在建设问题上深受"原子弹之害"。原因很简单，美国人听信这样一种错误的宣传，以为是原子弹赢得了战争，因而把能够运载原子弹进行远程轰炸的空军看成是国家首要的防御力量；很多军人也认为航空母舰在原子战争时代已经不合时宜了，很可能在战争一开始就被炸沉，因此继续保持强大的舰队已无必要，甚至有人提出要把海军并入陆军或空军中去的想法。

面临自身的生存威胁，海军开始为生存进行斗争。50 年代后期和整个 60 年代，海军战略的重点转变为用弹道导弹核潜艇实施威慑。1955 年 1 月 17 日，美国海军的第一艘核动力潜艇"鹦鹉螺"号下水；1958 年 12 月 2 日，17 000 吨的核动力巡洋舰"长滩"号开始动工。在"长滩"号编入现役之前，世界上吨位最大的航空母舰"企业"号也编入了海军现役。1964 年，上述三艘军舰组成了海军第一支核动力特遣舰队。之后，海军研发出装备核潜艇的"北极星"（射程为 2 800 公里）、"海神式"（射程为 4 600 公里）和"三叉戟"（射程为 7 000 公里以上）导弹，使装备这些导弹的核潜艇可以打击苏联陆上的任何目标。同陆上及水上相比，水下可移动的核打击基地更不易遭受攻击。因为拥有了第二次核打击力量的核潜艇，海军再次成为美国防御力量的核心组成部分。

从 1961 年开始，美国陷入了长达 14 年之久的战争泥潭。越南战争的拖累导致国内经济衰退、社会动荡、军心涣散，整个国家染上了"越南综合症"。卡特上台后，不得已提出了海上收缩的主张，很快引发了一场关于海军战略的大论战。70 年代初期，争论的焦点主要集中在"海军四大任务"上，即战略威慑、海上控制、兵力投送和前沿部署。70 年代中期，争论的焦点集中在了海上控制和兵力投送上。整个 70 年代,美国海军的发展始终处在一种低迷状态中。因为越南战争,国会原定用于造船、维修和装备的拨款,都变成了舰队在扬基站和南越活动的经费。1973 年,海军累计有 75 艘舰艇需要大修,因为经费不足只好作罢,舰队的规模也因此缩小到 500 艘左右。原本要在越战后大规模重整海军装备的计划,也因为国会反对在战后重整国防而搁浅。从 1973 到 1980 年,海军非但没有增加军费重整其装备,反而削减了 22% 的预算。①

然而,苏联的军事战略却在 1965 年以后发生了深刻变化。勃列日涅夫在继承赫鲁晓夫发展战略核部队政策的同时,制定了加快地面部队和海军部队现代化建设步伐的战略。当美国把主要精力集中在越南的时候,苏联却趁机大力发展自己的武装力量。它的核动力运载火箭和弹头在数量上迅速超过了美国。"与 1968 年相比,1978 年美国的陆基洲际导弹和潜射弹道导弹数量未变,仍旧是 1 054 枚和 656 枚;而苏联的这两种导弹分别从 858 枚和 121 枚迅速增长到 1 400 枚和 1 015 枚。"美苏在战略力量对比上的优劣已经易位,在常规力量的对比上也发生了更加有利于苏联的变化。

在海军总司令戈尔什科夫的领导下,苏联海军已经建成了一支以弹道导弹核潜艇为主的远洋海军。分布在科拉半岛和西北太平洋上的庞大的海军综合设施,也显示出苏联要利用其新型舰队在公海上与美国争霸的意图。上述事实表明,苏联不再满足于"陆上"强国,俄国熊已经来到海上,并且开始利用海军来扩大其政治影响。事实上,苏联海军只用了 20 年就应验了戈尔什科夫在 1956 年夸下的海口,"或迟或早,苏联海军的旗帜将在世界各大洋飘扬,那时美国将不得不承认,制海权再也不是他们独占的了"。就这样,美国第一次在海上遇到了强劲的战略对手。这个对手的目标就是要和美国争夺制海权,剥夺或限制美国使用海洋的自由。

2. 海上战略的酝酿和形成

20 世纪 70 年代末,美国极不情愿但又不得不承认,独享的海洋控制权受到

---

① 小约翰·莱曼著:《制海权:建设 600 舰艇的海军》,方保定等译,北京:海军军事学术研究所,1999 年,第 118-119 页。

了严重威胁,海洋不再是美国称霸的局面了。美国海军已经意识到,再不采取行动,海洋控制权不久就会落到苏联海军的手中。

1979 年,托马斯·海沃德海军上将接任美国海军作战部长,开始了海军重整工作。五角大楼里,海沃德上将主要负责系统分析和制定规划。在担任海军作战部长之前,他曾任第 7 舰队司令和太平洋舰队总司令。当时,他制定了一个适用于太平洋战区的战略。此后,他的战略观点在很大程度上受到他担任第 7 舰队司令和太平洋舰队总司令时的影响。根据海沃德的观点,美国海军必须具备灵活的、进攻性的兵力投送能力,要同盟国和其他兄弟军种一起,在全球范围内举行各种联合演习。海沃德一再强调其观点,除了公开阐述之外,还在《美国海军学会学报》上发表。里根总统上任后,海沃德对海上战略的制定和贯彻给予了强有力的支持。

1981 年,里根总统用"新灵活反应战略"取代了"现实威慑战略"。同"现实威慑战略"相比,新战略更具进攻性;与更早期的"大规模报复战略"相比,新战略则更富有灵活性。里根政府还提出了"重振国威"、"重整军备"、"将苏联推回"的三大政策。在这样的背景下,莱曼将制定海上战略提上了议事日程,正式启动了海上战略的制定工作。战略的制定过程既艰巨又繁杂。最初,由海军作战部长和海军陆战队司令的参谋人员联合兄弟军种以及盟军的军官一起,共同拟定了一份战略性文件,这份文件后来成为海上战略的雏形。该文件主要包括以下内容:海军和陆战队高级军官的若干观点、舰队和海军战争学院提出的并经过提炼后的指导方针以及莱曼部长提出的八项战略原则。文件还综合了陆军、空军、联合部队司令和盟军司令,华盛顿的军事专家和文职专家的观点。1982 年,美国海军、海军陆战队开始整理汇编海军战略文件。海沃德海军上将的继任詹姆斯·D. 沃特金斯海军上将,把海军的战略思想汇编成了《美国海上战略》,并作为国家军事战略的一个组成部分。陆战队司令保罗·X. 凯利上将及其下属制定了《两栖战战略》,将其作为海上战略一部分。尽管海上战略在 1984 年就已经成形,但直到 1986 年才正式公布。期间,海上战略经受了各种军事推演和实兵演练的检验和定期修改。战略公布之后,为把制海权牢牢地掌握在美国海军的手中，莱曼又提出了要控制世界的 16 个咽喉要道。

3. 海上战略的主要内容

美国海上战略是由海军作战部长詹姆斯·D. 沃特金斯海军上将于 1986 年签署颁布的。新战略继承和发展了马汉的海军战略理论。它被称为"海上战略"，表明美国海军的战略理论在新的历史时期有了新的发展。前海军作战部长、参联会主席马伦上将对"海上战略"给予了高度评价，认为"它是为那个时代制定，又是属于那个时代的一份战略……在同苏联争霸海洋的较量中，美国海军没费一枪一弹就赢得了胜利，靠的就是'海上战略'本身的智慧"。[①] 海上战略是美国海军自第二次世界大战后第一部系统、完整、具有特定内涵的战略，其主要内容如下：

注重威慑能力

海上战略明确以国家军事战略的三大支柱"威慑、前沿防御和盟国团结"为其支柱。因此，作为美国军事战略核心之一的威慑，同样也贯穿于海军平时、危机时和战时的所有行动中。在和平时期实施威慑，可以防止爆发战争。海上战略强调要在前沿部署兵力以加强平时的威慑能力。前沿部署态势不仅能让美国获得石油及其他重要战略资源和市场，而且还能够粉碎那些想破坏对美国及其盟国经济至关重要的海上交通线的企图。在危机时实施强调威慑，可以控制危机升级。海上战略强调要尽早在全球范围内果断动用海上力量，同兄弟军种和盟国一起，战胜危机，防止危机转化为冲突。在战时实施威慑，可以控制战争升级。海上战略强调要控制军事行动的规模和强度，制止核战争爆发，并争取尽早结束战争。

美国海军实施威慑的基础是优势的海上实力。它以雄厚的海基核力量为"盾"，以具有强大实战能力的常规力量为"剑"，依靠前沿部署和灵活的机动能力来实施威慑。海上战略是一份侧重实战威慑的战略，该文件指出"威慑一旦失

---

① 美国海军作战部长马伦在海军战争学院的讲话。http://www. navy. mil/navydata/people/cno/Mullen/CNO-CSF140606. pdf.

败……凭借训练有素的人员、先进的武器装备和丰富的海战经验是能够夺取胜利的"①。为了让其盟友和敌人都能看到美国有能力和决心捍卫自己和盟国的利益,美国海军频繁地在海上进行各种演练。仅 1984 年一年,美国海军就参加了 106 次重要演习,美国的盟国参加了其中的 55 次。这些军事演习成为威慑战略的一个组成部分,其意图就是要粉碎敌人发动战争的企图,不论是常规战争还是核战争,无论是大战还是小战。

强调海上控制

海上战略强调美国海军必须掌握海上控制权。能否掌握战时海上控制权,关系到美国能否在同苏联的对抗中生存。马汉在其《海权对历史的影响(1660—1783)》一书中对制海权有过极其精辟的阐述。在马汉眼中,战时海军压倒一切的战略目标就是赢得制海权,只要掌握了制海权,就能获得行动自由,就能掌握海洋战场乃至整个战争的主动权。海上战略理论继承了马汉的这一观点,要求海军在战时控制海洋,控制世界的 16 个海上咽喉要道,保障大洋的交通安全,保护西方盟国的供应线,保护通往战场的海上通道,以便向欧洲投送武器装备和作战部队,最终赢得战争。在保护己方海上交通线畅通的同时,还要限制敌人使用海洋的自由,破坏苏联的海上交通线,切断苏联与其卫星国的海上联系,使其在孤立无援的情况下被击败。

海上战略还强调美国海军在平时也必须掌握海上控制权,这关系到美国的发展问题。美国通过海洋同世界保持联系,其经济和贸易依赖于海上运输,在 71 种主要原料物资中有 68 种需要从海外进口,进出口贸易总额的 99% 要靠海运来实现。海上交通线是美国的生命线,因此,海上战略要求美国海军在平时保持前沿部署,以确保美国能在平时自由使用海洋,同远隔重洋的盟国和世界其他各国保持经济和贸易上的往来,促进美国经济的繁荣和发展。

主张前沿进攻

海上战略是一个作战战略,它是针对苏联、对付可能发生的世界大战的战

---

① James D. Watkins. The Maritime Strategy (J). U. S. Naval Institute, 1986, (s): p. 15.

略,其核心主张是实施"前沿进攻"。正因为海上战略要求主动进攻苏军,而不是消极地保护海上交通线,所以该战略也被称为"前沿进攻战略"。海上战略要求美国海军在对苏作战的整个过程中始终贯彻前沿进攻策略。

在对苏作战的第一阶段,即向战争过渡阶段,海上战略要求海军迅速增加前沿部署力量。作战舰艇、潜艇和预先调动的两栖部队等构建的前沿部署态势,能使苏联的攻击潜艇和弹道导弹核潜艇收缩其活动范围,后退到其设防海域。在对苏作战的第二阶段,即掌握主动权阶段,为积极应对苏联北方舰队对北约组织构成的威胁,海上战略并不按照传统的做法要求海军在连接格陵兰岛、冰岛、英国等防御线上部署海军力量。恰恰相反,海上战略主张美国海军前出到苏联沿海海域去攻击敌人,直接威胁苏联部署在沿海的战略兵力,迫使苏联海军把游弋在各大洋伺机破坏海上交通线的攻击潜艇后撤到苏联海域,从而减缓美国及西方盟国海上交通线的压力。为此,海上战略还明确了实施前沿进攻的手段和策略,"前沿作战必须配备攻击潜艇,并使用海上巡逻机、水雷、攻击潜艇或声呐浮标;在世界重要咽喉区设置各种障碍,以防漏网敌军窜入公海,威胁西方盟国的供应线"。当美国航母战斗群向前推进时,海军将向包括弹道导弹潜艇在内的各种苏联潜艇发起猛烈进攻。在对苏作战的最后阶段,即把战场推向敌方阶段,海上战略要求实力雄厚的海军陆战队两栖部队承担收复领土的任务。此外,还要求航母战斗群集中力量继续从侧翼打击苏联,以支援正面作战。①

提倡联合作战

美国军事评论家 R. S. 伍德和 J. T. 汉利指出:"战略之所以被称为'海上'而不是'海军战略',是因为它是针对海上战区的诸军种联合作战的战略。"②事实上,海上联合作战这一概念在海上战略的文件中被多次提及。首先,从海上战略的定位来看,"海上战略是美国军事战略的海上部分"。美国的海上战略不仅是

---

① James D. Watkins. The Maritime Strategy (J). U. S. Naval Institute, 1986, (s): pp. 11 - 13.

② 李铁民主编:《中国军事百科全书·海军战略》,北京:中国大百科全书出版社,2007 年,第 262 页。

美国海军的军种战略,而且是与美国陆军、空军甚至盟国部队有关的、超军种的战略。其次,从海上战略的目标来看,海上战略文件开篇就指出,"海上战略的目标是要同兄弟军种及盟国的武装力量一起,通过使用海上力量,使战争在对美国有利的情况下结束"①。很明显,海上战略强调若要在同苏联争霸的战争中赢得胜利,美国海军必须要借助美国海军以外的力量,即依靠盟国的海上力量以及美国空军、陆军和海岸警卫队的支持。鉴于此,美国海军与兄弟军种、盟国以及友好国家之间的联合军事行动日益增多。再次,从海上战略的应用范围来看,海上战略"强调联合作战和盟国的重要作用,要求同兄弟军种协同作战"。美国海上战略的应用范围较单一军种战略更为宽泛,它要求把盟国的海上力量和兄弟军种的力量一起纳入海上战略中来。也就是说,在实施海上联合作战时,相关区域的盟国海上力量和兄弟军种的军事力量也应在海上战略的统一指导下实施行动。由此可见,海上战略是一份十分重视联合作战的战略,也是一份最早提出联合作战理论的文件。可以说,在联合作战方面,美国海军走在了陆军和空军的前面。之后在 1986 年,美国国会制定并一致通过了《戈德华特/尼科尔斯国防改组法案》。该法案为美军联合作战提供了法律、职责、机构和工作程序上的保障,引发了美军联合作战的深刻变革。

重视应对危机

海上战略十分重视应对危机的能力。海上战略指出,能否遏制危机和控制危机的升级,将直接关系到能否在全球范围内防止冲突。海上战略认为,如果美国同苏联发生战争,那很可能是由危机升级、失控而造成的。因此,海上战略把对危机做出反应规定为海军和海军陆战队应尽的职责。事实上,在以往的军事行动中,海军也确实承担了这一职责。"1946 年至 1982 年间,美国动用军事力量处理的危机达 250 起,其中海军就占了 80%。"②海上战略认为,之所以选择海军来处理危机和充当冲突的威慑力量,是因为有以下几个理由:海军具有前沿部

---

① James D. Watkins. The Maritime Strategy (J). U. S. Naval Institute, 1986, (s): p. 3.
② James D. Watkins. The Maritime Strategy (J). U. S. Naval Institute, 1986, (s): p. 8.

署态势和快速机动能力，能够随时介入危机地区；海军始终处于高度戒备状态，能对危机做出快速反应；海军无须完全依赖国外基地和领空飞越权，便于介入危机地区；最为重要的是，海军部队灵活机动，能够控制任何一种危机的升级。海上战略最后指出，战略的最高目标就是要"防止战争、保护国家利益"，这就对海军提出了必须具备应对危机能力的基本要求。

拓展平时运用

关于海军的平时运用问题，马汉在《海权历史的影响：1660—1783》和《海军战略》中都有相关的论述。马汉指出："海军战略不同于陆军战略之处在于，不论是和平时期还是在战争时期都需要海军战略。实际上，海军战略在和平时期可以通过购买和缔约，取得某个国家的有时甚至通过战争手段都难以获得的优势位置，从而赢得决定性的胜利。这种战略会指导我们利用一切机会，在岸上选定的地点立足，由最初的暂驻成为最后的占领。"①他强调"海军战略就是为了自身的目的，无论是平时还是战时都要建立、维护和不断发展本国的海权"②。马汉的这一思想不仅拓展了美国海军战略的平时功能，还为海上战略的平时运用奠定了理论基础。

海上战略主要分为三部分：平时的兵力部署、具备处理危机的能力、对敌作战。前两部分论述的都是海军的平时运用。战略本身还强调说，"尽管海上战略涉及的平时兵力部署和危机反应等方面的内容不如作战方面的内容多，陈述也不那么正式，但并不说明前者不重要"③。海上战略指出，"在和平时期，海上战略的一个重要目的就是，维持区域力量平衡，促进国际稳定。国际环境越稳定，苏联人冒险和西方打一场战争的可能性也越小"④。由此可见，海上战略强调的平时运用不再只是为了战时赢得胜利，而是期望通过海军的平时运用，如舰艇出

---

① 艾·塞·马汉著：《海军战略》，蔡鸿幹、田常吉译，北京：商务印书馆，2003 年，第 117 页。
② A. T. 马汉著：《海权对历史的影响，1660—1783》，安常荣、成忠勤译，北京：解放军出版社，2006 年，第 29 页。
③ James D. Watkins. The Maritime Strategy (J). U. S. Naval Institute, 1986，(s)：p. 8.
④ 同上。

访、显示存在、同外国海军进行联合训练或演习等一系列活动,来防患于未然,遏制战争的爆发,达成不战而胜的目的。

三、建设 600 艘舰艇的海军

战略就是使手段与目的相结合的一种谋略。海上战略的目的很明确:实施威慑,一旦威慑失败,使战争在有利于美国及其盟国的条件下结束。海上战略的手段也很清楚:一支 600 艘舰艇的海军。莱曼一上任,便开始按照海军战略的要求,要在 80 年代末 90 年代初建成一支由 600 艘舰艇组成的海军,这也正是莱曼进行海军改革、重建海军的最终目标。

(一) 600 艘舰艇计划的提出

建设一支 600 艘舰艇海军的构想,最早是在尼克松总统任内形成的。在前任约翰逊总统执政期间,美国因卷入耗资巨大的越南战争,不得已削减了所有在越南战场上派不上用场的武器。这不仅使苏联在部署弹道导弹方面赶上了美国,同时也使美国的海军力量遭到严重削弱。1969 年,尼克松就任总统后,屈于美国公众的压力,开始从越南撤出美国军队。但因忙于结束战争,没有多余的精力和财力为美国海军的建设投资,美国海军日渐衰落。出于对海军的关注,基辛格在卸去国家安全顾问之前,委托国家安全委员会对美国海军兵力结构进行了全面考察。考察活动将近花了两年时间,莱曼有幸参与了此项活动。研究成果最终形成一份国家安全决策备忘录。备忘录对海军的现状进行了全面评估,并对美国海军的发展进行了长远规划。鉴于苏联海军实力的不断增强,美国海军发展的相对迟缓,备忘录要求美国重建海军,使它成为一支大约 600 艘舰艇包括 15 艘航空母舰的海军。

莱曼在考察活动中获益匪浅,不仅加深了他对海军的了解,还丰富了他对海军的学识，也使他对海军的见解越来越成熟。在他担任海军部长后，考察的结果还成为莱曼制订各项计划的参考和基础。水门事件后，尼克松下台，福特总统上任。在福特总统的最后一次预算中，有关海军的预算就是以"建设一支 600 艘舰艇海军"的重建计划为基础的。但是，海军的重建工作随着福特总统的卸任而石沉大海了。

重提 600 艘舰艇的计划是在 1977 年乔治·布什计划进行 1980 年总统竞选的时候。在为基辛格处理同国会的关系时，莱曼曾与布什有过密切的配合。在尼克松总统任期的最后和福特执政期间，莱曼经常同布什一起工作。1977 年，当布什表示要竞选总统时，莱曼当即表示会在各方面竭尽全力帮助布什竞选。当时的布什对苏联海军的发展极为关注。福特总统执政期间，布什经常参加并主持国家安全委员会召开的有关海军问题的会议。他对美苏海军的发展状况以及实力对比十分了解，对美国海军若不加强建设将产生严重后果也十分清楚。因此，布什毫不犹豫地准备将建立一支 600 艘舰艇海军的计划作为他参加 1980 年总统竞选的一个政纲核心。但由于布什在 1980 年 4 月退出总统初选，该愿望终究未能实现。

第三次提起建设一支 600 艘舰艇海军的计划是在共和党人把它列入施政纲领的时候。1980 年 3 月，里根在芝加哥发表竞选演说时曾强调，美国应该拥有海上优势，并说要把建设 600 艘舰艇的奋斗目标列入共和党的施政纲领。1980 年 4 月，在布什退出竞选之后，应迪克·艾伦的邀请，莱曼加入了里根的竞选班子，成为竞选期间国家安全顾问小组的成员。之后，共和党政纲委员会主席、参议员约翰·托尔又聘请莱曼担任了国家安全分委会的起草人。莱曼以起草人的身份参加了当年在底特律召开的共和党全国代表大会。让莱曼感到欣慰的是，在这个有大约 200 人参加的全国代表大会上，共和党政纲委员会成员和大会代表对政纲中有关国防建设的条文，都给予了强有力的支持，并把海军的现代化建设作为政纲的核心内容之一。政纲明确指出："在各军种中，海军和海军陆战队是卡特总统裁减军备的最大受害者……我们将把海军舰队恢复到 600 艘舰艇的规模……我们将要建造更多的航空母舰、潜艇和两栖舰船。"①

随着竞选运动的全面展开,里根及其竞选班子发现,政纲中有关国防,尤其是海军发展方面的观点和提议,经常能引起听众的共鸣。民众之所以如此关心国防和海军建设方面的问题,是因为 70 年代末,美国遇到了两大挑战。一是伊朗巴列维王朝的垮台和随后发生的人质危机。伊朗原国王巴列维亲美,但在1978 年 2 月被反美宗教领袖霍梅尼发动的伊斯兰革命推翻;时隔一年,在 1979年 11 月,伊朗伊斯兰学生在当局支持下占领了美国驻伊使馆,扣留了 53 名美国人质。期间,美国表现得软弱无能以及海军人质救援行动的失败,使美国公众的注意力越来越多地转向防务和海军。二是苏联入侵阿富汗事件。1979 年圣诞节前夕,经过精心策划,苏联从空中和陆上大举入侵阿富汗,扶植了亲苏的傀儡政府。此举让苏联不仅得到了印度洋的一个不冻港而且还控制了波斯湾国家的石油。上述两大事件对美国的全球利益,特别是美国在印度洋和波斯湾的利益构成了严重威胁。即使主张奉行"最低限度"防务政策和不干涉主义的卡特政府,也终于到了"忍无可忍"的地步,决定奋起反击。于是,卡特向全世界宣告:"任何外来势力想要控制波斯湾地区的企图都被视为对美国切身利益的侵犯,它将受到包括使用武力在内的各种必要手段的回击。"②

伊朗事件和阿富汗事件对美国海军的重建计划起到了推波助澜的作用。尽管卡特政府在 1980 年提出了一项应急计划来改善中东局势,而且在最后关头开始注重传统的防务重点,但卡特已无法挽回被选民无情抛弃的局面了。在临近大选之时,海军和国防已经成为里根力求解决的关键问题,因为 1980 年的美国海军已经萎缩到 40 年来最小的规模。除了航空母舰和两栖战舰之外,其他军舰类型的数量都被苏联超过(见表 1)。因此,在赢得大选之后,里根便大张旗鼓地开始着手海军重建计划的实施。

---

① 小约翰·莱曼著:《制海权:建设 600 舰艇的海军》,方保定等译,北京:海军军事学术研究所,1999 年,第 127 页。

② E. B. 波特主编:《世界海军史》,李杰等译,北京:解放军出版社,1992 年,第 748 页。

表 1　1980 年苏、美两国海军主要战舰实力比较[1]

美国	舰　种	苏联
13	航空母舰	0
0	航空母舰(垂直短距起降)	2
7	航空母舰(直升机)	2
5	两栖攻击舰	0
5	常规动力潜艇(多用途)	179
74	核动力潜艇(多用途)	87
0	常规动力潜艇(战略导弹)	19
41	核动力潜艇(战略导弹)	71
28	巡洋舰	39
153	驱逐舰和护卫舰	213

(资料来源:E.B.波特主编的《世界海军史》。)

(二) 600 艘舰艇海军的需求分析

海军提出要建设一支 600 艘舰艇的计划之后,一些爱放炮的"行家里手"就美国海军的规模、性质等提出了一系列的质疑,如美国真的需要这么多舰艇吗？海军的战略是否正确？如果正确,海军正在建造的舰艇类型和数量是否符合战略需求？在紧缩军费开支的背景下,国家是否能维持一支 600 艘舰艇的海军？

1. 力量规划的三个决定性因素

面对来自各方的质疑,莱曼在《美国海军为什么要拥有 600 艘舰艇》一文中明确指出,"我们海军的规模——海军拥有舰艇的数量,是根据地理条件、盟国关系、苏联威胁和海上作战需要等因素而确定的。总之,我们要建立一支拥有 600 艘舰艇的海军"。

---

[1]　E.B.波特主编:《世界海军史》,李杰等译,北京:解放军出版社,1992 年,第 742 页。

美国海上兵力规划首先要考虑的是美国的地理因素。正像布鲁斯·卡顿在为内森·米勒《美国海军史》一书撰写的序言中所说的那样，美国位于大西洋和太平洋的交汇之处，"它的诞生和生存都有赖于海洋，它的每一页历史都带有海水的咸味和浪花的痕迹"。① 美国所处的地理位置决定了美国从诞生的那一刻起就与海洋结下了不解之缘。

浩瀚的大西洋和太平洋把美国与欧亚大陆隔开，其东海岸距欧洲 3 000～5 000 公里，其西海岸离日本 6 000～8 000 公里。曾几何时，海洋被认为是美国的护城河。美国人相信只要依靠海洋的保护，美国就能够安全地生存下来。但随着对海洋认识的提高以及航海技术的飞速发展，美国人意识到海洋并不能真正地把美国保护起来，海洋已经不再是一个不可逾越的天然屏障。事实上，依靠来来往往的船只，海洋把美国同外部的世界紧紧地联系在一起。美国的许多原料要依赖外国，美国 90％以上的对外贸易要依靠海运，因此，自由地使用海洋对于美国来说关系重大。同时，大西洋和太平洋作为两条天然通道，让美国可以自由地向外部投送自己的力量和影响，一可扩大美国在世界上的影响力，二可保护美国遍布全球的国家利益。一个国家只有拥有了强大的海军才能充分显示其海上威力，才能保持海上交通线的畅通，才能维持世界性的贸易。因此，海军作为维护美国国家利益最重要的工具，其力量规划势必要顾及美国自身地理因素的制约。

海上兵力规划第二个要考虑的因素是美国的联盟关系。马汉早就说过，利益有多远，力量就要延伸到多远。二战后，美国的触角已经伸向世界的各个角落。到 80 年代，美国已经同外国签订了 40 多个条约和协议。这些条约和协议的签订，不仅符合美国维护安全的需要，使美国能够与盟友一起在全球构筑共同的海上防御体系，而且也有利于各种战略资源的供应，满足美国贸易和经济发展的需求。美国在全球建立的联盟关系，一方面满足了美国的安全和发展需求，另一方面也要求美国维护盟国的安全和发展利益。作为部署在最前沿的国际性军种，海军将发挥维护美国盟国利益的作用。一个国家只有拥有了强大的海军，它

---

① 布鲁斯·卡顿：《美国海军史》之序，内森·米勒著、卢如春译，北京：海洋出版社，1985 年。

才能与其他国家的海军抗衡，才能保护它的同盟。因此美国海军的力量规划必定会受到盟国关系这一因素的制约。

海上兵力规划要考虑的第三个因素是苏联威胁。第二次世界大战以后，苏联开始加快海军的发展。尽管在赫鲁晓夫时期海军的发展曾一度处于停滞状态，但1962年古巴危机之后，勃列日涅夫加快了海军现代化的步伐。70年代中期，苏联宣称已经建成一支进攻性的远洋导弹核舰队。很明显，苏联海军发生了质的飞跃，由一支国土海军发展为一支进攻性的蓝水舰队。到80年代初，这支舰队已经成为苏联进行全球军事扩张的主要工具，在世界各大洋都能留下了苏联海军的身影。它不仅扩大了苏联从尼加拉瓜到越南、埃塞俄比亚的影响，而且在世界各大洋上，从波罗的海到加勒比海直至南中国海的浩瀚海域中，每天都会与美国海军擦肩而过。苏联海军的核潜艇在美国的"家门口"发动了对美国的挑战：美国海军经常发现苏联核潜艇在美国沿岸海域活动，甚至在美国一些重要的海军港口附近水域都有苏联"V"级核潜艇潜伏的迹象。苏联海军的水面舰艇也已经威胁到美国及其西方盟国海上交通线的安全：苏联的水面舰艇会定期部署在加勒比海和墨西哥湾等有争议的交通要道上；在西方航运的重要交通枢纽，也经常发现苏联海军舰艇的出没。总之，苏联海军的这种大规模发展趋势及其全球部署态势，使全球海上力量的对比发生了变化，对美国海上霸权构成了巨大的挑战。因此，美国海上兵力规划势必要考虑苏联因素，以苏联威胁为依据，确定美国海军舰艇的数量。

在莱曼看来，只有把地理位置、盟国关系和苏联威胁这三个因素结合起来考虑，才能确定美国所需舰艇的数量，或者说才能确定海军在大西洋和太平洋两大战区完成作战任务所需的规模。

2. 满足大西洋和太平洋战区的需求

建设一支600艘舰艇海军的目标并不是莱曼的"突发奇想"，尽管批评家们喜欢用诸如此类的措辞来讽刺莱曼。事实上，海军的规模是由赋予海军的使命任务来决定的。美国海军主要担负大西洋战区和太平洋战区的作战任务。因而，海军的规模是根据海军为完成这两大战区的作战任务的需求来确定的。

大西洋战区

大西洋战区十分辽阔,它涵盖了北大西洋、挪威海、北约北翼(包括波罗的海的咽喉地带)、南大西洋、加勒比海和墨西哥湾。它还包括美洲的东部沿海海域和非洲西部沿海海域,以及该海域所有重要的海上交通线。此外,地中海和中东也属于该战区。

美国在大西洋战区设有大西洋舰队,其司令部设在美国东海岸的诺福克。大西洋舰队下辖两大舰队,即第 6 舰队和第 2 舰队。第 6 舰队常驻地中海,因此被称为"地中海宪兵"。其前身为美国海军驻地中海的几支小分队,1948 年改组为第 6 特混舰队,1950 年改称第 6 舰队。舰队成立后,参与了地中海沿岸地区历次危机反应行动,执行过多次重大任务,如:在 1958 年美军入侵黎巴嫩行动中,第 6 舰队的攻击航空母舰"埃塞克斯"号、"萨拉托加"号和反潜航空母舰"大黄蜂"号,支援 1 500 名海军陆战员在贝鲁特实施登陆。

第 6 舰队是北约南方欧洲司令部的主要作战兵力,司令部设在意大利的加埃塔,任务海区包括地中海和黑海。它的主要任务是为北约的整个南翼提供两栖突击能力、空中优势、反潜能力和近距离空中支援能力,它是中央前线一支重要的海上力量。此外,第 6 舰队还是美国支援中东友邦和盟国的主要海上力量。70 年代末 80 年代初,中东地区存在着来自苏联的巨大威胁。苏联在黑海驻有一个舰队,在地中海部署了一个分舰队。据莱曼估计,战时苏联将从那里出动大批海军攻击机、大量常规潜艇和核潜艇、巡洋舰、驱逐舰和其他小型作战舰艇。故而莱曼认为,战时美国海军第 6 舰队的兵力必须配备 3～4 个航母战斗群才能满足北约的各种任务需求,才能应对来自苏联的各种威胁。此外,第 6 舰队还需要配备 1 个战列舰战斗群和 2 个海上补给舰群。

第 2 舰队成立于 1945 年,当时它被称为第 8 舰队,是大西洋舰队的战略预备队,到 1947 年才被改为第 2 舰队。该舰队部署在美国本土东海岸,司令部设在弗吉尼亚州的诺福克。自成立以来,第 2 舰队参加过多次重要作战行动。在1962 年,第 2 舰队参加了对古巴实施的海上封锁行动。

第 2 舰队的活动区域包括大西洋和加勒比海,因此,它既是北约在大西洋上的主力，又是美国在东海岸的"看门人"。第 2 舰队主要负责北大西洋、冰岛和挪威海的作战任务；承担保卫挪威及整个北翼，其中包括北海和波罗的海咽喉地区的防御任务。同时，第 2 舰队还必须在加勒比海、南大西洋和西非沿海海域执行各种海上任务。在美国的"后院"加勒比海，美国正面临着来自苏联和古巴的一支强大的海上拦截力量；在南大西洋，美国的海上生命线可能会遭受苏联海军的破坏；而在西非的沿海交通线上，苏联正在持续增加海军的部署。因此，第 2 舰队战时的压力将十分巨大，任务会相当繁重。针对这种情况，莱曼认为，战时第 2 舰队必须拥有 4～5 个航母战斗群、1 个战列舰战斗群和 3 个海上补给舰群。

在莱曼上任初期，第 2 舰队已有 4 艘航空母舰。这些航母的威力十分强大，它们的火力相当于二战时 40 艘航母的火力；它们一天的投弹量相当于 800 架 B-17 轰炸机的投弹量。整个大西洋舰队总共有 6 个航母战斗群，这些航母战斗群并不固定在哪个舰队，而是在第 2 和第 6 舰队之间轮流执行任务。根据莱曼的规划，大西洋舰队还需要增加 2 个航母战斗群和其他作战舰艇的数量，才能满足战时需要。

太平洋战区

70 年代中后期，美国诸多决策者和观察家声称，美国外交政策的重心正在从欧洲和大西洋转向亚洲和太平洋。1980 年，卡特政府公开宣布取消"调拨战略"（Swing Strategy）。毫无疑问，这是美国政府关注太平洋地区的一个信号。按照 60、70 年代的"调拨战略"，一旦发生危机，美国在太平洋上的主要兵力将调拨到大西洋，以支援大西洋战区。80 年代初，美国放弃了这一战略，其背后主要有两大原因。一是在太平洋地区苏联海军的实力正在不断增长。70 年代末，苏联太平洋舰队的主要水面战斗舰艇、弹道导弹潜艇、两栖战舰以及反潜飞机等在数量上均有明显的增长，其实力已经超过了北方舰队，一跃成为苏联四个舰队中最大的一个舰队；而且随着实力的增长，其防区也在不断扩大。太平洋舰队负责的战区不仅有日本海、鄂霍次克海和太平洋地区，而且还包括金兰湾和印度洋。二是美国在太平洋地区的商业利益不断增长。美国同亚洲各国的商业和能源流动日益增加，1983 年美国同太平洋沿岸各国的贸易额从 1980 年的 9％提高到了 24％，超过了与欧洲的贸易额，达到 260 亿美元。除了上述两个原因之外，莱曼还指出了另外一个变化，即石油的来源发生了变化。美国从西半球国家进口石油，也从加拿大、墨西哥、委内瑞拉和加勒比地区购买石油。这种变化促使美国要考虑把海军兵力优先部署在非太平洋和加勒比海地区。

基于上述情况，莱曼总结说，"由于我们在太平洋面临日益增长的商业利益和安全问题，因此，我们的海军计划也应发生相应的变化。如果要保护我们生死攸关的利益，我们就必须拥有能够同时部署在大西洋和太平洋两大战区的兵力"。[1] 也就是说，美国海军不仅要有部署在大西洋战区的第 6 舰队和第 2 舰队的兵力，同时还要有部署在太平洋战区的第 7 舰队和第 3 舰队的兵力。因为美国已经认识到欧洲不再是唯一的一个可能对美国及其盟友构成威胁的地区，维持和加强太平洋地区的稳定对于美国的生存和发展同样重要。

太平洋战区包括整个太平洋和印度洋，约 9 400 万平方公里。美国在太平洋战区设有太平洋舰队，其司令部设在夏威夷的珍珠港。太平洋舰队下辖两大舰队，即第 7 舰队和第 3 舰队。第 7 舰队成立于 1943 年 3 月 15 日，前身是麦克阿瑟领导的西南太平洋海军部队。该舰队曾在 1947 年 1 月被改称为"西太平洋海军部队"，1949 年 8 月又被改称为"第 7 特遣舰队"，直到 1950 年 2 月才正式恢复了第 7 舰队的称号。该舰队在冷战时期参加过朝鲜战争、越南战争等。

第 7 舰队是美国在西太平洋的前沿舰队，司令部设在日本的横须贺。第 7 舰队的作战区域东起国际日期变更线以西的太平洋和印度洋，西至非洲东岸红海（不包括波斯湾），南到印度洋和南极，北至白令海峡。它的主要任务是保护西太平洋和印度洋上的海上交通线，保护美国及其盟国的利益。根据第 7 舰队的管辖区和承担的任务，莱曼认为，战时第 7 舰队需要 5 个航母战斗群、2 个战列舰战斗群和 4 个海上补给舰群。

在东南亚海域、印度洋以及波斯湾地区，美国没有专门组建舰队来负责这些地区的作战任务。不过在平时，美国有一支常驻在波斯湾巴林的部队。基于这

---

① John F. Lehman, Jr. "The 600-ship Navy" (J). *The Maritime Strategy*. Newport: U. S. Naval Institute, 1986, p. 34.

一状况,莱曼计划在战时由第 7 舰队派出 2 个航母战斗群、1 个战列舰战斗群和 1 个海上补给舰群去执行在印度洋、东南亚、东非和波斯湾等地区的作战任务。

第 3 舰队成立于 1942 年 3 月 15 日,前身是美国海军南太平洋部队。1945 年 10 月被改为后备舰队。为了加强对太平洋中部的控制,加大美国西海岸的防御纵深,美国海军于 1973 年 2 月 1 日将第 1 舰队和太平洋舰队的反潜部队合并为第 3 舰队。

第 3 舰队部署在美国的西海岸,司令部设在加利福尼亚州的圣迭戈。该舰队的活动范围包括阿拉斯加沿海海域、白令海、阿留申群岛、东太平洋和中太平洋地区。主要任务是协调指挥太平洋战区反潜作战;组织护航兵力;保卫美国本土西部、夏威夷和阿拉斯加的安全等。必要时,第 3 舰队也可进入第 7 舰队辖区,支援第 7 舰队作战等。这种情况在第二次世界大战期间曾经发生过。因此,战时第 7 舰队和第 3 舰队的活动区域有可能会重叠;两大舰队的部分防区还有可能会进行交换。基于上述情况,莱曼认为第 3 舰队必须拥有 2 个航母战斗群和 1 个海上补给舰群,只有这样才能在这片广阔的海域中完成被赋予的作战任务。

3. 兼顾平、战时的使用强度

莱曼在规划海军的兵力时,强调海军规模的大小要兼顾到海军在平、战时的使用强度。就美国海军的全球部署而言,部队必须尽可能按照战时的作战要求进行部署。为达到威慑、危机处理和配合外交的目的,海军平时就必须将其力量部署在战时进行作战的海域。当然由于平时和战时的作战使用强度不同,因此在给定区域,平时部署的舰艇数量仅为战时的三分之一。这样一来,海军在海外的部署时间、在母港的整休时间以及训练时间可各占三分之一。也就是说,海军舰艇在海外的部署时间就可以不超过 6 个月,另有 6 个月的时间在母港进行舰艇维护和人员整休,还有 6 个月的时间则可用于训练。

总之,美国海军的规模既要满足和平时期部署的需要,又要能满足同苏联打一场全球战争的需要。基于这一现实,莱曼提出了美国海军需要建设一支 600 艘舰艇的规划(见表 2),其中包括 15 个航空母舰战斗群,4 个战列舰战斗群,100

艘攻击潜艇,足够数量的弹道导弹潜艇和运输突击梯队。莱曼强调,如果不依靠盟国的海上力量,要对付苏联的 1 700 艘作战舰艇,美国海军舰艇的数量将大大超过600 艘。因此,舰队的这一规模是根据国家战略的需要,在综合考虑了美国的地理环境、联盟关系及战区的实力等多种因素之后制定出来的比较合理的、科学的规划。除非减少海军的任务或降低苏联的威胁,否则就不可能缩小海军的规模。

表 2　海军的兵力需求

舰队	兵种	和平时期	战争时期
第 6 舰队	航空母舰战斗群	1.3	4
	战列舰战斗群	0.3	1
	海上补给舰群	1	2
第 2 舰队	航空母舰战斗群	6.7	4
	战列舰战斗群	1.7	1
	海上补给舰群	4	3
第 7 舰队+	航空母舰战斗群	2	5
	战列舰战斗群	0.5	2
	海上补给舰群	1	4
第 3 舰队*	航空母舰战斗群	5	2
	战列舰战斗群	1.5	—
	海上补给舰群	4	1

+包括印度洋的兵力。

* 包括在大修的舰艇。

(资料来源:1988 财年美国海军部给国会的报告。)

(三)"600 艘舰艇海军"在行动

1981 年,刚刚上任的里根立刻开始执行两项在竞选运动中早已宣布的计划:削减美国政府部门的预算,加强美国的军事建设。1981 年年底,国防部长温伯格和总统里根同意并批准了建设 600 艘舰艇海军的具体计划。海军的重建计划从提出到政府的认可,历经了将近 10 年的坎坷和磨砺。

莱曼上任时接手的是一支拥有 456 艘军舰的海军,他的目标是到 80 年代末 90 年代初实现"600 艘舰艇的计划",它包括 15 个航母战斗群、4 个战列舰水面战斗群、100 艘攻击潜艇、足够数量的战略核潜艇和运输突击梯队等。事实上,到 1987 年莱曼辞职时,美国海军已经拥有 509 艘军舰,1988 年达到了 588 艘军舰。这支规模不断扩大、能力不断增强的海军,在 20 世纪 80 年代美国同苏联的全球争霸斗争中不断发挥出强大的作用。

20 世纪 80 年代,是东西方冷战最为激烈的时期,也是二战后国际形势最为错综复杂、地区冲突最为频发的时期,爆发了苏联入侵阿富汗的战争、两伊战争、马岛之战,等等。在战争频发的多事之秋,美国同前苏联的世界争霸斗争也愈演愈烈,"600 艘舰艇的海军"直接参与了入侵格林纳达,打击利比亚、伊朗等行动。同时,随着美国在太平洋地区利益的不断增长,美国海军的触角也越来越多地伸向了太平洋。事实上,在整个 80 年代,美国海军在积极配合里根政府的对苏政策中发挥了重要作用,努力实现里根政府在 1981 年提出的"重振国威"、"重整军备"、"将苏联推回"的三大目标,并在全球范围内最大限度地压缩了前苏联势力的渗透和扩张。

1. 入侵格林纳达,清理"后院"

格林纳达是加勒比海的一个小岛国,面积 344 平方公里,人口约 11 万人。它西濒加勒比海,与巴拿马运河遥遥相对,东临大西洋,扼加勒比海出入大西洋的东部门户,其战略地位十分重要。

1979 年 3 月 13 日,莫里斯·毕晓普领导的"争取福利、教育和解放的联合进军"运动发动政变,推翻了奉行亲美政策的埃里克·盖里政府。毕晓普上台后,在外交上奉行向前苏联和古巴"一边倒"的政策。大量接受前苏联和古巴的经济和军事援助,成立"人民革命军"和民兵队伍,并由古巴派出工程部队在岛上修建机场等军用设施。美国认为格林纳达已经成为前苏联和古巴用来输出恐怖行动和颠覆民主的基地。1980 年 3 月,里根总统在竞选演说中指出:"马克思主义极端分子正在试图接管格林纳达;古巴军事顾问正在那里为他们训练游击队员……难道我们一定要让格林纳达、尼加拉瓜、萨尔瓦多都变成新的古巴,成为苏联新的前哨?"美国认为,一旦格林纳达被苏古完全控制,由格林纳达、古巴和尼加拉瓜三国的机场构成的"铁三角",将使作为美国传统"后院"的中美洲加勒比海地区处于苏、古空中力量的威胁之下,那么,美国的海上运输线和本土安全将会受到严重威胁。为避免格林纳达成为"第二个古巴的危险",美国开始不断向毕晓普政府施加压力,处心积虑地想把格林纳达亲苏政权推翻,将其纳入民主国家之列。

迫于美国的压力,毕晓普政府开始采取措施以缓和与美国及其他西方国家的关系。1983 年 6 月,毕晓普亲自访问美国,并与美国就相关事宜达成了"谅解"。但是,毕晓普的行动引起了以副总理科尔德和政府军司令奥斯汀为首的亲苏古"强硬派"的强烈反对。1983 年 10 月 13 日,强硬派发动政变;20 日,格林纳达政权落入了奥斯汀手中。格林纳达的动乱震惊了邻国。因惧怕前苏联、古巴和格林纳达的"输出革命",东加勒比海组织要求美国出兵格林纳达。

10 月政变使里根政府有了入侵格林纳达的借口:一是解救美国在格林纳达的侨民;二是应加勒比各国"紧急要求"而出兵。对于美国而言,这是一个千载难逢的机会:既可推翻现有亲苏政权、培植亲美势力;同时又可震慑其他亲苏古势力在中美洲的渗透和扩张。24 日晚,里根总统签署命令,批准了入侵格林纳达方案的实施,行动代号为"满腔怒火"。

美军入侵行动的总指挥是大西洋舰队司令威廉·麦克唐纳海军上将;战场指挥官是第 2 舰队司令约瑟夫·迈特卡夫海中将。美军先后投入的主要作战兵力有:"独立"号航母战斗群和"关岛"号两栖攻击舰艇编队等各型舰艇 15 艘;各型陆基飞机、舰载机和直升机 230 架。地面部队主要包括第 82 空降师 1 个旅部率 4 个营(5 000 人)、特种部队第 75 团 2 个营(700 人)、海军陆战队 1 个加强营(1 900 人)等。23 日,美军已将"独立"号航母编队和"关岛"号两栖攻击舰编队部署在格林纳达周围海域,并在格林纳达周围建立了半径为 50 海里的海空封锁区,对格林纳达实施全面封锁。1983 年 10 月 25 日拂晓,随着格林纳达珍珠机场的第一声爆炸,美国入侵格林纳达战争正式爆发。

依靠海军舰艇和舰载机的威力,美国仅用 4 天就完成了主要战斗任务,8 天之内就结束了战争,全面控制了格林纳达。战争的结果使前苏联和古巴遭到严重打击。在这场美苏全球争霸斗争的重要战场上,美国利用其强大的海上力量,结束了亲苏、亲古势力在格林纳达的统治,拔去了苏联在美国后背上插入的一枚钉子,有效遏制了前苏联在中美洲渗透和扩张的势头,达成了美国在全球范围内压缩前苏联势力范围和战略空间的战略目的。

2. 教训利比亚,稳控地中海

自 1969 年卡扎菲上台以来,利比亚开始推行反美亲苏政策。1970 年 6 月,卡扎菲下令收回美国在利比亚的惠勒斯空军基地,赶走了 6 000 名美国军事人员。这意味着美国失去了一个在地中海与苏联角逐的前哨基地,影响了美国在中东的战略部署。与此同时,利比亚从苏联陆续购买了多达 100 亿美元的军火,除将惠勒斯空军基地交给苏军使用之外,还提供了 5 个海空军基地供其使用。1972 年,卡扎菲又废除了前国王与美国签订的 9 项军事、经济、技术合作协定,将美国从利比亚彻底扫地出门。为了限制美国舰艇在利比亚附近海域的活动,1973 年卡扎菲宣布整个锡德拉湾是利比亚的领海;1981 年,利比亚重申沿海 200 海里为本国的领海,并声称北纬 32°30″ 线为"死亡线",任何闯入"死亡线"以南水域的舰船将受到利比亚的攻击。

锡德拉湾位于利比亚沿海中部的一大片凹入处,即北纬 32°30″ 以南海域,面积大约有 10.8 万平方公里。这片海域本身并没有很重要的战略意义,但是,由于锡德拉湾是地中海地区仅有的一个没有重要航道和航线的海域,几十年来,美国第 6 舰队一直依赖这一地区进行不定期的实弹演习。因此,美国政府对卡扎菲的做法极为恼火,里根上任后,美国对利比亚的态度日趋强硬。按照里根的看法,卡扎菲不下台,中东就永无宁日。因此,只要时机成熟,美国将采取行动,一来教训卡扎菲,二来震吓亲苏势力。

1981 年 8 月 18 日,美国一支庞大的舰队开进了地中海。这支包括"尼米兹"号和"福莱斯特"号两艘航空母舰在内由 16 艘各型舰船组成的舰队,穿越了北纬 32°30″ 死亡线,很快深入距利比亚海岸只有 140 海里的锡德拉湾内。按照计划,美军舰队将在此举行为期两天的例行性导弹演习。演习的第一天,利比亚起飞了 35 批次飞机,其中 72 架次飞入演习区,但均遭到美舰载机拦截,双方并未发生激烈冲突。演习的第二天,2 架从"尼米兹"号航母起飞的 F-14 战斗机,发现利比亚的 2 架 SU-22 战斗轰炸机来袭。双方随即发生空战,最终利比亚的 2 架 SU-22 被击落。

从这次空战开始,美利双方的关系从剑拔弩张发展到了直接对抗的局面。卡扎菲把美国视为头号敌人,在世界范围内展开了一系列包括恐怖活动在内的反美行动。同时,卡扎菲加紧投靠苏联,同意苏联的舰艇进入利比亚港口,并从苏联购买了 100 枚萨姆-5 型地空导弹。至此,美国与利比亚的紧张关系已经到了白热化的程度。利比亚变成了美国在地中海同苏联角逐的重要战场。

1986 年 1 月,美国卫星发现利比亚已将购买的萨姆-5 型地空导弹在锡德拉湾海岸部署完毕。美国五角大楼官员认为,这些导弹对在地中海活动的美国飞机构成了严重威胁,应立即除掉。为此,五角大楼拟定了一个诱使卡扎菲先开火,然后美军再实施反击的作战计划:穿越利比亚的"死亡线",在地中海举行代号为"自由通航"的军事演习,以挑战利比亚的底线。该计划当即得到里根的支持,并将该行动命名为"草原之火"。

为实施这一行动,美海军在地中海调集了第 6 舰队下辖的"美国"、"珊瑚海"、"萨拉托加"3 个航母战斗群,共计 34 艘舰船、240 多架飞机,总兵力为 2 万余人。3 月 23 日,第 6 舰队司令凯尔索将军下令冲破北纬 32°30″死亡线。24 日下午,美国"提康德罗加"号巡洋舰在战机的掩护下,越过"死亡线",深入距利比亚海岸线仅 64 海里处的水域。卡扎菲按捺不住了,立刻下令萨姆-5 型地空导弹及其导弹巡逻艇向美军发起进攻。但事与愿违,尽管发射多枚萨姆-5 型导弹,但均因美 EA-6B 电子干扰机的强电磁干扰,无一击中目标;相反,在"萨拉托加"航母上起飞的 A-7"海盗"攻击机,对萨姆-5 型地空导弹基地实施了致命打击,摧毁了导弹基地的主要设施。而利比亚的导弹巡逻艇也在战斗中被击毁 4 艘,重创 1 艘。

美军在"死亡线"以南总共停留了 75 小时,从发起攻击到战斗结束总共用了 12 小时。可以说,美国海军在"草原之火"行动中,痛打了利比亚,使美国在地中海站稳了脚跟。在之后 4 月份美国对利比亚的"黄金峡谷"空袭行动中,美国海军再次发挥了重要作用。从"美国"号和"珊瑚海"号起飞 A-6、A-7、F/A-18以及 EA-6B、E-2C 等各型飞机,组成联合、有序的综合作战群,对班加西的 2个目标——卡扎菲预备指挥所班加西兵营和班加西贝尼纳空军基地予以了致命的打击,在短短的几分钟之内,投下了大量的集束炸弹、激光制导炸弹和"鱼叉"空对舰导弹,摧枯拉朽式地摧毁了既定目标。

事实上,无论是"草原之火",还是"黄金峡谷",美国海军都在其中发挥了极其重要的作用,实现了为国家战略服务的宗旨。两次对利比亚的军事打击,美国不仅达到了惩罚卡扎菲的目的,而且还遏制了亲苏势力在非洲及地中海地区的渗透。在某种程度上,两次对利比亚的教训,尽管打在利比亚身上,但痛在前苏联的心头。

3. 痛打伊朗,牢控波斯湾

波斯湾地区是世界上最大的石油蕴藏区,也是西欧和美国最大的石油进口地。1979 年,西欧国家从波斯湾进口石油的数量占其总消耗量的 57%,日本为约 70%,而美国为 25%,显而易见,以美国为首的西方国家和日本对海湾石油的依赖相当严重,海湾地区形势的发展与这些国家的利益密切相关。因此,美国在海湾地区必须保持美国及其盟国的海湾运输线的畅通无阻,同时,还必须防止苏联控制波斯湾,另外还必须确保在该地区不出现抵制石油和切断石油短期供应的举动,以及防止在该地区出现反美穆斯林原教旨主义者。一旦出现上述任何情况,美国都将采取积极的应对措施。

1980 年 9 月 22 日,两伊战争爆发。随着时间的推移,战争陷入僵局。伊拉克政府认为,伊朗是石油大国,石油收入是维持战争的重要来源。为迫使伊朗停火,萨达姆决定对伊朗实施石油封锁战。1984 年 3 月,萨达姆率先挑起了波斯湾的"袭船战",开始对波斯湾北部购买伊朗石油的国际油轮实施打击,企图迫使外国终止对伊朗石油的购买。在不到一年的时间里,伊拉克袭击了 70 多艘外国油轮,沉重打击了伊朗的石油出口,导致伊朗石油出口量减少了一半,而波斯湾石油运输总量也相应减少了四分之一。

伊朗随即开始报复,波斯湾石油封锁战不断升级。1986 年 2 月,伊朗占领法奥半岛,封锁了伊拉克的出海口。萨达姆严令空军打击一切驶往伊朗的船只,而伊朗也报复性攻击开往所有海湾阿拉伯国家的油轮。为此,海湾一些国家不得不要求美苏大国为其油轮护航。其中,受伤最重的科威特在 1986 年 12 月 23 日,向美国递交申请,请求美国护航。时任美国国防部长的温伯格非常高兴,因为这为美国提供了一个绝好的机会:既可让海湾国家对美国军事保护树立信心,又可使美国在波斯湾保持军事存在,还可遏制伊朗的扩张。1987 年 7 月,美国正式在波斯湾地区展开护航行动,代号为"迫切意志行动"。此时,因为在 5 月份误击美国驱逐舰"斯塔克"号,萨达姆担心与美国发生军事冲突,停止了对油轮的袭击战。但伊朗的袭船行径非但没有收敛,反而变本加厉,继续打击途经波斯湾的所有船只。

1987 年 7 月 22 日,一支美国的护航编队与 3 艘科威特商船会合,驶向波斯湾。23 日晚,伊朗悄悄在航道内投放了 9 颗亚姆水雷。次日黎明,美国驱逐舰"班布里奇"号被水雷炸伤,护航编队被迫返航。此次事件让美国清醒地意识到:美国的威慑战略并未奏效,必须采取更为有效的措施,才能彻底铲除这个海上"祸害"。经过一番斟酌,美军决定在靠近伊朗的波斯湾航道上每隔几十海里建立一个海上浮岛,部署巡逻艇、直升机和海豹队员,随时对伊朗的快艇突袭和布雷行动做出反应。

1988 年,美国和伊朗的海上冲突日渐升温。是年 2 月,美国开始执行更具进攻性的军事行动,而不断吃亏的伊朗也决心加大水雷战的力度。4 月 14 日,美军第 14 批护航编队刚刚驶出霍尔木兹海峡,编队前方的"罗伯茨"号护卫舰被水雷炸伤。经专家验证,水雷是由伊朗布设的。美国决定实施报复,对伊朗的"锡里"和"萨桑"海上石油平台实施打击,行动代号为"祈求螳螂"。4 月 18 日清晨,"祈求螳螂"行动正式开始。6 艘美国海军舰艇从巴林基地出发,行至波斯湾主航道时兵分两路:由"温赖特"号巡洋舰、"辛普森"号驱逐舰和"巴里"号护卫舰组成的第一战斗编队,直扑"锡里"平台;由"特伦顿"号船坞登陆舰、"麦考密克"号和"梅里尔"号驱逐舰组成的第二战斗编队,赶往"萨桑"平台。上午 9 时,第二战斗群抵达"萨桑"平台，在要求平台上伊朗人撤退无果后，2艘美海军驱逐舰一齐开火，伊朗人用机关炮还击，但很快被压制。最后，平台上的伊朗人不得不请求停火并离开。随后，美海豹队员登上平台，将其爆破摧毁。与此同时，第一战斗群也摧毁了"锡里"平台。

面对美军的断然出手，被打疼的伊朗决定用武力反击。伊朗海军"萨巴兰"号护卫舰、"萨汉德"号护卫舰、号称"海上弯刀"的"约尚"号导弹艇以及数艘博哈默级巡逻艇参与了战斗。但是，终因实力过于悬殊，"萨汉德"号、"约尚"号以及2艘巡逻艇被击沉，而"萨巴兰"号也因连中两弹而遭重创。

由于伊朗海军几乎损失了所有大型作战平台，此役之后，伊朗再未考虑过挑战美国在波斯湾的海上霸权。通过此次海战，美国不仅结束了长达8年的两伊战争，还成功地宣示了自己在波斯湾地区拥有绝对的海上控制权。

4. 磨砺触角，伸向太平洋

二战以后，太平洋地区在经济、军事和政治上都发生了巨大变化。经济上，1970年至1985年间，美国与太平洋地区国家的贸易增长了10倍，自1980年以来，美国与东亚及太平洋地区的贸易额超过了欧共体的50%。太平洋地区已经成为美国一个重要的地区性贸易伙伴。军事上，20世纪70年代以来，苏联太平洋舰队实力在这一地区疯狂增长，拥有400艘水面舰艇和130艘潜艇的太平洋舰队，虽然在作战能力上仅次于它的北方舰队而屈居第二，但已大大超过它在这一地区的潜在敌手美国第7舰队。就满载排水量而言，苏联太平洋舰队是美国第7舰队和日本海上自卫队力量总和的两倍以上。政治上最大的变化是1979年美国同中国正式建立了外交关系，美国因此在太平洋地区有了牵制苏联的更大的砝码。

美国在太平洋地区不断增长的利益和威胁，要求美国发展并保持一直有足够力量的海军部队，以便有能力同时向太平洋和大西洋地区进行部署。遗憾的是，越战后美国在太平洋的海军力量呈现一种下降势头。第7舰队是美国在西太平洋的一支前沿力量，它的职责范围包括日本、朝鲜、菲律宾、澳大利亚、泰国和东南亚地区的重要海峡以及印度洋的广大地区。美国在太平洋上还部署有第

3 舰队，它的作战区域包括阿拉斯加、白令海、阿留申群岛、东太平洋以及中太平洋地区。要覆盖如此广阔的水域，除了增加舰队的规模以外，美国海军还从以下四个方面做出了历史性努力，以应对苏联不断增长的威胁。

一是重新强调北太平洋地区的作用。因为阿拉斯加和加拿大的石油再度从海上经由东北太平洋运往美国，因此，美国意识到东北太平洋战略重要性的增加。从 1981 年开始，美国海军每年在北太平洋地区举行大规模的海军和陆战队演习。为配合演习，阿拉斯加空军的 F-15 战斗机重新部署在了阿留申岛，以便为舰队提供支援。空军的雷达预警机和 KC-10 型加油机也纳入了在北部水域执行任务的航母战斗群的行动计划。此外，为填补美国海军在西北太平洋的力量真空，美国在普吉特海峡部署了一个航母战斗群。1987 年，又把"尼米兹"号航母从诺福克调往上述地区，而且，美国第 2 舰队的舰艇也开始在阿拉斯加水域执行任务，并定期在那里驻泊。

二是发挥日本海上自卫队的新作用。针对苏联在太平洋地区形成的海上力量的优势，美国同日本就日本自卫队在里根政府推行的太平洋战略中发挥更大作用达成协议。日本同意美国的建议，愿意承担其本土以外 1 000 英里以内的海上交通线的全部安全责任。20 世纪 80 年代，日本海上自卫队拥有大约 50 艘现代化的驱逐舰和护卫舰，以及 22 艘先进的柴电潜艇，其作战能力在亚洲国家首屈一指。空中自卫队配备有当时最先进的 F-15 战斗机和 E-2C 雷达预警机。因此，日本完全有能力维护其海上生命线的畅通。日本同意在太平洋地区发挥更大的作用，大大缓解了美国海军在太平洋地区的压力。

三是继续发挥菲律宾的作用。菲律宾是连结东北亚和东南亚以及太平洋和印度洋的海上交通要冲。这些通道是美国的盟友，尤其是东北亚的盟友经济发展不可缺少的交通命脉。在菲律宾的对面是越南的金兰湾和岘港，长期驻扎着苏联的海、空军部队。战时，苏联可从那里阻断重要的海上交通线，威胁美国在东南亚所有盟友并能打击在南中国海和菲律宾海活动的美国及其盟国的海空军力量。而菲律宾的苏比克湾/库比岬海军基地则为美国第 7 舰队的各型舰艇和飞机提供了关键的后勤保障，确保了该舰队的舰艇的战备需要。同样，驻菲律宾的克拉克空军基地也为太平洋地区的美国空军发挥了重要的作用。它们与金兰湾/岘港隔海相望，对制约苏联在南中国海的影响有重要作用。但是，由于美国租借菲律宾基地的合同1991年到期，如果美国和菲律宾双方有一方提出中止协议，一年后即可生效。因此，美国在菲律宾的驻军到底能维持多久暂时是个未知数，美国所要做的就是防止亲共产党的政权在菲律宾上台。美国海军原作战部副部长，后任太平洋舰队司令的艾斯·莱昂斯以执行官的身份对菲律宾进行了多次秘密访问，并通过一系列的努力对新当政的阿基诺政府以巨大支持，加强他的亲美立场，以期获得继续使用菲律宾苏比克海军基地和克拉克空军基地的许可，有效应对苏联威胁，确保重要交通线的畅通。

四是建立同中国的军事合作关系。太平洋地区的繁荣以及军事力量平衡的改变是美国决定与中国重建关系的主要原因。70年代，在尼克松政府设法同中国重新建立联系之后，双方已经在经济和政治关系上取得长足进步。至80年代，由于中美双方有对付苏联的共同利益，也因为美国想利用中国牵制苏联，中美军事交往得到了加强。1984年8月，应当时中国海军司令刘华清上将的邀请，美国海军部长莱曼到中国访问，开始与中方就两国海军的实质性合作进行谈判。1986年，两国海军舰艇还在南海举行了首次演习。当然，美国同中国开展军事合作的目的是共同应对苏联威胁，他们向中国提供的是一种能更有效应对这一地区共同威胁的能力。正如其总统所说的那样，"美中军事关系有助于使中国发展和拥有一支能够维护本地区和全世界的和平稳定的，而不是对那里的其他美国朋友和盟国构成威胁的力量"。

四、海上战略的评述

冷战时期是一个充满暴力的和平时期，美苏两个超级大国之间的非直接军事对抗从未停止过。美国海军在此期间的发展也经历了艰难曲折的过程。直至80年代随着一系列"海上战略"相关文件的出台，形成了以"前沿部署"和"前沿进攻"为核心的海上战略，美国海军才迎来了新的发展时期。海上战略是美国海军继马汉《海军战略》之后在海军战略理论发展史上新的里程碑，它成为美国同苏联争霸海洋的理论利器，并将美国海军的发展推向了一个新高峰。期间，作为美国海上战略制定的推动者、引领人、总设计师的莱曼，所做的不可磨灭的功绩，也将载入美国海军的史册。不过，该理论提出的"前沿进攻"作战思想过于冒险，力量建设的投入也过于庞大，而且没有经过实践的检验。针对这些问题，也有不同程度的批评和质疑。

（一）美国海军战略理论史上新的里程碑

美国海上战略是美国海军战略理论发展过程中一个新的里程碑。马汉的海军战略，是以军种战略的名义提出来的；而海上战略是"国家军事战略的海上部分"，不再作为国家军事战略的子战略，而是国家军事战略的一部分，是国家军事战略在海洋方向上的重要体现。这一战略思维方式扭转了人们只从海军角度去认识其战略作用的狭隘观念，将海军战略问题纳入了国家战略的新思路，第一次将海军战略提高到了国家军事战略层次上来研究，并在继承的基础上形成了比较系统、全面的海上战略理论。

海上战略理论还是美国联合作战理论发展到一定阶段的产物。联合作战是美军的基本作战样式。美军认为，通过对联合部队的优化组合，能将地面、海上、海下和空中以及太空的作战能力有效地融为一体。20 世纪 70 年代末，美国陆军和空军提出了"空地一体战"概念；80 年代中期，美国陆军参谋长和空军参谋长签署了"31 项倡议"备忘录，标志着联合作战理论的萌芽。而美国海军将其制定的战略称为"海上"战略而不是"海军"战略，因为它是针对海上战区的诸军种联合作战的战略。很明显，海上战略理论在某种程度上是对美国联合作战理论的发展。1986 年，就在海上战略公布后不久，美国国会通过了《戈德华特/尼科尔斯国防改组法案》，该法案为美军联合作战提供了法律、职责、机构和行动程序上的保障，引发了美军联合作战理论的深刻变革。

此外，海上战略还孕育着新的战略思路。其中比较突出的新思想有：首次较为详细地讨论了美国海岸警卫队的作用；1984年版的"海上战略"首次将恐怖主义威胁作为美国海军需要应对的最为阴险的敌人；1988年版的"海上战略"首次将贩毒作为海军需要面对的新威胁，并且第一次提及美国海军应具备人道主义援助行动的能力。上述这些新的思路在冷战后的新海上战略中都得到了进一步的发展和深化。

（二）美国争夺世界霸权的理论利器

冷战意味着以美国为首的西方阵营同以苏联为首的东方阵营不仅在军事上，而且在政治、经济、文化和意识形态等方面展开的全方位对抗。美苏之间的对垒，源于意识形态的不同，但究其实质是美苏两个超级大国在战后扩张势力、对世界霸权的争夺。作为国家政策基石的武装力量，自然成为达成国家目的的主要工具。对于美国而言，海军又是实现国家目标的首选工具。以海上战略出台为标志而形成的美国海上战略理论，成为指导美国同苏联争夺世界霸权的理论利器。

70年代末，在对苏政策上，卡特政府克制求缓和的一系列做法未能获得苏联的响应。相反，苏联利用美国战略收缩和战略调整之际，大力扩充军力，加紧对外扩张，相继在安哥拉、埃塞俄比亚、南也门、柬埔寨等国站稳了脚跟。1979年1月爆发的伊朗伊斯兰革命，使美国丧失了在中东的一个重要伙伴；同年12月苏联入侵阿富汗，彻底破灭了美国政界对美苏缓和抱有的幻想，国际局势正朝着不利于美国的方向发展。与此同时，苏联海军还在世界各大洋上开始对美国发起挑战。70年代末，苏联海军在戈尔什科夫的领导下，已由沿海防御型的海军发展为远洋进攻型的海军，拥有了全球海上作战能力。此时的美国海军却因越南战争的拖累，发展迟缓，规模不断缩小，其海上优势开始被日益强大的苏联海军所消解。有人甚至警告说，"苏联具有向美国的海洋控制权，特别是东地中海,或许还有北大西洋地区挑战的能力"。① 美国海军的日渐衰落和苏联海军的不断发展,"似乎预示着美国海上霸权的终结和美国迄今为止从未受到过挑战的最后一道防线的瘫痪"。②

1981 年,里根上台后,继承和发展了美国对苏强硬派的战略主张,其核心就是要以针锋相对的强硬态度及机动灵活的多样化手段与苏联争夺世界霸权。为此,里根政府提出了确保全面军事优势的"新灵活反应"战略,开始重整军备,重建海上优势。总统里根认为,"美国的工商业有无保证,能否获得至关重要的资源,西方联盟的活力有无保证,都取决于我们有无控制海洋的能力。我们必须有能力打败任何威胁到上述利益的军事对手。在这方面,均势或力量对等是毫无意义的。我们必须拥有海军优势"。③ 美国海军在 80 年代提出的海上战略,正是为积极配合里根政府的对苏政策,迎合美国争夺世界霸权的产物,是指导美国赢得海上霸权乃至世界霸权强有力的理论武器。

(三) 美国赢得冷战胜利的助推剂

持续了 40 多年的冷战,最终以苏联的解体而告终。70 年代末国际局势似乎还在朝着不利于美国的方向发展,为何在不到十年的时间内苏联集团便土崩瓦解? 原因很多,但其中一个重要原因是长期以来美苏之间的军备竞赛制约了苏联的经济发展,导致苏联的最终崩溃。20 世纪七八十年代苏联加快了对外扩张的步伐,不仅在世界各地留有苏联军队的足迹,而且在世界各大洋上都能见到苏联军舰的身影。然而,正如某些观察家在 70 年代中期就预见的那样,此时苏联的对外扩展已经到了顶点,其军事实力已开始出现下降趋势④。而美国在 80

---

① James A. Nathan & James K. Oliver, *The Future of Untied States Naval Power*, Bloomington: Indiana University Press, 1979, p. 5.

② Ibid. , p. 4.

③ 蔡祖铭主编:《美国军事战略研究》,北京:军事科学出版社,1993 年,第 190 页。

④ James A. Nathan & James K. Oliver, *The Future of Untied States Naval Power*, Bloomington: Indiana University Press, 1979, p. 4.

年代初对这种局势做出的及时反应,在确保美国在可预见的将来继续保持其军事优势的同时,加快了冷战结束的进程。

作为对苏强硬派代表的里根,一上台便开始了其重整军备的计划,力求在军事上保持对苏的优势。首先是积极推行核力量现代化计划,增强核威慑能力。为提高进攻型核力量的生存能力、突防能力和命中精度,"1981 年 10 月,里根政府提出了 6 年内耗资 1 800 亿美元的战略核武器现代化计划"[①],不断改进进攻性战略核力量的质量。其中,"在潜射弹道导弹方面,里根政府任内装备了'三叉戟'I 型导弹 384 枚"[②]。同时,里根政府还积极推行"战略防御倡议",即建立一个以天基定向能武器系统为主要拦截手段的多层次、多手段的综合弹道导弹防御体系,使美国拥有攻防兼备的"第一次打击能力",进而夺取对苏军事优势。其次,提出在多条战线上实施灵活反击的常规战略,加强常规军事力量建设。长期以来,美国一向以打短暂而激烈的战争作为其常规战略的基础,但里根执政以后,美国的战略计划立足于同苏联进行一场持久的常规战争。其原因主要有以下两点:一是从战后历史来看,美国参加的两次战争(朝鲜战争和越南战争)持续时间都比较长,尤其越南战争;二是从力量对比看,苏联握有常规兵力优势,美国又失去了核优势,要对付这么强大的苏联,美国不可能迅速取胜。因此,里根政府要求大力加强持久战所需的人力、物力的动员基础,推进常规军事力量的建设。在海陆空三军常规力量建设中,海军的建设处于尤为突出的地位。为重建海上优势,保持对世界大洋的控制权,里根政府大力支持建设一支 600 艘舰艇的海军,并且宣布要控制 16 个重要的海上咽喉要道,不仅要压缩活动在大西洋、太平洋和印度洋上苏联海军的战略空间,而且还要控制苏联海军在各大洋的进出。

如果说里根政府的重整军备计划是拖垮苏联的重要手段,那么重建海上优势是压垮苏联的最后一根稻草。1985 年,美国军费开支占国民生产总值的

---

① 蔡祖铭主编:《美国军事战略研究》,北京:军事科学出版社,1993 年,第 177 页。

② 同上,第 178 页。

5.9%,在海陆空三军中海军就则占了超过三分之一的份额;相反,1986 年,苏联停止了制订军舰建造计划,并不再为海军拨款①。苏联面对耗费如此巨大的军备竞赛,无论是在军事上,还是在经济上均被彻底挤垮。作为军备竞赛核心的美国海军,其海上战略的推出,成为加快冷战结束进程的催化剂。

(四) 美国海军战略地位的极大提高

马汉的海军战略曾为美国海军带来了第一次发展高潮,使美国登上了世界第一海军强国的宝座;而 20 世纪 80 年代美国的海上战略则为美国海军带来了第二次发展高潮,最终使美国海军重新确立了在美国武装力量中的特殊地位。其特殊地位的重新确立主要表现在三方面:

一是巩固了将海军的使用同国家政策及国家目标紧密挂钩的观念,突出海军直接为国家安全战略服务的作用。海上战略是为改变美国在与苏联争霸斗争中的不利态势,为支持里根政府提出的"重振国威"、"重整军备"、"将苏联推回"的三大政策,为全面推行强硬的"新灵活反应"军事战略而提出来的。为了紧密配合战略形势的改变,海上战略将美国海军和海军陆战队的各个方面同国家政策和国家战略指导方针一致起来,为海军建立了一个现实的、可实现的预期。

二是明确了海上战略为国家军事战略的海上部分,强调海军在国家军事战略中的积极作用。"这种战略被称为'海上'而不是'海军'战略,原因在于它是针对海上战区的诸军种联合作战的战略,而不仅仅是部署潜艇与航母特混编队的战略。所谓'联合'是指该战区指挥官使用在他控制下的所有部队参战,以至于如果敌人对一个部分实施进攻,就面临着其他部分的反击。"②这就使海上战略超越了军种战略的层次,将海上战略提高到了军事战略的高度。同时,海上战略

---

① 伊·马·卡皮塔涅茨著:《"冷战"和未来战争中的世界海洋争夺战》,岳书瑶译,北京:东方出版社,2004 年,第 514 页。

② 詹姆斯·乔治主编:《美国海军——80 年代中期的概况和展望》,林京海等译,北京:海军装备技术部科计部,1988 年,第 367 页。

将海军和海军陆战队纳入了联合或合作的国家军事战略中,以便更有效地使用海军和海军陆战队,使其在国家军事战略中发挥更积极的作用。

三是提出了重建海上优势的海军建设目标,确保海军在美国军事力量中发挥第一军种的作用。为使海军在美苏海上争霸斗争中赢得世界大洋的控制权,美国海军提出了建立一支 600 艘舰艇海军的建设目标。这一目标得到了里根政府的大力支持。里根在竞选中就曾说过:要使海军力量超过苏联,需要加强到什么程度就加强到什么程度。里根上台后,推出了三军均衡发展的方针。"1981—1989 年,美三军军费比例大体为:海军占 33.5‰～34.5‰,空军占 29.8‰～35.2‰,陆军占 24.3‰～26.6‰。"①海军的军费投入始终处于较为突出的地位,这使得海军有足够的资金加强自身的力量建设。"1990 年,美国现役总兵力为211.7 万人。其中,陆军 76.1 万人,海军 59 万人,海军陆战队 19.5 万人,空军57.1 万人。"②在美国海军历史上,海军(包括陆战队)的人数第一次超出了陆军和空军,处于三军第一的位置,真正确立了在美国军事力量中第一军种的地位。

(五) 海上战略的不足

在美苏海上争霸斗争中,美国海上战略为美国海军赢得海上霸权提供了理论上的指导,进一步发展了美国海军的优势海军建设理论,将美国海军的建设推向了新的高峰,打造了一支将近 600 艘舰艇的强大海军,并创造性地提出了前沿进攻作战思想。但该战略并未经过实践的检验,因此引起了批评和质疑。

一是风险过大。海上战略提出了前沿进攻战略思想,强调美国海军在战时要前出至苏联沿海高威胁区,实施前沿进攻,直接对苏联的沿岸实施打击,并迫使苏联的攻击潜艇回撤以保护苏联及苏联的弹道导弹潜艇。但此种做法仅仅停留在设想上,未曾真正实施过。很多战略理论家对此提出了质疑,就连美国海军

---

① 钱俊德编:《美国军事思想研究》,北京:军事科学出版社,1992 年,第 258 页。
② 刘志青:《抢占制高点:世界部分国家新军事变革情况追踪》,北京:军事科学出版社,2008年,第 133 页。

作战部长也对该战略的实际运用表示担忧,因为苏联的岸基导弹和岸基飞机的作战力量十分强大,攻击潜艇的能力也很强大,一旦美国航母战斗群前出至苏联沿海,很难不受强烈攻击,一旦受到攻击,损失很难预料。

二是依赖盟国过多。海上战略明确指出,无论是在平时还是在战时,战略目标的实现依赖于盟国的团结。盟国团结不仅是美国军事战略也是美国海上战略的三大核心支柱之一。但是,美国海军过于强调联盟的团结,在一定程度上增加了战略目标实现的风险性。事实上,美国在 80 年代的军事行动中,并不总能获得盟国的支持。例如,在 1986 年 4 月 25 日美军对利比亚实施"黄金峡谷"空袭行动中,美第 6 舰队由 30 余艘舰只(包括 2 艘航空母舰)组成的特遣队以演习为名驶往利比亚领海附近待命,进入戒备状态。同时,美总统特使沃尔斯特将军前往英、法等国协调行动。英国同意美机从英国基地起飞,但法国则拒绝向美机提供空中走廊,致使美机只得绕道出击,航线增加了约 2 000 公里。种种迹象表明,由于过于依赖盟国的力量和盟国的支持,一旦发生战事,如果美国的盟国中立或支持不积极,那么海上战略将很难起到应有的作用,其战略目标是否能实现也值得怀疑。

三是过分夸大海军的作用。海上战略认为,在未来美苏战争中美国海军的任务不仅要摧毁苏联海军,而且还要支援对苏的陆上作战。海上战略的第三阶段,即"把战场推向敌方"阶段,意思就是要海军直接参与对陆作战,并在最后战胜苏联的战争中发挥决定性作用。这实际上是过于夸大了海军的作用。为此,海军战争学院的教授马库宾·托马斯·欧文斯在《转向海洋型大战略》一文中一针见血地指出,美国在冷战时期奉行的是"'大陆型'的大战略"[①]。北约和华约各陈兵百万对峙在欧洲战场,仅美国就有 36 万兵力驻扎在西欧。显然,美苏的主战场不是在海上而是在陆上。美国海军的"'海上战略'只不过是大战略的海军部分"而已,它"只是一个军种战略(从属于冷战时期的大陆性战略)"。[②] 海上

----

① 马库宾·托马斯·欧文斯著:《转向海洋型大战略》,刘一健译,载《海军译文》,1995 年第 3 期,第 3 页。

② 同上,第 5-6 页。

战略理论之所以如此抬高海军的地位作用,在某种程度上是"在为自己争得一定的地位,以得到一部分国防预算及经费的支持","满足该军种在武装力量中取得支配地位的需要"。①

　　四是资金投入过大。海上战略要求大力发展海军,以恢复美国的海上优势,由此提出了600艘舰艇海军的建设计划。美国政府从80年代初开始,就加大了资金投入,在1988年达到了顶峰,为海军的建设投入了1千多亿美元。整个80年代,美国政府推行大力扩充军事实力的政策,大幅度增加军费。保持高额军费是美国保持其实力地位的重要措施,也是同苏联对抗、实行"竞争战略"的一个重要组成部分。但到了90年代初,美国的经济明显受到了军事投入过多的影响。克林顿上台后,一度把维护美国"经济安全"置于其三大对外政策之首,把"经济安全"提高到全球战略高度,说明了美国的经济受到80年代军事投入过大的影响,而海军是注入资金最多的一个军种。由此可见,恢复海上优势的建设理论,即实现600艘舰艇海军的目标,其投入过大,没有可持续发展的可能。

---

　　① 马库宾·托马斯·欧文斯著:《转向海洋型大战略》,刘一健译,载《海军译文》,1995年第3期,第5页。

戈尔什科夫

"红色马汉"[①]

谢尔盖·格奥尔吉耶维奇·戈尔什科夫(Sergey Georgiyevich Gorshkov，1910.2.26—1988.5.13)，苏联海军元帅，著名军事家。生于乌克兰。1927年参加苏联海军。先后毕业于伏龙芝海军学校、驱逐舰舰长训练班和海军学院高级指挥员进修班。1931年在黑海舰队任驱逐舰航海长。1932—1939年在太平洋舰队历任护卫舰舰长、驱逐舰舰长、驱逐舰支队支队长。1940年6月调黑海舰队任巡洋舰支队支队长。苏德战争期间，历任亚速海区舰队司令、新罗西斯克防区副司令、多瑙河区舰队司令及黑海舰队所属分舰队司令等职。参加过敖德萨防御战役、刻赤—费奥多西亚登陆战、新罗西斯克保卫战、高加索会战、克里木战役、雅西—基什尼奥夫战役等，并率领多瑙河区舰队支援过东欧一些国家反击德国侵略者的解放斗争。战后，任苏联黑海舰队参谋长、司令，海军第一副总司令。1956年1月起任苏联国防部副部长兼海军总司令。20世纪70年代，曾两次指挥苏联海军在世界各大洋举行大规模演习。1985年12月任苏联国防部总监察员。戈尔什科夫执掌苏联海军最高领导权长达29年又11个月零2天，期间先后经历赫鲁晓夫、勃列日涅夫、安德罗波夫、契尔年科四任苏共总书记而荣辱不衰。他的特点是具备全面的海军知识，拥有在海军基层部队、司令部机关、高级领导岗位的工作经验和丰富的实战经验，尤其擅长于组织领导海军建设，被公认为"苏联远洋海军之父"。在他的卓越领导下，苏联海军大力发展战略导弹潜艇

---

① 作者简介：冯梁(1963—　)，男，中国南海研究协同创新中心副主任，海军指挥学院教授、博士生导师；陈通剑(1983—　)，男，中国南海研究协同创新中心助理研究员、海军指挥学院讲师；楼擎云(1982—　)，男，海军某潜艇支队宣传科长。

和远程航空兵,同时均衡发展其他海军兵种,在短短 20 年内苏联海军从一支被视为陆军辅助力量的近海防御力量("黄水海军")发展成为能遂行各种作战任务、能够在世界大洋与美国海军正面抗衡的"远洋导弹核海军"。

戈尔什科夫不仅是一位大胆改革的海军实践家,同时还是一位颇有建树的军事理论家和战略思想家。在《海军学术的发展》、《战争年代与和平时期的海军》、《国家的海上威力》等战略理论和军事思想的主要代表作中,他首次对苏联海上力量的整体定位和发展战略做出了科学而全面的阐述。认为,海军是唯一能在国外保卫国家利益的军种。战时,海战场对战争进程具有很大,甚至决定性的影响;平时,海军是国家的政治工具、外交政策的重要支柱。他主张建立一支进攻性的远洋海军(远洋导弹核舰队),与美国争夺海上霸权,符合了当时苏美两国的冷战思维,他所提出的"海军战略使用"、"均衡海军"等军事思想对苏联海军军事学术理论的发展产生了重大影响,至今仍是俄罗斯海军军事学术理论的重要组成部分,被誉为"现代苏联海军之父"。鉴于戈尔什科夫在苏联海军力量建设和海军军事理论方面的卓越成就,他两次获得苏联英雄称号,并获列宁勋章 5枚,苏联一艘航空母舰也以他命名。此外,西方国家也对他颇为推崇,将其与《海权论》的作者马汉相提并论,誉之为"红色马汉"。

"作为个人,我对戈尔什科夫的才能极为敬佩,苏联海军能发展到今天这样的境地,是他天才般的领导才能的结果。"美国前海军部长小约翰·莱曼如是说。

谢尔盖·格奥尔吉耶维奇·戈尔什科夫,苏联海军元帅,苏联海军 70 余年的短暂历史当中最为卓越的军事统帅。自 1956 年起被赫鲁晓夫任命为苏联海军总司令,1985 年 12 月被迫离职。戈尔什科夫的特点是具有全面的海军知识,并在工作和战争中不断丰富。有在海军基层部队工作的经验、司令部机关工作的经验和海军高级领导岗位工作的经验,他尤其擅长于组织领导海军建设。

一、"红色马汉"——戈尔什科夫的传奇人生

所谓"时势造英雄",一个伟大人物的命运总是与他身处的时代背景和历史发展等因素相互交织、因果内藏。要谈戈尔什科夫其人,就必须首先从俄国的近代史说起:近代的俄国一直处于变革的时代浪潮中,国内阶级斗争愈演愈烈,国际形势错综复杂。

18 世纪末年,俄国出现了资本主义萌芽。19 世纪上半期,资本主义因素在俄国继续发展,从 1830 年起,俄国开始了工业革命,国力蒸蒸日上。然而,新生的生产力与封建农奴制这一生产关系发生了冲突,落后的封建农奴制关系已经成为生产力进一步发展的桎梏。受西欧资产阶级民主主义思想和革命思想的影响,俄国内反对农奴制度的斗争此起彼伏。19 世纪 50 年代,新的生产力和封建农奴制生产关系之间的矛盾,达到了极其尖锐的程度,阶级斗争空前加剧。在农奴制度的束缚下,俄国资本主义工商业难以继续发展,农业生产也面临巨大的危机。此外,沙俄在 1853—1855 年克里木战争中的失败,更使得沙俄的统治摇摇欲坠。农民纷纷揭竿而起,革命浪潮如火如荼。在内外交困的形势下,沙皇尼古拉一世猝然死去,其子亚历山大二世继位。1861 年 3 月 3 日(俄历 2 月 19 日),亚历山大二世签署了关于废除农奴制度的《宣言》和《关于脱离农奴依附关系的农民的法令》,开始了一系列改革。随着资本主义的快速发展,至 19 世纪末 20 世纪初,俄国已经具有了资本主义最高阶段——帝国主义的一切特征,俄国资本主义在西方几个主要资本主义国家之后进入了帝国主义阶段。但是好景不长,1901—1903 年,俄国爆发经济危机。1904 年,致力于在远东扩张的俄国与迅速崛起并积极向外侵略的日本发生了矛盾,爆发了日俄战争。日本全歼了退避于中国旅顺口的俄国太平洋第 1 分舰队,并在具有决定性意义的对马海战中,击溃了俄太平洋第 2 分舰队,俄国耻辱性战败,失去了其在远东的霸权。俄国内部,沙皇专制统治下国内阶级矛盾空前尖锐和劳动人民状况严重恶化,诸多因素导

致了 1905—1907 年的第一次资产阶级民主革命。由于工人阶级及其政党没有采取一致的革命行动,工农联盟还不巩固和军队未曾完全倒向革命,轰轰烈烈的革命在沙皇政府的残酷镇压下最终以失败告终。但这次革命意义深远,列宁称之为十月革命的"总演习"。而当时,国际工人运动广阔发展,马克思主义广泛传播,促进了亚、非、拉洲人民的觉醒,亚、非、拉洲各国民族解放运动进入了一个新阶段,到处都掀起了民族民主运动。

(一) 少年得志,初露锋芒

在这样跌宕起伏的时代大背景下,1910 年 2 月 6 日,戈尔什科夫出生了。他出生在乌克兰卡梅涅茨波多尔斯基州一个俄罗斯族的教师家庭。戈尔什科夫无疑是幸运的,特殊的家庭背景让他在少年时代接受了良好教育,这为他日后的发展奠定了坚实的基础。

就在戈尔什科夫还少不更事的时候,战争的魔爪又一次伸向人间。1914年,同盟国和协约国两大帝国主义军事集团之间矛盾的发展以及它们重新瓜分世界的斗争随着奥国皇储在萨拉热窝被刺出现了爆炸性后果,第一次世界大战的导火索被点燃了。德军依据参谋总长史里芬制订的"史里芬计划",在东西两线作战,设想在极短的时间内结束战争。俄军在东线奋力抵抗德奥军队,在亚洲的南高加索与土耳其军队作战。1916 年,德军在西线与英法联军发生了凡尔登和索姆河会战,伤亡近两百万人,结果双方都没有突破对方的阵地。同年,在北海发生了一战中规模最大的一次海战——日德兰海战。这场著名的海战结束了以战列舰为主力舰的海战史,是双方使用战列舰编队进行的最后一次海战。日德兰海战后,德海军再也无力向英国的主力舰队发起挑战,转而实施无限制的潜艇战,用以切断英国商船的航线,摧毁它的经济实力,给英国造成巨大的损失,几乎使英国屈膝投降。值得一提的还有一战中的俄国海军。波罗的海舰队于1914 年秋和 1915 年间秘密地、大规模地进行了敷设水雷的军事行动,成功实施了对北海南部的封锁,切断了德交通运输线,有力支援了陆上作战;黑海舰队采取封锁作战、炮火支援、敷设水雷等作战样式对高加索战线的战役产生了巨大的影响。日后，戈尔什科夫正是从第一次世界大战的战争实践中汲取养分，对于海军在战争中所起的作用做了深入的思考，对后来俄国海军学术的发展起了重大影响。

1916 年冬，世界大战已经进行两年多，仍胜负未分，看不到结束的迹象。交战各国深感物资和人力消耗过甚，在不同程度上感到难以支持。广大劳动人民困苦不堪，对帝国主义战争日益愤慨不满。在俄国，沙皇政府遭遇的政治危机特别严重。在前线，军需品十分缺乏，甚至士兵的步枪也不足。在后方，由于燃料不足，工厂减少了生产。1916 年有三十多座高炉熄火。铁路车辆不足，不能应付需要，难以计数的粮食堆在车站上霉烂，运不到急需粮食的地方。1917 年年初，反对帝国主义战争的示威运动在俄国首都彼得格勒发生，接着扩展到莫斯科、巴库和其他一些大城市。在布尔什维克党的号召下，彼得格勒的工人运动发展成了反对沙皇统治的政治总示威。沙皇统治濒于崩溃边缘，沙皇俄国成了帝国主义链条上的薄弱环节。1917 年 3 月 10 日（俄历 2 月 25 日），布尔什维克彼得格勒委员会号召起义，打倒沙皇专制政权。全俄各地都发生了革命，推翻了沙皇的专制统治。这就是著名的二月革命。但革命的果实被资产阶级窃取，他们组织了临时政府，继续进行帝国主义战争。1917 年 11 月（俄历 10 月 25 日），布尔什维克党领导工人和农民通过武装起义，取得了十月社会主义革命的胜利，诞生了世界上第一个苏维埃政权，开辟了人类历史的新纪元。1918 年 3 月 3 日，苏维埃共和国同德国签订了布列斯特和约，退出了一战。3 月中旬，苏维埃国家将首都从彼得堡迁到莫斯科。从 1918 年上半年开始，出现了以反革命叛乱为内应的外国对苏俄的武装干涉，形势十分严峻。1918 年 11 月，第一次世界大战结束，德国爆发革命，推翻了德皇政权。11 月 13 日，苏维埃俄国宣布废除布列斯特和约。德国占领下的乌克兰、白俄罗斯等地举行了武装起义，赶走了德国压迫者，分别成立了苏维埃共和国。协约国在打败德国后，集中力量与苏俄国内的反革命势力一起对苏俄进行联合剿杀，先后组织了三次大规模的反革命进攻。苏维埃国家在极其艰难的处境下，依靠人民的支持和英勇的红军经过浴血奋战，粉碎了敌人的进攻,保住了国家的独立和自由生存。苏维埃共和国建国初期就颁布了建立红海军的法令,从而确定了海军是社会主义国家武装力量必不可少的组成部分。苏维埃海军积极地参加了建立苏维埃政权和保卫苏维埃政权不受国际反动势力和国内反革命分子颠覆的斗争。

1922年10月,阿塞拜疆、亚美尼亚和格鲁吉亚三国决定统一为南高加索苏维埃联邦共和国。1922年12月30日,苏联正式宣告成立。当时加入苏联的有俄罗斯、乌克兰、白俄罗斯和南高加索四个共和国。1924年以后,乌兹别克斯坦、土库曼斯坦、塔吉克斯坦陆续加入,成为苏联的一员。哈萨克斯坦和吉尔吉斯斯坦则分别以自治共和国身份加入俄罗斯共和国。

四年的第一次世界大战和三年的国内战争使苏联满目疮痍,经济濒于破产,人民生活非常困苦,连面包、衣服这样最起码的物品都极度缺乏,政治上出现了危机。1921年3月,俄共(布)召开了第十次代表大会,在列宁的主持下确立了新经济政策,国民经济处于恢复阶段中。

1921—1928年是苏联海军的恢复期。国内战争结束后的苏联海军只有波罗的海舰队和若干内河区舰队。其中有些军舰已不能继续服役,只好报废,而其余的军舰则需要进行大修。海军军舰的总吨位只有1920年的四分之一,而兵员几乎只有1920年的六分之一。指挥员大部分由旧海军的军官担任,其余的一部分指挥员则需要进行理论和实践的训练。

伏龙芝曾对当时海军的情况做了如下的评价:"在革命的总过程和内战的一些偶然的事件中,海军受到了特别沉重的打击。由于受到这些打击,我国的海军丧失了大部分,而且是最好的物质装备,损失了大部分有经验和有素养的指挥员,他们在海军的工作和生活中,比其他兵种起着更大的作用。我们失去了许多海军基地,而且还损失了这些基地上的海军士兵的骨干力量。所有这些损失加在一起,这就是说,我们现在没有海军。"[①]

1921年俄共(布)第十次代表大会后,苏联开始重建港口和造船工业,1922

---

① 伏龙芝:《论青年》,苏联青年近卫军出版社,1937年版,第81页。

年着手修理军舰和其他船只,并组建虽然不大,却有战斗力的联合舰队。在1924年以前,波罗的海舰队已拥有两艘战列舰,一艘巡洋舰,八艘驱逐舰,九艘潜艇和其他一些舰艇。重新建立起来的黑海舰队编内有一艘巡洋舰,两艘驱逐舰,两艘潜艇和十二艘其他舰艇。里海和阿穆尔河区舰队也恢复了。军舰总吨位的增长表明了海军恢复的速度:由1923年的82 000吨上升至1926年的139 000吨。特别是1925年12月的联共第十四次代表大会,通过了社会主义工业化方针和一系列决议,对于恢复和建设海军具有特殊重大的意义。1926年,苏联劳动和国防委员会批准了军事造船工业的第一个六年计划,拟定建造十二艘潜艇,十八艘护卫舰,三十六艘鱼雷艇。同时,海军补足了兵员。这要求在短期内把大批青年人培训成海军专业技术人员。当时的海军实际上成了一个大规模的教导队。从1921—1924年就培训出近两万名技术熟练的专业人员。在1923—1928年期间,海军学校培养出了大约一千二百名海军指挥员。

1927年,年轻的戈尔什科夫加入了苏联海军,成为一名普通的水兵,也开始了他人生的转机,没有人会想到他日后的辉煌,但命运女神确实垂青于他,恢复发展中的苏联海军则为他提供了展现自我的大舞台。在当时文化水平普遍偏低的苏联海军基层官兵中,受过系统教育的戈尔什科夫显得鹤立鸡群,他也由此成为上级的重点培养对象,在参军后不久就被选送到了伏龙芝海军学校学习。在校期间,戈尔什科夫贪婪地汲取专业知识,成绩优异,能力出众,深受教官和同学们的好评。

就在戈尔什科夫在校学习期间,苏联的政局暗流涌动。自1924年列宁逝世后,联共内部派系分化,出现了以托洛茨基为首的托派和以季诺维也夫、加米涅夫为首的新反对派。1926年夏起,两派勾结在一起,组成"托洛茨基—季诺维也夫联盟"(托—季联盟),共同将矛头指向斯大林,肆无忌惮地进行各种派别活动,否定社会主义在苏联可以建成。经过不断的斗争,1927年12月联共第十五次党代表大会终于粉碎了托—季联盟。1928年年初,苏联发生了粮食收购危机。就如何分析和解决这个危机,在联共领导内部发生了重大的原则分歧。斯大林认为,粮食收不上来是富农反抗造成的。布哈林持不同看法,他认为危机是"生产和需求的比例失调"造成的,是"谷物业的停滞,甚至退化"的结果,反对经过无产阶级的残酷斗争来消灭富农阶级。1929年4月,斯大林在中央全会上全面批判布哈林,谴责布哈林集团的观点为右倾错误。布哈林等人被开除出政治局,多次做检讨,并降任次要岗位的工作。苏联决心加快社会主义改造,开始了农业集体化和第一个五年计划的进程。1928年5月苏联革命军事委员会扩大会议通过了一系列决议,这是苏联海军史上的一件大事。这些决议规定了海军的任务和海军发展的总方针,并且是第一个五年计划中制订建造军舰计划的基础。

实际上到了20世纪30年代初期,苏联已有了相当的人力、物力、财力来建造海军,而且苏联人不安地看到,德国、日本和意大利等潜在敌人都把庞大的海军视为实现它们政治野心的要素和工具。特别是苏联没有力量来成功地干涉西班牙内战,使得他们认识到远洋海军力量的价值,这种情况与后来的古巴危机一样。因此,斯大林打算建立一支"足可以与任何外国海军力量相匹配的海军"①,以战列舰和巡洋舰为主。

戈尔什科夫幸运地搭上了海军发展的"顺风车"。1931年,从伏龙芝海军学校毕业的戈尔什科夫被分配到黑海舰队担任驱逐舰航海长。1932年,苏联建立太平洋舰队。戈尔什科夫被调往太平洋舰队任护卫舰舰长。千里马在于有无限的潜能,而伯乐在于有敏锐的洞察力。戈尔什科夫过硬的军事素质和出众的才华引起了时任太平洋舰队司令员的库兹涅佐夫的注意,被其评价为"海军中特别突出的青年军官",并被破格提升为驱逐舰舰长。这对戈尔什科夫来说是巨大的荣耀,既说明戈尔什科夫的杰出,又能在日后验证库兹涅佐夫的识人慧眼。库兹涅佐夫——这位戈尔什科夫的"伯乐",更是"恩师",他对戈尔什科夫日后的发展起到了至关重要的作用。

1929—1933年爆发了资本主义世界的经济危机。1932年为危机的顶点。危机使资本主义世界的工业生产下降了44%,资本主义各国的生产一下子倒退

① 有关斯大林政策的详细讨论及有关他想获得美国协助建造战舰的打算,见赫里克:《苏联海军战略》。

了几十年。原油和食品的价格惨跌,资本主义世界的贸易额下降了 66%,倒退到 1913 年的水平以下。这次经济危机破坏力之大,是资本主义世界前所未有的。危机造成的物质损失之大,不亚于 1914—1918 年的世界大战。危机大大恶化了劳动人民的状况,资本主义各国共有四五千万工人失业和数千万农民破产,从而导致了政治危机。经济危机和政治危机使各国垄断资产阶级如临深渊,寻找出路。德国、日本建立公开的法西斯专政,疯狂扩军备战,两个战争策源地形成;美国实行"新政",由国家干预经济。1933 年,资本主义世界勉强渡过了这次危机,但仍然处在经济萧条的境地。

此时的苏联并没有被这次资本主义世界的经济危机所波及,而是集中精力搞国内的经济建设。苏联从 1928 年 10 月起开始实行第一个五年计划,到 1932 年年底,提前完成了这一计划。1933—1937 年又实现了第二个五年计划。从 1938 年开始的第三个五年计划,由于德国法西斯的入侵被迫中断。十几年的经济建设使苏联成为一个现代化工业强国,成就十分巨大。1936 年 11 月苏联召开了第八次苏维埃代表大会,讨论和制定了新宪法。斯大林做了报告,宣布"苏联建立了社会主义制度"。根据新宪法的规定,1937 年全国举行了新的苏维埃代表选举。1938 年 1 月,召开了最高苏维埃第一次会议,选举加里宁为最高苏维埃主席团主席,任命莫洛托夫为人民委员会主席。

在新宪法通过的前后,苏联开展了一场大规模的清洗运动。1934 年 12 月,政治局委员、列宁格勒省委书记基洛夫被刺身亡。政府毫无根据地指控前反对派领袖是暗杀事件的幕后策划人,并于 1936—1938 年,对他们进行了三次公开审判,错误地认定他们是间谍杀人犯,说他们企图依靠德、日法西斯颠覆苏维埃政权。季诺维也夫、加米涅夫、布哈林等人被处死,托洛茨基这时已流亡国外,也被缺席宣判死刑。斯大林明确提出阶级斗争日益尖锐化的论点。在这错误的思想指导下,全国掀起了一场"揭发和铲除人民敌人"的运动。由于这时存在着对斯大林的个人迷信,法制经常被个人指示所代替,公安机关也不受党和政府的监督。内务人民委员叶若夫等人乘机大搞刑讯逼供,制造假案,使肃反规模达到惊人地步。许多党和国家的著名领导人,党中央和政治局的成员,大多数的元帅、军区司令、军长师长以及难以数计的无辜群众遭到逮捕、流放、处死。大清洗的错误使民主和法制遭到严重破坏,给社会主义事业带来不良后果。斯大林在1939年党的第十八次代表大会上公开承认,"在进行清洗时'犯过严重的错误','所犯的错误竟比原来预料的还多'"[①],并宣布以后不再进行大规模的清洗运动。

在1937—1938年的苏联军队大清洗中,许多高级军官被以莫须有的罪名处决,但也有大批青年军官得以提升使用,戈尔什科夫就是受益者之一。在时任太平洋舰队司令的库兹涅佐夫的大力关照下,他先后被保送到苏联海军组织的驱逐舰舰长训练班和海军学院高级指挥员进修班中学习。1938年,28岁的戈尔什科夫被任命为太平洋舰队下属的驱逐舰支队支队长,并晋升上校。1939年,库兹涅佐夫升任苏联海军人民委员和海军总司令。戈尔什科夫再一次得到提携重用,1940年6月,他被调到红旗黑海舰队任巡洋舰支队支队长。

在卫国战争之前,苏联已经建成了一支强大的海军。苏联海军已有四个联合舰队:北方舰队、波罗的海舰队、黑海舰队和太平洋舰队,还有多瑙河区舰队、里海区舰队、平斯克区舰队和阿穆尔河区舰队。苏联海军拥有3艘战列舰,7艘轻巡洋舰,66艘舰队驱逐舰和驱击领舰,22艘护卫舰,80艘扫雷舰,269艘鱼雷艇,218艘潜艇,2 529架各种类型飞机和260个海岸炮兵连。按军舰总数和总排水量计算,它大约占世界的第六或第七位。

(二) 卫国将星,屡立功勋

1937年,德、意、日三国的军事政治集团在实际上形成,这便是所谓的"柏林—罗马—东京轴线"[②]。这个法西斯侵略集团一方面要反苏反共,另一方面借反苏反共为幌子,同英、法、美等帝国主义国家争夺殖民利益。英、法等国同德国

---

① 《斯大林选集》下卷,第457页。

② 1940年9月27日在柏林签订了《德意日三国同盟条约》,三国军事同盟在名义上也正式形成。

签订了慕尼黑协定,实行"不干涉"的绥靖政策,幻想嫁祸于苏联;美国则奉行孤立主义政策,企图坐山观虎斗,以获取"渔翁之利"。1939 年 4 月至 7 月,英、法、苏三国进行了关于缔结互助条约的莫斯科谈判,但是由于期间英国策划新慕尼黑事件的阴谋而最终归于破裂。为打击英法孤立苏联并唆使德国进攻苏联的阴谋,苏联接受了德国的建议,于 8 月 23 日同德国缔结了互不侵犯条约。在吞并奥地利和占领捷克斯洛伐克后,1939 年 9 月 1 日,德国法西斯军队闪击波兰。英法两国在无法推脱作为波兰盟国对波兰所必须承担义务的条件下,于 9 月 3 日先后向德宣战,第二次世界大战全面爆发。波兰投降之后,德国侵占了挪威和丹麦,侵入了荷兰、比利时、卢森堡,绕过马其诺防线,仅经过六周战斗就击溃了法国。1940 年,德国发动了针对英国的不列颠之战,对英国的空袭一直持续到1941 年,德国始终无法使英国屈服。

1941 年 6 月 22 日拂晓,法西斯德国撕毁苏德互不侵犯条约,背信弃义进攻苏联。德国的仆从国意大利、芬兰、罗马尼亚和匈牙利也一道参加了侵略苏联的战争。苏联被迫中断了社会主义建设,进入了伟大卫国战争时期。第二次世界大战中规模最大、具有决定性的大战,在苏联国土上展开了。

德军来势凶猛,总共出动一百九十个师,约五百五十万人,三千五百多辆坦克和装甲车俩,五千多架飞机。德军组成三个进攻集团军群,分三路进攻苏联:北路攻打苏联波罗的海沿岸和列宁格勒;中路的任务是沿明斯克、斯摩棱斯克一线直扑莫斯科;南路则夺取基辅、哈尔科夫和顿巴斯。希特勒妄想以迅雷不及掩耳的"闪电战",在一个半月到两个月时间内打垮苏联,在冬季到来之前结束战争。战争初期,苏军被迫自卫、退却,不得不放弃了拉脱维亚、立陶宛、白俄罗斯和乌克兰的大部分地区。

苏军在战争初期严重失利有一些客观原因,即战争是在大大有利于德国的情况下爆发的:德国夺取了欧洲的巨大经济和战略资源;德军拥有精良的武装和进行现代战争的经验。但苏联最高当局对德国发动侵苏战争的时间和规模估计不足,对法西斯的突然袭击缺乏准备,也是重要原因之一。1937—1938 年的肃反扩大化,清洗了一些有经验的红军将领,也影响了苏军在战争初期战斗力的发挥。

卫国战争开始以后,成立了以斯大林为首的国防委员会,集中了国家的全部权力。1941 年 7 月初,整个苏德战线局势非常紧张。德军加紧攻势,为打通通往莫斯科的道路而进行的斯摩棱斯克战役进行了差不多三十天。苏联军民顽强抵抗,英勇反击,歼敌二十五万人,延缓了德军的进攻,为保卫首都赢得了宝贵时间。

在北方,德军依仗其优势兵力,于 8 月底进抵通往列宁格勒的最近要冲,并同从北面进攻的芬兰军队一起,于 9 月 8 日包围了列宁格勒。希特勒下令封锁列宁格勒,以便用饥饿的办法困死守卫部队。德军用远射程炮日夜不断地轰击,飞机狂轰滥炸。被围困的列宁格勒军民英勇不屈,死守了九百天(直到 1944 年 1 月中旬苏军在列宁格勒战线开始反攻为止)。德军损兵三十万,未能前进一步。

根据希特勒宁可先拿下经济目标而非政治目标的战略部署,进攻的重点归于南路德军。德军很快深入乌克兰,基辅在 9 月 24 日沦陷。1941 年 8 月,德军开始进攻敖德萨。

伟大卫国战争开始后,戈尔什科夫即奉命在黑海舰队作战。在敖德萨保卫战中,戈尔什科夫沉着指挥黑海的首批登陆兵冒着枪林弹雨在格里戈里耶夫卡地域登陆,支援敖德萨防御地域的部队成功地进行了反突击。敖德萨保卫战苏联守卫力量之所以能以寡敌众,一次次打退德军和罗马尼亚军队的联合进攻,坚持了两个多月,阻止了德军"南方"集团南翼的推进,除了军民英勇外,苏联海军也起到了十分重要的作用。苏联军舰从海上给予守卫力量经常不断的支援,源源不断地把一切必需物资运往这个被围困的城市。

1941 年 10 月,戈尔什科夫任亚速海区舰队司令。1941 年 12 月,在刻赤—费奥多西亚登陆战役中,他组织区舰队的兵力,在暴风雨袭击和敌人顽抗的情况下,遭送登陆兵(约 6 000 人及军事装备)在刻赤半岛登陆。1942 年夏,区舰队在其指挥下成功地支援了外高加索方面军和北高加索方面军的部队。苏军向新罗西斯克撤退后,区舰队冲出亚速海进入黑海。1942 年 8 月戈尔什科夫任新罗西斯克防御地域副司令,参加了该城保卫战的领导工作;11月他代理第47集团军司令,参加了保卫高加索的作战。1943年2月起戈尔什科夫复任亚速海区舰队司令。在1943年夏季攻势期间,区舰队在敌人侧翼和后方多次进行战术登陆,成功地支援了北高加索方面军消灭敌塔曼集团的作战,同时也支援了南方面军第44集团军部队在滨海方向上的进攻。1943年9月,区舰队遣送的登陆兵占领奥西片科(别尔江斯克)港之后,使敌人无法从海上撤走部队和军事技术装备。在1943年11月至12月刻赤—埃利季根登陆战役中,他领导登陆兵准备和实施登陆,后又领导第56集团军的部队渡过刻赤海峡挺进克里木。1944年4月起戈尔什科夫任多瑙河区舰队司令,参加了雅西—基什尼奥夫战役。区舰队的舰艇不但保障了乌克兰第3方面军的部队强渡德涅斯特湾成功,而且突入多瑙河三角洲,遣送登陆兵上陆,占领了许多港口和基地。在他的指挥下,区舰队在贝尔格莱德和布达佩斯战役中支援乌克兰第2、3方面军的部队,参加解放南斯拉夫首都和匈牙利首都的作战,并完成了遣送战术登陆兵登陆、舰炮火力支援、部队和辎重渡河等任务。1945年1月起,戈尔什科夫任黑海舰队所属分舰队司令。

卫国战争期间,戈尔什科夫屡立殊勋。其中值得一提的是在卫国战争初期苏联军队大溃退中,戈尔什科夫竟然能指挥舰队和海军陆战队钳制德军的进攻达两个星期之久。苏联最高统帅斯大林的目光不由得锁定了这个英勇奋战的军官,晋升他为海军少将。

但是,也正是在战争期间乃至战争结束后,一个问题始终萦绕在戈尔什科夫的心头,成了解不开的结——在所有的作战行动中,他和他的舰队所扮演的都是支援陆军作战的"近岸海军"的角色,这是否就是苏联海军永远的定位? 对此,在一生的大部分服役时间都致力于摆脱这一形势的戈尔什科夫曾有过这样一段悲伤的描述:"所有这一切(指战时经验)毫无疑问提供了一个坚实概念,这种概念认为在战争结束之后,我们舰队的主要任务不论进攻和防守,都应当与地面部队协同作战。同时,由于有人不顾国际力量结构的变化,认为这个概念乃是战后时期的基础,因此,在衡量如何在战略上使用这支舰队时,在思想上,防御的概念占了上风；这样的认识一直延伸到战后年代，而且比过去更加严格地将舰队限制在沿岸地区内，由陆军控制。因此，只把海军作为地面部队辅助者的概念就更为加强了。"[①]

（三）平步青云，临危受命

1948年，38岁的戈尔什科夫被正式任命为黑海舰队参谋长，而他的恩师和"伯乐"——库兹涅佐夫海军上将却在同年因"战时向盟军提供军事情报"的莫须有罪名被贬为远东军区主管海军的副司令，军衔也被降为海军少将。

第二次世界大战对国际关系发生了极为深刻的影响。美国由于在战争尾声成功地开辟了第二战场，俨然以欧洲"救世主"的身份自居，利用欧洲的虚弱来夺取西欧的领导权，并策划成立"北大西洋公约组织"，开始对苏联实行"冷战"攻势。苏联在维护"雅尔塔体系"的前提下，努力顶住美国的压力，力保东欧的阵地，巩固国家经济建设的和平国际环境，积极维护社会主义大家庭的联系，并且筹划成立了与"北大西洋公约组织"相抗衡的"华沙条约组织"。从此，欧洲出现了两大军事集团对峙的政治格局。

美国对苏联的攻势，激起了苏联的反击，从而也助长了苏联争夺世界霸权的野心。斯大林曾说过这样一句名言："每一个国家要成为世界强国，都必须有一支海军。"表明了苏联人重新走向海洋的雄心壮志。尽管当时苏联海军仍不得不继续执行"近海防御"的战略，但是斯大林还是高瞻远瞩地把重点放在建设远洋力量方面。1951年，斯大林决定重启被战争打断的"大舰队"计划。这支舰队准备由二十几艘"斯维德洛夫"级巡洋舰（据库兹涅佐夫透露，斯大林"对于重型巡洋舰有一种奇特的感情"）率领，此外还有一大批中型W级潜水艇、战列舰、巡洋舰和驱逐舰；甚至重新建造航空母舰的计划也出现了。为此，苏联专门成立了海军部，并重新启用了库兹涅佐夫为这一与苏联武装力量部平级的海军统帅机构

[①]　戈尔什科夫：《苏联海军军事艺术的发展》，载《海军文集》，1967年2月号。

的领导人,随后又任命其出任国防部第一副部长兼海军总司令。复出后的库兹涅佐夫开始重组苏联海军的领导机构,这给戈尔什科夫带来了天赐良机。很快,能力出众而又与库兹涅佐夫渊源甚深的他于1951年正式升任黑海舰队司令,并晋升海军中将。

1953年3月5日,斯大林病逝,长达29年之久的斯大林时代宣告结束。赫鲁晓夫接任苏共总书记,苏联海军的战略局势发生了重大的变化。上任不久,在为减少军事预算的负担而寻找办法时,赫鲁晓夫认定,"造价太大"的巡洋舰是多余的,航空母舰则更加是如此,在即将到来的导弹时代里,一切海军任务都可以由潜水艇完成。他几乎犯了与英国国防部长邓肯·桑兹性质同样而范围更大的错误,桑兹曾预测,导弹会使有人驾驶的飞机迅速地变成废物。因而,赫鲁晓夫很快结束了斯大林一手推动的"大舰队计划"。当时,"大舰队计划"中二十四艘"斯维尔德洛夫"级轻型巡洋舰仅完工十四艘,"斯大林格勒"级大型巡洋舰和"苏维埃"级战列舰一艘也没有建成,而建造航空母舰的计划根本就没有通过。客观地讲,赫鲁晓夫的决定在当时而言是合理且有积极意义的,因为刚刚经历过二战摧残的苏联民生凋敝,百废待兴,困难的经济形势根本无法支持如此庞大的造舰工程,同时,这些技术水平基本上还停留在战前标准的军舰也已经不适合现代战争。但对于苏联海军而言,"大舰队计划"的终结毕竟还是一个巨大的打击。同时,赫鲁晓夫所推崇的"核武器制胜"和"常规武器无用论"也给苏联海军未来的发展设置了重重障碍。这在某种程度上也为数年后发生的"库兹涅佐夫事件"埋下了伏笔。

1955年,库兹涅佐夫被晋升为海军元帅,同年,他力排众议,向赫鲁晓夫推荐戈尔什科夫出任苏联海军第一副总司令。在为此专门举行的见面会上,政治记录可靠、年富力强、精明干练的戈尔什科夫给赫鲁晓夫留下了极为良好的印象。在和戈尔什科夫谈话后,赫鲁晓夫对戈尔什科夫高度评价,认为他是"海军指挥官与外交家的完美结合",最重要的是他发现戈尔什科大与执拗的库兹涅佐夫不同,戈尔什科夫对他提出的发展潜艇和导弹技术型海军战略极力推崇,这正合赫鲁晓夫的心意。就在这次会谈后不久(1955年7月),戈尔什科夫被正式任命为苏联海军第一副总司令。

1956 年,笃信核武器威力的赫鲁晓夫决定取消大部分苏联海军的大型水面舰艇,开始逆转了苏联海军向远洋进攻型发展的历程。按照赫鲁晓夫的理论,包括航母在内的各种大型水面舰艇都是未来核战争条件下的"海上浮动的铁棺材",完全没有继续发展的必要,他甚至谈到大型舰艇仅仅是为装载海军将军们在海上游逛的玩物。赫鲁晓夫的倒行逆施遭到了以库兹涅佐夫海军元帅为首的苏联海军高级将领们的强烈抗议和激烈抵制,倍感恼怒的赫鲁晓夫就此决定对苏联海军高层进行大手术。1956 年 6 月,库兹涅佐夫被撤销了国防部第一副部长兼海军总司令职务,连降三级为海军中将,并被勒令退役。

库兹涅佐夫的离去对苏联海军而言是一场巨大的悲剧。不论是在战前还是战后时期,库兹涅佐夫在发展和建设苏联海军,训练和培养海军干部方面都做出了卓越的贡献。但正所谓"失之东隅,收之桑榆",46 岁的戈尔什科夫被任命为海军总司令后,苏联海军从此进入了其历史上最为辉煌的"戈尔什科夫"时代。

(四) 韬光养晦,巧妙周旋

苏联海军的大多数高级将领指责戈尔什科夫耍政治手腕,是个政治上的投机分子,他们是用一种冷漠甚至敌视的目光来迎接他们的新任总司令的。在他们看来,作为库兹涅佐夫一手提拔的亲传弟子,戈尔什科夫在恩师遭遇此等冤屈时采取的明哲保身的态度只能称之为忘恩负义与政治投机。而赫鲁晓夫曾称赞戈尔什科夫为"海军指挥官与外交家的完美结合",由此我们也可以看出他与其恩师库兹涅佐夫在性格上的巨大差异,和刚正不阿的库兹涅佐夫相比,性格更为圆滑的他无疑更适应波谲云诡的政治斗争。

50 年代中期,克里姆林宫的主人们不重视海军的建设。更确切地说,他们关心的是经济和内部政治问题。在戈尔什科夫担任海军总司令时,苏联海军正在又一次被打入冷宫。把海军压下去的力量还有由陆军掌握的军事当权派,这些掌握苏联军权的陆军首脑在斯大林逝世后获得了自由,正想用陆军"依靠核导弹"的战略思想来决定海军的发展方向。戈尔什科夫在他的著述《苏联海军军事艺术的发展》中不无忧虑地写道:"不幸得很,在我们中间,有一些很有影响的'权威人士',想当然地认为,在核武器问世后,海军已经完全失掉了在武装部队中的重要性。在他们看来,未来战争的一切基本任务,都可以在没有舰队参加的情况下圆满完成,甚至在公海和大洋上进行作战,也同样可以完成任务。在战后初期,也有些意见与此相反,他们认为舰队的基本任务之一是与地面部队协同作战。这是具有重要意义的,但是这种在沿海地区协同作战的概念完全被否定了。否定的意见乃是,地面部队既然有了核武器的装备,海上的支援就是多余的;地面部队既然有了自己的导弹力量,就可以飞越海上障碍,如有必要,就可以直接打击准备从海上进行袭击的敌人舰队。否定的意见还认为,甚至两栖作战可以轻易地由空中打击或地面部队使用自己的两栖装甲车来完成。这些意见产生于直至现在还存在的防御倾向。显然,这些意见散布开来,不仅干扰了舰队今后发展的正确决定,而且阻挠了我们的军事理论思想的进步。"①

然而,上任伊始的戈尔什科夫并没有就此消沉下去。他首先"秉承上意",将苏联海军的发展路线定位确定为赫鲁晓夫所能接受的"导弹化小型舰队"。在这一思想指导下,苏联海军于 1957 年开始大规模的裁军,总兵力由 60 万人削减到 50 万人,许多海军官兵不是退役就是被免职,将近 400 艘舰艇退出了现役,一些军舰的生产线转为建造商船,海军的数千架岸基战斗机全部移交给国土防空军②。

戈尔什科夫的内心是焦灼、痛苦和无奈的,身为苏联海军的最高统帅,他主持的是一支正在被拆散的斯大林的海军,离自己的梦想越发遥远;但他同时又是一位韧性和不屈的"斗士"。在全面削减海军兵力的同时,戈尔什科夫却令人玩味地对赫鲁晓夫下令报废苏联海军大型水面舰艇的命令阳奉阴违,他不但花大力气说服赫鲁晓夫同意保留了苏联海军现有的大部分"斯维尔德洛夫"级巡洋

---

① 〔英〕戴维·费尔霍尔:《苏联的海军战略》,三联书店,1974 年 5 月第 1 版,第 218 页。
② 从 1960 年起苏联有五个独立的军兵种,它们正常的次序是:战略火箭部队、陆军、国土防空军、空军和海军。

舰,还在 1960 年将更先进的、装备有苏联第一代超音速反舰导弹的"肯达"级巡洋舰送上了造船厂的船台。戈尔什科夫的努力没有白费。据《简氏舰艇年鉴》统计,在赫鲁晓夫访问美国后,有 14 艘"斯维尔德洛夫"级巡洋舰下水,一共有 20 艘巡洋舰安放了龙骨,只有 3 艘是在下水后又真正拆掉的。戈尔什科夫更是采用"障眼法",他将苏联建造的第一代可载飞机的航空母舰称之为大型"反潜巡洋舰",这艘后来被正名为苏联第一代航空母舰的"反潜巡洋舰"就这样被戈尔什科夫巧妙地塞进了苏联海军的军舰建造计划。

必须指出的是,戈尔什科夫之所以选择"导弹化小型舰队",并不仅仅是对赫鲁晓夫的一种迎合和一味地趋炎附势,作为一名具有极佳战略眼光的海军将领,戈尔什科夫对于苏联当时的国情和面临的战略形势有着相当清醒的认识——还处于战后恢复期的苏联根本无力支持发展一支庞大的水面舰队所需的巨大开支。他认为苏联海军不应该走西方的老路子,大力发展水面舰艇会耗费大量金钱,这对战后百废待兴的苏联是难以承受的,而且和西方海军,尤其是美国海军相比很难取得优势。而发展潜艇则可以在花费较少资金的情况下,迅速形成战斗力。同时,在进入核时代之后,苏联海军的主要任务已经由战后初期的近海防御转为了抗击来自海上的核打击——在 50 年代初期,美国在核力量上对于苏联是处于压倒性优势的,而从现在解密的美国核档案中也可以看到,在 50 年代美国曾多次设想过对苏联使用核武器。而在当时陆基核力量还不成熟的前提下,对苏联国家安全威胁最大的除了美军的战略轰炸机以外,就是航空母舰了。

在反复权衡之后,戈尔什科夫最终选择了潜艇和导弹,即通过发展可以携带多种导弹的核潜艇和少量的水面舰艇,快速建成一支导弹化的小型核潜艇和水面舰艇部队。利用潜艇的隐蔽性和大威力导弹的结合来构建基本的反航母能力,同时借鉴纳粹海军在二战期间的"狼群战术"来威胁北约的北大西洋交通线,并通过建设战略核潜艇部队来形成对敌国本土的核打击能力。和斯大林的"大舰队"相比,这种"导弹化小型舰队"的思路对国民经济的压力更小,形成战斗力的时间更短且效果更为明显。

不过,戈尔什科夫本人也清醒地认识到,这个"导弹化小型舰队"的建设思路只能是暂时的,因为一支兵力结构过于单一的海军对对手的威慑力必然是暂时和有限的。他真正追求的是一支更均衡也更强大的海军,用他自己的话讲:"苏联海军建设的总方针应该是以建设一支全面发展的,即保持平衡的海军为目标。"这种平衡就是要根据苏联的实际,科学地确定海军的结构和数量编成,使海军各组成部分按比例发展,从而达到最佳配置,以完成平时和战时的各项任务。一言以蔽之,苏联海军的最终目标应该是建立一支具备远洋作战能力的"平衡海军",而目前奉行的"导弹化小型舰队"路线不过是在发展的"平衡海军"的现实条件还不成熟情况下的权宜之计。也正是出于这样的考虑,戈尔什科夫才会在赫鲁晓夫下令报废苏联海军大型水面舰艇时做出那样的举动。戈尔什科夫一边表面坚决地支持赫鲁晓夫的主张,一边又婉转地向赫鲁晓夫表达他的"平衡海军"战略,他利用各种机会来努力说服赫鲁晓夫接受他的"平衡舰队"思想,但一切均是泥牛入海毫无消息,赫鲁晓夫拒绝对苏联海军的发展策略做出任何的调整和修正。

赫鲁晓夫1959年访问美国,在乘坐美国海岸护卫舰"格雷沙姆"号在旧金山湾兜风时,他得意扬扬地对周围的美国海军将领吹嘘:"我要告诉你们一个秘密,我们本来着手建造一大批军舰包括巡洋舰。可是,到了今天,它们都落后了。巡洋舰的造价高、航程短,我们把百分之九十五的巡洋舰都拆掉了,包括那些即将命名服役的也不例外。从此以后,我们将主要依靠装载导弹的潜艇。我不打算告诉你们我们有多少潜艇,以免你们认为我在吹牛,不过我们的潜艇足够用.甚至可以派一些到北海捕鲟鱼!"[①]

苏联海军在戈尔什科夫的灵活策略指引下曲折发展。

1958—1962年,苏联海军共建造了23艘G级柴油机弹道导弹潜艇,8艘H级弹道导弹潜艇。此外,还发展了一定数量的驱护舰及大量的导弹快艇和岸基飞机。到了1964年,苏联海军各型舰艇3 500余艘,海军飞机800余架,潜射导弹120余枚。

---

① 《纽约时报》,1959年9月22日。

戈尔什科夫是未雨绸缪、高瞻远瞩的,他虽然认为核潜艇和核武器很重要,但苏联也应该有规模更大的综合海军,在未来战争中谁也不会轻易迈过"核门槛",因为那将意味着世界末日的到来。1956年英法海军侵占苏伊士运河、1958年美国海军部队在黎巴嫩登陆事件,使戈尔什科夫和其他有识之士深感缺少远洋舰队所造成的困难。在这些事件中,苏联人除进行宣传外,对抵制西方海上的政治性军事活动实际上没有其他选择。戈尔什科夫更加坚定了他的看法:"在巩固国家的独立、发展国家的经济和文化的过程中,常规海军始终起着重要作用,是促使国家进入强国的要素之一。历史已经证明,没有强大的海军力量,任何国家都不能成为真正的强国。"不久,事实进一步验证了戈尔什科夫的论断。

(五)卧薪尝胆,发奋图强

1962年,震惊世界的古巴导弹危机爆发了,它给苏联海军带来耻辱的同时也为苏联海军的发展带来了契机。

在危机进程中,面对美国压倒性的海上优势,苏联海军几乎束手无策!对于苏联海军那支规模有限的"导弹化小型舰队"而言,加勒比海实在是一片太过遥远与陌生的海域,在水面舰艇部队无力一战的现实面前,苏联海军只能派出4艘F级常规动力潜艇远征加勒比海,而他们面对的却是美国海军由40艘舰艇、240架飞机和3万名人员组成的强大封锁线。结果显而易见,参加远征的潜艇几乎无一例外地落入了美军的反潜陷阱,处于压倒优势的美国海军出动反潜舰艇将苏联潜艇包围起来,肆无忌惮地使用深弹迫使它们一艘艘的浮出水面。面对美军近乎侮辱式的围捕,甚至有苏军艇长打算使用艇上的核鱼雷与对手同归于尽。由此也可看出苏联海军当时在对手面前是何等的脆弱。由于海军无法提供必需的支援,驶向哈瓦那的、运载有中程弹道导弹的苏联商船队最终只能调头返航。

古巴导弹危机的铩羽而归,让赫鲁晓夫颜面尽失,但同时这次失利也让这位一向以狂妄自大著称的苏联领导人开始重新考虑海军在国家整体战略中的地位。而戈尔什科夫更是不会放过这个千载难逢的机会,他再次向急于报复的赫鲁晓夫进言——只有转变现有的海军发展战略,建设一支"平衡海军"才能应付各种危机和战争,才真正有可能维护苏联的国家利益。用戈尔什科夫自己的话讲就是:"历史已经证明,没有强大的海上力量,任何国家都无法成为真正的强国!"这时的赫鲁晓夫方才如梦初醒,采纳了戈尔什科夫的观点和主张。

戈尔什科夫的"平衡海军"构想终于得以实现,苏联海军出现了爆炸式的膨胀。

1963 年,苏联海军获得的预算占苏联国防预算中的总比例由最初不足 10% 激增到 20%,为满足海军的经费需要,赫鲁晓夫甚至下令削减了太空计划预算,退出了本来准备同美国决一雌雄的登月竞赛。在经过了长达 6 年的蛰伏之后,戈尔什科夫和他的舰队终于迎来宝贵的发展时机。

1964 年,勃列日涅夫取代赫鲁晓夫成为苏联最高领导人。和作风泼辣、喜欢对国防战略指手画脚的赫鲁晓夫相比,个性内向、处世谨慎的勃列日涅夫相对更为尊重军方领导人的客观意见。与此同时,勃列日涅夫所推行的"积极进攻战略",加速建设进攻性远洋海军,把扩充海军放在突出位置,也为苏联发展远洋海军提供了更为明显的政策支持,而此时的苏联经济也终于有可能承担发展远洋海军所需的庞大预算。在破除了政治和经济的阻碍之后,戈尔什科夫开始大展拳脚,根据"平衡海军"的指导思想,苏联海军在继续建设其水下核舰队的同时也开始大力建设携带有各型反舰导弹的大型水面舰艇和远程航空兵,在尼古拉耶夫斯克、列宁格勒和远东的共青城,一艘艘核潜艇和大型水面舰艇走马灯般地走下船台。仅几年时间,"莫斯科"级、"基辅"级直升机航空母舰,"肯塔"、"卡拉"级导弹巡洋舰等大型水面舰艇和 C、D、V、Y 级核动力潜艇相继服役,一支发展均衡、强大的远洋核舰队建立起来。

在兵力规模不断攀升的同时,苏联海军的各种战术打法也开始成形,针对美军航母编队舰艇数量众多、大中型舰只生存能力强的特点,苏联海军专门为其量身定做了同时采用多发超音速反舰导弹齐射攻击的"饱和攻击"战法,力图以多枚导弹同时齐射的战法"呛死"美军的舰队防空系统。具体的战术手段为,先以第一波导弹重点打击航母编队中执行区域防空的导弹巡洋舰、驱逐领舰等,使敌丧失使用舰空导弹遂行区域防空的能力。第二波导弹集中打击航母,力争使其丧失作战能力或将其击沉。

(六) 巅峰岁月,无上荣光

在麾下舰队高速发展的同时,戈尔什科夫也迎来了他个人军事生涯中的巅峰。1965 年 5 月 7 日,他被授予"苏联英雄"的称号,1967 年,苏联政府正式晋升他为苏联海军元帅。也就是在这一年,这位 57 岁的苏联海军最高统帅向苏联海军的全体官兵们正式发出一道让整个西方海军皆为之震颤的命令:"苏联海军,到远洋去!"

随着苏联海军力量的不断壮大,苏联舰队逐渐出现在世界各个大洋上。

苏联人骄傲地向世界宣布:苏联被排斥在世界海洋之外的日子已经一去不复返。帝国主义再也不能把海洋占为己有,任何人都不能阻挡我们。

实际上,苏联海军的"向远洋进军"的行动在戈尔什科夫上任之初就已经开始,早在 1959 年,苏联海军就首度挺进地中海,但在当时的现实条件下,这种进军具备的更多还是象征意义而非实际的战略价值。但即使如此,这种远航对于苏联海军的士气所起到的鼓舞作用也是不可低估的——自从在对马海战中耻辱地败给日本后,这支海上力量的蛰伏期已经太久了。曾有一名苏军潜艇水兵在远航行动结束后发出了这样的感慨:"自叶卡捷琳娜二世时代以来,苏联海军现在又来到了地中海,我们终于体会到过去的沙俄水兵在斯皮里多夫、乌沙科夫和谢尼亚文等俄罗斯海军名将指挥下航行和作战时的感受。"1962 年,黑海舰队的舰艇驶出黑海,进入大西洋,与北海舰队在北冰洋会合。1963 年,苏联海军在大西洋东北部进行了几次演习。1964 年,苏联海军一些舰艇访问了古巴和地中海。1965 年,苏联海军在地中海进行较大规模演习。1966 年,苏联海军首次在冰岛—法罗群岛海峡之间进行训练演习。

随着苏联海军实力的日趋增强,其进军远洋的步伐加快,力度也大大加强。1967 年中东"六日战争"期间,苏联黑海舰队再度开进地中海,直接与美海军对峙于海上,之后又将地中海分遣队转变为永久性的分舰队;此外,各种考察船也进入了印度洋活动。1968 年,苏联海军的一支分遣队出现在印度洋上,对印度洋地区的一些国家进行了礼节性访问。1969 年,苏联进一步加强地中海分舰队力量,苏联地中海分遣队有时在数量上超过美国第六舰队。同时,在加勒比海部署一支作战兵力。1970 年 4—5 月间,在戈尔什科夫亲自指挥下,苏联海军四大舰队同时出动 200 余艘舰艇在三大洋七大海域进行了史无前例的"海洋-70"海上大演习。面对这支飘扬着镰刀斧头旗的庞大舰队,美国海军第一次感觉到了芒刺在背。

1973 年 10 月,第四次中东战争爆发,作为以色列和阿拉伯国家各自的幕后推手,美苏两国均在地中海集结兵力,并直接引发了 1973 年度的苏美海军地中海大对峙。面对地中海内的美国第 6 舰队部署的包括 3 艘攻击型航母、2 艘两栖攻击型直升机航母和 9 艘攻击型潜艇在内的总计 60 艘舰艇,苏联海军不断加强其部属在该海域的第五作战支队的兵力,至 10 月 31 日,苏联海军已经在地中海内部署了各类舰艇 96 艘,其中包括 34 艘水面舰艇(5 艘装备反舰导弹)、23 艘潜艇(至少 7 艘装备反舰导弹),由此组成了一支能在首次攻击中发射 88 枚反舰导弹的庞大海上力量。双方合计近百艘作战舰艇在狭窄的地中海内犬牙交错,为了充分贯彻己方以"第一次齐射"摧毁对方舰队的作战思想,苏军舰艇连续地逼近美军编队,据美海军当时的判断,一旦双方"擦枪走火",虽然美军的舰载航空兵可以摧毁苏军舰队,但苏军舰艇在被击沉前快速发起的饱和攻击也足以将全部的美军舰艇送入海底,再造一个"铁底湾"。在苏联海军的庞大压力之下,美方最终选择了退却,苏联由此赢得了地中海危机的全胜,一雪 11 年前的古巴导弹危机之耻。

1973 地中海大对峙的最终结果向全世界发出了一个明显的信号——美国海军已经不是海洋的唯一主宰。在戈尔什科夫的领导下,至 20 世纪 70 年代中期,苏联海军实力已稳居世界第二,苏联海军已经发展成为一支拥有大型水面舰艇 60 艘;攻击核潜艇 74 艘;弹道导弹核潜艇 72 艘,发射管 784 个;以及强大的远程航空兵的全球性海外力量。依靠其遍布全球的 31 个海外基地,特别是拥有了也门的亚丁、越南的金兰湾、安哥拉的罗安达以及索马里、埃塞俄比亚、埃及、巴尔干地区的部分港口的使用权,在世界各大洋几乎都有了落脚点,大大提高了其远洋活动与作战能力,成了唯一能够在全球范围内与美国海军抗衡的海上军事力量。苏联海军多次举行全球性的大规模海外演习,并在太平洋、大西洋、印度洋、地中海向美国的海上霸权发起了全面的挑战。苏联海军的战略轰炸机、侦察机巡航于大洋要冲,特混舰队积极插手地区冲突,充当苏联推行强权政治的工具。于是世界各大洋上出现了美、苏舰队并驾齐驱,舰载航空兵比翼齐飞相互对抗的壮观景象。更有趣的是,每当北约举行海军演习,苏联就派出舰队侦察、旁观,有时数量竟比北约参加演习的军舰数量还多。为此,西方新闻媒体戏称:"不知到底是谁闯到谁的舰队里。"据统计,苏联海军舰艇在公海活动的舰日数,1964年不足 4 000 天,到 1973 年已达到 55 000 天。

和苏联海军的全球性扩张形成鲜明对比的是美国海军的渐呈颓势,70 年代的美国正在越南泥足深陷。越战的庞大开支直接挤压了海军的发展空间,因为无力更新一些主力舰只,美国海军甚至不得不依靠大量的超期服役的二战舰艇来维持必需的舰队规模,在当时的美海军舰艇阵容中,较新的舰艇比例已经降到了 30%,当时的美苏海军舰艇数量比例达到了 436:740,兰德公司在给卡特总统的报告中直言不讳地指出"在敌人海军力量不断增强的同时,美国海军却不断缩减"。而且,受当时的技术条件限制,美国的三航母编队居然最多只有 36 个舰空导弹火力通道和 36 个远程目标通道,也就是说,在理论上美三航母编队的舰空导弹只能对付 36 个来袭的反舰导弹(在实际操作中这个数字还要低)。1975年,美国圣迭戈海军研究中心发表的一篇文章认为,如果双方开战,苏联发动海空联合攻击的轰炸机(携带 1—2 枚远程反舰导弹)和为之护航的战斗机可以在作战空域上空达到 400 个目标,同时苏联海军的舰艇和潜艇编队也将发起规模宏大的协同导弹攻击,面对这种一波高过一波连续不断的饱和攻击,美国航母编队的防御系统将毫无喘息时间,既来不及补充弹药也无法完成战术调整,直到防空系统被层层击垮,彻底崩溃。可能此处有所夸大,而且没考虑美军舰载机的作战效能,但是苏联的海空饱和攻击能力,仍然不是当时正处于衰退期的美同海军能承受的。当时的美国海军作战部长埃尔莫·朱姆沃尔特曾尖锐地指出："如果美国在 1970 年以后的任何一年中不得不同苏联开战，我们将输掉这场战争，因为美国海军取胜的概率已经降到了 35% 以下。"

为了检验和展示海军建设的成就，1975 年，戈尔什科夫再次指挥苏联海军在全球各海域举行了代号为"海洋-75"的全球大演习，在各个大洋上，悬挂着镰刀斧头旗的苏联海军战舰们樯桅如林，各舰上的各种导弹发射架直刺苍天。

1978 年，苏联海军舰艇的总吨位为 330 万吨，与 1964 年相比，足足增加了一倍，仅次于美国的 346 万吨。根据 1978 年的统计资料，美国拥有 21 艘航空母舰，苏联也拥有 3 艘航空母舰。然而，在其他类别的舰艇方面，苏联明显地超过了美国。水面舰艇：美国 217 艘，苏联有 446 艘；核潜艇：美国 41 艘，苏联 58 艘；常规潜艇：美国 119 艘，苏联 294 艘。这样，苏联由二战后初期所具备的一支以装备普通火炮、鱼雷、炸弹的舰艇和飞机为作战力量的"近海防御型"海军，转变为一支均衡发展的以导弹核潜艇、远程航空兵、导弹巡洋舰、导弹驱逐舰及航空母舰为作战力量的"远洋进攻型"海军。

强大的远洋型均衡海军，提高了苏联的政治影响，也使美国在准备使用海军干预国际危机和冲突时不得不考虑苏联海军的因素，从而有力地维护和扩展了苏联的海上安全利益。用戈尔什科夫的话说："苏联舰队要航行在我国安全利益需要去的一切地方，它的任务就是要在世界一切海洋中向资本主义海军的优势挑战。"从此，苏联成为名副其实的海军强军，真正地实现了彼得大帝的海洋梦想。

同样在 70 年代，戈尔什科夫总结苏联海军建设的经验和教训，撰写了《国家海上威力》一书。在这部个人军事著作中，他详尽阐述了他的海洋观和海军建设思路，对建设"均衡海军"进行了综合阐述，提出大洋战区战略性战役是苏联海军战略行动的基本样式。苏联海军自 1918 年成军以来，第一次拥有了自己独立的军事思想体系。该书的出版标志着苏联海军战略"远洋进攻"性已经确立。70 年代中后期，无论是苏联海军还是戈尔什科夫本人都达到了他们各自生涯中的顶峰。

(七) 盛极而衰,黯然离别

1982 年 12 月 21 日,戈尔什科夫再度荣膺"苏联英雄"称号。苏联政府用如此的礼遇来向苏联海军的最高统帅表示他们的敬意。此时林立在老将身后的已不再是当年那支寒酸的"导弹化小型舰队",而是一支规模世界第二的"远洋导弹核海军"。

然而,这次授勋也几乎成了老帅最后的荣光。

苏联向世界海洋的扩张,最初的目的是打破美国及其北约对欧亚大陆的包围态势,事实上也把美苏争霸的范围扩展到世界各地,引用美国总统里根的话来说,"苏联用一个苹果换了美国的一个苹果园"。苏联向世界海洋的扩张,一方面减轻了美国对苏联本土及其欧亚大陆的战略包围的沉重压力,另一方面也使苏联背上了越来越沉重的包袱。苏联通过经济军事援助,对第三世界国家进行渗透和控制,往往会遭这些国家政府和人民的反对,致使其扩张最后都不可能取得完全成功。

美国从越南战争彻底解脱出来以后,对苏联的海洋扩张进行"全面遏制"。在西线,美国提出"确保欧洲生存"的理论,加强对苏联的全面抗衡力量。在东线,美国提出"重返亚洲"的口号,加强在西太平洋和北太平洋的防御力量。在中东,美国成立了"中央总部",加强在红海、波斯湾和印度洋同苏联海军争夺的军事力量。

在进入 80 年代后,苏联不顾国民经济失衡而片面发展军备的恶果开始体现,而对阿富汗的入侵又进一步加大了这种危机。在海洋上,随着"宙斯盾"系统的服役和海军航空兵装备的更新换代,美军航母编队的防空能力和远程攻击能力均呈现出几何级数的增长。而苏联海军在同一时期服役的"基洛夫"级核动力巡洋舰和"台风"级核潜艇却在实际使用中逐步暴露出可靠性不佳和维护费用过高等一系列缺点;苏联海军"饱和攻击"战法的威力在逐步下降,而自身在对方舰载航空兵面前的生存能力却也日趋脆弱。

　　面对日趋严峻的形势,戈尔什科夫试图再挽狂澜,在他看来,扳回局势的唯一手段就是——建造苏联自己的大型核动力航母。实际上,作为"苏联航母之父"库兹涅佐夫的亲传弟子,他对航母之于现代海军的作用和意义一直都是有着清醒的认识的,但无奈于苏联特殊的政治形势,他和苏联海军对航母发起的数度冲击都连续被苏共政治局半途截杀。面对这只"拦路虎",他再次玩起了他本人最为擅长的迂回策略,从最初的"莫斯科"级直升机航母到"基辅"级重型载机巡洋舰,苏联海军在向着拥有真正航母的终极目标艰难前行。1983年2月22日,苏联海军第一艘真正意义上的大型航母——"1143.5"级首舰在黑海之滨的尼古拉耶夫船厂正式开工,他满怀期望地将这艘航母初步定名为"苏联"号,在老帅看来,它将作为苏联海军的新旗舰,带领这支由他一手缔造的红色舰队重回巅峰。

　　然而,这次历史没有再给戈尔什科夫机会。全局性的大环境和大趋势,支配和主宰着苏联海军的发展变化以及戈尔什科夫的个人命运。

　　1985年2月,新任苏共中央总书记戈尔巴乔夫入主克里姆林宫。上任伊始,这位苏联末代领导人就推行所谓的"新思维、新公开"政策,对内向西方的国体和政体嬗变,对外全面缓和与美国及北约的关系。

　　戈尔巴乔夫制定了"加速经济和社会发展"的国家新战略,将削减军备列为其案头的第一项工作。苏联开始在各个领域内进行改革,社会生活出现了许多新事物。在国际和军事领域,也发生了明显的变化。如在国际发展战略上,修改了多年来奉行的"国防建设居于首要地位"的做法,改为"在经济发展的基础上建设国防",强调"军队建设必须服从经济建设的需要"。在对待未来战争的态度上,不主张打核战争,越来越重视常规战争,甚至主张依靠常规战争解决问题。在国际军备竞赛方面,不再强调谋取军事上的优势,主张保持最低限度的均势,提出"将苏联的军事力量限制在合理的、足够的范围之内"的建军原则。在军队建设问题上,不再突出战略火箭军的作用,而把建设的重点逐渐转向常规力量。另外,在军事部署和军事行动上,也都出现了许多新观点。

　　在准备开始对苏联军队进行改革和调整后,戈尔巴乔夫首先把矛头指向了苏联海军和它的统帅——戈尔什科夫。

当时,戈尔什科夫与时任苏联海军参谋长切尔纳温之间在海军理论和作战观点方面存有分歧:戈尔什科夫主张"必须达成首次连续突击并在全球范围内展开海军兵力";而切尔纳温则强调"集中兵力及诸兵种协同",他认为,一方面集中兵力对于任何重大海战都是极其重要的先决条件,另一方面海军能够或者应该独立作战的这种认识和主张,是同苏共中央要求诸军兵种密切协同的军事原则背道而驰的。

1985年12月,戈尔巴乔夫正式委任其亲信,47岁的切尔纳温为新任苏联海军总司令。77岁的戈尔什科夫被迫黯然离职,结束了自己长达58年的海军生涯,苏联海军历史上最为辉煌的"戈尔什科夫时代"就此宣告终结,这标志着苏联海军鼎盛时期的结束,也标志着海军在苏联武装力量中30多年特殊地位的结束。

1986年3月,苏共召开了第二十七次代表会,这是一次具有重大转折的大会,是一次大力推行改革的大会,执行加速发展战略,强调解决国内问题,增强综合国力。苏共二十七大对军事思想和军事政策做出了重大修整:

调整了重军抑民的国防发展战略。第二次世界大战后,苏联采取的是重军抑民的国防发展战略,先强兵而后富民。这种做法在当时的国际背景条件下,不能说没有带来积极的后果。经过艰苦努力,苏联确实建立起较为强大的国防体系,保障了国内的和平建设环境。但到后来,苏联的国防实力超出了防御的需要,热衷于与美国争夺军备优势,并随之暴露出不少弊端,影响经济建设的正常进行。在资源分配方面。苏联长期缺少劳动力,在当时整个国民经济中大约缺少200万人。但国防工业和军队却大量占用了劳动力。例如:苏军当时的服役兵力总数为430万人,占总人口的1.6%。这就加剧了劳动力的紧张程度,对经济建设起了拖累作用。国防系统还占用了大量的物质,如占有金属加工产品的近1/3,冶金产品的1/5,化工产品和能源的1/6,以及大部分的电子工业产品。在财力方面,军费也负担过重,苏联当时的军费在1 400亿美元以上,占国民生产总值的9%左右,占国家政建支出的32%～33%。

在经济结构方面。重工业所占比重甚大,发展迅速,导致各部门间比例不协调。例如：50 年代中期至 70 年代末期，重工业增长了 6 倍，轻工业增长 3.7 倍，农业仅增长 1 倍。而在所有的重工业中，军事工业占相当比重，军事工业加剧了经济结构的不协调。在科学技术方面，相当大的一部分科研机构为国防事业服务，国防科研经费占全部科研经费的 50％，人员也占近 50％。鉴于以上弊端，苏联对这种国防发展战略的模式进行了修改，将多年奉行的"国防建设居于首要地位"的做法改变为"在经济发展的基础上建设国防"的新的国防发展战略，强调"军队建设必须服从经济建设的需要"。

在对待未来战争的态度上改变了提法。在对待核战争与常规战争的选择上，不主张打核战争，越来越重视常规战争。例如：苏共二十七大的政治报告说："赢得核战争本身的胜利已经是不可能的了"；苏共新党章也规定："核战争中，既无胜者，也无败者"；认为核战争"在客观上都不可能给任何人带来政治上的好处"。

在国际军备竞赛中降低了目标。以前苏联对军备竞赛的态度是谋取优势，你有我也有，而且要超过你。戈尔巴乔夫上台后，不再强调谋取军事上的优势，而变为保持均势。"苏维埃国家及各加盟国不谋求军事优势，但也不允许破坏世界舞台上业已形成的战略均势。"甚至进而提出："将苏联军事力量限制在合理的、足够的范围之内。"在军备控制谈判上，改变了过去的强硬立场，同意大幅度裁减核武器，做出了一系列的让步。

调整了建军方针。之前，苏军的发展建设是以应付核大战为前提的，强调战略火箭军和各种核力量的作用。三十年来，建立起一架庞大的战争机器，但不能灵活应付各种情况。戈尔巴乔夫上台以后，不再突出战略火箭军的作用，把建设重点逐渐向常规力量转化。

在军事部署和军事行动上出现了某种收缩。以往苏军的做法是急剧膨胀，四面出击，有空子就钻。赤膊上阵，武装侵占捷克斯洛伐克和阿富汗，并支持越南侵略柬埔寨，支持古巴入侵安哥拉。在本土的亚洲部分，大量增兵，在中苏、中蒙边界驻军 50 余个师，100 余万人。这种四面出击的做法给苏联在世界上的形象带来恶劣的影响，对国内也造成沉重的包袱。戈尔巴乔夫上台以后，改变了这种状况，显露出某些收缩的趋势。

军事战略面临着新的抉择。1964 年以来，苏联执行"积极进攻"的军事战略，认为进攻是战略行动的基本类型；摒弃战略防御，认为它对国家是有害的。到了 70 年代末期，承认防御在战争中的作用，但仍以战略进攻为主。之后，苏联党和军队领导人多次提到战略防御。戈尔巴乔夫在二十七大政治报告中说："苏联军事学说具有单一的防御目的性"，甚至提出了"修改战略观念以更加适应防御的目标"。时任国防部长亚佐夫提出："社会主义军事战略的防御性质"，"苏联的军事主张认为防御是军事行动的主要形式"。总参谋长阿赫罗梅耶夫认为："华沙条约缔约国的军事学说最重要的特点是它的纯粹防御的性质。"从以上言论可以看出，关于战略进攻和战略防御的论述带有根本性的变化，不是某一个领导者的个别观点，而是苏联党和国家系统的主张。

上述军事思想和军事政策的转变，影响了军队的全部活动。苏联对军队的重大问题做出调整。其中包括指出海军今后的任务、发展方向、目标等重大问题。但苏联军队受传统思想影响特别深，改革进行得十分缓慢。重要原因是前国防部长索科洛夫对改革持抵触态度，思想保守，阻碍改革的进行。这绝不仅是索科洛夫一个人的问题，像他这样持保守态度的人，在当时的苏联军界也大有人在。这从苏联国防部副部长、总后勤部部长库尔科特金的一篇文章中可以看出一斑，他说："坦率地说一些单位并没有执行改革的方针。"苏军《红星报》在综合报道莫斯科防空区司令部党的积极分子会议时指出："苏共二十七大从过去错误中吸取了教训并把它作为改革的尖锐武器，这种更新的方法没有被所有的人接受……一些人只是泛泛谈改革而已。"

戈尔巴乔夫对此非常不满，认为军队拖了改革的后腿。尽管对索科洛夫早有看法，但碍于部队要稳定这个大局，没有撤换索科洛夫，只是红场事件的出现给了戈尔巴乔夫一个契机，使他下决心撤掉索科洛夫。与此同时，防空军总司令和莫斯科防空区司令也被撤了职。戈尔巴乔夫还在苏共中央全会上严厉地批评了军队，他说："一架西德运动用的飞机侵犯苏联领空并在莫斯科着陆……这个事件是没有先例的。它再次提醒人们：党的中央四月全会和第 27 次代表大会揭露的不良现象,在我们社会中,甚至在军队内,是多么严重和顽固。"

取代索科诺夫的是远东战区司令、年富力强的亚佐夫大将。他是戈尔巴乔夫在视察远东时发现选中的。但亚佐夫毕竟资历甚浅,加以军队的特殊性和复杂性,在处理军队的重大问题时,不得不采取谨慎态度。军队的这种中间梗塞的局面,不可避免地影响了海军的大政方针,奠定了苏联海军的发展方向,要求海军在一切重大领域内实行改革。戈尔什科夫所建立起来的一整套做法和理论,遭到了严重的挑战。当然,军事理论是有延续性的,戈尔什科夫的理论没有全盘被抛弃。海军也由急剧膨胀转为限制发展阶段。在当时更多地表现为观望停顿,不知所措,无所作为,沿老路靠"惯性"前进。

而1986年,在太平洋彼岸的里根总统发表了"自由、地区安全和全球和平"的国情咨文,声称"美国在欧洲、太平洋、中东以及其他疆界之外的地区,有着广泛的义务和安全利益","美国要从实力地位出发","将苏联的势力范围推回其本土"①。就在这个被称之为"里根主义"新方针的指引下,美国全面运用政治、经济、军事、外交和思想意识形态等各种手段,对苏联实行全面攻势。

在这种内外背景下,华约顷刻解体,苏联迅速垮台,俄罗斯的疆土大大缩小,从而使遨游世界海洋的苏联海军失去了其统一性和完整性。爱沙尼亚、拉脱维亚、立陶宛三国的分离,使波罗的海舰队配置有序的基地和港口被这三个国家拦腰截断,活动范围大大缩小;乌克兰成为独联体主要国家,黑海舰队不得已被乌克兰割走五分之一,而黑海北岸的基地和港口大部分属于乌克兰领土范围之内;阿塞拜疆、土库曼斯坦和哈萨克斯坦也要求分割里海区舰队,俄罗斯在里海所剩部分舰只只能组成一个战斗舰队编队。只有与分离出去的其他国家不沾边的北方舰队和太平洋舰队,才被俄罗斯全盘继承下来,但也存在严重缩水现象。曾经不可一世、叱咤风云的苏联海军拖着"瘦长的背影"在世界舞台缓缓谢幕,留给世人的是几多感叹与缅怀……

---

① 何春超等著:《国际关系史纲》,法律出版社,1977年,第421页。

(八) 一代传奇,名垂青史

1988 年 5 月 13 日,78 岁的海军元帅戈尔什科夫与世长辞。噩耗传出后,世界各大洋上的苏联海军舰艇集体汽笛长鸣,军旗低垂,苏联海军官兵们以这种最为隆重的礼仪来向他们深深爱戴的统帅和"父亲"致以最后的诀别。他的对手美国海军及北约各国海军都以各种形式表达了对这名海军宿将的尊敬。

一代传奇,魂归大海。

戈尔什科夫的一生可以说是大半个苏联海军史,见证了苏联红色海军的兴衰,并影响了半个多世纪的世界海军战略格局,永远载入了世界海军史册。尤其在二战后,戈尔什科夫在发展和建设海军,以现代化舰艇和军事技术装备海军,并使之处于高度的战备状态方面,在组织舰艇远航和海军兵力到辽阔的世界海洋上积极活动,以及组织海军与其他军种协同、苏联海军与华沙条约缔约国海军的协同等方面,均做有巨大贡献。戈尔什科夫还进行了大量的军事理论研究工作,发表了许多学术性著作,其中有:《国家的海上威力》(莫斯科 1976 年版),《海军学术的发展》(《海军文集》,1967 年第 2 期),《战时和平时的海军》(《海军文集》,1972 年第 2~6 期和第 8~12 期,1973 年第 1~2 期)等。他是海洋图册第 3 卷的责任编辑。

这些军事学术著作集中反映了他的主要观点:

要长期占据强国地位,必须有强大的海军力量。戈尔什科夫极为重视海军建设,他曾多次在他的著作中引用沙皇彼得一世的话:"凡是只有陆军的统治者,只能算有一只手,而同时也有海军的统治者,才算是双手俱全。"他认为,海军具有高度的机动性,能秘密集结兵力,出其不意组成强大集群,"从海上攻击敌人生死攸关的重要中心,摧毁敌军事经济潜力"。此外,他分析了沙俄海军向外扩张和帝国主义争夺海上霸权的历史,认为海军在一定程度上标志着国家的实力,因而"也确定一个国家在世界舞台上的作用"。

主张建立强大的远洋核舰队。戈尔什科夫认为,在现代,海洋战区不再限于敌对双方在海洋上争夺交通线而发生冲突的场所,它已扩展成潜艇发射弹道导弹和攻击航母上的舰载飞机活动的辽阔区域。核武器已经成为决定因素。他认为,远洋核舰队,主要应由核潜艇、海军航空兵和多种用途的水面舰艇组成。他认为装有导弹的核潜艇,从根本上改变了潜艇的性能,能在大洋上长时间高速航行,长时间追击和连续攻击敌人。它对敌人领土突击时有巨大潜力,可以把整个海洋作为自己的发射阵地,比陆上发射基地的生命力更强。因此,必须优先发展核潜艇这种水下力量。他认为海军航空兵在现代海战中的作用已大大增强。它既能"用来对付敌水面舰艇突击编队、潜艇和运输船只",又能消灭海上各种目标和攻击陆上目标,成为"海战最重要的手段",是"现代海军突击威力的主要标志之一"。他还认为,在优先发展水下力量和海军航空兵的同时,不可忽视各种水面舰艇的发展。只有建立水下、空中、水面三种力量平衡的远洋核舰队,才能使海军拥有更大的海上威力。

海军对岸上行动具有重大战略意义。戈尔什科夫认为,在现代条件下,"海军在采取对岸上行动时不仅有能力完成有关改变领土的任务,而且有能力直接影响战争的进程甚至结局"。鉴于这一点,海军对岸上行动已"构成了战略的一个新的部分"。他认为,战争的目的主要在于占领敌人的领土,"因而成功的海军的对岸行动比海军对海军行动具有更大的效果"。在前一种情况下,海军能直接完成占领的任务,而在后一种情况下,"对敌人海军的胜利只不过是为下一步完成占领敌人领土的任务创造一些先决条件罢了"。因此,他认为海军对岸上行动在战争中已"占主导地位"。

先敌出击,先发制人。戈尔什科夫认为,由于科学技术的飞速发展,神速性已经成为海战的特点,已成为"选择行动方式的决定性因素"。他说"神速性可以保证最充分地利用兵力的一切作战潜力,以便尽快地实现战役目标,使突击成为不可防止和无法还击"。在海战中,"如果延迟一步使用武器,必然导致最严重的,甚至是毁灭性的后果"。他认为,要夺取海战的胜利,必须先敌出击,"先发制人",在"极短的时间范围内,在敌人海军兵力集群未能充分使用自己的武器之前就消灭他们"。

在远洋训练中提高战斗素质。戈尔什科夫认为,现代海战要求海军人员和武器必须保持高度战备状态,能在最复杂的情况下,立即投入战斗。要做到这一点,就要求海军人员有高度的战斗素质。不仅需要在教室、靶场、操场、舰艇上进行紧张的学习和训练,而且最重要的是要搞好远洋航行和训练。他认为,"远洋航行是训练的最高阶段,是巩固所学知识和技能,使之达到熟练程度的最好的和唯一的学校"。在远洋航行中,官兵们可以在各种气象条件下学习履行自己的职责和熟悉技术装备,培养"顽强战斗、主动进取、坚韧不拔的精神","在精神上、政治上、心理上做好对付现代战争的准备"。

戎马一生的戈尔什科夫也因为突出的功勋获得了无数的荣誉:苏联第四届至第九届最高苏维埃代表;获"苏联军事家"称号;获列宁勋章 5 枚、十月革命勋章 1 枚、红旗勋章 4 枚、一级乌沙科夫勋章 1 枚、一级库图佐夫勋章 1 枚、二级乌沙科夫勋章 1 枚、二级红旗勋章 1 枚、三级"在苏联武装力量中为祖国服务"勋章 1 枚,及各种奖章和外国勋章多枚,荣誉武器 1 件。

二、戈尔什科夫的两本主要著作

(一)《战争年代与和平时期的海军》和《国家海上威力》主要观点摘编

1. 没有一支强大的海军就不能长期占据强国地位

没有一支强大的海军,俄国就不能列为强国。

《战争年代与和平时期的海军》

所有沿海国家,毫无例外,一般都拥有或力图拥有陆军和海军。彼得大帝曾非常形象地谈到这一点:"凡是只有陆军的统治者,只能算有一只手,而同时还有海军的统治者,才算是双手俱全。"

《国家海上威力》

必须拥有强大海军,才能与我国所处的地理位置,与我国这样一个世界强国所起的政治作用相适应。

《战争年代与和平时期的海军》

海军对巩固沿海国家的独立、经济和文化发展,从来都起着巨大作用,因为海军是政治的重要工具,海军的强盛是使某些国家成为强国的因素之一。而且,历史证明,没有海军力量的国家不能够长期占据强国地位。

《战争年代与和平时期的海军》

海军是武装力量的一种形式,也是海上武装斗争的手段,同时,它在和平时期起过和正在起着国家的重要政治工具的作用。

《战争年代与和平时期的海军》

海军的示威行动能使人们不通过打仗,而仅以其潜在的威力和准备开战相威胁来施加压力,就能达到它的政治目的。

《国家海上威力》

世界海洋具有特殊重要的意义。研究世界海洋和利用海洋资源,已成为保证苏联拥有强大经济实力的重大国家问题之一。

《战争年代与和平时期的海军》

苏联海军开到辽阔的大洋之后,我国的舰艇正在越来越频繁地来往于外国港口,起着社会主义国家"全权代表"的作用。

《战争年代与和平时期的海军》

2. 主张建设一支以核潜艇为基础的远洋舰队

按照苏联共产党中央委员会的决定,我国的方针是建设一支以各种用途的核潜艇为基础的远洋舰队。

《战争年代与和平时期的海军》

大约从 50 年代中期开始,根据苏共中央决议,我国开始大规模建设强大的远洋导弹核舰队。

《国家海上威力》

军事上的技术革命、经济能力的增长和我国科学技术的卓越成就,以及导弹核武器、原子动力和无线电电子设备在海军中的采用,使苏共中央和苏联政府制定了建立远洋导弹核舰队的方针。

《国家海上威力》

优先发展潜艇,使我们得以在最短时间内显著增强海军的突击力,在大洋上对敌海军主力造成严重威胁,使我们以较少资金和较短的时间加强了我国的海上威力。

《国家海上威力》

苏联的核潜艇……不仅是战术武器的运载工具,而且也是我国战略核盾牌不可分割的部分。

《国家海上威力》

目前,潜艇和海军航空兵是我国海军的主要兵种,携带核弹头的弹道导弹和飞航导弹则是它的主要武器。

《国家海上威力》

侧重发展潜艇和海军航空兵,并不意味着排斥其他兵种,相反,而是要以其他兵种的协调发展为前提。没有其他兵种,就不可能顺利地使用主力和完成海军在现代化战争中面临的一切任务,就不可能实施各种战斗保障和物质技术保障,而在这些方面,水面舰艇起着最重要的作用。

《国家海上威力》

运输船队应被看作国家海上威力的一个万能的组成部分,在战时和平时都起着极为重要的作用。

《国家海上威力》

捕鱼船队是民用船队的一个组成部分,也是国家海上威力的重要因素。

《国家海上威力》

要认识海洋,就需要专门的探险船、考察船、海洋研究船、科学机构、设备,当然也还需要相应的海洋科技人员。这些都是我国海上力量的一个组成部分。

《战争年代与和平时期的海军》

3. 苏联海军完成重大战役和战略任务能力

苏联海军已经变成了一个重要的战略因素,变成了一支能够……在世界海洋上完成重大战役和战略任务的力量。

《国家海上威力》

从海上打击敌方领土上的目标成了海军的主要使命。海军实际上能够对战争的各个战区的武装斗争进程迅速起到决定性影响。海军正在逐渐成为核武器——它能歼灭所有大陆和海洋上的敌人——的主要运载工具。

《国家海上威力》

对现代海战影响越来越大的行动,是舰队直接对岸上采取的行动。海军行动从战役、战术水平上升到战略水平,使得舰队对岸上采取的行动居于支配和统率所有其他行动,包括夺取制海权行动的地位。如果说从前海军的主要任务是对敌海军作战,那么现在海军的主要任务则是对敌地面采取行动和捍卫己方领土不受敌海军的袭击。

《国家海上威力》

海军最重要、最广泛的任务之一,就是消灭敌人的舰艇。与此同时,还出现了一个崭新的任务,这就是从海上直接影响敌人生死攸关的重要中心,摧毁敌军事经济潜力。

《国家海上威力》

在现代的条件下,各大国海军在发生世界核战争时的主要任务,是参加本国战略核力量的攻击,削弱来自海上和大洋上的核袭击,并参加陆军在陆战场所进行的战役。在这当中,海军将解决大量的、复杂而艰巨的任务。

《战争年代与和平时期的海军》

潜艇在第二次世界大战中,尤其是在现代条件下,乃是破坏敌人海上航运的主要工具。

《战争年代与和平时期的海军》

装备弹道导弹和飞航导弹的核潜艇和海军导弹反潜航空兵……集中了巨大的突击力,具有高度的机动性、行动隐蔽性、袭击敌沿海和领土纵深的重要军事工业中心和政治中心以及敌人在大洋上的导弹核集团的能力。

《国家海上威力》

多用途核潜艇的使命是消灭敌水面舰艇和运输船以及反潜。

《国家海上威力》

有效地对付固定目标的新兵器的出现,解除了海军航空兵对固定目标实施突击的任务。当然这不是说海军航空兵不再用于突击岸上固定目标。现代航空兵具备完成这种任务的一切必要条件,因而可以遂行这种任务。但是,在现代条件下,不应当把航空兵的这种突击行动看成正常的,而应当看成一种例外。因为不久前赋予航空兵的任务,现在改变了。现在海军航空兵可把主要力量用来突击水面舰艇突击编队、潜艇和运输船,其中包括在途中或停在港口的载有步兵和物资的运输船,以及消灭海上各种最灵活、机动性能最强的小目标。

《国家海上威力》

水面舰艇依然是确保海军主要突击力量——潜艇进行展开的主要的、往往是唯一的战斗手段。

《国家海上威力》

水面舰艇是陆战队登陆工具的基础和陆战队支援兵力的基础。它在对付水雷危险和保护自己的交通线中起着重要作用。

水面舰艇可以在闭海区和沿岸水域的交通线上作战。

《国家海上威力》

导弹艇不仅能在闭海区活动,而且也能在大洋的沿岸水域活动,遂行消灭敌水面舰只和运输船的任务。

《国家海上威力》

4. 军事上的革命使海军学术发生了变化

军事上的革命导致军事理论和军事实践各个领域的重大变革,也使海军组织、海军理论和海军学术——从海军战术到海军的战略使用都发生了变化。

《国家海上威力》

大家早就熟悉的"先发制人"这个有名的原则,在现代海战中(能够使用威力强大的战争武器的条件下)就有了特殊的意义。在海战中,不论舰队是在海上或在基地里,如果迟延一步使用武器,必然导致最严重的,甚至是毁灭性的后果。

《战争年代与和平时期的海军》

神速性是海上各种战斗行动所特有的现代海军学术的一个特殊范畴。这个范畴的出现是武器发展引起的。由于武器发展了,海军旧有的那种长时间实施兵力机动、多次和长时间对敌实施突击的海战方法,已经逐渐过时,而代之以瞬息万变的、速战速决的、坚决的、收效越来越大的战斗方法。

科学技术的进步,必然使人们造出速度越来越快的运载工具和射程越来越远、速度越来越快的武器。因此,神速性必将成为任何一次战役、战斗和突击的必然特点。

《国家海上威力》

战斗,过去是将来仍然是完成战术任务的基本手段。在一个相当长的时期内,它曾是海军唯一的作战形式。和任何现象一样,战斗也在不断地变化。变化之一就是,由于海军武器有效距离的增大和武器运载工具在不同范围、不同环境的机动力、自给力和续航力(航程)的增大,以及由于海军其他兵种,首先是航空兵参加战斗,所以战斗的距离和空间范围扩大了。

《国家海上威力》

现在,在许多情况下,战斗可以不包括战术展开这个过去必不可少的阶段。战术展开可以预先完成。在这种情况下,在假想敌实施机动而使战术情况发生了变化,或己方兵力编成发生变化时,为了建立最合理的战斗队形,可以实行兵力的补充展开。同时,人们认为,搜索敌人、战术展开、实施突击(在武器运载工具进入发射阵位之后)等,这些构成海上战斗经典程式的战术内容,将来还会存在。

《国家海上威力》

海军进行的一些战役具有越来越大的规模。海军完成摧毁陆上目标的能力的增强,导致了海军战略武器系统杀伤正面和纵深的扩大。

《国家海上威力》

现在,突击的概念扩大到实现战略目的的范围之内。可以认为,突击已成为使用兵力的主要形式,它使现代的战斗行动,能够从遥远的距离和不同的方向,最全面地发挥作用,而达成摧毁敌军事经济潜力的战略目的。

《国家海上威力》

利用突击来达成战略、战役和战术目的。在某些情况下,"按战术规范和规程"实施的突击,比方说,用潜艇发射导弹对陆上目标实施的突击,可以立即收到战略效果。这就是由于海上战争物质基础的改变以及海军学术的相应发展,而使我们所熟悉的突击这一范畴产生的新性质。

《国家海上威力》

无论海军完成什么任务,战术协同和战役协同的意义都在增加。在与导弹核武器运载工具斗争时。如果迫切需要在最短时间内完成任务的话,还将组织不同兵种的战术协同。

《国家海上威力》

要想创造夺取制海权的先决条件,向来需要很长的时间,并且需要在和平时期就采取措施。这些措施包括:建立和准备必要的兵力和兵器,并使之处于完成战斗任务的准备状态;组建一些兵力集团,并把它们部署在战区的能保障对敌人占有优势的阵位上;以及进行海上战区和大洋战区的准备,适当地组织兵力,建立适应其任务的基地系统和兵力指挥系统等。

《国家海上威力》

5. 地理条件对苏海军造成了很大的困难

对于俄国来说,它的地理位置也给它造成了很大的困难。俄国的地理位置要求它在每个孤立的海域都建立一支能够保证完成面临任务的舰队。

《国家海上威力》

历史上形成的情况是:因为我国海军没有海外基地,为了进入大洋,不得不越过辽阔的水域,渡过或是受帝国主义国家海军控制的,或是受帝国主义国家军事侵略集团内的盟国监视的窄水道和海峡。

此外,我国海军基地大多数分布在寒冷地区,长期处于复杂的冰封状态,使舰艇机动和维持海军高度战斗准备的一系列活动都遇到困难。

《国家海上威力》

建立能够预防侵略者从大洋袭击苏联的远洋舰队遇到的麻烦是,我国不具备舰队在进行反击时能依靠的洋外、海外领土和基地。

《国家海上威力》

(二)《战争年代与和平时期的海军》和《国家海上威力》述评

自 20 世纪 50 年代中期起,苏联开始推行全球战略。60 年代末,全球战略的理论已经形成,并在实践中步步付诸实现。70 年代末达到了高潮。戈尔什科夫正是在 50 年代中期出任海军总司令的,在他任职期间,苏联建成了一支强大的远洋导弹核舰队。戈尔什科夫的海军理论,正是为苏联的全球战略服务的。他理论的核心是建设一支强大的海军,以支持国家的政策。

《战争年代与和平时期的海军》一书由苏联《海军文集》杂志于 1972 年 2 月至 1973 年 2 月连续发表。戈尔什科夫在这篇洋洋十几万言的文章里,回顾历史,着眼未来,论述了苏联不仅在战时而且在平时都要经常保持一支庞大的海军的必要性,特别把重点放在论述平时保持庞大海军的必要性上,为苏联远洋海军战略提供了坚实的根据。《国家海上威力》一书,是苏联三十年来建设海军的经验总结。苏联海军的发展经过了曲折的道路,真正强大的远洋舰队是在戈尔什科夫任职期间建成的。有理由认为,戈尔什科夫写这部书的主要目的,是总结他自己建设海军的经验。

1918 年 2 月 11 日,列宁签署了创建红海军的命令。由于国内战争和外国的干涉,苏联海军遭到沉重打击,损失了大部分舰只,到 20 年代初,舰队实际上不存在了。1926 年通过了发展造船工业的第一个六年计划,规定建造轻型舰只。1938 年,曾决定建立远洋舰队,海军建设的速度有了提高,各种舰艇、飞机成倍地增加。到了 1941 年战争开始前夕,海军已具有相当规模,但是,战争中又受到很大损失。战后的头十年,由于国家忙于经济恢复,不可能拿出更多的资金进行海军建设,海军虽有发展,但仍然是一支近海防御力量。50 年代中期,苏共中央决定建设远洋导弹核舰队。但在一个时期内受到在核战争条件下海军无所作为理论的极大干扰,建设远洋海军的速度不快,海军的平衡问题没有得到解决。到了 60 年代中期,苏联发展海军的各种客观条件已经非常充分,主观指导上也有明显转变。即苏联的军事战略有了新的转变,海军在各军种中的地位也有所调整。相应地,海军经费、编制定额有了增加,军事科研和造船工业也有了加强。于是,建设远洋海军的步伐大大加快。到了 70 年代中期,苏联已按照原来的规划,建成了远洋导弹核舰队。这一艰巨任务是在戈尔什科夫的领导下完成的。对此,他深感骄傲和自豪,他认为,远洋导弹核舰队的建成是苏联战后军事上的第三件大事,堪与核武器和洲际弹道导弹的试验成功并具有实战能力相媲美。戈尔什科夫完全具备了总结海军建设经验的条件,系统地陈述了自己对发展海军的见解。由于有已经建成远洋导弹核舰队这一事实为后盾,他的理论著作显得更加有说服力。《战争年代与和平时期的海军》、《国家海上威力》这两部著作在理论上的强有力的支持,也使戈尔什科夫的舰队增添了光彩。戈尔什科夫本人曾说:"我国远洋导弹核舰队的建立,使得在武装力量中对海军的作用及其使用方法的见解发生了深刻的变化。因此,迫切要求总结海上武装斗争的历史经验,特别是与海军现代化建设和使用有关的那部分经验。"

苏联是一个传统的大陆国家,它的军队领导始终是以陆军军官为主体的。历任国防部长、总参谋长都是陆军出身,没有一个海军军官任此要职。他们往往对海军不够重视,舍不得花本钱建设海军。在军事理论上,他们未能充分估计海军的作用和地位。例如,前总参谋长索科罗夫斯基主编的《军事战略》(1962)和前国防部长格列奇科所著《苏维埃国家的武装力量》(1974)两部权威著作中,只是一般地提到海军,与戈尔什科夫的调子相比,低沉得多。这些因素,构成了发展海军的思想障碍。更有甚者,苏联最高当权者曾在一个时期内推行导弹核战略,公开否定海军,削减海军经费,压缩编制定额,大砍造舰计划,使海军建设遇到了决定性的困难。戈尔什科夫具有在决策者中周旋的能力,他运用事实和道理说服了最高领导,把他们建设海军的思想纳入他的轨道。战后一支强大的、与美国海军不相上下的远洋导弹核舰队建成了，但是不重视海军建设的军事思想并不等于不复存在。戈尔什科夫试图用《战争年代与和平时期的海军》、《国家海上威力》进一步说服在发展海军问题上持不同意见的人；并扩大宣传面，让更多的苏联人了解他的主张，争取社会上更多人的同情和支持，为以后进一步发展远洋导弹核舰队制造舆论。戈尔什科夫是胜利者，他的书无疑会大大加强他在军界的地位。

1.《战争年代与和平时期的海军》

《战争年代与和平时期的海军》共分十四部分，论述了苏联不仅在战时而且在平时都要经常保持一支庞大海军的必要性，而且特别有意识地把重点放在平时保持庞大海军的必要性上。文章开篇就竭力陈述了海洋无论作为运送生活必需物资的工具还是作为进行国家间战争的场所，都具有特别重要的性质。他连篇累牍地援引历史，采用归纳的方法平铺直叙地申述要成为大国，海军是不可缺少的重要条件。他在书中说，俄国"过去和现在都是世界上最大的大陆国家，但同时，它从来是，现在仍然是一个伟大的海洋国家"。公元15世纪末、16世纪初，莫斯科大公伊凡三世，摆脱了蒙古人的统治，以武力兼并了其他公国，建立了以莫斯科为中心的中央集权的俄罗斯，但其疆界只是在北方开始扩及于白海，是个面积仅有280万平方公里的内陆国。在此以后的历代沙皇，不断地以侵略战争和武力吞并向四外扩张，到18世纪初，也就是"彼得大帝"——沙皇彼得一世时期，沙俄的领土面积增加了五倍，扩张到了1 400多万平方公里，成为一个地跨欧亚的俄罗斯帝国。然而它的疆界，除了北面以外，其他方向仍是处在同海洋隔绝的内陆，俄罗斯仍然是一个内陆国。

沙皇不甘心沙俄只做一个内陆帝国，随着在大陆上的不断扩张，出海口变得至关重要。为争夺出海口而发动战争的第一个沙皇是彼得一世，他曾隐蔽了自己的身份，秘密随俄国"使团"去"访问"欧洲国家。1700年，彼得一世发动对瑞典的"北方战争"，这场战争打了21年，瑞典战败，被迫签订和约。使沙俄得到了芬兰湾、里加湾和波罗的海东岸的大片领土，从而占有了波罗的海的出海口。

接着，在以后的近200年的时间里，从彼得一世到尼古拉二世这十一代老沙皇,又吞并、夺取了从爱沙尼亚、拉脱维亚、立陶宛、摩尔达淮亚、西乌克兰、克里米亚、高加索、中亚细亚一直到中国的西部、北部和东部的黑龙江以北,乌苏里江以东等大片别国领土,使其疆界向南扩张到了黑海、里海,向东扩张到了太平洋沿岸。至此,沙俄夺取出海口的野心才得以实现,但由于它受到海区地理条件和海军力量的限制,还不能在世界海洋上称霸。因此,俄罗斯的海上强国之路并不平坦。

在书的中间部分,戈尔什科夫逐渐引申出"海军制胜论"。海洋包育着各个大陆,连接着各个大陆,有无穷无尽的生物资源和矿藏资源,在战略上具有极为重要的地位。老牌帝国主义曾把海洋作为通商、侵略、抢占殖民地的必要通道。为了在世界海洋上称霸,都握有在当时堪称强大的海军。他们以"巨舰大炮"为手段,充当海上霸主,推行强权政治,保护殖民利益。19 世纪末,美国海军将领马汉,根据美国向海外扩张的战略需要,借鉴史例,首次提出了"海军武力论"的理论。他认为海上武装力量是决定性的因素,主张为了保护殖民主义的商船队和海外贸易,必须拥有强大的海军和基地体系,主张夺取和掌握制海权,成为海上强国。马汉的海权论,对整个世界都产生了重要影响。戈尔什科夫在书中适应苏联全球战略的需要,提出了"海军制胜"论。他说,苏联海军能够"在国外显示国家的经济和军事实力","是唯一能够在国外保护国家利益的军种"。他还引用彼得一世的话:"只有陆军的君主是只有一只手的人,而同时也有海军才能成为两手俱全的人。"戈尔什科夫的这些思想,指出了苏联要拥有一支强大的海军,才能"保护"国家的"国家利益",并把意大利、撒丁岛甚至突尼斯纳入自己的势力范围。他不满足于只控制出海口,而要把手伸进大西洋、地中海、亚丁湾、加勒比海、印度洋和太平洋,等等。虽然全书没有一处直接援引马汉海权论的词句的地方,但显然,戈尔什科夫的这一思想,和马汉的海权论颇为相似。

戈尔什科夫在书的最后部分,指出海军是帝国主义国家在和平时期推行侵略的政治工具,提出了关于开发世界海洋的若干问题,并探讨了现代化海军的问题。其中心是提出了称霸世界的海洋战略。戈尔什科夫勾画的这个战略,包括"认识海洋"、"研究海洋"、"开发海洋"、"利用海洋"、"海洋运输"和在世界海洋上

"捍卫"俄国"利益"等,其核心是要"建立一支用导弹核武器装备起来的、技术完善的海军"。这支海军必须拥有"以各种用途的核潜艇为基础的远洋舰队",使之成为苏联在"和平时期"的"政治工具",在"战时"反侵略的"强大手段"。

2.《国家海上威力》

《国家海上威力》一书,除绪言和结束语外,共分四章。第一章要说明的主要问题是,国家海上威力的概念和海洋的作用。第二章试图通过从 16 世纪到第二次世界大战的历次战争来证明海军在战争中的作用。第三章侧重讲苏联海军的发展建设。第四章讲海军学术问题。这四章在内容上紧密相接,互为因果,彼此呼应。海洋是客观环境,人类生活离不开它;战争以它为战场,与陆战场遥相配合,海战场的作用日益重要。海军是随着人类对海洋的利用而产生的武装斗争的手段,它是国家海上威力的主体。既然海战场的作用日益重要,海军的作用地位也日益提高,它能解决战略问题,甚至在战争中起决定作用。有鉴于此,苏联必须建设一支强大的、平衡的远洋导弹核舰队。一支强大的海军必须有先进的海军学术来使用它,特别是在现代科学技术的影响下,需要探讨海军学术的概念发生了什么变化。这就是四章内容的内在联系。

在指出该书的主要观点以前,有必要对国家海上威力的概念做一介绍。

戈尔什科夫认为:"开发世界海洋的手段与保护国家利益的手段,这两者在合理结合的情况下的总和,便是一个国家的海上威力。""国家海上威力的实质,就是为了整个国家利益而最有效地利用世界海洋……的能力程度。"国家海上威力的组成部分是:海军、运输船队、捕鱼船队和科学考察船队。其中,海军始终起主导作用。戈尔什科夫把海上威力的作用提到了相当高的程度,他说:"海上威力在一定程度上标志着一个国家的经济和军事实力,因而也确定这个国家在世界舞台上的作用。"

(1) 海洋对人类的生存有着极为重要的意义,海战场的意义日益增大

在地球表面,海洋面积约占地球总面积的 70%。在如此广阔的水域内,蕴藏着丰富的食品、矿藏和能源,以及为人类提供相互交往的通道。

海洋可以为人类提供食品。世界人口的增长,使人类面临着严重的食品供

应问题。海洋是解决食品问题的主要途径之一。1975 年世界年捕鱼量是 6 000 万吨，到 1985 年可增至 12 000 万吨。如此丰富的蛋白质为人类生活所必需。

海洋的矿藏丰富。海水中含有大量的盐，900 亿吨的碘，50 亿吨的铀，30 亿吨的锰、钒和镍。海底有丰富的铁锰结块，内含三十种化学元素，主要有锰、铁、钴、镍、铜、钛等。

海洋中有巨大的动力资源，如石油、天然气。现在世界上的石油大约有四分之一是从海底开采出来的，预计在 10 年内将达到三分之一。海水中蕴藏有热能、机械能和化学能。例如，潮汐的能量超过地球上全部河流能量的 2 000 多倍。潮汐发电已被许多国家所重视，有的早已建成电站送电。

海洋可以提供廉价的海上运输。海上交通线把有海洋阻隔的国家联系起来，通过船只和港口沟通物资联系。海运是一种最经济的运输方式，运输成本比铁路低 40％～45％，比公路低 95％以上。因此，在各种运输形式中占主导地位。目前，在国际运输中，海运占 75％～80％。大西洋在国际贸易方面起着头等重要的作用，特别是北大西洋的海上运输更为频繁，每天平均有 4 000 艘商船航行在航线上。它的军事意义也十分突出，把北约组织的欧洲成员国和它的军火库美国联系起来。太平洋的海上航线也具有重要意义，占世界航行量的 20％。它的军事意义在于，通过这些航线从美国本土向其亚洲的基地和仆从国输送物资和装备。印度洋的航行量约占世界航行量的 10％，它的重要性首先在于从中东的石油产区把大量的石油送往欧洲、东南亚和日本等地。

戈尔什科夫对世界海洋这个大宝库，怀有特殊兴趣。他说："为了满足我国对动力、燃料、矿产、食品方面飞速增长的需要，开辟新水域具有重大意义。"这段话说出了戈尔什科夫走向世界海洋的极终目的。

戈尔什科夫把海战场的意义和作用，提高到前所未有的高度。他的基本依据是，随着科学技术的飞速发展，海军的武器装备得到了改善，许多方面出现了质的变化。这些变化大大加强了海军的作战能力，甚至开辟了新的作战领域。因此，"在目前情况下，海洋战区的意义和作用都起了变化"，"海军打击力量的迅速加强……是决定海洋战区的作用和意义的基本依据"。

首先，随着弹道导弹潜艇和攻击航空母舰的加入战斗序列，海军的作战范围大大增加，这就扩大了海上防御的纵深，加大了海上进攻的范围。其次，扩大了海上方向的威胁范围，现在从海上方向不仅存在着舰载机和登陆入侵的威胁，而且存在着从海上方向对对方的整个领土进行毁灭性打击的威胁。再次，由于海洋的阻隔某些国家在战争中安然无恙的状况一去不复返了。今天，海洋方向并非无忧无虑，而是可能成为巨大的威胁。可以看出，戈尔什科夫的战略构思的基点是弹道导弹潜艇的作用威力和行动方式特点，水层的掩护和海洋的辽阔，使得这种潜艇在作战中具有明显的机动性、隐蔽性。这也就是海战场作用大大增加的新的物质基础。

(2) 没有海上军事力量，任何国家都不能长期处于强国地位

戈尔什科夫是个大海军主义者，他极力提高海战场的作用地位和海军的作用地位。主张一个强国必须有一支与之相适应的海军来支持它的国策，否则，不能长期处于强国地位。这是第二章的基本观点。在表述这一观点时，采取了历史分析的方法，他分析了16世纪至第二次世界大战约450年间的战争中，海军所起的作用。他的结论是："海军在上述发展阶段中，不仅舰只技术得到完善，而且随着物质技术基础的发展，海军的基本任务也发生了变化。海军在和平时期的国家政策中的作用增大了，在武装力量体系中的地位提高了，海上作战的作用也更大了。"他把战争的胜负，甚至国家的兴衰，与海军的强弱联系起来。在此不能详细地列举书中所述的各次战争，只能择其重要者概述之，以说明戈尔什科夫的观点。

① 16世纪至19世纪各国海军的作用

16世纪至17世纪是人类历史上的一个变革时期。在此期间，有许多地理发现，并开始了资本的原始积累和资本主义的形成。西欧的许多国家把海军作为资本原始积累和侵占殖民地的工具。由于欧洲国家的大部分殖民领地在海外，所以在瓜分世界的过程中，海军起了最重要的作用。

16世纪，西班牙已成为拥有最多殖民地的强国。但它的造船业和海军都没有得到发展。尤其当它的"无敌舰队"被英国的舰队击败以后，西班牙开始从世

界强国的顶峰跌落下来,最后到了渐渐丧失海外殖民地的地位。戈尔什科夫把这一现象归咎于"在很大程度上是由于它丧失了海上实力"。

17世纪中叶,荷兰拥有世界上最强大的海军。不久,英国在经济上超过了荷兰,并爆发了英荷战争。结果,在海战中英国击败了荷兰,荷兰开始退居为二等强国。戈尔什科夫认为:"这一结果在军事上的表现就是英国海军的优势,或者说归根结底是英国海上实力的优势。"

18世纪初,法国依靠海军力量,成了一个幅员广大的殖民帝国。英、法之间的矛盾激化,1756—1763的七年战争,就是这场斗争的顶点。这次战争主要在海上进行,海军起了重要作用,英、法海战达到了这次战争的政治目的。法国失去了海上的优势地位。到了18世纪末和19世纪初,海军在战争中的作用明显地提高了。例如,法国由于海军力量薄弱,迫使拿破仑放弃进军印度和在英国登陆。1805年,在西班牙沿岸发生了特拉法加海战,英国舰队击败了法国和西班牙的舰队,证明法国无力与英国进行海战。而英国及其殖民地已成了无法从海上击败的国家。法国只好完全放弃海上作战计划。

戈尔什科夫以很大的篇幅叙述了17世纪至19世纪俄国海军的作用。他认为,俄国海军的发展很不平衡,在历史上曾出现多次的增长与衰落,而每一次海军的衰落都导致了严重的后果。他的结论是:"通过一百多年争夺南部各海出海口的斗争可以看出:俄国海军比较弱小,是始终没有达到这一目的最主要的原因之一。"但他又吹嘘俄国海军,说:"尽管困难重重,海军仍在祖国史册中增添了许多光辉的英雄篇章,在俄国的发展史上起了重要作用。"

俄国正规海军的历史是从彼得大帝时代开始算起的。俄国由于当时没有出海口,所以不断以武力扩张争夺出海口。在达成这一企图中,迫切需要建立一支海军。但它建设海军起步较晚,比西、荷、英、法等国约晚一个世纪。争夺出海口的斗争,集中于波罗的海方向和黑海方向。

1695年,彼得一世第一次向亚速夫进军,决定夺取亚速夫,开始向海上突破。但是由于没有海军参加,进军以失败而告终。基于这一教训,彼得一世才开始了紧张地建设海军。1696年,水陆并进,攻占亚速夫,这是一次陆海军紧密配合占领濒海要塞的成功经验。在北方,争夺出海口的斗争首先要夺取涅瓦河口,并攻占科特林岛。它所面临的对手是瑞典。从 1708 年至 1721 年,俄、瑞海军多次较量,有时英国和瑞典结成反俄军事同盟,英国的舰队也进入波罗的海,参加对俄作战。俄国多次挫败瑞典舰队,并于 1721 年迫使瑞典投降,签订了和约。戈尔什科夫赞扬了这一时期的俄国海军,说:"在这一系列的战斗中,海军起了越来越大的作用。在持续不断的艰苦斗争中海军成为最重要的因素。和约本身就是海军重要性的证明,也是海军能够支援陆军达到战争目的的最好见证。"

1725 年,彼得一世死后,俄国海军逐渐衰败和解体,俄国逐渐失去海上大国的地位,以后又曾出现复兴。到了俄国工业革命时期,沙皇不重视海军的建设,认为海军是国家的一个沉重的包袱和不必要的负担。海军建设受到了破坏,丧失了海上作战的能力。沙皇政府低估海军作用的做法,终于受到了惩罚,1853 年至 1856 年的克里米亚战争中,俄国遭到惨败,签订了巴黎和约,合约中苛刻地规定,禁止俄国在黑海拥有舰队,这就使俄国梦寐以求的进入地中海的政治目的化为泡影。对此,戈尔什科夫写道:"这一事实再次证明了海军在国际关系中的特别意义。"可是,沙皇仍旧不重视海军的建设,在 1877 年的俄土战争中又一次失利,戈尔什科夫认为:"这都是由于俄国没有强大的海军的缘故。"

② 19 世纪末至 20 世纪初海军的作用

19 世纪末至 20 世纪初,资本主义过渡到了帝国主义阶段。这时,瓜分世界和重新瓜分世界的斗争中心移到了太平洋和位于太平洋沿岸尚未被瓜分的软弱的中国。帝国主义者们之间不可调和的矛盾在远东引起了一连串的冲突和战争。在这些战争中,海军仍然是达到政治目的的主要工具。

1894 年日本对中国不宣而战,爆发了中日战争。双方为海洋阻隔,决定了海军在战争中起主要作用。日本首先使用海军兵力,攻击中国舰队,夺取制海权,阻止了中国陆军由海上向朝鲜增援。尔后,越过鸭绿江,入侵辽东;并在花园口登陆,从侧后进攻旅大。最后,在山东半岛的成山角登陆,从侧后攻陷威海。在所有这些行动中,海军担负了主要任务。

1898 年,美国发动了对西班牙的战争。美国之所以能战胜西班牙,主要是占有海上优势，海军在这一战争中起了最重要的决定性作用。美国在战前建立了一支占优势的海军，它利用优势首先在古巴登陆，并在圣地亚哥附近海面击败西班牙的西印度分舰队，迫使圣地亚哥的西班牙守军投降。在菲律宾，美国在马尼拉湾歼灭了西班牙的亚洲分舰队，海军陆战队占领了马尼拉。不管是在古巴的行动，还是在菲律宾的，都离不开海军。

1904 年，爆发了日俄战争。战前，日本政府重视加强海军建设。它用大量性能优良的装甲舰艇装备舰队；它的军官熟悉中国战区的特点。俄国则对海军的作用估计不足：它的太平洋舰队与日本舰队相比，明显居于劣势；而且部署分散，主要战场内兵力有限；预先没有制订从欧洲各舰队支援太平洋舰队的方案；基地设施没有完成。

1904 年 2 月 9 日，日本海军突然袭击了俄国驻旅顺港和仁川港的俄国海军，重创俄国分舰队。此后，俄国舰队大部分时间停泊在港内，没有积极地进行战斗。5 月 5 日，日军在貔子窝登陆，从金州方向攻打旅顺口。1905 年 1 月 2 日，旅顺口为日军攻克。还在 1904 年 8 月 24 日，俄国决定从波罗的海派第二太平洋分舰队支援远东。但到 10 月 15 日才起航。当分舰队到达马达加斯加的时候，旅顺口已经为日军攻陷。1905 年 5 月 27 日，第二太平洋分舰队驶抵对马海峡，日俄双方进行了一次大规模的对马海战。结果俄国舰队遭到惨败，大多数舰只被击沉，结束了这场战争。戈尔什科夫在总结这次战争的教训时，认为失败的基本原因在于沙皇政府根本不理解海上实力对俄国的必要性。他说："国家在政治、经济、军事上的落后，以及沙皇统治者完全不了解海上威力对俄国的作用，这些就是舰队软弱无能的根本原因，也就导致了沙皇制度在军事上的失败。"

③ 第一次世界大战中海军的作用

第一次世界大战主要是在陆地战线进行的，海洋战区的军事行动没有占主要地位。但海军的行动在个别战略方向上、在战争的一定阶段上，对战争的进程产生了深刻的影响。

战前，各国普遍研究了日俄战争的经验。关于舰队在战争中的作用有了显著提高的结论，几乎被所有主要帝国主义国家所接受。承认重型火炮装甲舰艇在海战中的主要作用,加紧建造战列舰,改进火炮和鱼雷。但潜艇的建设却被置于次要地位。占统治地位的海军使用理论是以主力舰进行决战,或进行海上封锁,以夺取制海权。

英国海军的企图是,破坏德国的海上运输,切断德国与外界的海上联系,断绝它的经济来源,用封锁德国海岸的办法来建立制海权。德军统帅部打算在英国海军封锁德国海岸时,一部分一部分地削弱英海军,使双方海军力量达到平衡。尔后,对英国进行海上封锁,扼杀英国,在总决战中彻底打败英国,以达到战争的最终目的。

最初,德军统帅部计划大规模地利用巡洋舰来被坏英国的海上运输。德国海军的巡洋舰分舰队和若干单艘巡洋舰,在协约国的海上交通线展开了大规模的行动,但收效甚微,未能达到预期的目的。然而,也确曾一度给协约国的海上运输造成一定的紧张局面。1914 年年底,德国的主要巡洋舰队被消灭了,在海外殖民地里的巡洋舰基地也被占领。

德国舰队企图削弱英国海军力量的行动未能取得理想的结果,于是它寄希望于决定性的海战,希望能战胜英国舰队,使海上局势对自己有利,对整个大战的结局产生重大影响。于是在 1916 年 5 月,英德双方进行了著名的日德兰海战。这是第一次世界大战中最大的一次海战。海战以德国舰队的失败而告终,它未能冲破英国的海上封锁;英国舰队却保持了它的海上地位,加紧了对德国的封锁。

德军急不可待地寻找在短期内取胜的方法:依靠潜艇的广泛活动破坏英国的海上交通线,迫使英国在美国部队抵欧之前投降。这是拯救战争的唯一的和最后的希望。广泛的水下封锁给英国带来很大困难,几乎使英国的经济枯竭,前线部队的物资储备也已消耗殆尽。1915—1918 年,德国潜艇共参加了 2 500 多次战斗。战争期间,潜艇击毁商船 1 100 多万登记吨,超过 1914—1915 年德国巡洋舰在交通线上击毁商船数量的 21 倍。德国共损失潜艇 178 艘。但协约国动员了大规模的反潜力量,并大量布雷,以阻止德国潜挺进入大洋。特别是因为德军统帅部只把希望寄托在潜艇上,没有组织海军的其他兵种来保障潜艇的行动,致使最后无法对英国进行有效的水下封锁。虽然,德国使用水下力量没有达到战争的根本目的,但潜艇对战争的总进程仍有很大影响,它使英国的海上输送能力大受损伤,并使德国自己有可能继续进行战争。

④ 第二次世界大战中海军的作用

第二次世界大战基本上是大陆性的战争。陆战场是主要战场,陆上战线的进退胜负,决定着战争的发展趋势。海军在很大程度上是协助陆上战线作战完成了一系列的重大任务,对武装斗争做出了极重要的贡献,对战争的进程有着很大的影响。这是总的评估。但欧、亚两个战区各有不同的特点,欧洲战区海军的作用小一些,亚洲战区海军的作用可以说是带有决定性的。在这次大战中,海上交通线上的斗争和规模空前的登陆作战,是海军行动的基本样式。

欧洲战区的战争具有明显的大陆性。大西洋战区(包括地中海、波罗的海、黑海)各国海军的行动是为了保障地面部队的需要。破坏海上交通线是主要的作战任务。自从战争开始,德国海军一直使用潜艇和水面舰艇破坏舰艇、破坏盟国的海上交通线,企图用水下封锁扼杀英国。但德国海军无论是潜艇还是水面舰艇,都显得力量薄弱,完不成征服英国的计划。德军统帅部决定改变计划,由征服英国变为袭击苏联。这一事件,对大西洋战区的军事行动产生了决定性的影响,德国几乎完全停止了对英国本土和海上舰船的打击,德国海军的大型水面舰艇和大部分潜艇调往挪威北方的基地,以最大限度地协助东线。这时"大西洋争夺战"出现了相对平稳的状态。尽管如此,直到战争结束,美、英也没有能够消除德国的水下威胁。

登陆作战在第二次世界大战中被广泛应用,起了相当大的作用。1940 年 4月,德军在挪威登陆和空降,很快占领了挪威。与此同时,占领了丹麦。这一战役对此后的战争进程起了重要作用。盟国海军则保障大批部队在北非、西西里岛和亚平宁半岛登陆,在一定程度上决定了盟国在地中海、北非、意大利的胜利。1944 年 6 月,盟军在法国的诺曼底进行了战争史上规模最大的一次登陆,开辟了第二战场,对战胜法西斯德国做出了贡献。

太平洋战区的海上作战对战争的进程有着比较重要的影响。美、日双方的领土为海洋所阻隔,决定了海军能起特别的、决定性的作用。这一战区军事行动的主要样式是登陆和抗登陆以及美国海军的海上封锁。

1941年12月7日,日本舰队偷袭了珍珠港,开始了太平洋战争。在这次袭击中,美国海军受到沉重打击。三天后,日本舰队在南海打败了英国的分舰队。1942年2月,在爪哇海打败了英、荷、美联合分舰队,从此,日本稳固地掌握了制海权。以后,日本连续发动进攻战役,两个月内占领了菲律宾、新加坡、印尼、缅甸和一系列太平洋岛屿。

戈尔什科夫认为,1942年的美、日中途岛之战和瓜达尔卡纳尔之战,并未使太平洋战争发生根本性的转变。这一转变得根本原因在于苏联在斯大林格勒战役中取得了伟大的胜利,因而日本在1943年年初从战略进攻转入战略防御。其次,是日本的内部原因,它的海军实力与其迅速扩张的侵略范围不相适应,当时不仅不能加强海军的力量,而且连补充损失的能力也受到了限制。于是,在1943年2月,日本开始撤出瓜达尔卡纳尔岛;同年,日本的防线已收缩至加罗林群岛和马利亚纳群岛。

太平洋战区的破坏海上交通线的斗争是单方面的,即只有美国海军开始用潜艇,后来使用航空兵和水面潜艇,对日本的海上交通线进行了破坏,由于日方防护力量薄弱,美国的破坏获得了成功,从1944年年底,日本的经济潜力已遭破坏,已无力补充军舰和飞机的损失。这一切使得美国夺得了兵力上的优势,控制了各地的战局。

1944年秋,美海军突破了日本的外线防御,进攻其在菲律宾群岛的内线防御。双方进行了第二次世界大战中最大的海战,菲律宾海战。在这次战役中,日本海军损失惨重,对太平洋战区军事行动的进程产生了重大影响,为美国连续取胜奠定了基础。

1945年美军发起冲绳岛登陆战役,这是太平岛战区最后一次大规模登陆作战。

1945年8月8日,苏联对日宣战。苏联陆军和海军以强大的攻势,消灭了关东军,摧毁了日军在库页岛和千岛群岛上的支撑点,日本才被迫无条件投降。

（3）为了巩固大国地位,苏联必须建设一支平衡发展的远洋导弹核舰队

这是第三章的中心思想。本章开始以一定篇幅介绍了美国和北约组织的军事理论,以及帝国主义国家海军发展。但这并不是他要叙述的重点,重点在于论述苏联海军的发展。

① 战后苏联海军的发展过程

第二次世界大战后期,出现了一种崭新的武器——原子弹。这一事件对世界各国海军的发展产生了深刻而广泛的影响。军界就使用核武器后,军舰的生存能力、结构、装备等方面的问题展开了争论。最初,出现了以否定的态度对待这一问题的倾向。故战后的十年间,各国海军建设实际上处于停滞不前的状态。苏联海军也不例外,也出现了否定在使用核武器条件下海军作用的倾向,"甚至否认舰队在海上活动的可能性和海军对国家的必要性"。但这种情况遭到了苏联军事科学界的批驳,确立了武装力量新的发展方针。苏联海军战后的发展可以分为两个阶段:

1945—1955 年为第一阶段,海军的主要任务是在沿岸范围内协同陆军作战。由于战争的严重创伤,当时的苏联经济技术状况不允许大规模地发展海军。海军的建设基本是沿着建立水面舰艇分舰队这条道路走过来的。本阶段海军兵力的发展特点是建造装备有普通火炮、鱼雷、炸弹的舰艇和飞机。例如,水面舰艇建造了"斯维尔德洛夫"级火炮巡洋舰,"快速"级、"塔林"级、"科特林"级驱逐舰,"科拉"级、"里加"级护卫舰;潜艇兵为建造了 W 级、Z 级、Q 级常规动力鱼雷潜艇;海军航空兵装备了米格-15、米格-17、伊尔-28 飞机。从以上装备发展状况可以看出,海军的不平衡状况仍然未获解决,在海军的序列中没有必要数量的远洋潜艇、防潜舰、扫雷舰和登陆舰。海军航空兵的活动半径较小,没有反潜飞机。舰艇上的防空火力很弱,辅助舰船落后。这样的海军只能在近岸活动,在战役、战略上仍然是个防御因素。

50 年代中期以后,为苏联海军发展的第二个阶段。根据苏共中央的决议,开始大规模地建设强大的远洋导弹核舰队。这一决议,为苏联海军新阶段的发展打下了基础。计划要求海军具备远洋作战的能力,以导弹为主要武器,具备核

攻击能力和使用核动力,能够在世界所有海洋里有效地对抗敌人的强大海军,能够保障苏联的国家利益,击退来自海洋方向的敌人的袭击,要具备现代战争中的战略因素。发展计划虽已确定,执行起来却不是一帆风顺。在一个时期内,受到了核时代海军无所作为理论的干扰,建设远洋海军的步子不大,某些方面甚至受到很大削弱。特别是对大型水面舰艇在核战争中的作用缺乏信心,使建造工作停顿下来。在这一阶段,水面舰艇发展了"基尔丁"级、"克鲁普尼"级导弹驱逐舰,"肯达"级导弹巡洋舰,"黄蜂"级导弹艇;潜艇发展了G级常规动力弹道导弹潜艇,H级核动力弹道导弹潜艇,N级核动力反潜潜艇,W级、J级、EⅠ级(核动力)飞航式导弹潜艇;海军航空兵发展了图-16、伊尔-38、贝-12。这一阶段的主要成就是,导弹武器和核动力进入海军,海军向远洋方向迈进了一步。但海军平衡问题仍未获得圆满解决。60年代中期以后,建设海军的指导方针有了变化,加快了建设远洋导弹核舰队的步伐。水面舰艇建造了:导弹巡洋舰"克列斯塔"Ⅰ级、"克列斯塔"Ⅱ级、"卡拉"级;导弹驱逐舰"克里瓦克"级,直升机母舰"莫斯科"级;垂直起降机母舰"基辅"级;登陆舰"鳄鱼"级、"蟾蜍"级,扫雷舰"娜佳""任尼亚"级、"索尼亚"级;以及多种辅助舰船。潜艇发展了:EⅡ级、C级P级核动力飞航式导弹潜艇;Y级、DⅠ级、DⅡ级、DⅢ级核动力弹道导弹潜艇;V级、A级核动力反潜潜艇。海军航空兵发展了舰载机和"逆火"式飞机。戈尔什科夫认为,到了70年代中期,苏联已经建成了一支平衡发展的远洋导弹核舰队。

② 发展海军的前提

戈尔什科夫认为,海军的发展是以某些条件为前提的,这些条件是:

苏联的军事学说。苏联的军事学说,在发展的各个阶段,在解决武装力量结构的时候,过去和现在都把必要的注意力放在海军上,认为海军是能够完成重大任务的军种。还认为,由于舰艇配备了导弹核武器,海军能够完成重要的战略任务。所以,苏联军事学说中关于海军的论点,是决定海军发展总方针、基本任务、力量平衡等问题的重要因素,为这些问题规定了明确的方向。

科学技术的成就和发明。海军是技术最复杂的军种之一,是新的技术成就的集中点,对科学技术的发展变化非常敏感。战后,重大的科技成就和发明,一是原子能的利用,一是电子学的成就。在科技革命的影响下,海军改革的根本方向是:使用导弹核武器,向建立核潜艇舰队过渡,建立战略导弹潜艇核系统,使用远程飞机和舰载机,加强反潜力量,实现武器控制电子化和指挥自动化。

经济潜力和军事经济潜力。它们取决于以下因素:自然资源、工业、农业、交通、劳动生产率、人力、物质潜力等。这些因素保障了远洋舰队的建立和发展,海军的建设必须在国家能够拨出的资金范围内进行。

军事地理条件。戈尔什科夫认为,苏联建设海军的军事地理条件是不利的。一是海军缺乏畅通的出海口,要经过帝国主义控制的海峡和狭水道,进入大洋困难。二是气候寒冷,大多数海军基地分布在冰冻地区,对海军的各种保障工作提出了许多特殊的要求。

以往战争的经验。战争一向起着裁判员的作用。善于总结经验不仅是军事历史学家的任务,而且也是制定海军建设方针的领导者的重要任务。和平时期的军事演习,也起重要作用。应通过总结以往的经验,决定应该发展什么舰艇和飞机,发展什么武器装备。

以上各项条件,都对海军的发展起特殊的、不同的作用和影响。但苏联共产党的政策和国家的军事经济潜力起重要的决定作用。

戈尔什科夫还指出,除了上面提到的前提条件外,海军学术的发展也对海军的建设有一定的作用。它表现出在进行海上武装斗争中,物质手段与军事学术的辩证统一和相互影响。

③ 苏联海军的建设方针

戈尔什科夫为苏联海军制定了建设的总方针:"目前,海军建设的总方针是以建设一支全面发展的,即保持平衡的海军为目标。"

什么是海军的平衡?戈尔什科夫的结论是,使构成海军威力的各个组成部分和保证这些部分的手段,经常处于最有利的相互配合的状态之中,以便发挥海军多用途的长处,能在核战争和任何一种战争条件下完成各项任务。海军的平衡必须解决两个问题:一是合理地确定海军在整个武装力量中的作用地位,只有这样才能合理地确定海军总的数量。其基本要求是能以平时拥有的力量来完成未来的任务,因为,在核战争条件下,海军兵力的恢复是极其困难的,或者说实际上是不可能的。因此,主要靠平时建设平衡的海军,不能依靠战时。同时还要考虑在各战区间实施机动的能力。二是确定海军各兵种之间适当的比例关系。平衡不是平均,而要优先发展能完成海军所面临的主要任务的兵种。在当前要优先发展能完成重要战略任务的兵力。这种战略兵力就是配备有弹道导弹和飞航导弹的核潜艇,就是海军导弹航空兵和反潜航空兵。这些兵力集中了巨大的打击力量,具有高度灵活性,行动隐蔽,能袭击敌人纵深内的政治、军事中心以及展开在大洋的海军核力量。特别重视发展潜艇和海军航空兵,并不意味着排斥其他兵种,特别是水面舰艇将起极其重要的作用。

戈尔什科夫认为,海军的平衡问题非常重要。"从整体上看,较强的(从总排水量和舰艇数量来看)但不平衡的海军,在整体战役能力上可能不如数量较少但经过适当平衡的海军……"

为了执行平衡地发展海军的总方针,苏联发展海军的做法是,潜艇和海军航空兵是主要的兵种,相应地发展水面舰艇。携带核弹头的弹道导弹和飞航式导弹是主要武器。广泛使用电子设备和指挥自动化设备。

优先发展潜艇。潜艇是苏联海军战斗威力的基础,在苏联海军诸兵种中占首要地位。戈尔什科夫认为,苏联海军的建设不能走西方的老路,不能和西方在水面舰艇的建造上相竞争,那样势必花费大量资金,是否能取得优势还成问题。发展潜艇可以在最短的时间内、花费较少的资金来加强海军建设,对广大海区造成威胁。弹道导弹核潜艇的出现,可以扩大海军在大洋上的活动范围,可以扩大海军的打击范围,对对方领土纵深构成威胁,因而能完成战略任务。战后苏联潜艇的发展经历了两个阶段:第一阶段发展柴电动力潜艇,只是在原有的基础上提高潜艇的速度和续航力,加大下潜深度,改进观察通信工具、指挥仪器和鱼雷武器的性能。从50年代末开始,进入第二阶段,即建造核动力潜艇,航速大大提高,续航力有了根本的改变,成为名副其实的潜艇。其战斗威力的主要标志是:强大的攻击力、高度的机动性和隐蔽性。

大力发展海军航空兵。戈尔什科夫认为,海军航空兵是现代海军突击威力的主要标志之一,成为海战中的最重要的手段,在海军诸兵种中居于第二位。现代战争的特点,使海军航空兵的发展应具备与以往时期不同的若干素质。首先,海军航空兵的主要攻击目标应是水面舰艇编队、潜艇、运输船只,包括停泊在港口的船只和体积小、机动性强的海上小目标。解除了海军航空兵对岸上目标的攻击任务,那是例外的和不正常的行动。其次,在攻击海上目标时,海军航空兵的主要目标应是各种潜艇,首先是各种导弹潜艇。航空兵在遥远海战区搜索并攻击潜艇的作用和意义正在日益增大。再次,海军航空兵要能够克服对方舰艇防空火力的抗击,即装备远程空舰导弹,以便在实施攻击时可以不进入对方的防空武器的有效火力范围。最后,海军航空兵向专业化的方向发展,即区分为反潜航空兵、火箭航空兵、侦察航空兵等。

相应地发展水面舰艇。尽管潜艇和航空兵是海军的主要兵种,但水面舰艇仍然是重要的组成部分。水面舰艇的作用是与海军的主要突击力量——潜艇紧密相连的,它赋予潜艇以战斗坚持力和使潜艇得到全面保障,同敌方的潜艇和反潜舰做斗争,以及执行其他特殊任务也需要水面舰艇。戈尔什科夫既反对把水面舰艇提到不适当的地位,像以前那样作为海军的主要兵种加以发展,也反对不重视水面舰艇,认为它在核战争中无所作为。水面舰艇由许多舰种组成,根据海军多用途的特点,这些舰种都要根据不同的需要加以发展。关于水面舰艇的自身装备,戈尔什科夫首先强调要具有良好的对空防御能力。直升飞机越来越成为现代化水面舰艇的组成部分。采用动力支撑原理的舰船具有很大优越性,如水翼艇、气垫艇、地面效应艇等已广泛用于海军。

海军陆战队和海岸火箭炮兵部队也是苏联海军的两个兵种。关于它们的发展方针,该书未曾论及。从多年来的实际做法看,似乎是采取保持一定规模、战时再行扩建的方针。

(4)舰队装备的革命导致海军学术理论的重大变革,这就需要探讨新的学术范畴,修改过去的理论原则

戈尔什科夫认为,科学技术的进步,使武器装备发生了急剧的质的变化;也就是海上武装斗争的物质基础发生了质的变化。因此,现代条件下的海军学术,

将大大不同于以往,包括在第二次世界大战中占主导地位的海军学术。现阶段,海军学术发展的特点是,它的规模急剧扩大、内容迅速增加,海军兵力的使用形式和使用方法的研究越来越全面。这就是第四章的中心思想。

第四章原名"海军学术问题",1979 年再版时,改为"当代的海军学术问题"。原为五节,再版时加了"海军的战略使用"一节共六节。现仅对第一、二、三、六节做些介绍。其余各节分别穿插在其他章节中说明,在此不作专门问题提出。

① 海军对岸上行动问题

戈尔什科夫把海军的作战任务概括为海军对海军和海军对岸上行动两大类。由于战争的目的主要在于占领敌人的领土,因此海军对岸上行动比海军对海军行动具有更大的效果。

海军对岸上行动的战法有:海军陆战队的登陆和舰炮对岸射击,这是传统的战法。第二次世界大战中,出现了一种海军对岸上行动的新形式,即使用舰载航空兵对敌领土和部队进行突击。战后,又出现了一种崭新的形式,使用导弹潜艇突击对方的陆上目标。这种行动拥有巨大的潜力,构成了战略的一个新的部分。由于这个新条件的产生,海军对岸行动与海军对海军相比,便成了主导地位。

戈尔什科夫首先以大量海战史为依据,分析了海军对海军的行动。海军对海军的行动有两类,一类是与陆上行动无关的纯粹的海军对海军行动,一类是与陆上行动有关的海军对海军行动。他的结论是:"如果说从前海军所做的主要努力旨在对抗敌人的海军,那么,现在海军的主要目标就是保障完成一切与对敌陆上目标采取行动和捍卫自己领土不受敌海军袭击有关的任务。"

关于海军对岸上行动他论述了四种方式:

登陆。他只分析了以往战争中的登陆作战,对当前登陆观点则未涉及。第一次世界大战总共进行了五次登陆,而英国人企图在达达尼尔海峡上陆的那次最大规模的登陆作战却完全彻底地失败了,第二次大战期间总共进行了六百多次登陆,几乎全都是成功的。但主要是战术战役登陆,只有部分登陆才具有战略意义。

对岸上目标实施炮火突击。使用火炮舰艇对岸上目标的突击,都没有超出战术范畴。像这样的海军对岸上行动,尽管投入相当大的兵力,一般来说不会获得预期的战果。

舰载航空兵对岸突击。这是在第二次世界大战中出现的一种新的海军对岸上的行动方式。开始航空母舰上的飞机用于掩护水面舰艇免遭空中袭击,以后用于消灭海上舰船,再后用于攻击岸上目标。战后的局部战争中,美国海军广泛使用舰载机突击岸上目标。

导弹核袭击。由潜艇发射的弹道导弹,可以袭击对方具有战略意义的目标,它使海军对岸上行动具有崭新的作用,构成了战略的一个新部分。因此,在使用核武器条件下,海军对海军的行动与海军对岸上行动相比,便成了次要任务。

② 海军学术的某些理论问题

在现代条件下,海军学术理论在许多范畴都有了变化。有些理论适用于战略、战役和战术,有的理论仅限于战术。另外,戈尔什科夫在该书中也并不是探讨所有的海军学术领域,而只是探讨若干带趋势性的问题。

战斗规模。戈尔什科夫在此所讲的"战斗规模"实际上是指海上武装斗争的规模。他认为,海军具有通用性、机动性和集中的突击威力。目前,这种突击威力,不仅限于海洋,而且还可以波及陆上。因此,海上武装斗争的规模正扩展到全球的范围。它的目标可以是敌人的军事经济潜力。海军的作战能力不断增长,能直接影响战争的进程,甚至结局。对陆上目标作战的空间范围还在进一步扩大,成为海军学术发展的主要趋势。在研究作战规模时,必然遇到作战双方投入的总兵力及兵力对比问题。现在,不能简单地计算舰艇的数量和其他武器运载工具的数量,而应是它们的质量,这种质量集中表现为武器和各种技术装备总的攻击威力。不仅海军兵力参加大洋战区的军事行动,其他军种也越来越大规模地加入大洋战区的军事行动。这就产生了各军种之间的协同动作问题,海军学术也因此而产生了一个新的范畴。

突击。武器威力的增加,使突击产生了崭新的概念。现在,突击已扩大到战略范围,通过突击能消灭敌人的战略目标。在战役范围内,战役行动不仅是由一致的任务和目标联系起来的若干战斗行动的总和,它也可以是由某一个、某一组武器运载工具完成的单独的，或一次的作战行动。在战术范围内，突击变得越来越和战斗具有相同的意义。总之，在过去突击只是战术概念，而现在，突击可以达到战略、战役和战术目的。这就是突击的新性质。

战斗。当前海上战斗的特点之一，就是扩大了战斗冲突的距离及空间范围。这种距离可以达到数百公里，以后的海上战斗一般将在广阔的区域进行"无接触"的作战。作战地域位于技术观察器材的范围以外，因而情况的获得与通报只有借助于专用的大气飞行器或宇宙飞行器。另一个特点是，战斗双方把大部分力量用于同发射出来的导弹和鱼雷做斗争，同时减少用于消灭运载工具所做的努力。于是海上战斗就有了新的质变。其三是，在战斗过程中可以不包括战术展开这一固有的阶段，它可以预先完成或当情况变化时，进行补充展开。其四，在肯定需要诸兵种战术协同动作的同时，由于海军兵力突击威力的增长，在某些情况下，由单兵种进行战斗是可行的。最后，由于武器破坏力的增大和预先展开兵力，可以缩短完成战斗任务的时间。战斗将变得越来越短促、越来越活跃和越来越有成效。

协同动作。合理地配置不同兵种集团，相互取长补短，能够大大超过单兵种所能完成的任务。随着海军装备的日益复杂，协同动作的组织也日趋复杂化，其意义和条件正在扩大。当前，海军与武装力量中的其他军种共同完成任务的可能性不断增长，因此，它们之间的战役协同动作和战略协同动作将更加复杂。

机动。火力和机动，长时间内是海军战术的基本内容。由于武器射程的增大，进行战术展开时的机动，总的来说日趋简化。导弹的出现，用武器的弹道机动来代替运载工具的机动完全可以实现，但不能因此得出结论——兵力战斗机动的意义降低了，而只能说是简化了。由于武器射程的增大，兵力机动所需要的目标指示的资料将是通过空中侦察兵力使用无线电侦察手段获得和传递。而这是在激烈的电子战的情况下进行的，有可能使通报情况系统和接收情况系统陷于瘫痪。如何组织得当，需要真正的艺术。

神速性。海军兵力的机动性越来越好，武器向远射程、高杀伤方向发展。海军旧有的作战方式——长时间的兵力机动、多次和持续时间很长的突击，已逐渐失去其作用,而被迅速、坚决的战斗冲突所代替。因此,神速性必将成为任何一次战役、战斗和冲突的必然特点。未来海军的战斗行动必将同时是连续的、神速的、短促的战斗行动的复杂结合。

时间。海军武器装备的发展,要求海军在越来越短的时间内,完成越来越多的任务。在敌人海军兵力集团未能充分使用武器之前就把他们消灭。海军完成战略任务必需的时间与完成战术任务必需的时间是相同的。这就要求海军兵力经常处于立即进行突击的备战状态,尽力实现指挥自动化。

制海权。制海权就是创造一种条件,来促使海军能顺利地进行海上战役。它使敌人能在长时间内和相当大的程度上丧失有组织的进攻能力;而胜利者却可以自由地选择进攻的时间、方向和行动的性质。制海权的夺取,既影响到当前任务的完成,也影响到武装斗争的全过程。对于某些对交通线依赖很大的国家,失去制海权可能意味着整个战争的失败。夺取制海权和完成海军的基本任务这两类战斗行动,既有联系又有区别,制海权是完成基本任务取得胜利的保障。夺取制海权可在完成基本任务之前进行,或在完成基本任务的同时进行。而当基本任务完成以后,又可保障尔后的制海权的巩固和扩大。制海权有战略制海权和战役制海权。战略制海权是使敌人在整个战区无力击破我们的军事行动,造成兵力对比、兵力配置、战区构置以及其他方面的优势。这是最有利的条件。如果不能掌握战略制海权,则应夺取战役制海权,就是在主要方向上造成兵力和武器的优势。战役制海权是为一次战役、一系列战斗,甚至一次战斗服务的。随着海军物质技术基础的发展,作战能力大大提高,夺取制海权产生了新的特点。海军的机动速度大大提高,通信器材和侦察手段大大完备,争夺制海权的斗争变得更加激烈,而保持制海权的时间,有越来越缩短的趋势。

③ 局部战争中的帝国主义海军

戈尔什科夫的目的是通过对战后局部战争的解剖,研究其中的海军学术问题。他说:"从这种经验中可以得出关于如何发展海军及如何使用海军作战的几点结论。"

他指出,帝国主义国家海军的发展主要是能完成核战争中的战略任务,但也能完成局部战争的任务。美、英、法等国都是按照这一要求建设海军的,既有用导弹核武器装备起来的战略核力量,又有一般用途的常规力量。因此具有打两种战争的能力。

局部战争爆发之前,海军往往预先进入临近局势紧张地区的海域。海军舰队的调动,往往是一种可靠的征候,说明在某一地区正酝酿着武装冲突。舰队兵力的作用,先是向对方政府显示力量,施加压力。但这种示威是暂时的。通常会转为直接的独立的战斗行动,或者转为支援陆军的行动。

在使用海军兵力的数量上竭力造成绝对优势。局部战争的特点是:侵略者实际上没有海上对手,它们的军事行动是在类似演习的条件下进行的。因此,极易构成绝对优势。在1950—1953年的朝鲜战争中和在1961—1973年的越南战争中,都有过先例。1972年春天起,美国在越南沿海集结了4~6艘攻击航母,60~65艘其他大型舰只,180艘巡逻舰只。美国的盟国有军舰30余艘,巡逻舰、登陆艇390艘。

现代海军具有高度的战役战斗能力,扩大了使用范围。攻击航空母舰,可以攻击2 000公里以外的目标,成为局部战争中最主要的力量之一。导弹舰艇、火炮舰艇、扫雷舰艇、登陆舰艇也能起重大作用。海军陆战队也是一种主要突击力量,得到广泛使用。在局部战争中,还不断使用新的武器装备,提高了海军的战斗能力。从这个意义上说,局部战争又是新武器的试验场。

局部战争中,使用了多种不同的作战样式,如登陆作战、舰载航空兵支援地面部队作战、舰炮攻击岸上目标、布雷封锁、保障海上和空中运输。

陆战队登陆。这是侵略者最常使用的手段,目的是配合陆上战场的行动。其使用的规模取决于陆上战争的进程。在朝鲜的登陆规模最大,在越南次之。战术登陆得到了广泛的应用。局部战争中,登陆的方法有了很大发展,在越南战场,人员和轻装备由直升飞机运载着陆,重装备由登陆舰运输。美国海军陆战队还采用了"垂直包围"的新战术登陆法,即首先使用轰炸航空兵和舰炮压制对方火力,尔后直升飞机进行直接火力支援,以保证运输直升飞机运载的陆战队登陆。

航空兵的行动。在局部战争中，舰载航空兵得到了广泛的应用，以越南战争为例，舰载航空兵的出动架次占各类航空兵飞行总架次的50％以上。舰载航空兵的任务是：攻击机场、防空配系和指挥系统；袭击人口稠密的居民区；支援陆上部队的行动。航空母舰编队是在严密防护下进行活动的，采取了防潜、防雷、防舰措施。在越南战场的空袭反空袭斗争中，电子战得到了很大的发展。

舰炮对岸攻击。在朝鲜战争和越南战争中，都使用了舰炮对岸行动。实战证明，舰炮的火力支援是有效的，舰炮在现代化海军中仍占有重要地位。但舰炮的对岸行动，只有在特定的、几乎是演习的条件下才能使用。舰炮对岸行动的任务是：消灭地面目标和有生力量；保障战线的濒海翼侧；破坏陆上交通等。使用兵力有：战列舰、重巡洋舰、轻巡洋舰、驱逐舰。由飞机或直升飞机或地面部队实施目标侦察和炮火校正。

海上封锁。其目的是使被侵略的国家孤立无援。封锁的方法有兵力封锁和水雷封锁。兵力封锁是在海上建立几个由飞机和舰只参加的封锁区，从空中和海面控制该区。水雷封锁是按照预定计划使用航空兵在港口水道上和内河水道上布设水雷。局部战争中的海上封锁，是在对方的海军力量无力还击的情况下进行的。

海上运输。在局部战争中，海上军事运输起极重要的，有时是决定性的作用。在朝鲜战争期间，37个月内，美国舰队往朝鲜战场运送了4 400万吨干货和2 200万吨石油产品。在越南战争中，美军每天须从海上将85 000吨弹药、32万立方米的燃料、1 500万份口粮运到越南，平均每人每昼夜35公斤。经常有300艘舰船用于运输。实践证明，集装箱式运输可以大大节约卸货时间；可用直升飞机卸货，并把货物运到远离卸货点的地方。

④ 海军的战略使用

戈尔什科夫认为，在现代条件下，统一的战略有着特别重大的意义。武装斗争是一个整体，需要有统一的军事战略作为依据。苏联的军事理论，坚持主张统一的军事战略。他以很大的篇幅批判了军事战略和海军战略独立并存的错误理论。但他又认为，海军所负担的任务具有特殊的、日益重大的意义，它的使用范围扩大了,甚至对整个战争的结局有决定性影响。正因为如此,在现代条件下,应当研究的不是多种战略,而是在统一军事战略范围内的海军战略使用。

什么是海军的战略使用?戈尔什科夫写道:"预见海上武装斗争的性质,据此确定对海军装备和训练的要求;研究在海洋战区内所有各军种协同行动的最有效的方法,这实质上属于海军在统一的军事战略范围内的战略使用这个概念。"在苏联海军其他学术著作中,对海军战略使用的定义,有下列几种提法。60年代苏联的军事教材中对海军战略使用的内容做了如下的概括:研究海洋战区影响海军使用的情况和条件;确定和研究在武装力量总任务中海军担负的任务;根据导弹核战争的要求及海军可能担负的任务来准备和发展海军力量;负责各海战区的战场准备;在各种军事行动中领导海军的使用和给各舰队提出任务;制定各舰队之间以及与其他军种协同动作的原则;将舰队兵力由一个战区转向另一个战区。1973年出版的《伟大卫国战争中的苏联海军学术史》一书说:"在统一的苏联战略范围内,海军的战略使用包括确定海军在武装斗争中的任务、完成任务所需的兵力编成和兵力的组织,以及制定海军在完成受领任务的战略使用方式、方法和使用计划等方面的相关问题。"《海军文集》编辑斯塔尔博1981年在一篇文章中说:"海军战略使用理论是海军学术的最高环节,它与军事战略相联系,来自军事战略,并以军事战略的基本原理为指导。它研究在海洋战区以及在有海军参加遂行战略任务的那些陆战区濒海方向上,如何使用海军以达到武装斗争的主要目的;分析、研究和探求海军单独作战,或与其他军种协同作战时,适合于作战任务和目的的海军战略使用样式。"

戈尔什科夫在书中,多处提到苏联海军学术,特别是海军的战略使用发展的情况,但并未专门列为一个问题。鉴于这个问题的重要性,故集中在一起加以介绍。

1921—1928年为苏联海军的重建时期。1921年,苏共第十次代表大会的决议中,提出了复兴和加强红海军的问题。造船工业逐步恢复,1922年已能检修舰船。1923年海军舰队总排水量为82 000吨。1924年为90 000吨,1925年为116 000吨,1926年为139 000吨。其中有主力舰、巡洋舰和驱逐舰,也有少量潜艇。1926年通过了发展造船工业的第一个六年计划，规定建设小型舰只（36艘鱼雷艇、18艘护卫舰、12艘潜艇）。与此同时，培养了干部，建立了基层组织。舰队作为一支战斗力量，重建起来了。当时赋予这支小型舰队的任务是，与陆军协同行动，防守海岸。如何使用这支小型舰队去完成上述任务，是海军学术理论所要探讨的问题。它的基本要求是，以舰队的有限力量去战胜强大的海上敌人。在探讨过程中，"小规模战争"的理论产生了。这种理论的实质是，海军各种兵力按计划在基地集中，从各个不同方向对敌人的主要目标实施神速的打击。在水雷火炮阵地上，水面舰艇、潜艇、航空兵和岸炮的集中打击，成为相互配合的一种主要方式。戈尔什科夫认为："为了防御自己的沿岸，使用舰队的有限力量与强大的海上敌人战斗，这种方式是最有效、最现实、最具体的方法……这就是弱小舰队防御的基本观点。"当时之所以采取这种海上作战理论，是因为它符合当时苏联海军的战斗能力；符合国家防御的迫切任务；符合苏联的经济状况。1928年5月，苏联革命军事委员会又一次明确规定海军在武装力量中的作用和地位，并对舰队提出下列基本任务：协同沿海地区陆军作战、共同防御沿海海军基地和政治经济中心，以及在敌人海上交通线上进行活动。

1929—1941年为海军建设时期。在这期间，苏联实现了国家工业化和农业集体化，经济实力和科学技术水平都得到很大提高，有可能建设一支大型的远洋舰队。1938年，通过了建立远洋舰队的决议，虽然由于战争爆发未能完成，但舰队实力已得到了相当的加强。在苏德战争爆发前，海军拥有护卫舰以上舰只91艘、扫雷舰80艘、鱼雷艇269艘、潜艇218艘、飞机2 581架、海岸炮260个连。在此期间，苏联的军事战略是进攻的，1939年野战条令规定："我们要进行进攻性的战争，要把战争打到敌人的领土上去。"这时海军的战略使用基本点是，在主要方向上集中优势兵力、相互配合、隐蔽突击、实施迅速而强有力的打击。阵地作战手段仍起巨大作用，以海岸炮兵和水雷障碍建立强大的水雷火炮阵地；海军舰艇和航空兵依托阵地，战胜数量上占优势之敌。可以看出，海军在战役战略计划中基本上执行防御任务。戈尔什科夫对上述的海军学术观点持批评态度，他认为当时的海军已经能在较远海区活动，对海军的战略使用仍持防御观点，仍保持原来的"小规模战争理论",就影响了未来战争中海军的作用与使用。

1941—1945 年苏德战争时期,苏联海军战略使用的特点是,支援陆军(包括保卫海军基地)的任务提到首位。这是因为,一方面陆军肩负着主要任务,战争的结局最终取决于陆军。另一方面,海洋交通线上的行动和江河湖泊交通线上的行动(被交和保交)一直具有重要意义。戈尔什科夫认为:"在战争中,这样使用海军兵力是唯一正确的,是完全符合客观情况的。在解决双重任务的同时,我们的海军显示了自己是一支积极而强大的力量,能急剧地改变不论是海洋方面还是陆地活动的沿海地带的局势。"

1945—1955 年,即战后的前十年,苏联海军仍然是一支近海防御的力量。它的任务是在方面军的范围内,防守国土。这时海军的战略使用方针是支援陆军和破坏敌人的近海交通线。

50 年代中期以后,苏联开始建设远洋导弹核舰队,至该书写作之日的 70 年代中期,远洋导弹核舰队已经建成。如何在战略上使用这支崭新的舰队,不是以往的战略使用方针所能完成的,是个新的课题。戈尔什科夫在该书中提出的,在各种作战样式中海军对岸行动居首位,就是新的战略使用方针。详见上述关于海军对岸上行动问题。

戈尔什科夫的《国家海上威力》一书,其基本精神是强调海洋、海战场和海军的作用。他认为,在一定条件下海战场可能成为主要战场,海军可以改变武装斗争的进程甚至结局。海军的兴衰与国家的兴衰紧密相关,一个海上大国的崛起必须有一支强大的海军作后盾,没有强大海军的国家不能长期处于强国地位。苏联必须建设一支强大的远洋导弹核舰队,以支持国家的全球战略,"为国家的政治服务"。他以彼得一世的话来说明海军对一个国家的重要性:"凡是只有陆军的统治者只能算有一只手,而同时还有海军的统治者,才算是双手俱全。"

以上内容就是《国家海上威力》一书的基本精神,是这部著作的主线。掌握了这条主线,就摸清了戈尔什科夫的基本思想,对于研究该书起关键作用。戈尔什科夫的海军理论,在一些问题上反映了海军的共同规律,有一定的参考借鉴价值。

三、戈尔什科夫的"核海军制胜论"

作为一位担任苏联海军总司令长达 30 年之久的海军领导人，戈尔什科夫为前苏联海军由近海防御型发展成为远洋进攻型的海上作战力量做出了杰出贡献。同时，作为一位造诣颇深的核时代的海军理论家，他写下了能与马汉《海军战略》和科贝特《海上战略的若干原则》相提并论的《战争年代与和平时期的海军》、《国家海上威力》等著述，并被世界海军学术界誉为"俄国的马汉"。戈尔什科夫在领导建设苏联远洋导弹核舰队的实践中形成了独具特色的海军战略思想。这思想不仅促进了核时代世界海军战略理论的发展，而且对冷战期间美苏全球军事对抗的格局产生了深刻影响。今天我们仍然能从俄罗斯核战略部队的建设与运用中看到戈尔什科夫"核海军制胜论"的影响。

戈尔什科夫步入苏联海军最高领导层时，正值美苏两个超级大国展开一场不可遏制、规模空前和以战略核打击手段为中心的军备竞赛时期。美、苏两个超级大国争夺全球霸权的世界战略格局，使爆发新的世界大战尤其是核大战的危险性不断增大，冷战与对峙成为时代的特征。科学技术的迅猛发展，以及核能在军事与民用领域的广泛应用，给人类社会的政治、经济、外交、军事、文化、科技等各个领域带来了深刻的变化。先是美国利用原子弹对苏联进行遏制，苏联为突破美国核垄断而加紧研制核武器。接着，两国又在掌握原子弹的基础上争夺热核武器及其导弹化方面的领先地位。后来，双方又开始大力发展进攻性战略武器。再往后，两个超级大国在总体上达到战略核力量相对平衡的情况下，开始将军备竞赛的中心转向争夺新军事技术优势，全面完善常规武器。进入 80 年代后，两国间的军备竞赛又扩展至外层空间。

早在人类发现铀裂变并掌握分裂原子核的基本方法时，一些大国就认识到原子能的主要作用将是"转动世界的车轮和推进世界的船舶"，并立即着手研究将核能应用于海军主要舰船的课题。1954 年，美国第一艘核动力潜艇"鹦鹉螺"

号下水,该艇仅消耗几公斤浓缩铀就以平均水下 20 节的航速航行了 6 万多海里,并穿越冰层抵达人类从未到过的北极点。核动力潜艇以其巨大的续航力、持续的水下高航速、优良的隐蔽性和极大的打击力,震惊了整个世界,使人们认识到核潜艇必将成为控制海洋和主宰未来海战的主要兵力。在其后的几十年中,经过一轮又一轮的核军备竞赛,美国发展了六代攻击型核潜艇和四代弹道导弹核潜艇,前苏联也建造了四代攻击型核潜艇和四代弹道导弹核潜艇。英国、法国和中国则根据国家安全需要建造了数量有限的核潜艇。

第二次世界大战中,航母以其巨大的突击力取代战列舰,成为名副其实的"海上掌门人"。有鉴于核潜艇所显示出的卓越性能,美国决定立即建造核动力航母。1961 年,世界上第一艘核动力航母"企业"号在美国服役。核动力航母由于一次更换核燃料可连续高速航行 50 万海里且 13 年内无须更换燃料,极大地提高了机动力和续航力。因而,自 1964 年后,美国决定不再建造常规动力航母,开始实施连续建造 10 艘"尼米兹"级核动力巨型航母的计划。

针对苏联制定的消灭美国航母战斗群的作战方针,美国决定建造核动力巡洋舰,以便为航母护航和执行其他海上作战任务。1961 年,美国第一艘核动力巡洋舰"长滩"号加入现役。该舰配备大量导弹武器,拥有强大的反舰、防空和反潜作战能力,能以 30 节的航速连续航行 14 万海里。美国连续建造 7 艘巨型核动力巡洋舰。苏联海军也不甘示弱,建造了 4 艘威力巨大的"基洛夫"级核动力巡洋舰。如此一来,美苏两国海军的核心作战舰艇基本上实现了核动力化。

50 年代中期后,苏联不仅抢先研制成功氢弹、聚变弹,而且解决了核弹与洲际弹道导弹运载工具相结合的问题,还在远距离发射手段上领先于美国,造成所谓的"导弹差距"之说。美国为重新夺回失去的战略核优势,采取加速建造"北极星"级弹道导弹潜艇的重大措施。1959 年,世界上第一艘弹道导弹核潜艇"乔治·华盛顿"号下水,该艇携带 16 枚射程达 1 200 海里的弹道导弹。其后,美国连续生产了 31 艘"拉斐特"级弹道导弹核潜艇,这种艇水下航速 30 节,携带射程达 4 600 公里的弹道导弹。70 年代后,美国又开始研制"当代潜艇之王"——"俄亥俄"级弹道导弹核潜艇,该艇可携带 24 枚命中精度高、突防能力强的射程在

10 000公里以上的弹道导弹。美国声称：战争爆发后，即使美国的其他战略兵力被毁，但只要幸存1艘"俄亥俄"级潜艇，该艇上的336个分弹头，仍然可在半个小时内，摧毁敌方200～300个大中型城市或重要战略目标。

为在关键性技术领域赶超美国，苏联于1958年开始建造8艘H级核动力弹道导弹潜艇，从1963年起，又建造多达34艘第二代核动力弹道导弹潜艇。70年代后，苏联决定再生产30多艘D级核动力弹道导弹潜艇。进入80年代，苏联开始建造7艘世界上最大的"台风"级核动力弹道导弹潜艇，以便在大洋深处建立优势。该艇水下排水量24 000吨，最大下潜深度1 000米，装备有20枚射程为4 500海里的潜对地弹道导弹，每枚导弹装有7～9个分导式核弹头，并能从北冰洋深处向美国本土发射弹道导弹。

可见，在战后美苏全球争霸的世界战略格局和科学技术飞速发展的大背景下，美苏两国都紧紧抓住核技术领域革命带来的历史机遇，展开了一轮又一轮的核军备竞赛，从而使现代海军在全球快速机动能力、洲际对陆精确打击能力等方面产生巨大飞跃，极大地提高了海军在超级大国全球战略中的地位。

面对发达资本主义头号海军强国的严峻挑战，如何找到一条便捷的途径在短时间内迅速增强海军实力和采取正确的海军战略运用方针，对于苏联国家军事战略及海军战略至关重要。戈尔什科夫敏锐地捕捉到核技术及其应用为苏联海军带来的千载难逢的历史机遇，组织领导了这一时期的苏联海军建设及在世界大洋上与美国海军进行全面核对抗的全过程，并形成独具特色的"核海军制胜论"。这一思想的实质是，以弹道导弹核潜艇为主体的核海军是国家战略核武器的主要携带者和未来战争的主角，能够直接对核战争的进程与结局产生决定性的影响，而优先发展弹道导弹核潜艇和采取以海军对陆地核突击为主的战略运用方针，就能够在短时间内对美国构成致命的核威胁和打赢全面核战争，使苏联在核时代获得极大的战略效益。

(一)"核海军制胜论"在海军战略运用方面的两个基本观点

1. 海军在核时代非但没有过时,反而上升为国家军事战略的主要支柱,必须大力提高海军的战略地位

第二次世界大战后,由于两个超级大国在战略手段上都过分依赖和迷信原子弹,因而对海军在未来核战争中的地位作用的认识发生偏差,一度使海军建设和运用陷入混乱状态。尽管1955年苏共中央确定了大规模建设苏联海军的奋斗目标,但"核时代海军无用论"的影响使苏联海军发展遇到很大阻力。

戈尔什科夫担任苏联海军总司令后,所做的第一件事就是与"核时代海军无用论"做斗争。颇具讽刺意味的是,斗争的对象恰恰是赏识、提拔他,并将他调入莫斯科筹划核时代苏联海军建设的苏共中央总书记赫鲁晓夫。赫鲁晓夫过分夸大战略火箭军在美苏全球军事对抗和核战争中至高无上的作用地位,而贬低海军的作用地位,并且十分无知地说:"海军已经失去了它们过去的作用……不是要被削弱,而是要被替代。"他还认为"大型水面舰艇只能供检阅用和成为导弹的靶子",并将航母称为"浮动的棺材"。在这种思想的支配下,赫鲁晓夫下令停止建造大型水面舰艇,包括已经动工的巡洋舰,将175艘军舰退出现役,海军人员减少10万人。这一政策造成苏联海军实力迅速下降的严重后果。

与当时美国发生的因国防部长约翰逊大量裁减海军而导致的"海军将领造反"事件的情况不同,在苏联纪律森严的军队系统中,以戈尔什科夫为首的海军将领对此敢怒而不敢言,唯一积极的办法就是充分利用核技术的进步,加快建造弹道导弹核潜艇的步伐,以提高海军在国家军事战略中的地位。后来,戈尔什科夫这样写道:"不幸,在我们中间,有一高级的有影响的权威人士显然认为,在核武器问世后,海军已经完全失掉了在武装部队中的重要性。在他们看来,未来战争的一切基本任务都可在没有舰队参加的情况下圆满完成,甚至就是在公海和大洋上作战,也同样可以完成任务……地面部队既然有了核武器的装备,海上的支援就是多余的;地面部队既然有了自己的导弹力量,就可以飞越海上障碍,如

有必要,就可以直接打击准备从海上进行袭击的敌人舰队……显然这些意见散布开来,不仅干扰了舰队今后发展的正确决定,而且阻挠了我们的军事理论思想的进步。"

为纠正"核时代海军无用论"的偏见,戈尔什科夫指出:"各军种都拥有威力特别强大、射程极远的武器,能够完成各种领域的武装斗争任务。所以,它们不仅能在传统的活动领域内,而且还能在远远超出这一领域的范围之外,去发挥自己的突击威力。""陆基导弹武器已能达到海洋战区的遥远海域。海军也能以其导弹武器更有效地打击陆地目标。"他还强调:"核武器能够杀伤所有大陆和海洋上的敌人,而海军则已逐步成为核武器的主要运载者。"随着时间推移,戈尔什科夫"核海军制胜论"在苏联逐渐占据上风。

1962年的"古巴导弹危机"使苏联海军建设出现根本转机。在这次事件中,美国海军对加勒比海实行严密的海上封锁,迫使苏联屈膝投降,从古巴撤出已经部署完毕的40枚中程导弹,并接受美国的检查,这使赫鲁晓夫及苏联当权者在全世界面前丢了丑。这一挫折使苏联最高当局深刻认识到,没有一支能在全球水域与美国海军相抗衡的强大远洋海军,是没有资格同美国争夺世界霸权的,更谈不上支持苏联的对外政策。此后,由于海军建设恢复了正确的方向,苏联建设远洋海军的步伐大大加快。

2. 海军对陆地核突击不仅能解决领土改属问题,而且能对战争进程和结局产生决定性影响,应确立起以海军对陆地核突击为主的海军战略运用方针

70年代后,美国将国家战略进攻核力量的主体转移至世界大洋的深处,配置在核潜艇上的战略导弹核弹头占国家三位一体战略核力量核弹头总数的72%。其原因:一是潜基战略核武器有优越的生存力、隐蔽性和机动性;二是部署在全球海域的弹道导弹核潜艇能从不同海域、方向实施核突击,使对方防不胜防;三是洲际弹道导弹发射场由陆基向海基的转移,可大大减小本国遭受的核突击;四是第一次核打击无法消灭海基战略核力量;五是弹道导弹核潜艇几乎能无限期地在海上航行,具有从公海上瞄准敌国全境并发射战略核武器,且不分昼夜地在世界大洋深处机动的能力。

　　鉴于美国不断提高弹道导弹核潜艇的作战性能和加大其在国家战略进攻核力量编成中的比重,戈尔什科夫认为,苏联海军必须采取针锋相对的对策,彻底转变传统的以海军对海军作战行动为中心的思想,确立起"海军对陆地核突击是核时代海上武装斗争中占主导地位的作战样式"的思想。戈尔什科夫指出,从整个历史过程看,无论是古代地中海沿岸发生的登陆作战,还是 18 世纪俄国海军在瑞典沿海进行的大量登陆作战、1904 年日本对辽东半岛的登陆、苏联卫国战争期间进行的登陆战役,以及第二次世界大战中出现的极其广泛的登陆作战,通常没有超出战役战术范围。然而,"各大国海军装备核武器,显著扩大了海军对陆地作战的范围。起初,是母舰航空兵,尔后,是潜艇发射的弹道导弹,决定了海军拥有对敌领土上之目标实施突击的巨大能力。海军对陆地作战,在战争的总体上获得了原则上全新的意义,海军对陆地作战成了战争总战略的一个重要组成部分。现在,各国海军装备了导弹核武器,海军对陆地作战的意义增长的势头日益加强"。戈尔什科夫还认为:"在科技革命时代,海军获得了最重要的战略要素之一的地位,能直接袭击敌军集团和敌领土上生命攸关的重要目标,对战争进程产生很大的甚至是决定性的影响。"此外戈尔什科夫指出"海军对陆地作战的新能力及由此产生的来自大洋方向的巨大威胁,决定了海军对敌海军作战主要努力的性质。最重要的是用海军兵力抵御敌海上战略系统,以摧毁或尽可能最大限度地削弱其对陆地目标的突击。所以,在出现核武器以来的新条件下,同海军对陆地作战的任务相比,海军对敌海军作战的任务已屈居次要地位"。也就是说,现在海军对陆地作战不仅能解决领土改属问题,而且能直接影响战争进程以至战争结局,海军对陆地作战行动由战役战术水平上升到战略层次,并成为核时代海军占主导地位的作战行动。由此可以得出结论:"海军的这种战役战略使用方针,日益上升为首位,日益成为海军主要的作战行动领域,并使其他一切战役性的作战行动服从于自己。"当然,还须采取有效手段对执行战略核突击任务的弹道导弹核潜艇实施全面的作战保障。戈尔什科夫说:"在预定的时间和规定的海战区内,创造有利条件以利自己的庞大海军兵力集群顺利完成所担负的各项任务,并使敌人难以完成任务、无法破坏对方的作战行动。这种斗争显然将得到广泛开展。"总之,戈尔什科夫提出"以海军对陆地核突击为主"的海军战略运用方针,抓住了核战争的规律,找到了克敌制胜的途径。

(二)"核海军制胜论"在海军建设方面的两个基本观点

1. 海基战略核力量是核时代的"撒手锏",优先发展核潜艇能够在较短的时间内对敌方构成致命的核威胁,极大地改善苏联面临的战略态势

拥有什么样的战略手段才能与美国强大的全球进攻性远洋海军相抗衡,以及走什么样的发展道路才能在最短的时间内使苏联海军成为一支质量上全新的、完全符合苏联军事理论要求的远洋海军,是苏联海军战略需要着重解决的重大课题。戈尔什科夫认为,苏联海军决不能照搬照套西方海军的发展模式,同时在所有的领域与美国海军展开全面竞争,而应当走符合本国国情、军情的道路。一方面,国家不可能拿出那么多经费来发展与美国海军数量、质量相同的兵力兵器,尤其是苏联的造船工业及科学技术水平尚不具备发展美国大型航母的那种能力;另一方面,集中力量发展大型航母及其他水面舰艇,需要耗费巨大的物资和资金,且研制周期长,即便有了大型航母,最终也未必能取得对美国海军的优势。因此,必须寻找一条能在时间不太长、耗费不太大的前提下对美国海军占有优势的发展道路。戈尔什科夫经过深思熟虑,提出了"优先发展弹道导弹核潜艇"的主张。

第一,充分利用苏联科学技术取得的巨大成就,尤其是借助于核科学技术革命大力发展核潜艇,能使苏联海军在很短的时间内摆脱落后的状况,并使苏联海军跻身于世界核海军行列。戈尔什科夫指出:"在科学技术革命的影响下,海军已经沿着下列主要方向进行质的改造:向建设核潜水舰队过渡;采用导弹核武器,建立海上战略导弹核系统。"尽管苏联工业和科学技术水平在总体上无法超出美国,但在核技术方面的起步却大体相当,甚至于在后来的核竞赛中还一度领先。因此,苏联海军只要紧紧抓住核技术革命带来的机遇,集中物力、财力在海军核技术领域进行连续突破,就能抢占战略制高点,取得对美国海军的优势。

第二，优先发展弹道导弹核潜艇，能在较短的时间内研制出对付美国的"撒手锏"。古巴导弹危机事件使苏联领导集团痛切地认识到，只有拥有能够与对手相匹敌的核力量，才能立于不败之地。戈尔什科夫不失时机地说服最高当局大力发展携带潜射弹道导弹的核潜艇。他指出："苏联的核潜艇，是第一流的、现代化的全能战斗舰艇，具有可以在大洋上送行广泛任务的战役战斗性能。它们不仅是战术武器的运载者，而且是我们祖国战略核盾牌不可分割的一个组成部分。"1966 年苏联核潜艇完成了不浮出水面的环球航行，向全世界炫耀了其潜射导弹武器系统的能力。1968 年 Y 级核潜艇问世后，苏联开始以每年建造 8 艘的速度赶超美国。1973 年，苏联的战略导弹核潜艇已达 63 艘，超过美国的 36 艘，从而获得核优势。

第三，拥有核潜艇能迅速改变苏联极为不利的地缘战略态势，并能使苏联海军发展成为一支远洋进攻型海军。由于海洋地理条件限制，苏联是一个典型的陆权国，而不是一个海权国。在俄国历史上，彼得大帝曾经为成为一个"陆海军两手俱全"的强大国家而付出过巨大的努力，并展开过艰难的"争夺和控制出海口"的斗争，但均未实现其走出近海走向大洋的目的。由于受到长期流行的"小规模战争理论"的影响，苏联海军的活动范围始终局根于近岸近海，没有为苏联国家军事战略做出过重大贡献。苏联海军没有海外基地，要进入大洋就必须跨越广阔的水域，或通过敌国监视的海峡和狭窄水道。此外，其大多数基地、港口位于严寒地带，长时间的冰封使舰艇难以机动。尤其是苏联的出海口几乎全部控制在别国手中，战争期间必然遭到敌方的围追堵截。而苏联海军一旦拥有核潜艇，就能克服这些弱点。戈尔什科夫指出：苏联海军拥有核潜艇就"结束了多年来被束缚于沿海和被围禁于封闭的海区之内的状态，大大扩大了它在大洋上的活动范围，一旦帝国主义挑起战争，便可以在我们所选定的大洋战区内打击侵略者的海军，完成自己战役战略性的任务"。

在"核海军制胜论"的影响下，苏联组织关键性核技术攻关，发展了性能优越的核潜艇，使苏联海军在较短时间里就上升为重要的战略要素，具备了抵御来自海洋方向的侵略和在世界大洋上遵行重大战略任务的能力，从根本上改变了许多世纪以来俄国在海洋上的不利形势。

2. 核时代的海军建设必须遵循"均衡发展"的基本规律,优先发展能够完成摧毁敌方经济潜力和打垮敌海上核力量等重要战略任务的兵力,同时相应发展其他海军兵力

随着科学技术的迅猛发展,现代海军发展成为复合型军种,拥有包括水面舰艇、潜艇、海军航空兵和海军陆战队等兵种及各种专业技术勤务部队在内的兵力。尤其是核技术、制导技术、计算机技术等关键性技术领域的进展很快,极大地推动了海军兵力兵器的发展,使核时代海军建设变得异常复杂。

尽管不同国家的国情、军情差异很大,但各国海军建设中却有一条共同的规律——均衡发展,即"构成海军战斗威力的诸因素保持最佳的结合"。戈尔什科夫在总结 20 世纪以来各国海军建设的经验教训基础上,提出核时代海军建设必须遵循"海军均衡发展"的思想,并以此来规划和指导苏联海军建设。在戈尔什科夫看来,海军均衡发展的实质在于"使海军能够充分实现其多能性的素质,也就是说,既能在核战争条件下,又能在其他可能的战争条件下,执行各种各样的任务"。他还认为,各国海军建设的历史证明,只要遵循这一思想,海军建设就能取得进步和完成国家所赋予的各项使命任务,违背这一思想,海军建设就会遭受挫折。

在核时代,海军均衡发展的具体要求是优先发展能够最有效地完成海军主要任务的那些兵种。显然易见,携带弹道导弹和飞航式导弹的核潜艇,以及海军导弹与反潜航空兵,具有强大突击力、高度机动性和作战隐蔽性,能够对敌沿海和腹地的军事工业目标、行政中心,以及对敌海军的导弹核集群实施突击。此外,还要相应发展与潜艇和海军航空兵相配套的其他兵种。戈尔什科夫指出:"海军在战时和平时多方面的活动,其所担负的任务范围广泛,而且完成每项任务都要求有各种兵力和兵器参加,这就要求海军各种兵力都必须按照各种不同的标准和特征均衡发展。以往战争中海军的作战经验表明,海军兵力不均衡,不仅仅限制了这些兵力完成其主要任务的能力,而且限制了它们完成一系列相关的和附带的任务。因此,海军各种兵力的均衡发展,是各种现实物质可能性的一

种特定形式。"他进而得出这样一个推论：整体上（即总排水量和舰艇总数）比较强大但不均衡的海军，可能逊于数量没有那么多却正确地均衡发展的海军。海军完全均衡的问题，主要取决于对海军建设的科学领导这一复杂的过程。

在"海军均衡发展"思想的指引下，苏联海军在不太长的时间内发展成为能与美国海军相媲美的超级远洋导弹核舰队。不仅拥有对敌领土实施核突击、直接达成战争目的的战略兵力，而且有了与之相配套的大量一般任务兵力；不仅能在核战争条件下进行作战，而且能在常规战争条件下进行作战；不仅能在世界各个大洋上送行作战任务，而且能在近海、沿海地区执行各种作战任务；不仅能在战时执行打赢战争的任务，而且能在和平时期执行各种海上威慑任务及其他大量日常作战任务，真正成为苏联国家军事战略的主要支柱。

（三）"核海军制胜论"给我们的启示

戈尔什科夫关于核时代的海军战略思想，为世界海军军事学术的理论库留下了一份重要遗产，对大国或世界主要濒海国家的海军发展道路和海军战略运用产生了重要的影响。研究戈尔什科夫思想的形成与发展的过程，人们可以从中得到这样一些有益的启迪：

启示一：必须充分利用科学技术革命所提供的挑战和机遇，在关键的技术领域进行突破，并应用其成果使舰队的战略威慑及作战能力在很短时间内产生质的飞跃，一举获得极大的战略效益。不需要也不可能在海军武器装备的所有方面与世界海洋强国进行竞争，但必须在关键领域同其展开激烈竞争，赶上并超过对手，形成真正的"撒手锏"，以确保国家的安全。

启示二：海军在核时代获得了最重要的战略要素之一的地位，能直接袭击敌重兵集团和敌领土内一切重要的战略目标，能够对战争的进程与结局产生很大的，甚至是决定性的影响。发展一支弹道导弹核潜艇部队，以及相应发展能够执行广泛海上作战任务的攻击型核潜艇，并不断改进与提高核潜艇兵力的战略打击性能，便可以使其成为国家战略核力量的支柱。

启示三：核时代的海军建设必须走适合于本国国情、军情的发展道路，决不能简单地照抄照搬西方强国的海军发展模式。无论是海军兵力编成、武器装备发展，还是海军兵力的战略运用等，都必须首先根据国家军事战略及其赋予海军的使命、任务这一前提进行筹划，还要根据国家的经济状况和科学技术水平来决定发展什么和怎样发展，以及根据本国所处的海洋地理条件等因素综合加以考虑。

启示四：现代海军建设是一个十分复杂的过程，必须遵循海军均衡发展的思想和采取科学的领导方法，使构成海军战斗威力的诸因素达到最佳的组合，使海军兵力真正成为一种多能的军种，既能在和平时期使用，又能在战时使用；既能在核战争条件下使用，又能在常规战争中使用；既能在大洋水域作战，又能在近海水域作战。只有一支均衡发展的海军力量，才能成为国家政治外交政策的支柱、军事安全的手段和经济发展的保障。

今天，戈尔什科夫为之奋斗终生的苏联远洋导弹核舰队已经随着冷战的终结和苏联的崩溃而从世界大洋上消失了。不过，人们仍然能从活动在世界大洋水域的俄罗斯海军身上看到其昔日的辉煌。可以肯定地说，威力巨大的弹道导弹核潜艇仍然是俄罗斯在冷战结束后国家战略核力量的主要支柱，21世纪俄罗斯的国家安全和大国地位在很大程度上仍然取决于其战略弹道导弹核潜艇部队。从这个意义上讲，戈尔什科夫的"核海军制胜论"还会继续对21世纪世界海军发展产生影响。

四、戈尔什科夫对苏联海军战略使用问题的认识

第二次世界大战后，苏联的海军建设取得了重大突破：从近海防御的海军转变为远洋进攻的海军；从装备常规武器和常规动力转变为装备核武器和核动力；从能执行战役、战术任务转变到能执行战役战略任务。这在当时的世界军事领域是件引人注目大事，对国际战略关系产生了重大的影响。

戈尔什科夫认为,科学技术的进步、海军作战物质基础的变化,必将引起海军学术的变化。当时的海军学术大大不同于以往的,包括在第二次世界大战中占主导地位的海军学术。海军学术的发展特点是规模急剧扩大、内容迅速增加,海军兵力的使用形式和方法越来越全面。在海军学术中占有首要地位的是海军的战略使用,它的发展变化影响海军的全局。苏联海军学术界不断探讨海军战略使用的理论,发表了不少文章和著作,其中包括海军总司令戈尔什科夫的著作。他的观点代表了当时官方的、结论性的意见。

(一) 苏联海军战略使用的概念

1. 戈尔什科夫的论述

1979 年,苏联国防部军事出版社出版了戈尔什科夫《国家海上威力》一书的增订版。在第四章《当代的海军学术问题》中,增加了《海军的战略使用》一节。在此,他对"海军的战略使用"的概念做了解释,他认为:"预见海上武装斗争的性质和据此确定对海军装备和训练的要求;研究各军种在大洋战区的协同动作的有效方法,这实质上属于海军在统一军事战略范围内的战略使用这个概念。"

1983 年 7 月,戈尔什科夫在《海军文集》上发表了一篇文章,题为"海军理论问题"。其中也论及了海军的战略使用问题。他说:"海军的战略使用理论的内容,必须服从国家统一的军事战略的基本原则。同时,海军的战略使用理论又在一定程度上满足统一的军事科学的需要。当在战略范围内准备决心和提出任务的情况下需要考虑海上武装斗争的特点时就是如此。"

从戈尔什科夫的话中我们可以看出,海军战略使用从属于军事战略。苏联的海军理论认为,军事战略对一个国家来说只有一个,没有各军种的战略,各军种都要执行统一的军事战略。但由于各军种的多方面差异,在承认统一的军事战略的前提下,需要有各军种的战略使用问题,如海军的战略使用问题。它们的正确关系是,军事战略统管海军的战略使用,海军的战略使用服从统一的军事战略。海军的战略使用是海军学术的组成部分,它与海军战役法和海军战术共同构成海军学术。但它在海军学术中属于最高领域的地位。

2. 苏军内部的分歧

苏联海军在战略使用的概念,只是个人在学术文章中或某些理论书籍中曾有所论及。戈尔什科夫 1983 年的文章也未做统一。

在这场争论中,以戈尔什科夫为代表的海军学术界,坚持海军战略使用的概念,而且日益激烈,范围逐渐扩大。1976 年,苏联国防部出版了戈尔什科夫全面论述海军的著作《国家海上威力》,该书未专门论及海军的战略使用问题。1979年再版时,在第四章《当代的海军学术》中专门加了一节,题为"海军的战略使用"。在公开书籍中这样明显地谈论这方面的问题是值得注意的。戈尔什科夫说:"海军的战略使用……在海军学术的诸范畴中占有特殊的地位","海军执行的任务具有日益重要的意义,其使用范围的扩大及其对战争进程甚至对整个战争结局产生决定性影响的能力的提高,所有这一切都要求加紧全面发展海军战略使用的各种样式"。《国家海上威力》再版时增加《海军的战略使用》一节是件不寻常的事,这是戈尔什科夫强调海军战略使用的反映。

据西方报道,戈尔什科夫的海军理论受到当时军界一些人的强烈反对,他们认为海军的任务应是支援陆军,海军从属于陆军是天经地义的事。由于他们居于决策者的地位,给戈尔什科夫造成很大压力。所以,不论是戈尔什科夫的全部海军理论,还是他的海军战略使用理论,都是有所克制的,是局限在上级允许的范围内的,否则难以存在和公开发表。围绕着海军理论与海军战略问题的争论,有三件事是耐人寻味的。

第一件事是关于如何看待戈尔什科夫的两本著作问题。1972 年至 1973 年间,戈尔什科夫在《海军文集》杂志上发表题为"战争年代与和平时期的海军"的连载文章。文章的基调是强调强大海军的作用。当文章连载到一半的时候,军事书刊审查机关扣压了《海军文集》的发行,对编委会进行了重大的改组。可见,围绕着海军理论问题的争论激烈到了何种程度。戈尔什科夫并没有从根本上放弃他的观点,但在某些问题上做了一些让步。格列奇科也在"国土海军"的基调上有所松动。1976 年,戈尔什科夫的专著《国家海上威力》的出版被看作双方妥协的产物。对戈尔什科夫来说,这并不是得失相当,有进有退,而是得大于失,进大于退,甚至可以说是个胜利。因为,《国家海上威力》较之《战争年代与和平时期的海军》篇幅更长,论点更加系统,出版后的影响也更大。苏联元帅巴格拉米扬在报纸上发表了书评,说:"作者在苏联著述中第一次科学地阐明了海军强国的原则。"同样的书评大量出现,都充分肯定了该书对军事科学的贡献。戈尔什科夫并不就此为止,1979 年又出版了第二版,比原版长 12.5%。新版增加了醒目的一节,即《海军的战略使用》。他采取了以退为进的手法,开始以大量篇幅论述统一军事战略的必要性,批判了统一军事战略与海上战略相分离的倾向。但他同时又强调,别的军种也应关心海战场的作战,单一军种的战略是不能无所不包的。这两点显然带有批评的意思。

第二件事是关于《苏联军事百科全书》的问题。1976—1980 年的五年中,苏联国防部陆续出版了《苏联军事百科全书》。全书共 11 000 多个条目,"海军学术"、"海军战役"都设有专门条目,唯独没有"海军战略使用"这一条目。这说明,编辑人员不同意设这一条,从根本上否定"海军战略使用"这一学术概念。这件事与戈尔什科夫在他的《国家海上威力》一书中专门增加"海军战略使用"一节形成强烈的对比。一方面强调统一的军事战略,甚至连"海军战略使用"也不准提;另一方坚持有海军的战略使用问题,并且日益扩大对它的宣传。两军对阵,各不相让,在许多方面甚至超出了学术争论的范畴。

第三件事是关于海军理论的讨论问题。1981 年至 1983 年间,苏联海军的学术理论界展开了一场关于苏联海军理论问题的讨论。围绕这一总题目,前后发表了 8 篇文章,展开了广泛的讨论和争论。最后,戈尔什科夫做了总结。这次学术讨论是苏联海军的发展进入了新阶段的必然产物,它既对海军理论的定义、范围、内容等问题做了探讨,也把海军战略使用理论推向了一个新的阶段。在所有文章中谈论本题最广泛、最深入的是斯塔尔博的文章,他除了论述了海军战略使用的一般理论外,还强调了海军战略使用问题的重要性。他说:"在现代条件下,占首要地位的则是战略环节。"他还公开大胆地透露,在苏联"海军战略也得到了承认"。斯塔尔博的这些提法是否有意针对《苏联军事百科全书》的冷淡态度尚不能确定,然而他客观上起到了对海军战略使用问题的进一步加温作用,公然说苏联承认有海军战略。这些做法对于一个老资格的海军理论家来说是深思熟虑的。1983 年 7 月戈尔什科夫的结论中并没有对海军的战略使用问题讲多少话,粗看起来似乎不够明朗。只要把这次发表的文章联系起来思索就可发现,戈尔什科夫采取了默许的态度:他既未正面肯定斯塔尔博的文章,也未批判他的观点不对,实际上是让斯塔尔博讲出了他自己的话。这对于国防部副部长、海军总司令的身份来说,也许更主动一些。如果戈尔什科夫不同意斯塔尔博的观点,他会对这样一个重大问题在总结时提出批评。参加讨论者有一位海军上校什洛明,他认为,苏联海军在卫国战争之前就已经是一支均衡的海军。戈尔什科夫对他进行了点名的严厉批评,说什洛明的见解"完全不符合实际,违背了历史事实"。如果说这是一个原则问题需要戈尔什科夫站出来澄清,那么,苏联有无海军战略,更应该作为一个原则问题予以澄清。他不批评斯塔尔搏,证明同意了斯塔尔博的观点。

(二) 冷战时期戈尔什科夫的海军战略使用方针

1."对岸为主"的战略使用方针

苏联海军在一个相当长的时期内执行"对岸为主"的战略使用方针。这一方针是戈尔什科夫根据苏联军事战略的基本精神,为海军制定的在全局上使用海军的方法。他说:"海军对陆地作战成为战争总战略的一个重要组成部分","海军对陆地作战,在海上武装斗争中已占居主导地位","海军对海军作战已屈居次要地位"。进而他明确指出:"海军的这种战役战略使用方针,日益上升为首位。"美国军界在评论苏联海军战略问题时也曾说过:"苏联海军将要用于支援,对岸作战……这种战略将回避舰队对舰队的正面对抗。"可见,"对岸为主"是苏联海军的战略使用方针。

之所以把海军对岸行动列为各种作战样式之首。戈尔什科夫的基本观点是,战争的目的在于占领敌方领土,成功的对岸行动比对海行动具有更大的效果。他认为："在现代,海军采取对岸上行动不仅有能力完成改变领土的任务,而且有能力直接影响战争的进程甚至结局。鉴于这一点,对岸上行动为主的海军的这种战役战略使用方针日益上升为首位,日益成为海军主要的作战行动领域,并使其他一切战役性的作战行动服从于自己。"确定海军对岸行动居于主导地位,正是戈尔什科夫根据苏联海军武器装备质的变化和预想敌的情况,对海上作战样式所做的优选。

2. 对苏联海军战略使用方针的分析

戈尔什科夫"对岸为主"的战略使用方针,从作战类型和作战地域来分析,属于远洋进攻型。但是,苏联海军的远洋进攻与西方传统的控制海洋战略是有区别的,它具有强烈的苏联特色。其基本特征并不是在远离海岸的大洋夺取海洋的控制权,而是根据苏联海军及其主要敌手的强弱点所制定的一种独特的"远洋进攻"战略。某些西方战略家在研究苏联海军战略时,往往以传统的制海概念来衡量苏联海军,评价它的战略实质,这种观察问题的方法由于未能充分考虑到苏联的特点,往往陷入死胡同,得出错误的结论。他们只看到苏联海军在航空母舰力量上与西方的差距,认为它们无力在远洋与之对抗,因而得出了苏联海军仍然是一支防御力量的结论。这样的研究方法是对苏联海军的实质缺乏深入探讨所致。

"对岸为主"海军战略使用方针是与苏联军事战略的精神相一致的。苏联军事战略强调,各军种的战略使用必须与军事战略相一致,服从国家的军事战略,不得违背。戈尔什科夫说:"海军的战略使用理论的内容必须服从国家统一的军事战略的基本原则。"斯塔尔博也说:"在海军的建设和使用问题上仍然要按照统一的军事战略办事。"苏联执行"积极进攻"的军事战略,认为在战略范围内的军事行动应主要采取进攻。原苏军总参谋长奥加尔科夫在《苏联军事百科全书》中写道:"苏联军事战略认为进攻是军事战略行动的基本类型……"他与索科洛夫斯基在《军事战略》一书中认为"战略防御对国家是十分有害的,应当坚决摒弃"的观点有所不同,"承认有必要在战略范围内组织和实施防御"。但这种防御是居于第二位的,是为了进攻或反攻才进行防御的。他的主旨仍然是进攻。按照海军的战略理论必须服从统一的军事战略的观点，"积极进攻"的精神也应该成为海军战略使用的基本精神。"对岸为主"的海军战略使用方针，正是"积极进攻"战略在海军的体现。

"对岸为主"的战略使用方针是在研究了它的主要对手美国的海上战略后制定的，企图避开美国海军的强点，充分发挥自己的优势。美国海军执行"前沿部署"战略，即以部分海军兵力部署在两大洋的前沿：在大西洋部署在格陵兰—冰岛—英国之线及其以北海域；在太平洋部署在日本、琉球群岛、菲律宾的西太平洋地区。再加上当地盟国的海军兵力，以这些前置的优势兵力，夺取制海权，防止苏联海军进入大洋。在此基础上，主动进攻科拉半岛和苏联远东滨海地区的海军兵力。它所倚靠的基本力量是航空母舰编队，以其舰载机夺取制空权和制海权。在这方面美国海军具有极大的优势，而苏联海军却相形见绌。

苏联海军深知美国航空母舰的巨大威力，认为它具有多种作战能力、巨大的突击威力和高度的机动性，在常规战争中，在控制海洋方面能发挥优越的条件而达到目的。在这方面，在远洋作战时，苏联海军尚无法与其对阵。它虽然也已建设了一支较为庞大的水面舰队，但它的基本使命是保障潜艇的行动，为潜艇的行动创造条件，着重执行反潜作战任务。例如，"基辅"级航空母舰的设计指导思想仍然是反潜型的，导弹巡洋舰和导弹驱逐舰也有相当一部分是反潜的。故以水面舰队来对付美国的航母编队显然不占优势。苏联反航母编队的作战指导思想强调实施诸兵种合同突击，即以导弹航空兵、飞航式导弹潜艇、水面舰艇对美航母编队进行集中的或连续的突击。由于美航母具有很强的综合作战能力，苏海军未必占优势。这一总的力量对比促使苏联尽量在战略上避免与美海军争夺制海权，不与美海军针锋相对，不实行舰队决战。这一做法可以说是避实就虚、避强击弱、扬长避短的做法。苏联海军经多年经营建设，拥有了一支庞大的战略潜艇部队。这支部队具有强大的核突击能力，是苏联海军战斗威力的基础，是整个战略力量的重要组成部分。苏联的海军学术理论把对这支部队的使用提高到战略地位，居于主导作用，形成了"对岸为主"的战略使用方针。在战略上这样使用海军，避开了走舰队决战的老路，避开了美国海军的强点。因为，靠苏联当时的海军力量与美国的航母决战,显然是不明智的。依靠弹道导弹潜艇的对岸袭击,似乎主动性较大,较能有所作为。

(三) 戈尔什科夫的海军战略使用原则

海军战略使用方针确定之后,还必须有一系列的战略使用原则来支持它、实现它。离开这些原则,战略使用方针就显得很孤零、单薄。然而,战略使用方针与战略使用原则又不是并列的,前者居于主导的地位。从实际中观察,戈尔什科夫的海军战略使用原则如下:

1. 力争舰队战略机动的自由权

舰队战略机动能力对任何海军来说都是重要的。失去战略机动能力就意味着丧失战略主动权。这个问题对苏联海军具有更为特殊的生死存亡的意义。苏联的海区自然条件决定了它的海军战略机动能力大大受限。它所面临的问题有两方面:一是海区分割带来的兵力的远洋机动支援问题;二是海区封闭所带来的争夺出海口的问题。

苏联四个舰队所在的海区彼此分割,相距遥远。北方舰队的摩尔曼斯克距波罗的海舰队的列宁格勒 2 300 海里;列宁格勒距黑海舰队的敖德萨 4 900 海里;敖德萨至太平洋的海参崴有两条航线,中航线经苏伊士运河 9 200 海里,南航线绕好望角 16 000 海里。从海参崴经北航线至北方舰队的摩尔曼斯克 5 600 海里。可见苏联的四个舰队彼此分割、不能连成一片。这种舰队分割的状况,不利于相互协同动作和支援。在历史上,俄国海军曾有过沉痛的教训。1904 年 2 月 9 日爆发的日俄战争,8 月 24 日沙俄政府决定从波罗的海派第二太平洋分舰队前往远东,支援旅顺口的第一太平洋分舰队。1904 年 10 月 15 日出航。1905 年 1 月 6 日,当分舰队到达马达加斯加的时候,旅顺口失守,第一分舰队覆灭。1905 年 5 月 27 日,第二太平洋分舰队到达对马海峡,日俄双方进行了著名的对马海战。在这次海战中,俄舰大部沉没。这次俄国舰队的洲际战略机动长达 7 个月之久,很不及时。在总结日俄战争中俄国海军的经验教训时,戈尔什科夫写道:"海上战区不连在一起,能有一支战区之间的机动兵力是非常必要的。"因此,苏联海军非常重视欧、亚两洲间的战略机动。

苏联四个舰队所处的海区,除北方舰队出口开阔外,其余三个舰队的出口均受制于人。波罗的海舰队进入大西洋必须经过丹麦附近的一系列海峡;黑海舰队进入地中海必须经过达达尼尔海峡和博斯普鲁斯海峡;太平洋舰队在日本海的兵力进入太平洋必须经过宗谷、津轻、对马三海峡。这些海峡分别为美国、北约、日本等所控制,战时易被封锁,使苏联舰队围困于局部水域,不能自由地进入大洋。这是苏联海军战略上致命的弱点。戈尔什科夫意识到了这个问题,指出苏联海军必须:"为了进入大洋,强行通过帝国主义国家海军控制的……狭水道和海峡。"可以预见,战时争夺出海口的斗争将是十分激烈的。

2. 提前前沿展开

戈尔什科夫认为,现代战争主要依靠平时建立起来的海军兵力用于战争。在战争过程中,将基本上得不到补充。所以,现有兵力在平时即按照战略企图,展开在预定的战略方向上,以便在不进行大的调整部署的情况下,突然发动战争。

与此同时,还重视在和平时期于重要海区,提前展开一定数量的海军兵力,以便提高应急能力。常驻海外的分舰队即属于此措施。

苏联常驻海外的分舰队有两个:地中海分舰队和印度洋分舰队。地中海分舰队组建于1967年。大部分舰只由黑海舰队派出,平时约保持50艘各型舰船。开始以埃及的港口为基地,后转向叙利亚的港口。它的任务是与美国的第六舰队相抗争。印度洋分舰队组建于1968年,大部分舰只由太平洋舰队派出,平时约保持20艘舰船。最初以索马里的港口为基地,后以南也门的港口为基地。活动海区在印度洋的西北部。主要任务是威胁海湾地区的石油航线和红海、亚丁湾一带频繁的西方航线。除了两个常驻海外的分舰队外,1979年,苏联还向越南派驻了海军兵力,使用岘港和金兰湾基地,并设有指挥机构。经常保持舰艇10—15艘,飞机20余架。除驻有侦察、反潜飞机外,还驻有导弹飞机和歼击飞机。将它的太平洋舰队兵力由海参崴南下2 000余海里。

3. 战略兵力后置

苏联海军的弹道导弹潜艇是战略袭击兵力。由于初期导弹的射程较短,所以潜艇要在接近对方海岸的海域占领发射阵位。这样使用潜艇是很不利的。首先,长途往返容易被对方发现,既不安全,也不隐蔽,特别是在需要突破防潜搜区时更是如此;其次,部分兵力长时期航渡轮流换班,兵力使用不经济;再次,发射阵位距对方越近,反潜兵力使用的密度也越大,容易遭到多种兵力的跟踪和攻击。以上情况在战略上是很不利的。然而,在武器射程短的情况下,只能如此。为了弥补上述弱点,苏联大力增加弹道导弹的射程。后来生产的几个型号其射程可达 4 000～5 000 海里。由于射程的增加,潜艇的发射阵位可以大大后撤至苏联海岸附近海区。这样就解决了潜艇长途往返和阵位距对方海岸过近的弊病。总之,随着潜射弹道导弹射程的增加,苏联战略潜艇的阵位逐步后撤,直至临近苏联的海区,最大限度地保持隐蔽安全,经济准确。

4. 以海外基地、港口支持远洋舰队的活动

苏联海军执行远洋进攻任务后,增加了对海外基地的依赖。没有海外基地支持的远洋舰队,不仅战斗能力受到很大限制,而且要导致严重后果。有鉴于此,苏联在世界上十几个国家,取得了二十几个海空军基地的使用权。这些基地分布在波罗的海、黑海、地中海、印度洋西北部、印度、越南、古巴等地。苏联海军利用这些基地部署了作战兵力、侦察兵力和后勤保障兵力,从而把它的部分舰队兵力从封闭海区提前展开在重要海域。海外基地为上述兵力提供了驻泊条件、补给条件和维修条件,从而增大了活动半径和兵力的使用强度。特别有意义的是,苏联海军舰载机很少,性能也不先进。取得海外基地后,可以使用陆上歼击机或歼击轰炸机掩护部分重要海区,以解决空中掩护能力薄弱问题。

5. 发挥海上整体威力

要取得海上武装斗争的胜利,不只是依靠海军,而且要依靠国家的海上威力这一综合概念。戈尔什科夫为国家的海上威力下了如下的定义,他说:"开发世界海洋的手段与保护国家利益的手段,这两者在合理情况下的总和,便是一个国

家的海上威力。"国家海上威力的组成部分是：海军、商船队、渔船队、科学考察船队。

海军在国家海上威力诸因素中，始终居于主导地位。现在的海军在和平时期的国家政策中的作用增大了，在武装力量体系中的地位提高了，海上作战的作用也更大了，"甚至能以海上的突击来改变陆地军事行动区域的武装斗争的进程和结局"。

苏联商船队除了完成经济任务外，也是一个重要的军事因素。正如戈尔什科夫所评价的那样："海上运输船队应被看作国家海上威力的一个具有多种性能的组成部分，在战时和平时都起着极为重要的作用。"它可以完成军事运输、输送登陆兵上陆、补给、侦察、训练等任务，是海军的最直接和最有效的后备力量。

渔船队也是国家海上威力的重要因素，它可以完成一些辅助性的战斗任务，用于基地、港口的防御。

戈尔什科夫还认为，大洋战区的战略任务并不仅仅由海军来完成，苏联武装力量中的其他军种也应参加海上作战，与海军协同动作，共同完成任务，如远程轰炸航空兵、战略火箭军等。

苏联海军战略使用所要解决的问题是海军全局性的问题，不过，在苏联传统上不允许有军种战略，强调战略的统一性。苏联海军学术界，包括戈尔什科夫本人，萌发出海军战略的念头，因为时机尚不成熟，没有大张旗鼓地提倡。

五、戈尔什科夫与苏联海军的建设

第二次世界大战后，50 年代中期至 70 年代中期的二十年内，苏联的海军建设取得了重大突破，从一支近海防御力量，发展成为一支远洋进攻舰队。又经过十年的扩充，拥有了 420 万吨舰艇，1 400 架飞机，近 1 000 枚潜射弹道导弹和 5 个海军陆战团。

（一）第二次世界大战后苏联海军的发展

第二次世界大战后，苏联海军的发展可以分为两个大的阶段。

1945—1955年为第一阶段。由于战争的严重破坏，苏联拿不出更多的资金投向海军建设，当时的经济技术状况也不允许大规模地发展海军。这一阶段的海军建设是沿着建立水面舰艇分舰队这条道路走的。海军各兵种的发展特点是建造装备普通火炮、鱼雷、炸弹的舰艇和飞机。海军的不均衡状况仍然未获得解决：在海军的编成内，没有必要数量的远洋潜艇、防潜舰、扫雷舰和登陆舰；海军航空兵的活动半径很小，没有反潜飞机；辅助舰船落后；艇上的防空火力很弱。这样的海军只能在近岸活动，在战役、战略上仍然是一支防御力量。

50年代中期以后，为苏联海军发展的第二大阶段，即开始大规模地建设强大的远洋导弹核舰队阶段。其中，又可以分为三个小的阶段。

1955—1962年为徘徊前进阶段。1955年9月，苏共中央通过了一项建设强大远洋导弹核舰队的决议。这一决议的通过，标志着苏联海军建设进入了一个崭新的阶段。新的建军计划规定，海军应具有远洋作战能力，以导弹为主要武器，具备核攻击能力和使用核动力，要在现代战争中具备战略因素。计划虽已确定，执行起来却不是一帆风顺。在一个时期内，受到核时代海军无所作为理论的干扰，建设远洋海军的步子不大。这一阶段的主要成就是导弹武器和核动力开始进入海军领域，海军向远洋的方向迈进了一步。但海军的均衡问题仍未获得圆满解决，存在的问题是，导弹潜艇的位置过于突出，大、中型水面舰艇的发展跟不上，没有舰载航空力量。

1962—1974年为加快发展阶段。1962年发生了"古巴事件"，美国海军对加勒比海实行封锁，迫使苏联从古巴撤出导弹，在世界上丢了丑。其中重要原因之一是没有一支强大的远洋海军足以在加勒比地区发挥作用，以支持苏联的对外政策。这一重大国际事件刺激了苏联最高当局，决定加快发展海军的步伐。海军的地位、经费、编制定额、科研造船等方面均有加强，于是建设远洋海军的步伐加快了。到了 70 年代中期,苏联已经按照原来的规划,建成了远洋导弹核舰队。对此,戈尔什科夫给予很高的评价,他认为这是战后苏联军事上的第三件大事,堪与核武器和弹道导弹的试验成功并具有实战能力相媲美。

1975 年后进入继续发展阶段。苏联海军在原有的基础上继续发展,取得了新的成就,舰队向大型化的方向迈进。在建造真正的航空母舰、大型导弹潜艇、核动力导弹巡洋舰方面,在舰载巡航导弹、导弹垂直发射、先进制导技术等方面均取得了突破性的进展。

(二) 戈尔什科夫与苏联海军的建设

戈尔什科夫擅长于海军建设的组织领导。他强调建设海军要根据自己的国情,走自己的路子,不能简单地模仿和抄袭。戈尔什科夫提出,苏联建设海军的基本依据是:苏联军事学说及其关于海军的论点;科学技术的成就和发明;经济潜力和军事经济潜力;军事地理条件;以往的战争经验。其中,起决定性作用的是苏联共产党的政策和国家军事经济潜力。在上述前提下,组织海军建设。海军建设不仅需要一定的物质基础,而且需要正确的主观指导。甚至在一定的物质基础条件下,主观指导将起决定作用。

1. 科学地阐明海军的作用地位

关于海军地位的重要性,戈尔什科夫很清楚地说:"苏联军事学说关于海军的论点,是决定海军发展的总方针、基本任务,根据各种标准决定它的力量均衡⋯⋯的重要因素。"事实证明,海军的作用地位被正确理解,并付诸实现了,海军就向前发展;海军的地位被贬低,它的发展就受到挫折。

斯大林是重视海军建设的。早在 20 年代中期的艰苦岁月,就通过并执行了造船工业的第一个六年计划,决定发展轻型海军。1938 年,决定建立远洋舰队,海军建设的速度有了成倍的增加。到战争前夕,苏联海军已有相当规模,仅护卫舰以上的大中型舰只就达 90 余艘。由于苏德战争爆发,中断了建立远洋舰队的计划。战后的 1950 年,他又批准了建设大型水面舰艇的计划,据说包括建造 4

艘航空母舰,但由于他的逝世而未能付诸实现。

赫鲁晓夫的军事思想是以核迷信和核讹诈作为理论基础的。他过分强调了导弹核武器的作用,忽视常规力量的作用。在建军问题上他把战略火箭军捧得至高无上,认为它是"国防威力的基础"、"整个军队中起决定作用的手段"而加以大力发展。对常规力量却竭力贬低,认为"空军和海军已经失去了它过去的作用……不是要被削减,而是要被代替"。他认为,水面舰艇只能供检阅用和成为导弹的靶子,航空母舰是浮动棺材。总之一句话,核时代的海军是无所作为的。在此思想指导下,他停止建造大型水面舰艇,包括已动工的巡洋舰,将 375 艘军舰退出现役。着重建造潜艇(特别是导弹潜艇)和小型导弹艇。海军人员减少约10 万人。这次裁军在减少冗员和废旧装备方面,不能认为全错,但其主导思想是错误的,其后果是五大军种的不均衡和海军内部各兵种的不均衡,不能全面地执行各种任务、应付各种战争。他的军事思想,限制了海军的发展步伐。

戈尔什科夫的海军理论基本上代表了 1964 年以后苏联决策者的思想。他强调海军在战争中,甚至在国家社会发展中的作用地位。他认为:"海军已成为最重要的战略因素之一,它能直接作用于敌军集团和敌领土上极为重要的目标,从而给予战争进程以非常大的、有时甚至是决定性的影响。"海军"在和平时期,它又往往被用作推行国家政策的工具"。他甚至认为:"在巩固国家的独立、发展国家的经济和文化的过程中,沿海国家的海军始终起着相当大的作用。海军的强大是促使某些国家进入强国行列的诸因素之一。历史证明,如果没有海上军事力量,任何国家都不能长期处于强国地位。"在上述思想指导下,苏联从 60 年代中期起,正确评价了海军的作用与地位,端正了发展海军的指导思想,使海军的发展速度大大加快。可见,国家军事学说关于海军作用地位的理论十分重要。它是发展海军的首要前提,科学地反映了实际就能加速海军的发展,出了偏差就会大大延缓海军建设的步伐。

2. 有一个长远的奋斗目标

奋斗目标是对海军建设事业长远的勾画,是建设海军蓝图的集中反映,它简练地概括了要建设一支什么样的海军。1955 年 9 月,苏共中央通过了一项在新时期发展海军的计划。计划中明确提出了海军的奋斗目标是"大规模地建设强大的远洋导弹核舰队"。

这个奋斗目标提得相当概括,总共才16个字,一目了然,一语道破。但它又不是抽象的概念,而是有具体内容。它指出:苏联规划中的、未来的海军将具有远洋活动和作战能力,是一支全球规模的海军;新的舰队将以导弹为主要武器,传统的火炮、鱼雷、炸弹将退居次要地位;具有核攻击能力和使用核动力装置;总的要求是具有强大的战斗能力;建设工作不是修修补补,局部更新,而是大规模地建设一支全新的海军,使海军有质的飞跃。

奋斗目标一经确定,就在行动中坚决执行,即使中途遇到波折也坚持到底。50年代中期至60年代初期,这一奋斗目标受到了极大的干扰,建设远洋舰队的步伐慢了下来。就是在那样的条件下,海军仍是有所发展的,导弹武器和核动力的研制装舰以及一些重要型号的舰艇服役,都是在这个年代内完成的。60年代中期以后,苏联的军事学说发生了很大变化,端正了关于海军的理论,海军的发展建设纳入了正常的轨道,大大加快了发展速度。一支发展均衡的、强大的远洋导弹核舰队已经建设起来。"基辅"级、"卡拉"级、"克里瓦克"级等大型水面舰艇和D级、V级、C级等大型潜艇以及图-22M"逆火"式中型飞机的服役,就是建成的标志;而戈尔什科夫的著作《国家海上威力》的出版正是从理论上对建成远洋导弹核舰队的说明和总结。

远洋导弹核舰队的建成,作为一个建军阶段来说是达到了预定目标。但海军建设并未就此终止,而又提出了新的任务。苏联海军继续向大型化,更加现代化的方向迈进。

3. 指导海军建设的总方针

奋斗目标确定之后,苏联采取了许多措施来实现它。其中最重要的是确定一条建设海军的总方针。戈尔什科夫为苏联海军的发展制定了一条总方针,他说:"海军建设的总方针是以建设一支全面发展的,即保持均衡的海军为目标。"可见,均衡地发展海军是苏联海军建设的总方针。

苏联海军认为,海军均衡的实质是,科学地确定海军的结构和数量编成,使海军组成的各部分处于按比例发展的状态,从而达到最有利的配合,以完成平时和战时的各项任务。

戈尔什科夫主张,海军均衡必须解决两个问题:

一是合理地确定海军在整个武装力量中的作用地位,只有这样才能确定海军总的数量。在确定海军总的数量时所遵循的基本原则是,能以平时拥有的兵力来完成未来战争中的任务。因为,在核战争的条件下,海军兵力的恢复是极其困难的,或者说实际上是不可能的。

二是确定海军各兵种间适当的比例关系。在安排各兵种的比例时必须明确,均衡绝不意味着平均,而要优先发展完成主要任务的兵种。所谓能完成主要任务的兵种就是能完成战略任务的兵力,如携带飞航式导弹和弹道导弹的核潜艇,海军的导弹航空兵和反潜航空兵。它们具有高度的机动性和隐蔽性,有巨大的打击力量,能袭击对方纵深内的政治、经济、军事中心和展开在大洋上的海军核力量。优先发展潜艇和航空兵并不排斥发展其他兵种,水面舰艇,特别是它将在保障潜艇活动中起重要作用。

戈尔什科夫认为,"海军的胜利……在很大程度上取决于海军均衡问题的正确解决"。"从整体上看较强的(从总排水量和舰艇数量来看)但不均衡的海军,在整体战役能力上可能不如数量较少但经过适当均衡的海军……"

4. 在建设海军总方针的指导下,有一套建设海军的具体做法

为了执行均衡地发展海军的总方针,苏联发展海军的具体做法是:潜艇和海军航空兵是主要兵种,相应地发展水面舰艇;携带核弹头的弹道导弹和飞航式导弹是主要武器;广泛使用电子设备和自动化指挥设备。

优先发展潜艇。苏联海军强调,潜艇是战斗威力的基础,在海军诸兵种中占首要地位,给以优先的发展。戈尔什科夫认为,苏联建设海军不能走西方的老路,不能和西方在水面舰艇的建造上相竞争,那样势必花费大量资金,是否能取得优势还不一定。而发展潜艇,可以在最短时间内、花费较少的资金形成战斗力。在潜艇部队内部,采取的发展做法是:突出发展导弹潜艇,特别弹道导弹潜艇;大力发展核动力潜艇,少量生产常规动力潜艇。

大力发展海军航空兵。苏联海军认为，海军航空兵是现代海军突击威力的主要标志之一，成为海战中的最重要的手段。在海军的发展建设中，从海军均衡的角度考虑，海军航空兵在海军诸兵种中居于第二位。发展海军航空兵所遵循的原则是：海军航空兵的主要攻击目标是海上机动目标，解除海军航空兵对岸上目标的攻击任务；在各种海上目标中，海军航空兵应主要攻击潜艇，首先是各种导弹潜艇；海军航空兵要能够克服对方舰艇防空火力的抗击，在不进入对方防空武器的有效火力范围的条件下实施攻击；海军航空兵向专业化的方向发展，区分为反潜航空兵、导弹航空兵、侦察航空兵、舰载航空兵、歼击轰炸航空兵等。

相应地发展水面舰艇。苏联海军认为，水面舰艇的作用是与海军主要突击兵力——潜艇紧密相连的，它赋予潜艇以战斗坚持力和使潜艇得到全面保障。既反对把水面舰艇提到不适当的地位，像以前那样作为海军的主要兵种加以发展，也反对不重视水面舰艇，认为它在核战争中无所作为。苏联发展水面舰艇的做法是：十分重视发展航空母舰；大量发展导弹巡洋舰和导弹驱逐舰；保持一定数量的小型战斗舰艇和战斗保障舰船；后勤辅助舰船要能够满足需要。

控制海军陆战队和海岸火箭炮兵部队的规模。苏联的海军陆战队，战后经过了撤销又重建的过程，作为海军的一个兵种是需要的，但平时没有扩大它的规模，战时再行扩建。海岸火箭炮兵部队也大体如此。

（三）戈尔什科夫之后的苏联海军

1985 年 12 月，任职达三十年之久的苏联海军总司令戈尔什科夫被免职。

风云一时的一代名将离开了他任职期间发展建设起来的远洋导弹核舰队，接替他任总司令的是 57 岁的海军参谋长切尔纳温。这在苏联来说是件不小的事情，也为世人瞩目。特别是国际上普遍关心戈尔什科夫所坚持的一整套做法和理论是否会继续下去，苏联海军将向什么方向发展。这是理所当然的，更何况苏联自戈尔巴乔夫上台和苏共二十七大以来，社会生活经历了巨大的变革，出现了不少新鲜事物，包括军事思想和军事政策领域都有新的观点和新的做法。

苏联《红星报》登出了切尔纳温接替戈尔什科夫的消息,西方人士给予了大量的关注和评论。显然,苏联海军领导人的更迭,可能会在苏联海军的建设与使用等方面引起"连锁反应"。因为在1981—1983年的苏联《海军文集》组织的海军理论问题大讨论中,切尔纳温与戈尔什科夫的观点显得不太一致。然而纵观切尔纳温就任海军总司令前的一些文章,他与戈尔什科夫在海军的一些重大问题上并没有实质的分歧,或者说同多于异。因为,正如切尔纳温在《论海军理论》一文中所说的那样,"海军的发展和完善是一个连续的过程。"

第一,他们在海军理论方面没有原则性的分歧。在1981—1983年的苏联海军理论问题大讨论中,切尔纳温在题为"论海军理论"的文章中,并没有就海军理论发表带原则性分歧的意见,而只是笼统地强调"对海军的见解,亦即对海军理论各个组成部分的见解需要有更加详尽、更加严格的论据",并指出了代表戈尔什科夫观点的斯塔尔博的文章中关于海军理论结构方面的论述所存在的不足。此外,切尔纳温也赞成通过讨论来求得不同意见的统一。戈尔什科夫在以"海军理论问题"为题的讨论总结文章中,采纳了各家合理的意见,并提出要"继续研究海军理论和探索它的发展",而没有把问题说死。显然,两人之间并没有原则性的分歧。

第二,两人在海军战略使用问题上没有分歧。关于海军的战略使用,戈尔什科夫在《国家海上威力》一书中做了解释:"研究在海洋战区内所有各军种协同行动的最有效的方法,这实质上属于'海军在统一的军事战略范围内的战略使用'这个概念。"切尔纳温可以说是贯彻和执行了戈尔什科夫关于海军战略使用的观点的。就是在切尔纳温的《论海军理论》一文中也找不到他反对戈尔什科夫关于还海军战略使用的观点。最能说明问题的莫过于切尔纳温撰写的《海军迎接苏共二十七大》的文章了,文章中只字未提海军战略使用的事。对于新任海军总司令的切尔纳温,这绝不是一时的疏忽。这说明这位新上任的海军总司令没有对戈尔什科夫的海军战略使用提出异议。

第三,他们在海军的作用与地位方面的提法上有些不同。戈尔什科夫把海军的作用提到了相当的高度。他不止一次在文章中说,"海军可以改变武装斗争的进程甚至结局"，"在各军种中，唯有海军能最有效地保障国家在国外的利益"。切尔纳温在谈论统一问题时，则强调各个军种共同的作用，说："无论敌人位于什么地理环境——陆上、空中、水面、水下，每个军种都能打击敌人，但要夺取胜利则需要各军种的共同努力。"

第四，在海军建设方面都强调建设一支远洋导弹核舰队。戈尔什科夫一贯主张"建设一支远洋导弹核舰队，以巩固大国地位"。切尔纳温在这个问题上持与戈尔什科夫同样的观点。1977 年他在担任北方舰队司令时就发表文章说："为保卫苏联的安全，需要建立一支远洋导弹核舰队。"在 1986 年年初《海军迎接苏共二十七大》一文中，切尔纳温宣称苏联海军已建成了一支远洋导弹核舰队，它拥有导弹核潜艇、航空母舰、导弹巡洋舰等新一代舰艇；在舰艇、火箭航空兵和海军步兵等海军兵种中，主要突击兵力是具有机动性大、火力强、用途广的核潜艇；苏联海军已具备了在世界各大洋进行"舰队对舰队"和"对岸袭击"的作战能力。这说明摆在切尔纳温面前的不是重新谈论建设一支什么样的海军的问题，而是如何使用这样一支海军的问题了。

然而，正如戈尔什科夫所认为，苏联海军的发展建设是以若干因素为前提的。它们是：苏联的军事学说；科学技术的成就和发明；经济潜力和军事经济潜力；军事地理条件；战争经验。他特别强调党的政策和国家军事经济潜力起重要的决定性作用。

苏联党和国家的军事思想以及对海军的政策，主宰着苏联海军的发展变化，起着支配作用。当时，苏联党和国家的头等大事莫过于贯彻执行苏共二十七大的决议，即在各个领域内实行改革。这个大趋势支配着苏联各系统、各部门、各地区的运转方向，也支配着海军的一切重大问题。

1. 海军的地位受到削弱

戈尔什科夫上台后，大张旗鼓地建设海军，是苏联全球战略、向外扩张的需要。建立一支全新的远洋导弹核舰队的决议，正是苏共中央 1955 年 9 月做出的。戈尔什科夫于 1956 年 1 月就任海军总司令。他坚决贯彻执行这一决议，充分发挥了个人的聪明才智与经验，在大约二十年的时间内，完成了建设远洋海军的任务,实现了三个转变。一支强大的舰队建立起来后,可以对有海洋阻隔的世界各地发挥影响和控制作用。苏联是使用这支海上力量,支持它的国策。这就是当时苏联海军发展壮大的背景,绝不仅仅是戈尔什科夫个人意志、好恶所能决定的。戈尔什科夫适应当时的政治需要,把海军的作用推到了相当的高度。他宣称:"海军的强大是促进某些国家进入强国行列的诸因素之一。历史证明,如果没有海主军事力量,任何国家都不能长期处于强国地位。""海军已成为最重要的战略因素之一,它能直接作用于敌军集团和敌领土上极为重要的目标,从而给予战争的进程以非常大的,有时甚至是决定性的影响。"这些结论就一般意义上说不无可取之处,这样评估海军的作用不无道理。但放在当时苏联国际军事政策背景下来分析,不可避免地带上了扩张的烙印。可以说,苏联海军作用地位的提高是建筑在全球扩张的背景下的,出于政治上的需要,海军才获得高速的发展。之后,戈尔巴乔夫的做法进行调整,着重解决国内问题,走增强综合国力的路子。在对外事务中,不是靠强大的军事力量,搞武力输出,而是创造利于国内建设的和平环境,推行"和平战略"。海军赖以发展起来的政治目的有了很大变化,海军的作用地位随之下降。

2. 海军发展建设的目标有所收缩,急剧发展的势头停止下来

1955 年 9 月,苏共中央为海军的发展建设制定了一个总目标,这就是建设一支强大的、均衡发展的远洋导弹核舰队。经徘徊前进阶段,到加速发展阶段,国家对海军的投资逐年增加,每年从大约几个亿美元增加到 280 余亿美元,平均占总军费的 20%左右。与此同时,国家对海军在人力、物力、科学技术等方面的投入也在大大增加。国家的巨额投资,使得海军获得了大发展,一个时期内甚至达到急剧膨胀的地步。其总吨位从 1964 年的 250 万吨,增加到 1974 年的 300 万吨,平均每年增加 5 万吨。继而从 1975 年的 310 万吨增加到 1985 年的 440 万吨,平均每年增加 13 万吨,之后甚至每年增加超过 20 万吨。这样高的发展速度,在世界上是没有的。

戈尔巴乔夫重视增强综合国力,强调在发展经济的基础上建设国防。他在 1986 年 7 月召开的明斯克苏军高级干部会议上批评了军费过高的现象,并要求削减,使当时军费增长的势头放慢下来,在国民生产总值和国家财政总支出中所占的比例大大降低。在这种情况下,海军经费也受到影响。海军的规模直接受制于国家的政治目的和投资数量,在政治目的和财政投资缩小的情况下,海军发展的速度降低下来。

3. 海军的兵力结构有所调整

过去,苏军的建设以导弹核力量为核心,大力发展战略火箭军,将其列为五大军种之首,形成主要打击威力。在海军,发展潜艇部队,其中,又重点发展弹道导弹核潜艇,将其作为海军的主要突击力量;大力发展海军航空兵,特别是火箭航空兵;相应地发展水面舰艇部队;维持一定数量的海岸火箭炮兵和海军陆战队。这就是苏联均衡海军兵力结构的基本方针。可见,弹道导弹核潜艇在海军兵力结构中居于首要地位。经过近三十年的发展,建立起一支庞大的弹道导弹、核潜艇部队,但这支力量显然是进行核战争的手段。在苏联变革的军事思想中,核大战的地位下降了,战略火箭军的地位也随之下降。这种趋势波及了海军的弹道导弹核潜艇,使之在总数和发展速度等方面都有下降,而常规力量却以较快的速度发展。

4. 海军战略使用方针有所调整

一个时期以来,苏联海军执行"对岸为主"的战略使用方针,其基本要点是,主要作战目标是对方的岸上物体和核力量;使用的基本力量是弹道导弹核潜艇;在各种海上作战样式中,海军对岸上行动较之海军对海军行动居于主导地位。这个战略使用方针是建筑在核大战基础上的,避开了美国海军所具有的优势——舰对舰海上决战,能充分发挥苏联海军的优势,在核大战中较能充分发挥作用。关于采用这一方针的必要性戈尔什科夫说得十分清楚,他说:"在现代海军采取对岸上行动不仅有能力完成改变领土的任务,而有能力直接影响战争的进程甚至结局。鉴于这一点,对岸上行动为主的海军的这种战役战略使用方针日益上升为首位,日益成为海军主要的作战行动领域,并使其他一切战役性的作战行动服从于自己。"

但是,戈尔巴乔夫认为,核大战一时打不起来,战争类型多样化。在这种形势下,这一战略使用方针显得声大力薄,不能灵活地应付各种战争局面。形象地说,只有核打击一只手,常规手段却显得无能为力。戈尔巴乔夫摒弃核战争理论,这就使得海军"对岸为主"的战略使用方针经历调整。但戈尔什科夫的海军理论与实践曾风靡一时,反映了那个历史阶段内苏联海军的全貌,对海军影响颇深。他的许多观点和做法,反映了海军的共同规律,仍然极具现实意义。

卡斯泰

低调辉煌的海洋战略大师①

　　海军上将拉乌尔·维克托·帕特里斯·卡斯泰(1878—1968),法国海军伟大的战略家、历史学家和理论家。卡斯泰的一生,如同克劳塞维茨一样,既荣耀辉煌又令人惋惜。辉煌之处在于他由一名默默无闻的低级军官通过自己的努力最终到达其职业生涯的顶峰,在法国海军中曾位居高职。他生于军人之家,18岁考入军校,两年后以第一名成绩毕业。第一次世界大战结束后,卡斯泰先是被任命为法国海军刚成立的海军历史研究部领导,后调至海军战争学校出任教授。1921年,海军高级研究中心成立,他承担部分教学任务;1932年他被任职为海军战争学校的校长并担任海军高级研究中心主任;1934年11月,被提升为海军少将后,于次年7月,担任布雷斯特海军军区司令,但很快,1936年9月,又重新回到海军战争学校任校长;第二年5月,卡斯泰被任命为海军高级委员会正式成员,并晋升为海军上将,负责海军监察工作。为研究军事战略问题,培养陆、海、空三军高级军官,1936年他受命创建高级国防学院并担任首任院长。也正是在这一段时期,相继发表的理论著作为他带来了巨大的声誉。1935年《战略理论》一书出版,是法国战略思想的一座里程碑,罗辛斯基曾指出:"卡斯泰之后,海军理论界就没再产生过新的战略理论家,后续所谓的战略学家不过是历史研究者或理论分析者。"其海军思想甚至影响了几代法国海军军官。《战略理论》一书被翻译成英文、德文、意大利文、西班牙文、日文及中文,纵观法国海军史,取得如此

　　① 作者简介:冯梁(1963—　　),男,中国南海研究协同创新中心副主任,海军指挥学院教授、博士生导师;李革(1969—　　),男,海军指挥学院讲师;张梓涵(1986—　　),女,海军指挥学院外训系讲师。

成就的海军人物也只有卡斯泰一人。然而,令人遗憾的是,无论是战争期间还是非战争期间,卡斯泰很少担任重要的领导职务,这使他满腹经纶,却又排斥在了战争之外,无法亲自实现自己的抱负。虽然《战略理论》一书在欧洲大陆举足轻重,但却不存在所谓的卡斯泰学说或卡斯泰主义,时至今日,这种现象仍旧如此。卡斯泰如同一颗划过夜空的流星,留给人们闪亮光芒的同时,却又难以追寻他的轨迹。

一、家庭背景与成长历程

(一) 并不显赫的家世

18世纪末的法国,大革命的浪潮席卷全国,在那个动荡的年代,法国南部上加龙省维尔纳弗河畔一个相对平静的小村庄里,生活着卡斯泰的曾祖父皮埃尔·卡斯泰一家,他的孩子中,只有卡斯泰的祖父让·帕特里斯·卡斯泰选择了从军这条道路,为后来卡斯泰的发展奠定了一定的基础。

1841年,让·帕特里斯·卡斯泰由于表现英勇,被提升为军官。1857年11月,他以上尉军衔退役并获得一枚荣誉军团骑士勋章。

1867年,让·帕特里斯·卡斯泰唯一的儿子亨利·查理考入了法国著名军校——圣西尔陆军军官学校,两年后以令人十分满意的成绩毕业。

1870年7月19日,普法战争爆发,作为圣奥梅尔地区法军第一野战步兵营的少尉军官,亨利·查理理所当然地参加了这场战争。然而,拿破仑三世的狂妄和对军事态势的分析不足使得法军节节溃败。1870年8月30日,拿破仑三世率12万大军退守色当。9月1日色当战役打响,普军700门大炮猛轰法军营地,法军死伤无数。幸运的是亨利·查理毫发无损地躲过了枪林弹雨,不幸的是他与拿破仑三世一起成了德国人的俘虏。

1874年,亨利·查理升为上尉,不久又升至少校,并担任爱丽舍宫卫队长。

1904 年 1 月成为法国战争部步兵总监,少将军衔。1878 年 10 月 27 日,拉乌尔·卡斯泰的出生为亨利·查理夫妇带来了欢乐,也彻底清除了因色当战役失利而留在亨利·查理心中的最后一丝阴影。然而,1905 年 7 月,一场突如其来的大病终止了他的职业生涯,7 月 20 日,亨利·查理病逝于老家。

(二) 家教严厉的优秀毕业生

卡斯泰的童年是在圣奥梅尔的军营中度过的,4 岁时,他有了一个妹妹——赫芮。卡斯泰 7 岁时,他的生母由于身体过于虚弱而撒手人寰。亨利·查理于次年再婚,父亲的第二次婚姻让卡斯泰多了两个弟弟勒内、罗兰及一个妹妹玛赫赛勒。然而,卡斯泰 12 岁时,勒内因病死去,4 年后他的亲妹妹赫芮又离开了人世。从童年到少年,卡斯泰相继经历了与几位家人的最终诀别,所幸的是,继母玛丽如同对待自己的亲生子一般给了他无微不至的关爱与呵护,卡斯泰也对继母充满敬意,视她如自己的亲生母亲。

卡斯泰的父亲希望孩子们能追随着自己的足迹在军队中有所作为,于是,他请来了圣奥梅尔地区最严厉的家庭教师来教育自己的孩子,还常常自己实施家教。

圣奥梅尔军营是陆军营地,军人的意识在他内心很早就扎了根,同时,陆军思想也在他身上留下了深深的痕迹。这对他早期军事思想的形成毫无疑问产生了一定的影响。一直到第二次世界大战前,尽管是一名海军,但他独特的军事思想中明显带有陆军色彩,卡斯泰曾自认为是"海军中的一名步兵"。

1895 年,卡斯泰高中毕业,他决定报考海军学校。第一年他没能通过口试,第二年,也就是 1896 年,他以第一名的成绩被海军学校录取。

两年的军校学习生活使他形成了严谨勤奋的性格,同学们送给他一个外号:"中国人卡斯泰"。校长在毕业鉴定书中为他做了如下的评语:"一位值得高度重视且极具天赋的学生,未来卓越非凡的军官。"

（三）女王的接见与德皇的"预言"

1898 年 10 月，卡斯泰来到了老式巡洋舰"依菲热尼"号上，开始了毕业前的海上实习。他的第一份实习岗位是参谋副官，即海上指挥官助理。海上实习期间卡斯泰也表现了超强的学习能力，各项考试成绩从未低于 18 分（满分为 20 分）。

10 月 28 日，"依菲热尼"号航行到了里斯本港，全体学员受到葡萄牙女王的宫廷接见。

1898 年，法国为扩大其在西非、中非的殖民地，正积极向东推进，企图建立一条从佛得角至索马里横贯非洲并连接阿尔及利亚的殖民圈。而法国的老对手英国，自 1882 年占领埃及后，继续向南扩展，企图征服苏丹，并把英属南、北非殖民地连接起来。英、法两国在苏丹产生了巨大的利益争端。1898 年 7 月，马尔尚上尉率领一支法军占领了尼罗河上游苏丹的法绍达（1904 年改名科多克）。两个月之后，基钦纳率领的英军从陆路也抵达法绍达。迟到的英军看到该地已升起了法国三色旗，又惊又怒，他们要求法国人降下国旗并立即撤出法绍达。以胜利者自居的马尔尚上尉非但拒绝了基钦纳的要求，还大大嘲笑了他们一番。受到嘲弄的英国人摆开架势，准备强行攻占法绍达，法国人毫不示弱，针锋相对。双方剑拔弩张，眼看就要发生直接军事对抗。英、法两军在法绍达对峙的消息很快传到了法国国内，法国政府经过权衡认为，目前法军还没做好与英军在海外作战的准备，而且与英国发生冲突可能会削弱法国在欧洲大陆的地位，更为重要的是，德国会因此乘机再次进攻法国。1898 年 11 月 3 日，法国政府做了让步，命令法军从法绍达撤退，作为交换条件，英国人对法国开放了通往南非的海上通道。

11 月 14 日，法绍达撤军的消息传到了"依菲热尼"号上，大多数军官都为此欢呼，认为法国人有了海上航行的自由。但卡斯泰当天在他的日记中谴责了法国政府放弃法绍达的行为。与大多数同学不同，卡斯泰并不是一个君主政体拥护者,对于法国海外殖民地的扩张有着自己独特的看法,即对海外殖民地实施平等的共和制,但他的这种共和制思想带有着强烈的"陆地占领"情结。这种情结来自于对法国历史的思考,也来自于对拿破仑一世辉煌帝国的崇拜,更来自于对海上强国英国及陆上强国德国的忧虑。

1899 年 7 月 19 日,"依菲热尼"号来到挪威的卑尔根港,正在当地访问的德国皇帝威廉二世参观了"依菲热尼"号。因为是优秀生,卡斯泰受到德皇的接见,而这一天正是普法战争爆发 29 周年日。临走时,他淡淡地握了握卡斯泰的手说:"您是这一届学生中最优秀的,我想您必将会成为将军,好好努力吧。"

30 年后,卡斯泰成为法国海军最年轻的将军之一,威廉二世不经意间的"预言"成为现实。

(四)从雅典到耶路撒冷——思想的萌芽

海上实习结束后,卡斯泰被授予一级准尉军衔,并分配到地中海舰队"布赫努斯"号战列舰上任助理航海长。1899 年 10 月至 12 月,包括"布赫努斯"号在内的一支法国舰艇编队访问了地中海沿岸各国。这是卡斯泰第一次面对面地了解他的近邻国家,想象与现实的撞击,其结果使得年轻的卡斯泰开始了全新的思维历程,已有的种族优越感悄然发生了变化。

希腊和黎巴嫩给他留下了糟糕的印象,在大马士革,他更真切地感受到了曾导致十字军东征的种族对立和宗教仇恨。而在耶路撒冷和君士坦丁堡,东方文明对他的种族优越感的冲击令他萌生了从军事角度去研究地缘政治的最初想法。

(五)东南亚之行及第一部著作

1900 年 6 月,英、法、德、俄、美、日、意、奥八国,联合军事入侵北京,同年 7 月,卡斯泰被派往法国远东舰队执行海上攻击任务。9 月 10 日,法远东舰队抵达天津大沽口,然而,海上战事已结束,卡斯泰事实上没有参加任何军事行动。不过,作为补偿,他仍然获得了一枚作战勋章。由于海军此时已没有过多的军事行动,卡斯泰决定乘坐"喀哈瓦内"号邮轮先行返回法国,没想到这项决定使他遭遇了一场意外,差一点就结束了他的生命。

1902年1月,已是海军中尉的卡斯泰被派往东南亚地区随舰执行沿岸水文调查任务。卡斯泰利用这一机会,对越南、柬埔寨的部分港口及风土人情实施了近一年的考察。东南亚炎热潮湿的气候让这位法国人患上了严重的皮肤病,最后,他不得不回国接受治疗。

出院后,卡斯泰对他的东南亚之行进行了总结,1903年6月,他向法国《海军杂志》投送了他的第一篇文章:《西贡的新港口》。文章很快被发表,卡斯泰因此得到一次嘉奖。第二年3月,他又在同一杂志上发表了第二篇有关东南亚问题的文章:《国旗飘扬在远东》。这两篇文章是卡斯泰首次就地缘政治问题表达自己的看法,主要论述了东南亚的地缘关系以及法国在该地区应扮演的角色,一些观点虽然还不太成熟,却构成了其国家海洋战略思想体系中最初的组成部分。

1903年10月,卡斯泰担任"驼鹿"号航海训练舰的航海教官,在这个职位上,他表现出了极具天赋的教学才能。正是这份才能的显现,使他后来的职业生涯中,大多以院校工作为主。在担任航海教官期间,卡斯泰完成了第一部有关地缘政治问题的著作:《印度支那沿岸——经济与海洋研究》。该书首先从航海专业的角度记述了印度支那地区沿岸及港口的航海水文气象状况;其次,该书深化和发展了最初发表的两篇文章的观点,对印度支那地区的政治、经济、海上贸易、国家财政等情况进行了全面的分析,并指出,法国在越南西贡建立的海外贸易基地存在相当多的不足之处。卡斯泰建议在西贡河右岸再建一个新码头以扩大货物的吞吐量。另外,关税制度的不合理,使得法国在远东的商船数少于英国,为此,他提出政府应改革关税制度,刺激商船在远东的贸易,进而向该地区输出法国文化,以保证法国在该地区的长久经济利益。

很快,《印度支那沿岸——经济与海洋研究》一书出版,该书获得了法国商学会及地理学会颁发的双重奖励。

(六) 危险的日本人与印度支那

《印度支那沿岸——经济与海洋研究》一书出版发行后不久,他的另一部论著《危险的日本人与印度支那——政治与军事的思考》也出版了。

在这本小册子中,卡斯泰首先从英、法关系入手,分析了法国在印度支那可能受到的威胁。"法绍达"事件后,1899 年 3 月 21 日,英、法两国签订了《诚挚谅解》协定,基本上以乍得湖、刚果河和尼罗河流域为双方殖民势力范围的分界线,法国放弃对尼罗河上游地区的领土要求,承认英国在苏丹的统治权。作为补偿,法国取得乍得湖流域和瓦达依的控制权。英国不再对法国在印度支那地区的扩张构成威胁。

卡斯泰对这一事件进行了深入的剖析。他认为,虽然英国能否与法国达成真正的谅解还值得怀疑,但至少英国人对法国侵入泰国没有表示异议,法国在越南的利益也得到了英国人的"谅解"。在亚洲的利益冲突上,他认为对法国的存在能构成威胁的主要是日本。

1902 年。日、俄之间的矛盾不断加深,为获取更多的亚洲利益,日本与英国签订了《日英同盟条约》。该条约主要内容有:"英国承认日本在朝鲜的特殊权益","日本或英国如与第三国作战,他方应严守中立。如一方对两个或两个以上国家作战,他方则进一步以武力援助,共同作战"。条约签订后,两国还以照会的形式宣布:平时两国海军尽可能地联合行动,双方要在远东努力维持超过任何第三国的海军优势。显而易见,日、英同盟实际上是军事政治同盟,它不仅标志日本从此加入了帝国主义瓜分世界的行列,更重要的是,如英国人所希望的:"俄国会遏制黄祸,而日本会遏制俄祸。"

日英同盟及日俄矛盾使法俄同盟感到了来自另一军事集团的巨大压力。卡斯泰意识到,法俄与英日两大集团间将不可避免地会产生对抗性冲突,在这一前瞻性的考虑下,他首先想到的就是法国在亚洲的利益,指出:"应加强印度支那地区陆地防御,利用轻型巡洋舰采用海上游击战的方式阻止日本势力向印度支那渗透。如果印度支那地区还是目前的这种作战能力,那么,它很有可能脱离法国的殖民领地,我们将面临俄国人在满洲里所遇到的种种麻烦。"

卡斯泰的这些论述体现了他早期的地缘政治观,这种地缘政治观是朴素的、原发性的,还无法形成完整的思想体系,他更多的是从军事角度来思考政治问题。在制海权的认识上,卡斯泰显然还没有接受马汉有关制海权的理论,头脑中固有的陆军思想使他认为陆上防御重于海上进攻。而海上进攻也只局限于海上游击战。

《危险的日本人与印度支那——政治与军事的思考》一书出版时恰逢日俄战争爆发,文章中的一些观点迅速被法国各大报刊引用。负责越南事务的议员弗朗索瓦在自己的办公室约见了卡斯泰,两人就东南亚问题尤其是法国在印度支那的利益问题进行了一番长谈。

1904 年 7 月,卡斯泰以海军部长特派员的身份随同弗朗索瓦议员来到了中南半岛。在三个月的考察时间内,他们对越南及柬埔寨的军事、政治、经济、文化等诸多方面都进行了详细的分析,也接见了不少当地重要官员。由于是海军部长的特派员,卡斯泰还得到了柬埔寨国防部颁发的一枚皇家奖章。

考察任务结束 20 天后,卡斯泰撰写了一份长达 270 页的考察报告,报告的涉及面非常广泛,包括:军事政策、海洋政策、交通运输线、指挥体制、军队卫生状况、防区内部安全,等等。其主要观点与《危险的日本人与印度支那——政治与军事的思考》一书相辅相成。报告指出,在印度支那,日本是最主要的甚至是唯一的敌人。在海洋政策上,报告还特别分析了金兰湾的地理位置及战略重要性,提出了建立金兰湾舰队的设想。

两个月后,经弗朗索瓦议员同意,卡斯泰将报告的总结部分重新进行整理,并以此为依据写出了一部新的著作:《黄白对抗——印度支那之军事问题》。

在这本书中,卡斯泰对日本及法国在印度支那的利益问题再次进行了深入的思考,他认为:"日本已经赶超了欧洲各国,正成为新的军国主义国家。日本完全可以通过其所建立的'大东亚共荣圈',甚至利用'泛蒙古主义'运动来消除法国在印度支那地区的存在","东西方种族间的冲突正在酝酿之中,其对抗的形式也会越来越多"，"日本人可以利用这一切来煽动民众骚乱，日本海军可趁机对金兰湾实施大举进攻"。卡斯泰在最后总结道："失去印度支那如同俄国失去中国的旅顺，法国的地位将出现不可逆转的下降。"

卡斯泰从印度支那这一法国关键的海外利益出发，将军事、政治、经济作为国家的整体组成部分来思考战争问题，他对法国海外利益可能受损而表现出的担忧令他在法国海军中显得有些鹤立鸡群。法国海军似乎还没看到那么远，而更关心的是地中海及大西洋等海域。卡斯泰所提出的加强印度支那地区海军存在的观点与海军现实完全不一致，经费预算、后勤保障都成为必须要面对的困难，而最大的困难还在于法国海军是否能派遣舰队前往远东地区。法国海军断然否决了卡斯泰的观点，其理由是对黄种人的远征并不能消除欧洲发生战争的危险。

《黄白对抗——印度支那之军事问题》的观点并未引起海军高层的重视，但法国新闻界却对该书普遍做出好评。

（七）职业生涯的第一次波澜

《黄白对抗——印度支那之军事问题》一书完成后，海军部的暂调命令时限也正好到期。1905年4月1日，卡缪斯校长提升他为航海学校的主讲教员，并向上司打报告要求提前为他晋衔。报告很快递交到了主管航海学校的布雷斯特海军军区司令埃蒙德中将手中，埃蒙德中将仔细阅读了卡斯泰的履历后认为：卡斯泰的确是一名优秀的军官，值得考虑提前晋衔，但他的中尉军衔才刚满两年，如果提前晋升，显然太快了。而正当他全心致力于自己的工作时，来自老家的一封电报彻底打乱了他的生活节奏，提前晋升一事也就此耽搁。

1905年7月20日早晨，正准备去上课的卡斯泰忽然接到一封加急电报，电文只有几个字："汝父去世。"

处理完父亲的丧事，他在家只停留了一个星期就回到了学校，意志低沉的卡斯泰在一次军官聚会上认识了几位海军部长的随从副官，其中一位对他说，目前部长的随从副官正好有一个空缺位置，如果他感兴趣的话，可以去试试。卡斯泰接受了这一建议。

1907 年 4 月，卡斯泰正式调离航海学校，来到了巴黎担任海军部长随从副官。同年 7 月 25 日，他被提升为海军上尉。

二、理论界崭露头角

1905 年到 1914 年这段时期，是海军的一次大发展期，日、俄对马海战中日本所取得的令人震惊的结果及英国"无畏"级战列舰的出现，将大舰巨炮这一海战思想推向了巅峰。在法国，以达流斯、达弗律等为代表的历史学派论者，极力推崇马汉的海权思想，达流斯的《海上战争：战略与战术》、达弗律的《海军战略实践》两部著作都对马汉的海权思想在实战中的运用进行了具体阐述。在他们的倡导下，法国刮起了一股复兴海军的旋风。然而，新理论的推广并不如想象中那么顺利，海军中的青年学派拥有强大的势力，他们坚持小艇破袭战，强调通过对运输商船队的攻击以达到切断敌经济根源的目的。当卡斯泰于 1907 年来到巴黎任部长随从副官时，以马汉思想为基础的历史学派与以格里维理论为代表的青年学派就海军的建设与运用等问题正进行着一场大辩论。追随着达流斯与达弗律的足迹，他迅速加入了这场辩论。

（一）海军建设与运用问题的讨论

长期以来，海军参谋长与海军部长在行政管理与作战指挥权限的划分上一直纷争不断。1899 年及 1902 年的军事法令将海军参谋长和海军部长办公室主任的部分职能分离，同时，将这部分职能赋予了新成立的常设机构——海军参谋部。

关于海军的组织体制问题，当时主要有两种观点，一种观点认为：参谋长是海军部长的直接协作者，海军的全部事务均由参谋长负责。另一种观点认为：应重新划分行政管理权限，海军部长独立负责海军日常事务，参谋长只负责作战准备的相关事务。前一种观点被称为传统做法，而后一种观点则被称为"革新"。1908 年 5 月，卡斯泰发表了题为"参谋部的地位与作用"一文，对传统派提出了反驳，力挺组织体制新观点。1908 年，《海军战略实践》的作者达弗律给卡斯泰写了一封长信。在信中，达弗律就海军组织体制的建设陈述了自己的观点，对旧体制提出了反对意见，但同时又认为新体制存在的一个最大问题就是，由于海军参谋长仅负责作战事务，不参与武器装备的采购，其结果可能会导致海军装备采购出现盲目性。他建议卡斯泰继续深入研究以提出更加合理的措施。

卡斯泰接受了达弗律的建议，1909 年，他完成了《海军参谋部》一书的撰写。书中，卡斯泰提出了自己的改革方案：所有的文职职权交由中央行管部门统一执行，参谋部只保留作战指挥功能。海军参谋部将由几个职能部门组成，第一部门（情报部门）和第二部门（港口与近岸防御部门）继续保留，不做大的调整；负责远海作战、部队训练、装备管理与使用等诸多任务的第三部门将被重新设置，新的第三部门仅负责动员、作战及兵力调配；第四部门负责舰船的采购与监制；第五部门负责训练；第六部门负责院校教育及制定条令条例。

卡斯泰的改革方案取消了大量他认为无用的咨询机构，机构改革方案中有两项最大胆的创新，一是海军参谋长在战时将成为海军最高指挥官，二是在海、陆军中建立共同培训机制，以促进军种间相互了解，使不同军种间兵力行动更加统一有序。这是卡斯泰关于海军建设的最伟大创新，它打破了军种界线，第一次提出了不同军种间兵力联合行动的概念。

《海军参谋部》是卡斯泰第一部明确表明自己观点来源于历史学派的著作，但又并不完全照搬历史学派的观点，其主要观点介于历史学派与青年学派之间。

1910 年 4 月，法国海军实施了第一次重大体制改革，新成立的组织机构基本上是按照卡斯泰的设想来实现的，战时海军最高指挥官的设置及在陆、海军中设立共同培训机制这两项最伟大的创新由于太过超前而未能实现。直到 1921 年，国防部颁布了新的军事法令，海军参谋长才被授予作战指挥权，而军种间共同培训机制则直到 1936 年成立高级国防学院后，才得以实现。

（二）18 世纪的海军军事思想

1909 年 8 月，海军部任命卡斯泰为"海盗"号训练艇艇长，该艇隶属于航海学校。

1910 年，他用了整整一年的时间完成了《18 世纪海军军事思想》一书的撰写，在这本书里，卡斯泰极力表达这样一种观念，即战争的决定因素在于人，而不是装备。然而，18 世纪的海军思想大都处于一种僵化状态，作战双方热衷于舰艇操纵的技巧性，企图通过操纵舰艇形成敌前纵队来完成攻击。相对于这些僵化的海军思想，有三位人物受到卡斯泰的极力推崇，这三位人物分别是荷兰海军名将吕泰尔、法国海军上将絮弗伦以及美国海军名将纳尔逊，这其中，卡斯泰又首推絮弗伦的战术思想。吕泰尔的海军思想较早地体现了海军作战中主动进攻、集中火力及节省兵力的原则。絮弗伦在仔细研究了吕泰尔的战术思想后，得出了一套独特的战术法则。这一战术法则最主要的特征就是寻找战机，采用包括对敌锚地攻击等一切手段摧毁敌海上力量，"不让任何机会溜走"是絮弗伦战术的黄金定律。卡斯泰之所以对絮弗伦情有独钟，很大一部分原因在于絮弗伦战术强调的是进攻，他的作战舰队有着更合理的编成，这与以防御作战为主、实施小型舰艇作战的青年学派观点截然不同。

1913 年，《18 世纪海军军事思想》一书获得了法兰西学士院颁发的荣誉奖，这是卡斯泰理论著作获得的首个最高奖项。

同年 3 月，卡斯泰来到海军枪炮军官学校进修，利用这一时期，卡斯泰仔细研究了一些有关海上游击战的战例，并将研究结果汇编成一本小册子，命名为"游击战的另一面"，出版于同年 4 月。1912 年 4 月 1 日，枪炮专业进修期满，他被调至"贡德赫赛"号战列舰任枪炮长。一个月后，他开始着手进行《布拉亚军事行动》一书的撰写，该书于 1913 年 4 月正式出版。

《布拉亚军事行动》全面分析了絮弗伦第一作战阶段的战役经过，再一次把絮弗伦的作战思想呈现在世人面前，他甚至将絮弗伦与拿破仑进行比较，对他大胆的布拉亚行动给予了高度评价。书中体现了马汉思想最本质的内容之一：对敌有组织的兵力进行攻击，即实施海上舰队决战。

（三）勒旁特战役及其现实意义

1913 年卡斯泰再次被调回巴黎，担任海军部长办公室助理。从 1914 年 1 月到第一次世界大战爆发前，卡斯泰在担任部长办公室助理的同时，还在海军高级军官学校学习。这时期，他的一篇论文再次引起了公众的注意，论文的题目是"勒旁特战役及其现实意义"。

之所以选择勒旁特战役，是因为这场发生在 16 世纪中期希腊勒旁特海区，欧洲基督教国家海军联合舰队与奥斯曼帝国海军之间的战争，是一场划时代的海上战争，它的伟大意义在于，这是自亚克兴海战之后的第一次用桨帆舰船作战的大型海战，也是排桨战舰的最后一次作战。

勒旁特战役是 16 世纪联盟作战的典范，在此之前的所谓海战大多数是由海上发起的对陆进攻作战，还不具备海战的真正意义，而勒旁特战役则是这一时期为数不多的特例。马汉理论的核心内容早在勒旁特战役中就已显现出来了，卡斯泰认为它对法国的现实意义在于：一方面，面对国外强势力量欲成为欧洲中心这一不利的格局，法国亟须寻找一个欧洲之外的盟友，以保护其广大的海外殖民地；另一方面，随着海洋地位的突出，各国都把海军当作国家利益的获取者与保护者，海上争端成为国家间冲突的主要原因，解决争端的主要手段就是进行海上战争。神圣同盟海军对土耳其海军的摧毁性进攻，其战略意义远大于战争本身。文章最后，卡斯泰用正统的海军思想总结道：集中兵力是优先考虑的原则，在没有彻底摧毁敌有组织兵力的前提下对敌陆上战略目标攻击是十分错误的，战略的首要目标是消灭敌有组织的兵力，使其不再成为需要考虑的因素。

（四）联合打击力量——海军战术问题的研究

日俄对马海战的结果使人们看到了大舰巨炮理论的成功。在法国，这一理论逐渐占据了主导地位，从战略筹划到战术使用，海上决战的思想已被广泛接受。

卡斯泰将历史学派的战术思想总结为四个基本原则，即进攻原则、机动原则、兵力运用原则及联合打击原则。其中，"联合打击原则是上述四项原则中极其重要的原则"。他认为，机动是为了寻找敌方最薄弱的环节，而联合火力打击则是保证海战胜利的关键，其最终目的是彻底消灭对手。

所谓的联合海上火力打击是指同时运用舰炮与鱼雷对敌实施打击，卡斯泰指出，这在海战中具有十分重要的意义。鱼雷这一新式武器，自出现的那一天起，就以其稳定性、自行性而受到青睐。但巨炮大舰的成功使得在法国曾广泛使用的鱼雷艇正逐渐淡出海战场。

正如长期以来，法国的政策始终摇摆于大陆政策与海洋政策之间一样，法国海军的装备发展也举棋不定于大舰巨炮和鱼雷小艇之间，决策者的指导思想不是过左就是过右。日俄对马海战的结果让法国海军又全面倒向了大舰巨炮论。

1910年的法国海军作战手册出现了这样一种思维，即海战就是炮战，主炮对敌攻击是最高原则。尽管它也主张联合行动、火力支援、战术机动、节省兵力和对敌追击等战术动作，但面对强大的对手时，它首先强调的是抢占敌前"T"字横队。至于其他进攻力量，则基本处于微不足道的地位。

卡斯泰尽管也认可巨炮大舰论，但却并没有放弃对鱼雷武器使用的研究。他认为，一种新式武器的出现并得以使用，必然有其存在的理由。卡斯泰的这种观点似乎又回到了青年学派曾经提出的观点上来了，即发展鱼雷艇是必不可少的海上打击手段，但其实两者之间有着本质的不同，青年学派强调的是一种防御，而卡斯泰强调的是进攻。

新式武器能否得到进一步的发展与推广，则完全取决于人的思想认识，"鱼雷武器的出现,改变了传统的海上作战样式和作战战术,它是工业技术进步的标志。从风帆船到蒸汽船再到无线电的出现,人们的思想似乎也出现了混乱并产生了一个时期的理论危机"。在法国,类似的事情也发生在新型造船材料改进上,但争议最大的还是鱼雷艇,是否使用鱼雷艇的问题再次让法国海军陷入装备思想混乱的状态。

为了解决上述问题,卡斯泰开始着手进行理论研究工作,其研究结果的上半部分汇编成《海上联合打击力量》一书,于 1914 年 1 月出版,该书下半部分由于第一次世界大战的爆发而未能正式出版。

《海上联合打击力量》一书的前两章主要以论述 17 世纪海上战例为主,在研究了早期炮战、接舷战及纵火船攻击战这三种海上作战模式之间的相互联系后,卡斯泰指出,最早的英国人与荷兰人之间的海上争霸战由于既没有既定的作战计划也没有成形的战斗序列,海上作战更多的只是陆上战斗的延续,因而更谈不上作战力量之间的联合。卡斯泰对此的总结是:

① 联合打击行动可以使武器的有效性倍增。

② 进攻时的联合行动至关重要。

③ 联合起来的武器可以取长补短。

④ 当进攻行动受阻时,联合打击行动可有效对其化解。

⑤ 集中指挥能更好地发挥出打击力量的联合效果。

⑥ 联合打击必须要取得先入为主的机动。

⑦ 时间因素对联合打击行动有重大影响。

⑧ 联合打击行动要做到令行禁止。

在随后的章节中,卡斯泰对不同时期的海军武器装备从出现到消失进行了分析比较,指出,武器装备的出现总是伴随着作战的需求,而海战战术也在此基础上得以扩展。战术与装备之间的相互联系使得一些消失的武器有可能被重新加以利用,如,早期广泛使用的冲角舰船在双桅战船时代几乎灭绝,但在蒸汽舰船时代又被重新加以改造利用。鱼雷艇也一样,并非过时的产品,武器装备的发展只要有了思想性就能发挥出它的效能。

（五）战列舰论证方案

海军高级军官学校的在校学习时间为一年，每一位学员在学习期间都要完成三篇论文，分别是：作战战术思考、对 1914 年海上军事行动计划的补充、作战舰艇建造计划论证。由于第一次世界大战的爆发，1914 年的学员只在校学习了半年，所有学员中，只有卡斯泰完成了全部论文，而且是在战争爆发前就完成了。

三篇论文的前两篇大多充满了批评的口吻，尤其是对 1914 年海上军事行动计划，他认为该计划战术上火力联合不够，军事行动的概念陈旧。

第三篇论文实际上是一份论证报告，它从一个侧面反映了卡斯泰在武器装备建设与使用方面的思想认识。这种思想认识是他所追求的以强调进攻为原则的另一种具体体现，但又并不完全是进攻至上的原则，他要求的是一种整体性进攻，每一艘舰都要发挥出进攻的威力。

随着工业技术的进步，造船工业也得到突飞猛进的发展，各种新技术都应用到了战列舰上，1906 年出现的"无畏"级战列舰以 10 座 305 毫米口径主炮成为最新海上战神，它将战争的规模与水准提到了一个前所未有的高度，各海上强国都竞相开始发展"无畏"级战列舰。而法国海军在这场 20 世纪初军事革命的舞台上则成了配角，受前期小型作战舰艇思想的影响，海军仍在建造只有 4 座 305 毫米、12 座 240 毫米火炮的"当东"级战列舰。直到 1909 年，议会才接受"无畏"级战列舰需求的呼声，23 000 吨的"固赫拜"级与"普罗旺斯"级将分别于 1914 年、1915 年服役，但它们的参数性能仍远低于同类型的英国舰艇。由于受船坞限制，吨位无法增加，相对落后的法国工业水平使得涡轮机还不能应用于大型舰艇，面对吨位与口径竞赛，法国的舰艇建造政策出现极大的摇摆性。有人提出发展快速战列舰，有的则提出建造重型战列舰，还有的坚持使用巡洋舰。

卡斯泰的研究小组首先对"里昂—图赫维勒"号战列舰进行了论证，该型舰是法国海军计划发展的新型战列舰，吨位 29 600，带有 4 座四联装 340 毫米口径主炮。通过对"里昂—图赫维勒"号各种性能的详细对比、分析，卡斯泰提出了自己的建造方案。

首先提出的是火炮类型。自英国"无畏"级战列舰按照"全部采用大口径火炮的原则"配置其武器系统后,各国纷纷采用相同的火炮配置方法。卡斯泰则提出了配置两种不同类型火炮的设想:一种为进攻型主炮,主要是通过巨大的爆炸威力突破敌方装甲防御,它是进攻的主要火力;另一种为摧毁性辅炮,用于集火射击,它的目的是使敌人彻底丧失抵抗力。两种火炮具有同等的重要性。在《18世纪海军军事思想》一书中,卡斯泰曾指出:在强调火力打击的同时,我们却失去了不少最终消灭敌人的机会,大口径火炮无法抵近射击的缺点,使得战时可能需要一种双重口径的火炮。这就要求在采用进攻性主炮时必须保留辅炮,两种火力只有构成相互支持、不可分割的整体,联合火力打击的效能才能体现,这是从战术角度考虑装备问题的首要原则。

在主炮口径与射击距离的关系上,卡斯泰认为,射击距离是最大的因素。日俄对马海战已经充分显示出:最佳的射距为 5 000~6 000 米,超出这一范围,由于受观察器材、测距手段及准备时间的限制,作战效能将大大下降。"除了无谓的消耗,对敌人不会有任何打击效果。片面追求火炮的射击距离,实际上是一种希望能在最安全的范围内消灭敌人的消极做法。"另一方面,战列舰的装甲厚度越来越厚,最大厚度的如德国"凯塞尔"号已达到 350 毫米,而 340 毫米口径火炮在 8 000 米距离时最大破甲厚度为 302 毫米,因此,过远的射击距离没有任何意义。

摧毁性辅炮被卡斯泰称作"炮弹喷洒器",它的作用一是利用其快速的密集火力形成对敌持续打击,二是攻击敌鱼雷舰。通过综合考虑发射速率和毁伤效果,卡斯泰将这种火炮的口径定为 138.6 毫米。

论证小组设计的舰艇火力配置为:3 座四联装(共 12 门)340 毫米口径主炮,每门主炮配弹 120 枚,最大可以形成一个小时的连续射击;20 座单联装 138.6 毫米口径辅炮,发射速率达 100 枚/分钟,每舷 10 座,每座配弹 600 枚。这种火力配置足以对抗任何一艘国外超级无畏级战列舰。除了舰炮火力配置,论证小组还为这艘舰艇配备了鱼雷武器。鱼雷发射管可自主转向,以保证发射鱼雷时不受舰艇操纵的影响。6具鱼雷发射管,每管配鱼雷10枚,其发射速度高于潜射鱼雷。设有鱼雷发射指挥部位,配备与舰炮相同的指挥系统。

卡斯泰还要求将舰体设计为带有冲角结构的舰体,尽管这种设计早已过时并差不多被彻底淘汰,但卡斯泰对它仍然十分看重。他认为,未来谁也无法知道是否会有冲角舰的再次出现,全面进攻的意义还包括面对面的厮杀。为了不增加剩余阻力,冲角的尺寸被设计得十分有限。

在完成舰体及武器系统的论证后,接下来的问题是舰艇速度。卡斯泰认为速度同样是一个极为重要的参数,但在速度与装甲厚度之间,他更愿意选择后者,"只要不太慢,速度并不会影响机动,应摒弃那种为了炫耀高速机动而牺牲其他性能的做法"。在这一观念的指导下,他的舰艇速度设计为22节。对速度的要求体现在主机性能上,他没有选择最新型的涡轮机,出于经济的考虑,而是选择了传统的往复机。

关于作战半径,要求能在整个地中海海区作战,能往返于非洲东部经大西洋至北海一线,因此,作战半径定为不低于6 000海里。防护能力方面,要能抵挡380毫米口径火炮从8 000米开外射来的炮弹,同时还要考虑来自潜艇的攻击,最终,水线以上装甲区厚度设计为300毫米。

基于建造能力的考虑,舰艇总吨位为27 000吨,在国外船坞完成建造。

1915年,法国海军开始建造新一代战列舰"诺曼底"号,其建造方案与卡斯泰的论证结果基本一致。

三、第一次世界大战的遗憾

(一)参加地中海战事

1914年8月1日,卡斯泰被派往隶属地中海舰队的"当东"号装甲舰上。战争迫在眉睫,但天性散漫的法国人还没有进入战争状态,得到通报的编队指挥官德拉佩罗尔却没有发出组成攻击队形的命令,接着,一个错误的命令又使编队队形出现严重混乱。等到法国人稳住了最初慌乱的阵脚,战机已经失去,航速达28节的"戈本"号已脱离了法国人的火炮射程,德国人脱离了他们的视线。

"戈本"事件让卡斯泰既恼火又失望,而更让他不可理喻的是德拉佩罗尔指挥官决定派出一部分兵力去驻守马耳他。

放弃所有的进攻行动更多的原因是出于政治上的考虑,为的是不要过分挤压意大利,使意大利最终能站在协约国阵营内。但实际情况却是,意大利人利用自己处在法、德中间,大耍两面手法,一方面与协约国讨价还价,另一方面继续向同盟国提供海上物资保障。

战争初期,法国地中海舰队基本上处于无所事事状态,士气低落,人心涣散。相反,陆地战场却激战正酣,卡斯泰甚至产生了投身陆地战场的想法。8月底,势如破竹的德国陆军逼近了巴黎,惊慌失措的法国政府已准备逃离巴黎转向波尔多。战争对法国似乎十分不利,而法国海军却依然无所事事,分散配置在各个港口实施所谓的保存实力策略。9月1日,奥特朗托海峡编队接到报告,附近海域可能有敌潜艇活动,编队指挥官决定连夜撤出奥特朗托海峡。就在当天,陆军的防线也退到了埃纳河一线。卡斯泰在日记中形容这一天为"最黑暗的一天"。11日,霞飞将军组织法国陆军成功地在马恩河一线击退了德国人的进攻,马恩河战役使战争的天平倾向了法国一方,始终担忧法国前途的卡斯泰,此时舒了一口气,但同时又为法国海军没能积极发挥作用而惋惜不已。

(二) 夺控达达尼尔海峡:"卡斯泰计划"与实际战况

1915年2月,地中海舰队总算迎来了它的任务——夺控达达尼尔海峡。这一作战计划是由英国人负责制定的,其目的是通过对达达尼尔海峡的控制,占领伊斯坦布尔,最终建立一条经博斯普鲁斯海峡连接俄国和地中海的海上军备物资供应通道。对于地中海舰队参与英国作战计划一事,卡斯泰表现出极大的不满与抵触情绪,让他耿耿于怀的是作战计划中地中海舰队的地位。整个作战行动完全由英国人指挥控制,法国人只是英国人手下无足轻重的小角色。

1915年3月1日,他以论文的形式写下了自己的达达尼尔海峡行动计划。文章中,他首先对英国人进攻达达尼尔海峡计划提出强烈的抨击,指出,从军事上看,进攻行动将导致十分不利的兵力分散,而政治手段却事先没有得到充分的利用,从地缘政治的角度来看,意大利人无论加入哪一方都将会加强自身的政治和军事联盟力量,因此,通过积极的外交促成奥地利、罗马尼亚和保加利亚弃权至关重要。除此之外,俄罗斯的参与和承诺也同样非常重要。

关于攻击达达尼尔海峡,他认为,单纯的海上攻击行动是不够的,有必要扩大军事行动的范围,"在这种情况下,达达尼尔只是其中的一部分"。要得到伊斯坦布尔,就必须提前做到:一是来自于海上的所有补给通道处于畅通状态,而保证这一状态实现的前提是封锁博斯普鲁斯海峡和达达尼尔海峡毗邻的沿海地区;二是在伊斯坦布尔的东方,即小亚细亚地区提前布设兵力;三是拥有马尔马拉海区的制海权,以削弱达达尼尔海峡外围的海军力量。要想取得战役的胜利,一支海上作战舰队必不可少,但仅有海上力量是不够的,还应当考虑到陆上兵力的作战行动。在参战兵力数量上,他提出,至少需要24艘战列舰和550 000人的作战兵力。

攻占伊斯坦布尔的行动按照英国人制订的计划如期展开。按照该计划,英法联合舰队先用舰炮火力逐次摧毁土军海岸炮连和要塞,然后扫除海峡水雷,并突入马尔马拉海,最后攻占伊斯坦布尔。但德国与土耳其联军统帅部很快就获悉了英法进攻达达尼尔海峡计划,遂将土耳其第一、第二集团军的部队从博斯普鲁斯海峡地区调往达达尼尔海峡地区,大大增加了要塞炮兵和海岸炮连的火炮数量,同时还布设了10道水雷障碍,以加强海峡海岸防御。1915年2月中旬,英法联合舰队在利姆诺斯岛穆德罗斯湾集结完毕(战列舰11艘,战列巡洋舰1艘,轻巡洋舰4艘,驱逐舰16艘,潜艇7艘,飞机运输舰1艘),2月19日,联军开始炮击土耳其外围阵地。由于土军进行了强有力的火力反击,故长达六个小时的炮击效果甚微,随后实施的炮火突击也未奏效。为了达成战役目的,英指挥官把集结在达达尼尔海峡地区的联合舰队全部兵力都投入了战斗,但始终无法攻入海峡。3 月 18 日，联合舰队在德罗贝克海军上将指挥下试图重新突入达达尼尔海峡，仍未奏效。不得已，英法联军决定放弃单纯使用海军作战的方案，改由登陆兵先夺取加利波利半岛和达达尼尔海峡地区的筑垒工事，以保障舰队突入马尔马拉海，然后从陆上和海上实施突击，攻占伊斯坦布尔。8 月，英法联军的第二阶段战斗再次失利，保加利亚决定与德国结盟参战。1915 年年底，德奥联军和保加利亚军队在巴尔干击溃了塞尔维亚军队，希腊全面倒向德国。英法联军停止了达达尼尔海峡战役，攻占伊斯坦布尔的行动最终以英法联军的彻底失败而告终。

战争的结果与卡斯泰的预测出现了惊人的吻合，联军在没有足够的力量和对战场态势评估严重不足的情况下，发动了一次纯粹的海军作战行动，实际上已经造成了无法挽回的错误的出现。

由于英法联军放弃了达达尼尔海峡的攻击，进入亚得里亚海的阻拦线也随之被迫南移。卡斯泰对这种消极保安全的做法感到无比愤慨。

5 月 29 日，英、意、法三国就兵力结构问题举行会议并达成协议，法国海军地中海舰队成为英、意海军的保障部队，这实际上是降低了法国海军的地位。

（三）派往位于希腊塞萨洛尼基港的法国远东部队司令部

1915 年 5 月 14 日，卡斯泰重新回到"贡德赫赛"号任航海长。他原以为这艘巡洋舰能参加战斗，但他的希望再次落空。在莫里斯·萨罗的帮助下，卡斯泰很快来到了位于希腊北部萨洛尼卡湾东北岸的塞萨洛尼基港法国远东部队司令部，担任司令部第一办公室参谋官，主要负责战场联络。他的工作才能再次得到展示，司令官萨哈耶将军对他的工作能力大为赞赏，他也因此而得到一枚棕榈叶十字勋章。

作为战场联络参谋官，卡斯泰仔细研究了远东部队所处的位置，很快他就得出结论，"远东部队最大的弱点是防御，我们不能过分相信希腊人"。他认为法国政府在希腊问题上缺乏战略性的思考，最终导致两国的对立。

当战区最高指挥官赫甘来到塞萨洛尼基港视察时,他总算有机会直截了当地向这位最高指挥官提出自己的意见。他谈道:"就整个战争而言,从一开始我们就出现了重大错误,主要体现在两个方面,一是我们的进攻方向选择在并无优势的阿尔萨斯、洛林地区,而敌人则选择了极具优势的比利时;二是作战部队的使用存在缺陷,我们的后备部队没能得到充分利用,并且他们装备陈旧、人员缺乏,应该最大限度地调动起后备部队。"然而赫甘在听完卡斯泰的汇报后,对他进行了措辞严厉的批评。

1916 年 6 月 2 日,日德兰海战结束,卡斯泰通过对这场战役的分析看到了海战的另一个重要问题:海上交通运输的保护。

"日德兰海战中,一艘德国潜艇在水面航行状态下用机关炮击沉一艘英国补给船,显示出保护海上交通运输同样至关重要,应该提高运输商船的武装程度,并使其组成有序的运输船队。"

(四) 担任"牛郎星"号巡洋舰舰长

1916 年 8 月 12 日,卡斯泰被任命为"牛郎星"号巡洋舰舰长。

"牛郎星"号的主要任务是巡逻,以保障进出土伦港的商船免遭德国人的偷袭。通信的不畅、情报的迟缓,使得卡斯泰根本无法了解海上的基本态势,开始变得烦躁不安。

1917 年年初,战争的态势出现了新的变化,德国在凡尔登战役的失败,使得德军总参谋长冯·兴登堡意识到德国正在输掉战争。对于德国来说,潜艇战成了最后一张王牌。1917 年 1 月 9 日,德皇威廉二世宣布,从 2 月 1 日起,全面开始无限制潜艇战。

一开始,德国仅投入 25—27 艘潜艇经常活动在英国的交通线上,其后几个月潜艇的数量大大增加,随之而来的是协约国尤其是英国商船队的损失也逐日上升。仅从 2 月到 5 月的 4 个月中,协约国与中立国方面商船吨位损失总数达 2 的万吨左右,而德国只损失 16 艘潜艇。无限制潜艇战几乎迫使英国屈服,英国舰艇再生产能力仅占已损失数量的 10％左右。前线部队的必需储备已消耗殆尽，而英国本身也处于经济枯竭的边缘。

从军事态势、海上运输、经济状况及部队士气等因素综合来看，卡斯泰认为"德国无限制潜艇战的破坏作用正在加剧，如果没有采取更好的对策，我们不得不首先要考虑到协约国可能面临的食品不足及经济窘迫状况"。为了同已经不受任何国际法约束的德国潜艇做斗争，协约国特别是英国采取了多种反潜措施：动用大规模的海军水面舰艇反潜，改装商船和渔船进行反潜，使用深水炸弹和水听器，派出重兵封锁和破坏潜艇基地等。但所有这些措施和办法都没有产生明显效果，有些还以失败告终，如封锁基地。卡斯泰的心情越来越坏，他总结道："协约国将很快接受德国人提出的谈判条件。"

尽管没有正确的军事决定，但这并不意味着战争会无休止地进行下去。因为战争的持续并不完全取决于前方战场，很大程度上是后方保障决定了战争进程。对于欧洲战场而言，后方保障更多的是依赖海上交通运输线的畅通。因此，反潜护航成了协约国海军的主要任务，1917 年年底，协约国采取了统一行动、集中指挥的伴随护航方式来对付德国潜艇，这种做法终于降低了德国潜艇的威胁。但卡斯泰却没能参加这一系列的海上行动。

1917 年年初，地中海巡逻编队指挥官在向海军部上交的总结中对卡斯泰做出了高度评价，并推荐卡斯泰到海军部工作。1917 年 7 月，卡斯泰被提升为海军少校并被调离了"牛郎星"号，结束了 9 个月的舰长生涯。这期间，他的舰艇只发现过一次德国潜艇，而这艘潜艇最终又摆脱了追杀。

（五）从海军部工作到地中海海军航空兵巡逻大队任职

在海军部工作期间，卡斯泰先是担任潜艇局参谋。一个时期以来，议会认为海军部在反潜方面措施不力，因而强烈要求成立以反潜为主的潜艇局。但该局的人员组成却是一群舰队决战论者，对于反潜护航完全是外行。卡斯泰于是向局长提交了一份报告，报告由两部分组成，第一部分以他在"牛郎星"号上的工作经历为依据,指出固定航线的巡逻方式并不能有效地实施反潜,巡逻兵力的分散配置大大降低其对商船的掩护能力。当巡逻舰艇发现敌潜艇须召唤其他舰艇共同反潜时,往往会失去战机。巡逻可能会对敌潜艇形成一定的干扰,但却构成不了有效的威慑。报告的第二部分建议潜艇局开展编队护航训练,用尽可能多的反潜兵力采取伴随护航的方式降低潜艇的威胁,这种方式事后被证明十分有效。报告上交后的第二天,卡斯泰就离开了潜艇局,新上任的海军部长肖梅特将他调到部长办公室担任自己的随从副官,他实际上在潜艇局只工作了四天。

卡斯泰因此又回到了战前就已工作过的部长办公室。这一次,他的主要职责是充当海军部长与议会海军委员会之间的联系人。然而,卡斯泰并不喜欢这项工作。

委员会的一项重要职责就是对战争过程实施全面调查,其中,有两起军事指挥错误引起委员会的高度重视。这两起指挥错误分别是 1914 年护航行动遭袭事件和 1916 年雅典军事行动失败事件。卡斯泰作为军方代表被授权参与这两起事件的调查。

第一起事件,主要是调查地中海舰队指挥官德拉佩罗尔上将在输送驻阿尔及利亚第十九军团的航渡途中是否正确地组织了有效的保护行动,此次行动曾遭到德国"戈本"号及"布雷斯勒"号潜艇的伏击,委员会认为德拉佩罗尔在此过程中犯有严重指挥错误。虽然卡斯泰在他的日记中不止一次地发泄过对德拉佩罗尔上将的不满,但他在调查德拉佩罗尔上将时并没有加入自己的意见,只是就事论事地将调查结果做了如实汇报。然而,他不知道,这种做法却无形中引起了一心想取代德拉佩罗尔上将的卞耐美上将的不满。

第二起调查事件更是让卡斯泰感到难以为继,事件涉及了太多的政治因素。第一次世界大战爆发后,希腊首相维尼泽洛斯主张希腊应加入协约国一方,但遭到国王康斯坦丁的反对。1916 年 10 月,被国王免去首相一职的维尼泽洛斯另立政府与雅典抗衡。康斯坦丁国王绕过法国政府,以加入协约国为许诺,向驻扎在远东的法国海军第三舰队司令福赫奈少将发出了求救。信以为真的福赫奈少将随即率领作战舰队开赴雅典,在遭到雅典民众大规模抗议后,他的这支部队毫无作为地返回了基地。法国议会认为福赫奈少将擅自行动,令法国外交蒙羞,而法国政府在这一事件上则态度暧昧。对福赫奈少将的调查实际上成了议会与政府间的争斗。作为海军代表,海军部当然希望卡斯泰能站在政府的立场上,但议会提供的证据表明,海军部在此事件中也同样存在意图不明、处置不当的过失。所谓的调查其实就是平衡两大机构间的利益关系,如何在这一调查过程中使海军利益不致受损。当然,如有可能,如何通过这一工作使自己获取更大的利益,从而受到海军高层的赏识才是最为关键的,卡斯泰显然不是此中高手。

1917年11月,卡斯泰作为秘书参加了协约国海军协调会。会上,他第一次见到了协约国海军最高领导人,但这次见面并没有给他留下好印象。

海军部的工作繁杂无章,卡斯泰唯有不停地写作才能排遣心中的不快,《海军参谋部》一书正是在这段时间内完成初稿的。

1918年7月10日,卡斯泰晋升为海军中校,同时还被任命为地中海海军航空兵巡逻大队指挥官。航空巡逻队是个新成立的部队,主要配备为水上飞机和飞艇,担负沿岸反潜巡逻任务。对于法国海军来说,航空兵力的使用还是一个新鲜事物,由于技术的限制,航空兵还不是海军主要兵力。对卡斯泰来说,这一阶段的经历对其后来思想理论的发展起到了相当大的作用,正是由于有了这一段经历,他发现了航空兵这一新型兵力的巨大潜力。不过他的这种观点直到二战结束后才得出。

1918年11月11日,《贡比涅森林停战协定》签订,第一次世界大战正式结束,卡斯泰心中竟有一丝失落之感。毕竟对一个职业军人来说,经历了世界大战却没能留下任何战绩,不能不说是一种遗憾。

四、第一次世界大战后的思考

战争结束后,海军表现出须对战争经验进行总结的迫切要求,这种要求促成了海军历史研究机构的成立。

1919 年 1 月,卡斯泰被指派参与海军资料档案馆的建设工作并负责筹建海军历史研究处。1920 年 9 月 1 日,卡斯泰被正式任命为海军历史研究部主任。

1922 年,研究部梳理完成并出版了第一部专题论文集,该论文集在法国海军理论界引起了巨大反响,在卡斯泰的不懈努力下,海军历史研究部逐渐成为法国海军理论界的权威机构,卡斯泰因此获得了一枚荣誉军团奖章。

在担任历史研究部主任期间,卡斯泰还被聘请为海军战争学院教授,利用讲课的机会,他做了大量有关海军发展建设的研究并撰写了两部产生巨大影响的著作:《潜艇战之总结》、《参谋部之若干问题》。

(一) 潜艇战之总结

第一次世界大战结束后,战争中出现的新问题已经使早期的海战观点发生了深刻的变化。第一次世界大战显示出,在没有可靠兵力保护下的战列舰无法有效抵御鱼雷的攻击,潜艇兵力已成为联合火力打击中一支新型的重要力量。从 1919 年开始,卡斯泰对他的《海上联合打击力量》一书手稿重新进行了修正。

为了完成这部他曾经放弃过的著作,卡斯泰首先将第一次世界大战中潜艇的影响作为优先考虑的问题。在认真研究了德国潜艇的战术使用特点后,他对潜艇的作用有了新的认识,这种认识使他改变了以往对潜艇的看法。在高级战争学院期间,他曾以"联合兵力新观点"为题讲授海军战术这门课,这些讲课内容后来都陆续发表在《海军杂志》上。之后他将这些内容整理成《潜艇战之总结》一书,并于 1920 年出版。而《海上联合打击力量》一书的下半部分却因此而搁浅。

《潜艇战之总结》一书的序文部分指出:应该拥有足够数量这一令人生畏的装备,大量使用它们,利用它们的隐蔽性、机动性独立地完成各项任务并取得胜利,如同德国人曾经做过的那样。为了有效地发挥潜艇兵力的作用,与其他兵力一样,潜艇兵力也需要友邻兄弟部队的大力支持。德国潜艇之所以表现出其不幸的一面和运动战的失败,原因就在于他们事实上自始至终都与兵力联合运用的原则背道而驰。

小型联合舰队能够在某一地域引诱德国潜艇，在该地域他们拥有多种兵力攻击单一兵力的优势。小型联合舰队拥有火炮、榴弹炮、鱼雷及航空炸弹等多种攻击武器，这些武器能够在运输船队周围形成一道有效的防护圈。反之，只拥有鱼雷这一种武器的德国潜艇无法打破对手的防护圈，他必须要得到己方远洋舰队的支持。

卡斯泰的这一观点实际上是对海战中逐渐下降的巡洋舰地位的重新定位。在《潜艇战之总结》一书中，他试图将正统的海战理论注入新的思想以反对青年学派所强调的潜艇至上论。达弗律在 1919 年曾撰文指出：控制海洋必须依靠水面舰艇，而阻止对手海上行动的最好手段是潜艇。卡斯泰当时也认为，潜艇的首要作用就是防御，直到后来，随着潜艇性能的不断提高，他才承认："潜艇也是重要的进攻性兵力之一。"

《潜艇战之总结》一书更多的是反映了卡斯泰早期的海军兵力运用观点，这些观点不仅体现出对潜艇兵力运用的由最初的怀疑到最后的肯定，也反映出对航空兵独立使用上的怀疑。

仔细研究《潜艇战之总结》一书，可以发现，卡斯泰的一些观点存在着相互矛盾之处。一方面，他承认潜艇的攻击性是"令人生畏"的，另一方面，他又指出"潜艇其实并不如人们所想象的那样可怕"。这些矛盾显示出：卡斯泰意识到潜艇潜在的进攻能力，但军事教令要求潜艇只能是防御性的，因为唯一的进攻兵力被指定为战列舰，卡斯泰自身无法改变这一结果。

德国潜艇在一战中的使用令欧洲各国尤其是英国恨之入骨，英国人在凡尔赛会议之前大造舆论，以期在会谈中彻底消除德国潜艇的影响。卡斯泰不仅拒绝对德国潜艇进行谴责，反而为其进行辩护，他认为德国潜艇"战争中表现得极为出色，德国人把他们的所有赌注都放在潜艇上，要求最大限度地击沉敌舰船。尽管潜艇攻击被认为是令人厌恶的行为，但使用武器本身是合理的"。正是这一论断，使得华盛顿限制军备会议上英法两国冲突加剧。

（二）与李勋爵之争

限制海军军备是华盛顿会议的重要议题之一。大会开幕那一天，为了使美国在裁减军备的争斗中取得主动地位，美国代表休斯就提出了限制海军军备的建议，劝说各国放弃原定的造舰计划。休斯的建议包括以下一些原则：

① 全部停止正在执行或拟议中的海军主力舰造舰计划。

② 拆毁一部分现役军舰。

③ 对有关各国现有海军力量加以考察并做出相应规定。

④ 以主力舰吨位作为计算有关国家海军力量的标准，配备辅助舰的吨位应与该国主力舰的吨位成一定比例。

美国提出的方案，是对英国海军优势的挑战。通过限制主力舰吨位总量，英国主力舰的优势就将消失，这从某种意义上来说，就是美国的胜利。同时，上述方案也是对日本的限制。

按照休斯的建议，英、美、日三国要拆毁已建成或正在建造的舰只共 66 艘，合计 187 万多吨。

在这次会议上，法国的战列舰吨位被制约在了与战败的意大利同一水平上，这一结果让法国人如鲠在喉。不仅如此，更让法国人无法接受的是，英国人还准备进一步限制潜艇的建造数量，法国人被深深地刺痛了。

12 月 20 日，英、美、日、法、意五国在达成限制主力舰吨位的协议以后，限制军备委员会接下来讨论了限制辅助舰的问题。会上争论最激烈的是关于潜艇的限制问题。休斯在建议中提出，英、美可各拥有潜艇 9 万吨，日本可拥有 54 000 吨。而英国主张完全禁止潜艇。英国的主张首先遭到法国的反对。法国缺少建造主力舰的经费，为了保持海军实力，坚持要拥有相当数量的潜艇。

英法两国在潜艇问题上互不相让，对潜艇数量的限制问题陷入僵局。美国另一位代表埃里修·罗特再次提出对潜艇使用进行限制的提议。

12 月 30 日，英国海军大臣李勋爵重新回到谈判桌上，并指出法国必须接受这一结果以消除法国海军司令部条令中不确定的因素,李勋爵在会上指出:"这种不确定的因素通过一系列公开发表的文章,自1920年就出现在法国海军的官方杂志上。海军上尉卡斯泰(李勋爵对卡斯泰的军衔搞错了)曾详细论述过德国潜艇战理论并欲将之用于法国海军战略中。拥有了潜艇就意味着拥有了某种工具,大英帝国海军拥有的海上主动权将不复存在。卡斯泰上尉的上述观点都是在其担任海军司令部高级参谋时提出的,这些观点不仅出自他本人,还得到了海军司令奥博的支持。英国代表团强烈希望法国政府取消并放弃这一做法。我郑重建议,法国代表团能做的只有一件事,那就是接受罗特的提议。"

英国人这一指名道姓的指责立刻引起了轩然大波,也给了法国代表团一个措手不及。处境尴尬的法国代表团不得不对李勋爵的讲话予以澄清,代表团成员之一、海军上将德邦负责起草了一份带有道歉性的声明:"卡斯泰上尉(德邦上将由于也搞不清卡斯泰的军衔,而错误地引用了李勋爵的称法)的观点只代表他本人,他的那些文章只是以一个普通作者而不是一个军官的身份来发表的。《海军杂志》的确是海军参谋部的官方杂志,但其涉及面广泛,文章的观点只能代表作者本人。卡斯泰上尉的文章什么都不是,既不是法国海军政策也不是军事教令。法国海军不会采取他所暗示的那种令人生厌的理论。"

法国代表团团长、殖民部部长阿尔伯特·萨罗批准了德邦上将的声明,并将该声明草拟成电报发往巴黎,要求国内尽快做出回应,以便进一步澄清此事,表明法国的意图。电报于周六晚到达国防部办公室,部长早已下班,办公室主任受理了这份电报。这位自以为是的办公室主任对卡斯泰一无所知,更不用说看过卡斯泰的文章了。在向代表团发了一份与德邦上将内容相似的回电后,他又通过海军部向卡斯泰发出了做出解释的要求。

此时的卡斯泰正在"让·巴赫"号战列舰上,他没想到自己的文章会成为被英国人利用的话柄,更没想到英法会因此产生外交冲突。1922年1月5日,卡斯泰向海军部长办公室主任提交了一份报告,认为李勋爵明显篡改了自己文章的原意。原文只是客观地阐述了德国海军思想,没有任何觊觎英国地位的野心。"李勋爵的观点完全建立在与事实不相符的基础上,他的这种断章取义的做法不外乎是为了混淆是非。"

卡斯泰这份充满申辩意味的报告此时显得有些无力,在英国媒体大肆渲染的攻击下,法国国内的一些报刊出现了对其不利的报道,甚至连海军战争学校的校长哈蒂少将,尽管与卡斯泰很熟悉,也对他提出了指责。

在诸多报刊中,只有《法国运动》这家报社客观地报道了这一事件。1月4日,该报社原文刊载了卡斯泰的文章,并指出,李勋爵显然错误地解读了作者的原意,对作者的指责是"一个巨大的谬论"。文章还对其他报社不仔细研究作者原文,却又不辨是非、人云亦云的做法进行了一番嘲讽。美国《纽约时报》在同一天发表了一篇类似的文章,认为李勋爵误导了大众的观点。法国媒体此时才意识到自己成了别人的笑柄,纷纷复变口吻转而支持卡斯泰。

这之后,卡斯泰与李勋爵两人间进行了两个多月的笔战,李勋爵自始至终都不承认自己的错误。阿尔伯特·萨罗则受到法国元老院的传询,他被指证外交软弱、在重大问题上做出了不应有的让步。这一事件使得卡斯泰从此声名大振。1922年2月,他被提名晋升为海军上校。

(三) 参谋部之若干问题

1909年卡斯泰曾出版过《海军参谋部》一书,就参谋部的组织体制及编制等问题提出了大量改进意见,随后法国海军对参谋部实施了重大改革。但战争中参谋部所暴露出的种种问题表明,参谋部的改革并不全面,也不彻底,体制的不合理是造成作战指挥不畅、军令不通的重要原因。战争结束后,改革参谋部体制的呼声越来越高。1919年10月,海军高级军官学校校长托米尼少将找到卡斯泰,经过一番长谈之后,托米尼少将向他发出了来校授课的邀请,卡斯泰欣然同意。

在海军高级军官学校的授课时间长达三年半,上课所用的讲义均为卡斯泰就参谋部组织体制问题的思考结论。这些讲义后来又以论文的形式陆续发表在《海军杂志》上。1923年至1924年间,《参谋部之若干问题》一书正式出版。

在这部更准确地说是改革方案的著作里，卡斯泰分析了现行体制的所有弊端，最后提出了改革所要遵循的四项原则：

① 统一的原则。卡斯泰认为，这是战争要求的必然结果，参谋部应禁止有特殊权限的组织出现，如总局下属的潜艇作战机构、航空机构等。参谋部的权限必须得以保障，最高理事会不得随意剥夺参谋部的权力。

② 三部制的原则。参谋部不应该设立过多的执行机构，所有机构应分别归属这三大部门：行政部门、情报部门、作战部门。

③ 稳定的原则。参谋部的工作人员必须保持一段时期的固定不变。

④ 参谋人员与保障人员分离的原则。参谋人员主要负责与作战有关的事项，与作战无关的人员应列入保障人员行列，在行政部门人员统一指挥下为参谋人员提供保障。

在这四项原则之外，卡斯泰还提出了设立作战指挥中心的必要性。

这一次，战争的经验与教训让法国海军很快就接受了根据卡斯泰理论所提出的改革方案。1921 年的军事法令明确了海军参谋长的职责范围，同时明确海军参谋长"为战时最高指挥官"。1922 年海军设立了军区司令，负责沿岸港口安全保障。卡斯泰提出的四项原则除三部制原则外，另三项均得到实现。三部制原则最终成为四部制，即增加了负责"港口、基地与交通运输"的第四部门。

《潜艇战之总结》及《参谋部之若干问题》两部著作的出版，使卡斯泰成为海军首屈一指的军事理论家。当海军军官学校重新组建时，巨大的声誉使他立刻成为第一人选，但舆论对他也出现了另一种评价："热衷于文字甚于海上航行。"这是让他无法接受的评价，为了改变这一印象，也为了更好地展示出自己的军事行动而不是军事理论才能，他向海军参谋长提出了离开历史研究部并申请到舰艇部队工作的请求。

(四) "让·巴赫"号战列舰

1921 年 7 月 16 日，卡斯泰调离海军历史研究部再次回到舰艇上工作。他被任命为地中海第三分舰队参谋长。

1923 年 5 月,两年的分舰队参谋长任职期已满,卡斯泰离舰休假。他回到老家度过了一个长达 7 个月的假期,利用这段时间,他完成了《参谋部之若干问题》一书第二卷的撰写。同时,他还向海军参谋部提交了一封自荐信,要求担任"让·巴赫"号战列舰舰长。这时候的他已经晋升为海军上校,具备了担任战列舰舰长的资格,而战列舰舰长是晋升为将军的必要条件。"牛郎星"号舰长的经历使他有了竞争的资本,1923 年 12 月 12 日,他被任命为"让·巴赫"号战列舰舰长。

上任的当天,"让·巴赫"号接到命令需要进行维修升级改造,他几乎每天都吃住在工厂,细心地检查每一个改造部位。他以严谨、刻板的风格在"让·巴赫"号上建立了绝对的威信。

1925 年,"让·巴赫"号重新编入第三舰队,并很快参加了海上演习。这次演习可以说是对卡斯泰作战指挥能力的一次全面检验。演习结束后,将军们第一次对他做出了有所保留的评价,布里松少将认为"他指挥过于保守,但每天都在进步"。地中海舰队司令杜梅斯尼勒少将认为他"性格有些内向,兵力展开太过迟缓,具备海军军官的所有素质,是位优秀的组织者,但还应在各方面加强训练"。

(五) 海军参谋部的工作

1925 年 12 月 13 日,卡斯泰被调至海军参谋部,任情报处处长,受第一副参谋长直接领导。

上任几个月后,他感觉自己再一次遭遇到职位上的排挤,这种排挤既有同事间意见的分歧,也有他对参谋部工作作风的不满。

与同事间的意见分歧来自多个方面。第一方面,在兵力配置上,卡斯泰认为应优先考虑意大利人所构成的危险,海军的主战场应确定在地中海,因此,舰队主要兵力应集中在南部海区,而不是像现在那样分别配置在大西洋与英吉利海峡一线。同来自其他部门的反对意见一样,萨拉约纳将军也不同意他的观点,他认为卡斯泰过分夸大了不应考虑的危险。

4月26日,仍不愿放弃自己观点的卡斯泰与萨拉约纳上将进行了一次长谈,他向萨拉约纳将军指出:

① 对意大利的担忧并不是空穴来风,来自情报部门的消息及两年来所获得的情报显示,意大利对法国正在构成威胁。

② 与希特勒相互呼应的墨索里尼随时会以某种方式引发战争。

随后,卡斯泰又拿出了兵力配置计划及人员装备计划,并解释说:两份计划都是基于上述两点威胁而制订的,而作战计划特别是作战预案也必须要做出新的调整。在谈到战争的可能性之后,卡斯泰又将他对沿岸、港口、机场防御体系的担忧也一同做了汇报。几天后,卡斯泰的努力总算得到了部分回报,作战部门开始重新制订作战预案,原本派往北海的六艘驱逐舰改为三艘,另三艘被派往地中海。

意见分歧的第二个方面是有关作战部队的员额数量。参谋部坚持要将编制员额定为5.5万人,卡斯泰则认为至多只能是5.2万。利用卡斯泰外出公干的时机,萨拉约纳命令卡斯泰的助理提交了一份5.5万人的编制员额报告并在其上签了字。

第三方面的意见分歧表现在对作战计划的重新制订上。萨拉约纳将军已经授权作战部门重新制订作战计划及作战预案,但对战争充满忧患意识的卡斯泰决定自己动手制订作战预案。

两个月后,他完成了这份包含个人战略思想的作战预案。在预案的指导思想部分,他指出:"从地理位置上看,我们必须要清楚战场是不对称的,作战重心已被推移到南部。从海上情况来看,我们必须摆脱自身的弱势以对抗德意联盟。我们必须集中力量于主战场(地中海)放弃北方的第二战场。"

这份预案并没有提交到萨拉约纳将军手中,而是交给了第一副参谋长黑尔少将。令卡斯泰深感意外的是,黑尔少将很快就同意了他的预案,并直接将预案送交到了国防部。担任国防部长办公室主任的达尔朗上校看完预案后,深表赞同,并以部长的名义先行接受了这份预案以待部长正式签署,这其实意味着国防部同意了海军的作战方案。

如果说意见分歧让他情绪低落,那么参谋部的工作作风则让他对这个经过体制改革的机构充满失望。虽然耳闻目睹了一些人的渴慕虚荣和好大喜功,但他那自幼受父亲熏陶的诚率品格并没有失去其原来的单纯,他的脑海里装的仍旧是严谨刻板、循规蹈矩,从未想过要为自己寻找一个能向上爬的机会。恰在此时,海军战争学校的莫瓦塞教授邀请他到院授课,他热情地答应了。1926 年 9 月,卡斯泰正式调离海军参谋部到了海军战争学校,任校长杜朗德·维埃尔少将的助理,正是在这一段时间,他开始了一部最伟大著作的创作。

五、未实现的抱负

与作战指挥官相比,军事理论家在海军中一向没什么好地位,当然在其他军种中也同样如此。他们当中极少有人能拥有辉煌的履历,尽管经纶满腹,所提出的理论也为世人所接受并称赞,但仅凭这一点就能得到职务晋升与提拔的,似乎为数不多。卡斯泰可以说是一个特例,他的职位晋升一步一个脚印却又晋升极快,但到了最后,他还是被挡在了最高权力之外,一位比他更年轻更有政治头脑的对手成为最终的胜利者。

(一) 权力顶峰的止步

1928 年 8 月 25 日,卡斯泰被任命为马赛舰队司令,准将军衔。这一年,他49 岁。

1929 年 1 月,新上任的海军参谋长维奥赖特上将提名他担任海军第一副参谋长。

3 月 1 日,卡斯泰接受了维奥赖特上将的提议,正式接任第一副参谋长一职。事实上,维奥赖特与卡斯泰很早以前就有了接触,1899 年卡斯泰曾写给维奥赖特一封自荐信要求到参谋部工作,那时候维奥赖特就对这位年轻人有了深刻的印象,如今,维奥赖特更是对他的工作能力给予了高度评价:"最佳的合作者,总是有着极好的建议。"这是在卡斯泰刚刚开始接手副参谋长工作时维奥赖特说的话,没多久,维奥赖特就觉得他这句话或许说早了。

如果用"江山易改,本性难移"来形容卡斯泰的性格,可谓丝毫不为过,多年的部队生涯并没有让他的性格产生多大的改变,他唯一不会的就是处理人际关系。维奥赖特上将的赏识并没有教会他如何委婉地向上司表达自己的看法。作为第一副参谋长,卡斯泰主管情报与训练两大部门,而训练部门正准备向部队推行一种全新战术,该战术是维奥赖特上将在担任地中海舰队司令时所创立的,上将本人对此十分得意,卡斯泰则对这一所谓的新战术提出了强烈反对意见,认为其在实际运用中没有任何价值。由于卡斯泰的坚持,新战术最终不了了之。而维奥赖特上将也并不比他的前任有多大改进,参谋部工作作风依然没有什么变化,卡斯泰的设想终究只是停留在理论阶段。

第二年 4 月,卡斯泰被任命为地中海舰队舰艇训练中心主任。在舰艇训练中心,卡斯泰再一次展示了他独特的、超强的教学才能,1931 年 10 月的海上大演习,训练中心的舰艇表现出色,他们的技战术训练水平得到参演部队及将军团成员的一致认可。1932 年 4 月,当卡斯泰调离训练中心时,地中海舰队司令罗伯特上将称赞道:"他为训练中心留下了一笔宝贵的财富,所创立的训练方法将会在相当长的一段时间内指导我们的训练。"

离开舰艇训练中心后,他在土伦担任了 7 个月的海军分区司令。1932 年 12 月 25 日,海军司令维埃尔上将任命他为海军战争学校校长及海军高级研究中心主任。卡斯泰又回到了他早已十分熟悉的院校从事教学工作,不过,这一次是院长身份。除了学院的日常管理,他的大部分精力都放在了学术研究上,所涉及的研究方向极为广泛,包括战略、政治、海军战术、联合作战及海上战役筹划等,绝大多数内容都是他的讲座报告。

1934 年 11 月 1 日,卡斯泰被提升为海军少将。虽然他的军衔提升一向不算慢,但从准将步入少将这一过程,却经历了6年多的时间。很显然,从这时起,在一场看不见的争权夺利游戏中,他失去了先机。

1935年10月22日,卡斯泰被任命为海军第二军区司令长官。他的前任洛朗少将由于在处理船厂工人罢工问题上行为过激而被撤职。卡斯泰上任后,很大一部分时间是用来处理造船厂与海军部队间的矛盾。

命运的安排有时是如此巧合,卡斯泰担任海军第二军区行政长官时,正值达尔朗在大西洋舰队担任司令,而海军第二军区司令部与大西洋舰队司令部同在布雷斯特。这两位从前的挚友、海军将领中的少壮英才,在问鼎海军最高权力的过程中终于提前相遇了。此时,他们之间的关系已变得越来越紧张。

1936年6月,总统阿尔伯特·勒布朗决定到布雷斯特视察大西洋舰队,对达尔朗来说,这样一个表现机会绝不能让它轻易溜掉。凭借与总统办公厅人员的私人关系,达尔朗在第一时间获知了总统前来视察的消息,于是,他开始了精心准备:一定要把舰队最强战斗力展现在总统面前。"敦刻尔克"号战列舰上是正在建造的吨位最大、火力最强、配置最先进的"无畏"级战列舰,它集中了法国海军所有的荣耀与自豪,人人都在兴奋地渴望它早日服役。达尔朗当即决定:将总统欢迎招待会设在"敦刻尔克"号战列舰上。他希望卡斯泰能下令让它提前完工,但平息过示威骚乱的卡斯泰非常清楚受新劳工法保护的工人们肯定不会答应加班加点工作,况且,总统及国会都十分了解"敦刻尔克"号的建造工期及交付日期,没必要提前完工,于是毫不犹豫地拒绝了达尔朗的要求。

"敦刻尔克"号在总统视察结束10天后如期正式完工。7月14日,法国国庆日,阿尔伯特·勒布朗总统为卡斯泰亲自颁发了一枚荣誉军团十字勋章。站在一旁参加授勋仪式的达尔朗,嘴角始终挂着一丝不易察觉的微笑,他清楚地知道,第二轮竞争的结果胜负已定。尽管比卡斯泰年轻,但由于家世显赫,他的少将军衔早于对方,早年国防部的任职经历使他结识了大批高层人物,而且,达尔朗也并非完全是凭关系才走到这一步,他也同样能就海军建设等问题发表自己的看法,所有这一切,使得达尔朗有着比卡斯泰更强大的竞争力。

相比较而言,卡斯泰存在太多的缺憾:他从未担任过舰队司令,一些重要岗位任职时间过短，他那介乎于历史学派和青年学派之间的理论被部分人看作"无视传统"。维埃尔将军在任命他为战争学校校长时写给他的一封私人信件中显示出他的个性：思想过激，追求标新立异。卡斯泰的确因其思想独立，最终成为法国海军的理论家而不是行动家。

（二）组建高级国防学院

1924 年，英国成立了皇家防务学院，由海军上将里奇蒙担任院长。该学院是一所高级军官培训学院，以三军共同课程为主，目的是培养三军通用型人才。英国人在军事实践方面再一次领导了世界潮流。然而，这一实践的理论提出却并不是英国人，而是法国人。卡斯泰在 1902 年的《海军参谋部》一书中就已提出过这一想法，但是，长期以来却未引起法国军事高层的重视。英国人所设立的军兵种共同培训课程，使法国人发现自己又一次落伍了。于是，法国决定创立自己的高级国防学院。

国防委员会在讨论会之后达成一致意见，即成立高级国防学院，从陆、海、空三军中挑选精英军官，为总参谋部培训具备战略思考能力的人才，其培训目标应使受训军官能够从政治、经济、军费及人口等诸多方面来全面考虑国防问题，最终形成联合运用军事力量的统帅机构。

其主要创新内容为"学院可吸收部分政府文职人员共同讨论国防问题"，学院允许所有学员成立不同的讨论组分别对战争中的不同问题进行研讨，其研讨的结果可以在部分部队中进行演练以便在"和平时期确保部队的行动准备，战争时期确保国家防御"。

1936 年 8 月 14 日，法国以军事法令的形式正式批准成立高级国防学院，学院受三军参谋长及国家教育部高级教育局局长组成的理事会领导。在首任院长的选择上，卡斯泰被认为是"唯一一位能力与声誉并存的院长人选"。1936 年 9 月 2 日，卡斯泰正式走马上任。

上任后的第一件事就是确立国防学院的组织体制。他给海军部长写了一封建议信,就学院地点的设置及功能提出了自己的意见。几天后,他又向海军部长提交了一份内容详细且涉及面广的教学计划,他所提交的教学计划于 10 月 2 日获得了国防委员会的通过。1936 年 10 月 5 日,第一届高级国防学院学员正式入学,此届学员只有 30 名,10 名政府文职人员,分别代表着十个政府部门,10 名陆军学员,5 名空军学员及 5 名海军学员。

不久,他向三军参谋部提交了一份涉及院校教学方方面面的报告,指出:一要进一步深化教学内容,无论是军人还是文职人员,都应确立起战争的全局观念;二要在相关的文职人员中强化国防意识。学院教育的目的是使军事人员从政府文职人员的角度来思考军事问题,而政府文职人员则能从军事角度来思考政治问题。卡斯泰分析了目前教学所存在的主要矛盾,即一方面,学员的主体是军职人员,另一方面,课程的设置却是针对文职人员。他提出了两种解决方案。第一,增加文职人员的学员数量。以目前 10 名文职人员参训的情况来看,平均每个部门每年只有一名人员参加培训,这就不得不在一个相当长的时间内才能达到预期效果,为此,政府部门受训人数应在原有的数量基础上加倍。第二,对于军方学员,听课效果并不理想,绝大多数学员对民事课程不感兴趣,他们常常缺课,宁可去听已经掌握了的军事讲座也不去参加民事报告。卡斯泰认为,应通过相应的纪律使军方学员必须按时参加民事课程。

1937 年 7 月,国防部正式以法令的形式确定了学院的学制为五个半月,每期固定招收 17 名文职官员,同时,国家议员也可参与听课,但只作为旁听生。

(三) 与达尔朗的格格不入

1937 年 1 月 1 日,伴随着新年的钟声,达尔朗接替迪朗·维埃尔担任海军参谋长一职。5 月 11 日,卡斯泰被任命为海军高级委员会正式成员,并晋升为海军上将。这时的卡斯泰已达到其最高军衔,如果从军衔授予的先后顺序来看,只有海军司令达尔朗的军衔时间比他早,可以说卡斯泰成了仅次于达尔朗的第二号人物。作为海军上将,卡斯泰具体负责分管海军监察工作,受海军参谋长领导,实际上并没有多大权力。

不过,按照相应法规,海军监察长战时自动成为战区指挥官。但是,这项法规并不严密,监察长负责全海军的监察任务,也就是说他的战区是全部海区,如此一来,监察长在战时就成了与参谋长平起平坐的战场指挥官。1937 年 9 月,达尔朗颁布了一项特别法令,明确监察长战时的指挥辖区为拉芒什海至北海南部地区,简称北方战区。

很明显,这是一项针对卡斯泰而设立的法令,"敦刻尔克"战列舰事件一直让达尔朗记忆犹新。北方战区成为最不重要的战区,所配属的部队也只有少量的岸防力量。

为了攫取更大、更多的权力,达尔朗决定进一步限制监察长原本的职权范围。1937 年 2 月 22 日的军事法令取消了战场指挥官在非战争时期的行政指挥权,同一天,一条新的法令将监察长的职责明确为:只有在原始资料充分的情况下才能实施监察;监察的范围为参谋长所指定的条令训练执行情况;监察长的所有文书由参谋部提供。很明显,这种所谓的新体制极大地限制了监察长的行动权力,可以说监察长已经成为参谋长手下的一个无足轻重的小卒子。

为了更进一步掌控海军,达尔朗决定对海军机构做更大的改造,他准备彻底解散监察部,以新设立的作战参谋部全面替代监察部的职能。"作战参谋部受参谋长领导,负责第二、第三部门工作的副参谋长担任作战参谋部的直接领导。作战参谋部全权负责作战计划的制订、执行及战场监察任务,其组成人员要相对固定。"对照卡斯泰《参谋部之若干问题》一书,不难发现,达尔朗的改革思路竟完全体现了卡斯泰的参谋部建设原则,虽然达、卡二人出发点不尽相同,但达尔朗大刀阔斧的做法从某一方面来说倒也成就了卡斯泰仅停留在纸上、想做却又无能力实现的抱负。遗憾的是这种实现完全出自达尔朗的个人意愿,设立在监察部内部的常设参谋处隶属于作战参谋部,虽然归监察部使用,但它只对作战参谋部负责,监察部无形中被架空了。

显而易见,卡斯泰对达尔朗的做法难以接受,他向达尔朗递交了一份私人报告,要求恢复监察部的原有职能,达尔朗在给他的简短回复中说道:"从海军发展的深层次考虑,我这么做只是精简了一些我认为不必要的机构,这不也正是您曾提到过的吗?"狡猾的达尔朗巧妙地利用卡斯泰30年前有关参谋部改革的构想给了对方强有力的一击。

1938年6月,卡斯泰除去了海军战争学校校长的职务,但仍担任国防高级学院院长。院长、海军高级委员会成员、海军院校部负责人,这些职务并没有加重他的工作负担,他有了更多的时间来思考《战略理论》第三卷的撰写,然而,战争的爆发又一次打断了他的工作进程。

(四) 北方舰队司令

1939年8月27日,随着法国三军全面进入临战状态,卡斯泰也正式开始行使北方舰队司令职责,他的指挥部设在敦刻尔克第32号兵营。

法国人对战争始终没有正确的认识,一战的胜利加之固若金汤的马其诺防线,使法国人充满浪漫般地认为战争离他们还很遥远。英国的作战部队已经开赴过来,配属给卡斯泰直接指挥的兵力却仍然残缺不全。

与作战任务、兵力配备相比,更为复杂的是北方舰队的作战指挥序列。卡斯泰向参谋部提出了调整指挥序列的申请。参谋部很快就给予了答复,达尔朗本人不仅同意了他的申请还亲自做了补充与修改。几年来这是第一次达、卡二人意见相同,不过,这倒不是因为战争的爆发使二人出现和解,实在是因为达尔朗不愿看到海军准将普拉东被一名陆军准将指挥。随着战争的深入,他们两人之间的争斗也在不断升级。

但卡斯泰关注的重点并不仅限于此,经过一番考察,他不久就察觉到法国兵力部署的弱点。

9月10日,他请求会见第一集团军指挥官布朗夏尔将军,就第一集团军的作战方向及作战意图与之进行了一番长谈,之后,将会谈结果向达尔朗做了书面汇报。他指出,英法联军开赴比利时可能得不到预定的结果,第一集团军的北上会形成本土防御空虚,应进一步加强沿海地区尤其是敦刻尔克地区的防御。10

月7日,他应布朗夏尔将军之邀,与第一军指挥官彼罗德将军、第十六军指挥官法加勒德进行了一次小范围的对抗性演习,结果,法军的弱点彰然显露。紧迫的形势让他顾不得考虑等级观念,直接向彼罗德将军提交了一份意见报告,而正常提交报告的途径应由三军协调部海军处经最高指挥部转交。

10月6日,卡斯泰再次向达尔朗表示了他的担忧,法国的武装部队尚未集结完毕,而德国则已集中了大量作战部队,陆地上的部署仍存在太多的薄弱环节。同时,从海军部署来看,他的指挥部太过靠近内陆地区而远离了海战场,他请求将指挥部移至瑟堡。达尔朗回复道:他已将他(卡斯泰)的担忧向最高指挥官甘末林将军做了汇报,甘末林将军的回答是:一方面,"必要的部署已经实施并考虑周全",另一方面,"兵力部署的原则并不仅仅体现军事战略的需求,同样也包含外交政策","即使敌人决定入侵比利时,我也不认为他能轻易进入敦刻尔克地区"。达尔朗之所以向卡斯泰转述甘末林将军的话,一方面在于打消卡斯泰的顾虑,另一方面,他自己似乎也隐约感到一丝不安,只是他无力更改统帅部的决定。

至于卡斯泰所提出的迁移指挥部一事,达尔朗坚持指挥部应设在敦刻尔克,他认为尽管这座城市存在诸多缺点,之所以选择它是"因为它是连接英国的最佳地点,而加莱地区是整个海军的关键所在,最后,选择它的最重要因素是,原本属于陆军的敦刻尔克将完全接受海军的领导"。达尔朗还以一种不容置疑的口气威胁道:"如果加莱失去兵力部署,北方舰队司令将因不再有存在的理由而被撤销,第一战区海岸司令部会顺理成章地接替本该由我们来完成的任务。"

达尔朗的这些安抚性的解释与威胁并不能消除卡斯泰心中的不安,卡斯泰重新撰写了一份报告,他在报告中做出一个十分极端的假设,即德国人突破防线并包围敦刻尔克,联军开始大规模撤退,在这种情况下,为防止德军从海上实施补给,必须要制订撤退及摧毁港口的预案,预案应包括破坏港口设施、阻塞海上通道、炸毁岸上仓库等,他再次对将指挥部设在敦刻尔克提出批评,并对达尔朗的解释做了逐一的反驳。

几天后,他将一份内容相似的报告直接提交到国防部长埃杜阿赫·达拉迪耶办公室。毫无疑问,他又一次违反了军事法规,越权行事,因为他没有任何直接向部长提交报告的权力。这一切清晰地表明,他已经不再对达尔朗改变原有意图抱任何幻想,达拉迪耶部长在卡斯泰任高级国防学院院长时曾给予他极大支持,这次,他试图能得到部长的再次支持,不幸的是,达拉迪耶部长此次没做任何表态。

10月21日,甘末林将军在圣奥梅尔举行了一次高级将官会议,卡斯泰也应邀参加。会议结束后,他将早已撰写的有关北方战区的作战指导报告分别交给甘末林及彼罗德将军,同一天又向达尔朗递交了该报告的副本。

在这份报告中,卡斯泰阐述其对地面战争的思考,他认为,1914年,德国的主要进攻方向是比利时,而这一次德国人的主要目标将是加莱地区,其主要依据是:德国的北部出海口不利于德军实施更大范围的军事行动,占领加莱地区可使德国潜艇在英吉利海峡之间有更大的自由活动空间,可以彻底切断英法两国的联系,此外,它还为德国人提供了一个良好的基地,一个实施空袭英国东南部地区的最佳基地。德国人不会率先发起海上作战,所有的威胁均来自于陆地战场。

基于对这一战场形势的分析,卡斯泰重新部署了他的兵力配置,将主力部队部署在防区的东侧,面向法比边境,同时,他委托有陆地作战经验的丹斯准将组成新的指挥分部,全面负责辖区内的防御指挥。随后,他又下令对部队实施重新编组,所有能力不强的作战单元均被派往沿岸海区担负警戒任务,他将这些防御行动称为"沙袋计划"。他认为,"至少需要1万人及1 600匹马,换言之要一个步兵师的规模"才能达到他想要的防御效果。但是,现有的兵力显然是不够的,尽管第十六军有三个师的兵力在同一作战方向,却不归他辖制。唯一好处就是,"有了第十六军,可以大大改善我方右翼防守弱点"。不过,卡斯泰需要的是真正的防御力量。第十六军在卡斯泰防区前方四十公里处,从西向东占据了六个师的防御宽度,而它的实际兵力数量却远远不够。为了能在战时充分阻止德国人进入加莱地区,卡斯泰提出使用海水设障法,即挖凿多条壕沟灌入海水,形成阻拦阵地以协助防御。他曾向彼罗德将军解释道:"引用海水制造障碍之后所带来的危害会因雨季时大量淡水的中和而得到有效缓解。"卡斯泰希望彼罗德将军向战区最高指挥官转达他的这些想法,同时,他也迫切要求"最高司令部在这些问题上尽快做出决定"。

甘末林并没有及时就此问题做出答复,最高指挥部的将军们对使用海水的做法均持反对意见。卡斯泰的做法全然不像是一名海军,仿佛18世纪的陆军,虽然他的很多行动没有向达尔朗汇报,后者还是得到大量报告显示卡斯泰正在"搅乱局势"。10月26日,达尔朗来到敦刻尔克对北方司令部防区进行了一番全面巡察,陪同达尔朗一同前来的乐吕克准将以备忘录的形式将巡察结果记录在案,备忘录对卡斯泰的评语是:"……随意改变作战任务,不顾一切实施其所谓的'沙袋计划'。"达尔朗在巡察时未做任何表态,只是平静地对卡斯泰说,陆地战场不会如他所想象那样发生可怕的后果。

回到巴黎后,达尔朗以海军最高指挥官的名义向他发出两份措辞严厉的命令:

① 您没有资格直接向战区最高司令部提交报告。

② 战区最高指挥官是战场唯一的作战指挥总司令,是他而不是国防部长来处理您的报告。

③ 我完全不同意您的那些建议。

另一份命令也在同一天随后发出:

您正进入一个与您无关的领域,陆地战场最高指挥官已对此做了充分考虑而无须您的涉足。我再次向您确认,在您的领域,您的任务应该且永远是防御敌方舰队。

达尔朗的上述命令其实反映了他的官本位思想,他或许已经意识到了陆军的布防弱点,但他不希望为陆军做出任何牺牲,保全自己的实力以得到更大的收获才是他深层的意图。然而,这种投机冒险的想法最终令他付出了最惨痛的代价。

达尔朗的命令让卡斯泰难以接受,他申请解除自己的北方舰队指挥官职责并提出担任任何其他职务包括指挥陆地战场。

卡斯泰的担忧没过多久就得到了验证,11月初,有关德国人将攻打西欧的迹象越来越明显,终日歌舞升平的法国人终于意识到战争就在眼前。11 月 7 日,即在卡斯泰发出上述回复的同一天,最高指挥部发出了加强瑟堡地区防空力量的命令,8 日,又下令将布雷斯特及土伦海军军区的部分兵力派往敦刻尔克地区,9 日,第四鱼雷艇支队并入敦刻尔克战区。这些卡斯泰曾强烈要求的决定总算得以实施,但他们显然来得太晚了,递交达尔朗的回复已经送出。

卡斯泰对战争局势的准确把握令达尔朗多少有些尴尬,他早已将卡斯泰看作唯一的对手。他向国防部提出将卡斯泰转入预备役将军团的建议,这是他摆脱对手最体面的手法而且不易招致国防部的反对。卡斯泰识破了达尔朗的用意并表示拒绝接受这一安排,他写信给达尔朗,感谢他"照顾(他的)个人处境和(他的)健康",并提出按军官退休法的要求实施身体检查以证明他仍可继续服现役。

在前往图尔接受体检之前,卡斯泰所做的最后一件事是向第七集团军指挥官吉劳德递交了一份通告,这份通告实际上对甘末林的军事行动提出了批评,并建议吉劳德将军减少埃斯考河下游的兵力部署,而将主要作战力量集中于埃斯考河中上游。对甘末林计划不敢有任何更改的吉劳德自然不会考虑这一意见。1940 年 5 月,敦刻尔克大撤退再次印证了卡斯泰的判断。

卡斯泰于 11 月 17 日离开敦刻尔克,体检时间定于 18 日,三天后,1939 年 11 月 12 日,爱丽舍宫签发了海军上将卡斯泰转入预备役将军团的命令。报告的传递只用了三天时间。如果不是预先有所准备,只能说这是个"创纪录的命令传送速度"! 事已至此,卡斯泰无法做出任何回应。

(五) 告别军界

转入预备役也就意味着职业生涯的结束,1939 年 12 月,卡斯泰选择了退役,回到老家维尔纳弗。

1940 年 5 月 10 日,西欧战役打响。但是素有欧洲大陆第一强国,在第一次世界大战期间曾经成功拖住德军四年之久的法军,仅支撑了 50 多天就放弃了抵抗,敦刻尔克战役证明了他的预言。1940 年 6 月 22 日晨,巴黎郊外贡比涅森林福煦元帅的专车上,法国屈辱地与德国代表团签订了停战协定。根据协定,大半的法国领土,所有大西洋岸的口岸基地,重要的工业和富饶的农业区都交给了德国,法国维希政府只保留法国南部与法属北非的殖民地,由维希法军进行管理,并不许通敌。针对法国海军,协定第八条更是直接规定:法国舰队除为保卫法国殖民地利益及维希控制的领土而留置那一部分外,应一律:在指定的港口集中,并在德国或意大利监督下复员或解除武装。法国海军——这支世界第四大海军,被迫封存在土伦、阿尔及尔、奥兰港和卡萨布兰卡等几个港口,无助地等候着命运对自己的宣判。

失败来得如此之快,大大超出卡斯泰的想象,他强烈反对维希的贝当政府与德国签订停战协定,并撰文尖锐地批评停战协定拥护者。

战争给法国带来的创伤是多重的,除了国家内部分裂,外部势力同样威胁着法国的未来。在获知法国投降后,为防止德国利用法国海军进攻英国本土或威胁运输线,英国海军开始执行以夺取和控制法国海军为目的的"弩炮计划",该计划于 1940 年 6—7 月在三个区域进行。在英国本土的朴次茅斯和普利茅斯军港,6 月 24 日早上,英国海军突然解除了法国舰队武装并实施武装管控。在法属西印度群岛,7 月 3 日,当地法国舰队与美国达成协议,解除了武装。在北非海岸的奥兰和米尔斯克比尔军港,英国提出以下条件:

① 和英国一起继续对德国作战。

② 裁减船员,并在英国人监督之下开往英国港口。

③ 在英国舰队监督下开往西印度群岛的一个法国港口,并解除武装,或交美国托管。

法国舰队如拒绝以上建议,则必须于六小时之内自行凿沉舰只。这样的要求遭到法国舰队的拒绝,于是英国皇家海军舰队在萨默维尔海军中将的指挥下,对港内的法国舰队发动攻击,世界海战史上最无奈的米尔斯克比尔战役开始了。在英国海军海空火力的夹击下,困在港内的法国舰队几乎全军覆没,1 297 名法国水兵失去了生命。英国海军这一落井下石的行为使昔日的盟友兵戎相见,贝当政府当即断绝了与英国的外交关系,达尔朗下令采取报复措施,轰炸了直布罗陀。从此以后,法国海军视英国海军为宿敌。

"弩炮计划"后,法国海军实力大损,但英国海军仍不放心,因为法国海军战列舰"黎赛留"号还存在,英国人视其为眼中钉。1940年9月,英国对驻北非达喀尔的法国海军舰队发动了"威吓"进攻行动。战斗中,驻达喀尔的法军舰队得到了炮台和本土赶来的巡洋舰队的有力支援,击伤了英国驱逐舰"英格菲尔德"号、"先见"号和"坎伯兰"号,重创了"坚决"号战列舰。法国有两艘潜艇被击沉,两艘驱逐舰被烧毁和搁浅,"黎赛留"号战列舰被创。达喀尔之战的结果是维希政府获胜,但英国也完成了最主要的目标——"黎赛留"号战列舰被创。英国彻底清除了可能来自法国的海上威胁。1942年,美英两国共同制订了在法属北非登陆的"火炬"作战计划,计划以此为跳板,进攻"鳄鱼柔软的下腹部"——意大利,实现反攻欧洲大陆的目的。两国特混舰队于1942年11月8日分别在法属北非的阿尔及尔、奥兰和卡萨布兰卡地域登陆。但登陆部队遭到了对英军极度仇恨的法国海军的猛烈还击。已是维希政府三军总司令的达尔朗决心转向与英国人结盟,他命令法属北非各地立即停火,并下令驻土伦和达喀尔的法军剩余舰队迅速开往北非支持盟军登陆。但是,土伦的法国舰队不愿与英国舰队一同作战,他们无法原谅英国人在米尔斯克比尔和达喀尔所犯下的错误,土伦舰队司令德拉波尔德上将拒绝执行达尔朗的命令。与此同时,法属北非各地停火的消息传到了德国,希特勒立即下令占领全部法国,并计划夺取驻土伦的法国舰队。面对德国人的包围,达尔朗显示出了无与伦比的英雄本色,他拒绝了英国人的援助,也不愿意向敌人屈服,不论他们是德国人还是英国人。1942年11月27日,达尔朗向土伦舰队发出了一条特殊的命令,这是一条充满悲壮色彩的命令——自沉舰艇,法国海军十多年苦心经营的结果,包括3艘战列舰,8艘巡洋舰,17艘驱逐舰在内,共计160余艘舰艇全部自沉于土伦港,达尔朗平静地接受着眼前这一残酷的现实。

与达尔朗同样接受现实的还有远在维尔纳弗河畔的卡斯泰,在随后的日子里,卡斯泰拒绝出任一切与政府有关的职务,事实上,尽管远离了战场,卡斯泰仍密切关注着战局的进展,每月他都会向《快讯》杂志投送一至二篇战争记事及个人评论，从这些文章中，我们可以看到卡斯泰对第二次世界大战的一些观点与看法。总的来说，卡斯泰对英国与美国的战略持严厉的批判态度，例如，他批评英国错误的外交政策将日本推向了德国一方；美国在战争初期对太平洋战场的重要性认识不足；盟军在作战中未能利用其优势迫使德国改变作战节奏，等等。同时，对轴心国的战略他也表达了自己的看法，他认为德国对俄国攻击是战略性错误；而日本对印度洋进攻的失败，全是因为其过长的海上补给线及远洋进攻能力的不足。

1945 年，日本广岛、长崎的悲剧标志着核战争时代的来临，卡斯泰迅速意识到原子弹这一新式武器的战略地位。1946 年 10 月，《国防杂志》发表了他的一篇题为"原子弹概述"的著名文章，文章指出，原子弹这一决定性的进攻武器，只能是一种最后的武器，不能用于战争的初期。拥有原子武器的国家要慎重使用同时要防止其对外扩散，因为不论国家强弱，只要拥有原子武器就能给对方造成同样致命的打击。这些论述首次清晰地勾画出了核时代对等威胁理论的轮廓。

（六）最后的日子

1947 年，法国高级国防学院改名为高级国防研究院，卡斯泰答应前往巴黎以个人身份为研究院做学术讲座。他成了《国防杂志》的专栏作者，每个月都能发表至少一篇文章。除了在高级国防研究院做报告，国家战争学校及海军战争学校也邀请他前去讲课。这时的卡斯泰心情极为愉快，因为他可以无拘无束、酣畅淋漓地向人们传达他的观点，而更令他感到惬意的是，他可以和现役军官们共同探讨军事理论问题。一天，在国家战争学校讲课结束后，荣誉再次降临到他身上，图卢兹百花诗社问他是否愿意选择来图卢兹讲课，这是一项巨大的荣誉。创建于 1323 年的图卢兹百花诗社可以说是西方最早的文学社，在法国甚至欧洲的文学界、学术界享有极高的地位。卡斯泰从未想过能得到这份殊荣，这说明他的成就已经超越了军事领域，得到最广泛的认可。

1955 年 12 月，卡斯泰与《国防杂志》的合约到期，《印度支那战争的战略意义》成为他在该杂志上发表的最后一篇文章,这之后,《国防杂志》结束了与他的合作协定。与此同时,他也逐渐减少了对外活动。

1959年7月14日,法国国庆日,卡斯泰得到了一生中最高的荣誉——荣誉军团大十字勋章。戴高乐将军在这一天给他写了一封亲笔信,信中称道:"我永远不会忘记我的一些理念完全归功于您,归功于对您的战略理论的拜读。您的努力堪称是无与伦比的典范。"海军中将勒·彼高专程来到维尔纳弗为他披上绶带。

1967年,海军高级战争学校校长杜瓦尔寄给他一封祝福信,卡斯泰随即回信:"……海军战争学校永远珍藏在我心中,她照亮和温暖了我的晚年,我把全部的希望都寄托在她身上,寄托在海军的未来及军事思想的发展上。"回信两个星期后1968年1月10日上午,海军上将卡斯泰在他的办公椅上安详地闭上了双眼。

六、战略理论

《战略理论》一书是从何时开始构思,准确的时间已经无从知晓,从他在海军高级研究中心的授课记录来看,应该是自1927年就开始形成了理论的最初部分。1929年8月,《理论》第一卷正式出版。后三卷的写作速度明显要慢得多,其中一个主要原因就是,他于1928年被提升为准将,并离开了海军高级研究中心,这之后,他相继担任地中海第三分舰队参谋长、海军副参谋长、海军战争学校校长等职务,太多工作打断了他的写作节奏。即使在这种情况下,为了完成自己的心愿,第三卷仍于1928年开始创作。从1931年11月至1935年1月,后三卷也相继出版。

如同马汉的著作在美国最初并没有引起重视一样,卡斯泰的《战略理论》同样没能逃脱在国内被束之高阁的尴尬。评论叫好却不叫座。

令人想不到的是,在法国之外,卡斯泰的《战略理论》却获得了巨大成功,它的影响集中在两大地区：拉美国家与地中海沿岸国家。

卡斯泰对传统海军战略思想的总结主要体现在三个方面：

一是总结了从17世纪大航海时代到20世纪新技术应用这一阶段的战略思想，其结论是，制海权仍是海军战略的主导思想，但技术因素对制海权的获取产生了重大影响。二是总结了海军战略及大战略，他指出，对于一个内陆国家，由于其主要威胁来自陆地，因而国家战略中的海洋成分大大减少，但对于一个海洋国家，特别是法国，海洋战略则是其国家战略的重要组成之一。三，也是其理论中最重要的部分，统一了两种相对的战略观念——历史学派和青年学派。这应该说是卡斯泰理论中最为精妙之处，在他之后，也有人尝试将两种观念加以统一，但均未能超越，从这一点来说，卡斯泰不仅仅是一位继承者，也是一位理论创造者。

（一）技术因素是海军战略发展的推动因素

马汉的海军战略理论完成于线形战列舰时代，其海战理论代表了风帆舰船或与其所处时代相近的海上作战，尽管其本人及其追随者都在试图寻求战略原则的永久性，但第一次世界大战已暴露出其海战理论的局限性。卡斯泰的理论完成于第一次世界大战之后，潜艇、航空兵以及各种各样的新式海上作战武器的出现打乱了传统作战模式。相对于马汉而言，卡斯泰更加注重技术因素对海军战争理论及实践所产生的效果。

随着潜艇在海战中的运用，卡斯泰逐渐将目光转向了这一新型作战力量。1920年出版的《潜艇战之总结》是一部全面而深入研究潜艇这一新式兵力使用的著作，从中可以看出，卡斯泰对潜艇的使用采取了十分积极的态度。

相对于潜艇而言，航空兵在最初并没有引起卡斯泰太多的关注。《战略理论》第一卷出版后，卡斯泰已经充分认识到了航空兵的重要性，随着第一次世界大战后武器性能的大幅提升，《战略理论》第五卷更是突出强调了航空兵的地位。

卡斯泰决定利用再版的机会对所有的著作进行一次大范围的修订，相当多的内容都要重新撰写。新修订的内容主要为以下几项：

一是对潜艇作战的后续思考。1929 年前，他曾提出，潜艇只能对水面作战舰艇进行攻击，不得对民用商船实施攻击，这是迫于当时的战争规定。随着德国人潜艇的无限使用，这一规定形同虚设，潜艇的使用已经没有了道义上、法律上的障碍，他完全可以极尽所能地将潜艇战理论充分发挥出来。对于他来说，利用潜艇攻击商船，是对敌方海上交通线实施控制的重要手段，对控制战争进程起着至关重要的作用。

二是关于航空兵的使用问题。在新版中，他指出，航空兵应得到更多的关注，必须要投入更多的经费，因为这种兵力完全有能力无任何区别地参加海上战争与陆上战争。英国航空兵的发展已能够在战役的初期迅速投入使用，而法国在这方面的能力还存在巨大的差距。但他同时又指出，飞机技术的进步，带来一个越来越严重的问题，那就是水面舰艇兵力的组成，这些问题都需要在新版中做进一步的阐述。卡斯泰对卡米尔·罗格龙提出的飞机将最终取代水面舰艇的观点持反对意见，他认为卡米尔·罗格龙过分夸大了飞机的性能，但可以肯定的是，水面舰艇在没有可靠防御的情况下将遭到飞机的巨大威胁，尤其是对海上交通线致命的威胁，他说："航空兵带来的威胁比任何时候都大，它迫使我们不得不尽一切可能去考虑如何做好防御。"

三是关于舰艇的吨位。第一版中，卡斯泰曾提出平均分配舰艇吨位的意见：30 000 吨的战列舰可以很好地分配为 3 艘 10 000 吨级或 12 艘 2 500 吨的反鱼雷舰，甚至还可以分解成 20 艘 1 500 吨的鱼雷艇。这实际上反映了他的青年学派观点，即用小型舰艇对敌攻击。新版中，他则提出一种全新的战列舰概念：全装甲结构，甲板上只保留炮塔与指挥塔，其余部分均置于装甲保护之中。虽然这种想法在实际中并没能得以实现，但却反映出卡斯泰头脑中根深蒂固的巨舰大炮思想，这种思想导致其对航空母舰的作用存在一个出人意料的错误认识。

对航空母舰这一因技术变革而出现的新式作战武器平台，卡斯泰始终未能做出清晰的表述。直到 1937 年，他仍然对航母的作用持怀疑态度。其对航母最大的疑虑在于它的机动性和攻击性上，他认为航母巨大的上层结构降低了机动性，飞机的起降又使其机动性能大打折扣，而其不足的火力配置更是难以抵挡主力舰艇的巨炮攻击。从这里，我们又可以看出卡斯泰对传统海军理论的继承。以战列舰、巡洋舰为主力舰艇实施舰队决战的观点在其头脑中可谓根深蒂固，此种观点甚至到第二次世界大战结束之后仍未有多大变化。

（二）战略的制约因素与战略机动

克劳塞维茨认为战略包括五种要素，分别为：精神要素，包括士兵士气在内；军事力量要素，包括数量、编成和组织形式；位置的几何要素，包括相对位置，部队的运动及其与障碍物、通道、目标等的几何关系；地形要素，包括可能影响军事行动的山脉、江河、森林和道路；补给要素，包括补给手段和来源。这种战略要素的划分法，其范围十分有限，主要体现的还是战术行为。与克劳塞维茨相比，马汉首次将战略的概念加以扩大，提出了和平时期海军战略的概念，并指出海权要素的组成：国家的地理位置、领土的自然结构、领土的范围、人口组成、民族特性、政府特点及政策，其目的是拥有并维持海权。马汉理论虽来源于陆上战略，但他已彻底抛弃了土地层面的意义，对他来说，海洋才是终极目标。卡斯泰的战略理论在此基础上则更进一步，提出了大战略的概念，这使得其战略理论有着更为广泛的思想内涵。虽然他早期提出的有关战略及战术定义，如"战略是指战争的全局，战术包含于战争之中"，仍然十分传统，但它们却处于一个共同的观点之下，即"政治、战略和战术，这三种截然不同的元素构成了一个整体，一个完整而又相互关联的统一体"。在《战略理论》第三卷，卡斯泰对此有了更加清晰的表述，他指出："战略往往并不是孤立的，相当多的因素都会影响到战略所独有的领域，这些因素，我们称之为制约因素。"制约因素有其积极的一面，它可以引导作战部队投入决定性的战役当中，但是，当它禁止某些行为或某些行动模式时，则是其消极面的表现。制约战略的因素包括法律、政治、经济、军事、领土、精神等，它们中大多属于传统因素，是战争实际需要的必然结果；另一些，则是随着社会的发展而逐步出现在人类面前的，这其中，技术因素是最重要的因素之一。对比马汉理论可以看出,卡斯泰理论不仅仅限于海权,如果说马汉以大英帝国的崛起为参考,勾画出英国的发展方向,那么,卡斯泰则是从法国实情出发,提出了国家军事战略的总体构想。他首次将经济因素、技术因素作为战略的重要组成要素加以考虑,而这一切又是马汉从未列举过的因素。

事实上,卡斯泰指出,海军战略应与陆军战略相融合,从而生成更大的、占统治地位的军事战略,即大战略。这里,卡斯泰首度使用了军事战略一词,该词最初被视为同义反复,但在第二次世界大战之后得到广泛使用。

为了最大限度地减少战略制约因素中的消极面,卡斯泰提出了战略机动的概念。他认为每一个交战国必定有主要目标与次要目标之分,因此交战国的战场也有主要战场与次要战场之分,二者的差别在于发生在前者的决定性战斗结果具有足以左右战局的影响力,但是通常这种决定性的结果非常不易出现。而在次要战场上,由于那里的作战比较容易出现结果,因而次要战场的作战反而有可能超越原本的期待并带来超越在主要战场上所能得到的成功结果。但是要在次要战场获取成功则必须在该处拥有相对优势,战略机动的重点即在于如何创造这种优势。

战略机动是卡斯泰战略理论中的一项重要论述,尽管"机动"一词的表述令人难以琢磨,但其最终意图仍在于获取制海权,对于以劣势兵力抗击优势兵力的海军而言,战略机动无疑是更为经济、更为有效的手段之一。

(三)战略的原则与手段

卡斯泰理论中最为重要,也是最易被忽视的部分,是其对历史学派与青年学派的总结。

《战略理论》一书系统地分析了马汉、柯隆布等海军战略理论先驱的精华理论,也重新思考了青年学派的理论观点,从而形成了两种结论迥然却又相辅相成的理论总结。

卡斯泰最重要的思想来源可以说是达弗律的《海军战略实践》一书,达弗律的理论精要表现在有组织的海上兵力运用及从海上实现对陆地的控制，卡斯泰完全接受了这一观点，而这种观点事实上也是法国海军历史学派的标志性理论。青年学派所提出的海军战略理论同样对海军的发展产生了一定的积极影响，对于传统思想而言，这一影响可以看作理论的变革。尽管在 1914 年以前，卡斯泰对青年学派的观点基本上持否定态度，而此时，他的思想已发生重大变化，他剔除了青年学派中一些过时的理念，将新型武器装备条件下的兵力运用观点融进了自己的理论之中。不难看出，卡斯泰的理论思想来源于传统的或者说是正统的历史学派，但又吸收了青年学派的观点，可谓集两大对立学派理论于一身。

第一次世界大战的爆发为卡斯泰全面验证以马汉为代表的海军战略理论提供了机会，科贝特也同样以此为契机，提出了异于传统海军战略的制交通线理论。在提出自己的理论观点上，相比科贝特而言，卡斯泰显然要谨慎得多，他将历史学派的全部理论应用于第一次世界大战的每一个细节中，以此来印证战略理论对战争的影响。

与历史学派相对应的理论是青年学派所提出的理论，自马汉以来，海军战略理论始终以海权论为正宗，它所采取的历史经验总结法为世人广泛接受，青年学派则成了异端邪说。所谓青年学派，是指产生于 19 世纪 80 年代法国海军的一种理论思潮，其主要思想是利用小艇对敌实施破袭战，由于小艇多为青年军官指挥，他们对大舰的支配地位多有不服，因而对小艇的地位作用极其推崇。青年学派的观点一直为历史学派者所诋毁而被称作异端邪说，卡斯泰对这一异端邪说的总结使其成为又一重要的理论体系。

卡斯泰认为，可以通过两种方法对海军战略加以阐述，一种是历史分析法，也可称之为地缘历史法。另一种战略分析法，卡斯泰称之为现实法或装备法，这种说法实则来源于青年学派的观点，但青年学派却将技术因素加以极端化，认为运用小型舰艇即可实现将对手封锁于港口内而无须控制海权，他们认为，鱼雷、水雷、潜艇等武器的出现使得大型舰艇日益变得脆弱易毁，以巨舰为基础的海洋战略已趋于没落；卡斯泰并不完全赞同上述观点，他认为，制海权仍是一个国家海洋战略成功与否的关键，只不过，随着时间与空间的变化，技术因素日益凸显。

冲角、鱼雷、巨炮、潜艇,这些技术的出现,无不对海军战略及海军实践带来巨大的影响。他总结道:综观现代海战史,可以看到,在海军战略问题的认识上,主要是两种对立学说之争。一种是有着完善体系的历史学派,另一种则可称之为装备学派,尽管后者杂乱且尚无体系,但其立足点却是武器装备的技术性能。这里,卡斯泰首次提出了被后人称为装备学派的理论体系。

在上述两种不同的分析方法之上,他创造性地提出了战略原则与战略手段的定义,指出:"从以往的战争经验中,我们得知,战略原则可视为一系列的真理集合。原则独立于行动方法之外,是战略理论中不变的主体内容,它包含了作战行动规则及各种作战概念。"而战略手段,是指"各类方法,各类运用,以及为实现战略原则而考虑的各类技术要素。所有军事问题其解决的关键在于,如何使用正确的手段去实施战略原则在特殊情况下的运用。战略手段依赖于武器装备,同时,也依赖于时间及地点。战略手段是战略理论中的变化组成体"。很明显,前者是历史学派观点的总结,而后者则来源于对青年学派思想的总结。在这种定义之下,两种不同学派之间的统一就变得十分简单,如其所言:"战略只有同时拥有原则与手段才具有生命力,原则与手段必须相互结合并协调一致。原则与手段之间是相互依存、相互需求的关系,没有良好的武器装备,再好的战略思想也会居于劣势,同样,没有原则的指导,再精良的武器其作战效果也只会平淡无奇。因此,我们既要从历史研究中尽最大可能去搜寻原则,又要力求通过对武器装备的充分了解以获取最佳手段。"

(四) 制海是对海上重要交通线之控制

《战略理论》第一卷以较长的篇幅论述了海军战略理论发展史,它的价值体现在两个方面,一方面,他的这份总结在很长一段时间内一直是欧洲大陆唯一一部海军战略理论史的全面总结,英国人乔弗瑞·蒂尔在1982年出版的著作《海洋战略与核时代》一书中也对此进行了总结,但蒂尔的总结不如卡斯泰的全面。另一方面,书中引用了大量参考资料、学术观点,他的参考资料以法文为主,但也阅读了大量英文、德文及意大利文等原版资料。这其中有人们熟知的作者，也有不被大众熟悉的作者，甚至包括海军战争学校学员的文章，卡斯泰不仅对它们进行了重新定位，更重要的是对他们进行了全面的评价，这使得《战略理论》一书成为具有重要参考价值的理论文集。

卡斯泰研究了自郝斯特以来所有的法国海军理论，特别是汲取了前辈如达弗律、达流斯的思想精髓。马汉、柯隆布、科贝特等一系列法国之外的理论家同样引起他的强烈兴趣。除军事战略家的理论之外，卡斯泰还深入研究了大量海军史学家的著作，通过对历史及现实的分析，卡斯泰认为，制海权是一个国家尤其是海洋国家的立国之本，问题的关键在于如何获得制海权。马汉的制海权理论来源于陆上战争理论，卡斯泰同样对此进行了深入的研究，这其中，最具代表性的莫过于克劳塞维茨、约米尼的战略理论。克劳塞维茨根据战争目的的不同，将战争分为两大类，第一类战争的目的是要完全击败敌人，使其不再成为一个政治组织，另则迫使他接受任何条件；第二类战争的目的是获取领土，以保持征服成果，另则在和平谈判中用占领地区作为交易工具。若米尼也将选择作战的目标分为两大类：一、地理上的目的，以攻城略地为目的；二、毁灭性的目的，主要是把敌人的兵力击毁，或是使其溃不成军。上述战争目的被马汉运用到海战场上，并推导出海军战略的定义。马汉曾说："我们一方面承认海外战略点的重要，另一方面也承认作战任务在于争取有利位置。我们如为海军战略下一定义，就该是，在海战中，舰队乃是决定一切的关键。"在作战的目的上，马汉认为："海军作战的主要目标为敌海军。因敌海军才是支持敌人战略点的唯一基础。因此，攻击敌海军乃是最有效最重要之攻势。假定一个强大的海军不去攻击敌舰队，而去攻击不要紧的港口，实为最可惜的事情。""作战的目的不是占领一个地理位置，而是消灭敌人有生战力，这在海洋上较之陆上更为明显。"基于此，可以得知，马汉认为海战的目的只有一个，那就是歼灭敌舰队。卡斯泰虽然接受上述理论，但对马汉的结论提出了自己的观点，他认为，海军舰队的任务不能仅限于舰队决战，海战并不是一项孤立的行动，它还受到国家战略中经济运输、地理位置等因素的制约，由于己方舰队无法终日处于寻歼敌舰队的过程中，因此，对敌地理目标,如港口的袭击也能达成战略目的,此外,决战并不是海战的唯一模式,对敌海上交通线的攻击同样至关重要。

毫无疑问,卡斯泰属于批判型理论家,在接受他人理论观点时,他首先做的就是试图寻找对方的缺陷,并力求提出与众不同的观点。对于柯隆布的《海上战争》,他认为"虽然篇幅有些长,且对历史的总结实际上没有任何用处,但的确是一部非凡的战略著作"。非常奇怪的是,他认为科贝特是一位"比较平庸的战略家,理论缺乏可靠性",科贝特的有限战争理论遭到卡斯泰的严肃批评。而事实上,卡斯泰的理论与科贝特的理论有着极大的相似之处。如在制海权的认识上,科贝特认为"所谓制海权者,就是掌握海上交通线。"卡斯泰则认为:"制海,就是对重要海上交通之控制,不论此交通线为军用抑或商用。"对于海军作战的目标,他们都认为首先要控制交通线,"这与陆上作战目标为征服其土地有着本质的不同"。没有资料表明卡斯泰接受了科贝特的理论,但两者之间存在相同之处却是不争的事实,而卡斯泰对科贝特的排斥也是显而易见,之所以产生这种现象,也许是出于对科贝特的非军人身份的一种本能抵制,卡斯泰始终认为军事理论家必须来源于实践而不是闭门造车。

(五)殖民扩张——军事与政治的关系

殖民政策是法国对外政策的重要组成部分,19世纪后,七月王朝以及法兰西第二帝国将法国的殖民扩张推向了顶峰,先后在非洲、亚洲及美洲建立了三大殖民区域,这其中最主要的也是最重要的当属非洲区域。除个别领地外,整个西非及北非均为法属殖民地。法国利用它的殖民地建立了一个令人震惊的海外领土集团,这一集团也成了法国天然的后方基地。在法国统治集团内部,对殖民问题的看法,长久以来一直存在帝国派与大陆派之争,两派在维护法国殖民利益方面是一致的,但侧重点和做法有差异。前者把争夺海外霸权、开拓和维护殖民地放在首要地位;后一派则主张集中主要力量于本土和欧洲,以海外殖民地为依托,以称雄欧洲大陆为根本。应该说卡斯泰属于后者,但他表现得更为激进。

1930年《战略理论》第三卷出版，其中，在"殖民扩张与海军战略"这一章节中，卡斯泰用了六十多页的篇幅对法兰西殖民帝国现状进行了系统分析，他不仅分析了不同地域殖民领地的地理状况，也对法国的政治、军事及经济能力进行了剖析，甚至还对法国的殖民政策进行了毫不留情的谴责。同时，他提出了自称为"外科手术"式的改革方案。

卡斯泰认为，法国对远东及美洲的殖民扩张已经超出法国的军事、经济能力，他指出，"军事战略必须平衡军事与政治之间的关系……我们必须选择一个主要目标，一个基本空间，一个重要轴心，而它应处于殖民政策之首。如何选择？很显然，最接近大陆，最靠近核心部分，也就是说，我们的非洲区域。这种选择的优点是具有较短的海上交通，相对来说危险性较低……必须将全部精力集中于所选择的主要目标上，放弃其他次要目标"。这里的主要目标指的是非洲殖民地，次要目标指的是亚洲及美洲殖民地，卡斯泰认为，放弃及交换次要殖民地可以带来双重优势：一方面，它将缩短过长的战线并能形成兵力的集中，另一方面，通过交换可以有效地消除一些外部势力对法属非洲沿海的侵入。他建议，用印度支那与英国交换尼日利亚；用西印度群岛与美国交换利比里亚；将太平洋的一些小岛赠予澳大利亚和新西兰，以换取塞拉利昂；用法属印度公司与英国换取冈比亚；将圭亚那卖给巴西；在叙利亚目前形势微妙的情形下，可以给予它解决独立性的要求，或者更好一些，将它送给意大利，以消耗后者的军力与财力。如此，法兰西帝国的地位将大大加强，他说："截肢手术是如此痛苦，但会让我们的灵魂更强大"，这就是他所谓的"外科手术"式改革方案。

这一改革方案并没有让卡斯泰得到赞誉，《战略理论》第三卷的发表使他再一次成为公众热议的焦点，他所提出的殖民改革方案，对大多数人来说不亚于一场风暴。

1945年5月9日，德军最高统帅部代表凯尔特元帅等三名陆、海、空军将领，由代理元首、海军总司令邓尼茨授权到柏林城郊苏军总司令部，在苏、美、英、法四国代表面前签署了德国无条件投降书，第二次世界大战欧洲战场宣告战争结束。

已经回到维尔纳弗河畔老家的卡斯泰决定对《战略理论》第三卷再一次进行修订，第二次世界大战中出现的新情况、新问题成为他重点考虑的内容。总体来说，有关殖民问题的主要思想没有太大变化，只是更加突出了非洲的重要性。他认为非洲大陆永远是法国海外领土的最重要利益之所在，包含了诸多对法国极为有利的特点，如不存在地域上的分裂、能够快速形成相互支援的体系、与法国地理十分邻近等。这些特点显示出，一方面，当欧洲大陆发生战争时，非洲可以作为法国重要的后方物资提供基地。另一方面，也更为重要的是，非洲大陆可以作为欧洲战场的陆地延伸，从海上对敌发起有力的攻击，只要占据着非洲，就可以在苏、美两国争夺欧洲大陆的对抗中获取有利的战略地位。第二次世界大战中，戴高乐领导的自由法国运动正是由于在阿尔及尔建立了临时政府，并依靠广大殖民地的支持，自由法国运动才有了强大的基地，该基地成为自由法国运动人力、财力的重要来源。戴高乐也承认："我是依靠法兰西帝国的人力和财富来领导作战的。"后来出任法国参议院议长的加斯东·莫内维尔说得更清楚："若没有法兰西帝国，今天的法国只不过是一个被解放的国家而已，由于法兰西帝国的存在，法国才成了一个战胜国。"即使如此，卡斯泰仍坚持放弃美洲、亚洲等遥远的海外殖民地，他认为，战争已经表明，即使英国这样的海上强国，也无力经营其遥远的殖民帝国，这些殖民国家在战争中并没有对英国提供多大帮助。

1946年10月23日，法国全民公投通过了新宪法，法兰西第四共和国成立。新宪法将法兰西帝国改名为法兰西联邦，提出法国与殖民地在权利与义务上相互平等。同时，法国在殖民问题上开始实施回缩政策。卡斯泰坚决认为，法国可以放弃除非洲外的任何海外殖民地，非洲则是一块不惜一切代价都必须保全的领土。

但在随后的几年里，卡斯泰见证了法联邦的变迁，法属非洲帝国终究无法摆脱解体的命运。具有讽刺意味的是，法国最终拾起了卡斯泰的理论，然而为时已晚。卡斯泰去世后，他所未曾发表的讲稿被整理成《战略理论》第六卷，最终呈现在世人面前。

(六) 骚动理论及历史观

卡斯泰在留给世人一部理论巨著的同时,也给世人留下巨大的遗憾。仔细研究卡斯泰的著作可以发现,其所有著作几乎都存在一个共同倾向,即白人至上论。他的世界观或者说他的历史观,来源于纯粹的现实主义国际关系概念。对于国家,他谈论的是其政策,而不是政体。在卡斯泰看来,国家无论政体如何,其组成的最强大动因是对内的民族主义和对外的扩张主义,所有的强国都是通过寻求对外扩张而达成,其终究会发展成为帝国主义。

马克思主义者认为,意识形态是指社会中的统治阶级对所有社会成员提出的一组观念,其所关注的重点是如何划分权力,以及这些权力应该被运用在哪些目的上。而卡斯泰对此的理解是:意识形态只是提供了一个精神上的作用,这一作用常常是统治者的一种蒙蔽手段,与宗教一样,意识形态需要国家政策的支持,同时,也反作用于国家政策。当发生冲突时,意识形态则表现为国家意志。1939年的苏德条约,正是两个不同意识形态国家间共同意志的体现。

卡斯泰的历史观可以说是严重低估了意识形态所起的作用,共产主义,无论被称作乌托邦还是全人类的意愿,其在苏联的成功都足以说明其所具有的独创性一面。国家间的战争以及国家内部的冲突,既有国际关系矛盾也有种族地缘矛盾,更有意识形态间的矛盾,而卡斯泰对这一问题的片面理解导致《战略理论》一书的思想根基建立在一种二元论的基础上。他认为,国家间力量对决的本质就是侵略与被侵略,正是这一过程导致人类纷争不断,这就是其著名的骚动理论。

卡斯泰认为,几乎在所有的历史进程中,总是存在着骚乱者,存在着一个国家得到充分发展并渴望在所有领域拥有权力,此类骚乱者其力量来源于国民数量上的优势及国家资源的优势。当它的力量足够强大时,首先表现出的就是对邻国的入侵。有两种类型的骚乱者,"规矩的"和"不规矩的"。"规矩的"骚乱者,尽管也希望拥有外部权力,但总体来说保持其内部社会体制的完整性是其主要目的,这种骚乱者认为外部的影响是有限的,其代表如法国的路易十四。而"不规矩的"骚乱者,由于社会内部结构被各种政治及社会因素所打乱,它所表现出来的是一种完全不同的症状,如法国大革命、德国的纳粹等,其目的总体来说是对外部权力的狂热追求。无论是"规矩"还是"不规矩"的骚乱者,都有一个恒定的特点:带有狂热而神秘的国家帝国主义色彩,并终将导致军国主义的出现。

虽然骚动理论在《战略理论》一书中并不占主要篇幅,然而它却使卡斯泰成为那个时期偏见思想的典型代表。这种偏见带有明显的种族主义倾向,他的思维观代表着 20 世纪初欧洲人的普遍观点,也浸透着种族主义理论。卡斯泰完全接受了这一极端的概念,即便他说到黄种人与白种人的对抗,其实他更想要表达的是欧亚对抗或者说是地理、历史上的东西方对抗,骚动理论所要表达的中心思想其实是欧洲民族与非欧洲民族间的抗衡,他最大的担忧之处在于,欧洲国家间内部的争斗将会使欧洲整体衰落导致欧洲之外的骚乱者成为最终的胜利者。

然而,西方中心优势论却不断受到历史进程的冲击。对卡斯泰来说,20 世纪最大的变革不是 1917 年的俄罗斯革命,而是 1905 年的日俄战争。这场发生在遥远东方的欧亚对抗,使得欧洲人自勒旁特海战之后的三个多世纪以来,第一次惨败在亚洲人面前。他说:"我们已经看到某一时期特别是在某一关键时期,都会出现由野蛮的非洲或亚洲人发起的颠覆白种人世界或西方世界的企图。作为优等民族、人类的领导者,我们应该而且必须终止这一欲吞没所有文明和进步的威胁,世界必须恢复它的本来面貌。"

可以说卡斯泰的整个生命过程都在固执地忠于上述思维模式,而这一切又构成其著作理论的基本出发点。日俄战争的结局让他认识到,亚洲民族似乎正在崛起,种族优势的本能促使他发出了维护其自身利益的呐喊,在《黄白对抗》一书中,他写道:"从西藏到北京,从广东到蒙古,数以百万计的生命都能感觉到黄白交战炮火所带来的巨大战栗声,刻骨的仇恨让他们一致对抗来自欧洲的野蛮人,种群数量唤起了他们意识的觉醒,而聚集在天皇盾牌下的日本人,却开始觊觎欧洲人的领地。"需要指出的是,卡斯泰在这本书中将欧洲人对亚洲的入侵看作为了"出面停调黄种人的自相残杀",欧洲人扮演的是救世主的角色。然而,日俄战争打破了欧洲人的梦想,救世主的地位受到前所未有的挑战。因欧洲内部骚动而产生的第一次世界大战消耗了欧洲的军事及经济能力,第二次世界大战则彻底解除了欧洲人的世界主导权,卡斯泰对此的忧心,正是其《战略理论》一书的最终目的。

佐藤铁太郎

不合时局的日本海权思想创始者[①]

佐藤铁太郎(1866—1942),日本海军战略学家,参加过中日甲午战争、日俄战争。1886 年毕业于日本海兵学校,历任巡洋舰航海长、海军省军务局课员、驻外海军武官、海军大学教官、舰艇副舰长、舰队首席参谋、作战主任等。1913 年担任日本海军第一舰队参谋长。1915 年,升任军令部次长,不久即改任为海军大学校长。1916 年,佐藤晋升为中将。其后受海军内部斗争的影响一直郁郁不得志,1923 年被编入预备役,1942 年身染重病逝世。

佐藤铁太郎被誉为日本海军第一代战略家,其代表作《帝国国防史论》是日本海权战略的代表作,集中体现了他的战略思想,成为指导早期日本海军发展的经典著作。

佐藤认为日本应学习英国,主张将海洋作为一线国防,向海洋扩张,把建立"海洋帝国"作为日本国家发展的根本战略目标。他坚持日本应采取"海主陆从"的军备建设方向,放弃企图征服大陆之野心,依靠海上力量的强大来谋求国家利益的增长,构筑与岛国日本相适的以最少费用发挥最大效果的国防体制。佐藤以马汉的海外扩张论为基础,阐述了日本应向全球海洋发展的思想。佐藤认为战时海军作战的目的是击溃敌舰队、掌握制海权。佐藤指出日本海军的主要战略目标是歼灭跨越太平洋的来犯之敌,而实现这一目标的前提,必须确立日本海军力量在西太平洋的局部优势。在军备的标准和假想敌的设定方面,佐藤认为

① 作者简介:段廷志(1969—),男,中国南海研究协同创新中心研究员,海军指挥学院教授;陈华(1967—),男,毕业于解放军外国语学院,海军某部副译审;杨晓洋(1976—),男,海军指挥学院讲师。

"其国家不论远近,凡相关国家都可视为假想敌,而其中实力最强者,应是我们的对应目标"。他的这一结论,曾长期被日本海军作为军备的经典依据。根据这一结论,佐藤认为在当时的形势下会对日本产生巨大威胁的国家只能是美国。他提出了日本海军军备最低应保持在太平洋上敌对国(实际指美国)实力70%以上,并强调要对美备战。

佐藤的系列战略思想的提出,对日本陆军坚持陆主海从国策、维持对海军的优越地位直接提出了挑战,明确要求建立陆海对等体制,主张、立论又自成体系,对当时日本统治阶层的国防战略思维冲击很大,从而对日本的国防战略、军队建设发展产生了深远的影响。

二战日本战败后,佐藤的理论逐渐销声匿迹。冷战结束后,随着国内外形势的变化,日本国内主流观点认为应明确把日本定位为海洋国家,日本国防战略最重要的是守卫海洋国土,并以此为基础构建日本的国家安全战略。"海洋日本论"的崛起从某种意义上意味着佐藤理论的复活。

一、佐藤铁太郎的生平

佐藤铁太郎1866年8月22日出生于日本山形县鹤岗市,因生父亡故后被佐藤家抚养而改姓,从小学习成绩优秀。1884年考入海军兵学校。1886年,佐藤以优异成绩毕业,经过一年远洋航海实习后,被授予少尉军衔,担任"鸟海"号炮舰代理航海长,开始步入海军军官之路。

1891年,佐藤铁太郎进入海军大学学习,次年以第1名的优异成绩毕业,担任炮舰"赤城"号航海长。1894年中日甲午战争中,佐藤铁太郎表现出出色的军事才能。黄海海战后,佐藤铁太郎又先后担任巡洋舰"浪速"号航海长、海军省军务局课员,于1898年被授予少佐军衔。1899年,他被选派为驻英国海军武官,1901年又转任驻美国海军武官。1902年,佐藤奉命回国,先后担任日本海军大学的教官、舰艇副舰长、舰队首席参谋、作战主任。1905年在日俄战争对马海战中,佐藤铁太郎及时识破俄罗斯舰队的伪装,准确判断出俄黑海舰队将经过战略要地对马海峡,在海战前一天强烈主张联合舰队在对马待机,反对返回津轻实施封锁。佐藤这一准确判断被认为是日本海军获胜的重要原因。马汉在《论日本海海战》中,曾对日本舰队在战略要地对马以逸待劳迎击俄海军的选择给予了高度评价,称佐藤铁太郎坚持把舰队留在对马海峡居功至伟,是日本夺取海战胜利的关键①。

由于战功卓著,战后佐藤铁太郎被送入日本海军大学深造,开始有充足的时间和机会根据自己的体验和战史资料总结战争的经验教训。毕业后,佐藤铁太郎出任军令部 4 班班长(情报)兼海军大学教官,不久晋升为少将。1913 年担任日本海军第一舰队参谋长,4 个月后,又改任军令部第 1 班长(海军作战、舰队的编成等)。

第一次世界大战爆发后,担任海军军令部参谋兼海军大学教官的佐藤迅速主持完成了第一次世界大战初期青岛攻略作战、南洋群岛占领作战等各种作战计划。1915 年,在大战中再立新功的佐藤升任军令部次长。然而,佐藤上任仅 4 个月,就突然被改任为海军大学校长。此次异常人事变动,据说是因为他试图扩大军令部的权限,冒犯了当时的军令部部长加藤友三郎。1916 年,佐藤晋升为中将,后调任舞鹤镇守府司令。此后,佐藤再次遭遇其军界天敌加藤友三郎的打击而仕途坎坷,最终因与其观点不合而被解职。1923 年转入预备役,佐藤战略思想的影响在其被转入预备役后急速减弱,被渐渐忘却②。

1942 年 3 月 4 日,在太平洋战争的隆隆炮声中,佐藤身染重病,郁郁而终。

①　(日)戦史室编『日本海军指挥官総览』、新人物往来社、1995 年版、第 125－126 ページ。
②　(日)石川泰志『佐藤鉄太郎海军中将伝』、原书房、2000 年版、卷头。

二、佐藤理论的产生与发展

(一) 佐藤理论产生的时代背景

1. 马汉时代的来临

"日本的马汉"，当今日本人对佐藤的这一推崇，清晰道出了其海军战略思想的渊源其实是欧美国家的海洋扩张实践和理论。

16 世纪，欧洲资本主义生产关系迅速发展。资本渴望财富和利润的本能促使欧洲各国纷纷加入海上冒险，建立远洋海军，开启了如火如荼的大航海时代。在此背景下，马汉的海权论应运而生。主张动用国家权力积极发展海上力量，为资本家攫取巨大利润服务，是西方世界殖民经济时代海权的本质，也是马汉海权论的宗旨。马汉宣称的海权就是由殖民经济所获取收益支撑的海权，海权用来扩大殖民经济的规模，夺取殖民地，保证海上交通线的畅通无阻。

马汉的很多理论来源于对英国海洋霸权经验以及欧洲国家海洋争霸教训的总结。1840 年，英国通过卑劣的鸦片战争敲开了中国的大门。令人敬畏的中央帝国竟然败于一个遥远岛国，这一残酷的事实令日本朝野大为震惊。十几年后，美国的"黑船"将同样的噩运带给了日本。然而，与中国不同的是，面对外部世界的剧烈变化，这个岛国表现出了超强的适应能力，迅速推翻了固执于"锁国政策"的幕府，建立了天皇亲政的新政府，掀起了轰轰烈烈的明治维新运动。此后，日本人像海绵吸水一样，如饥似渴地学习欧美的一切，包括建立强大的海军，推行海外殖民扩张政策，并在甲午战争中取得了初步成功。因此，当蕴涵着海洋称霸秘诀的马汉学说问世后，日本产生像佐藤铁太郎这样的崇拜者可谓顺理成章的事情。

19 世纪末，世界资本主义的发展进入垄断阶段，列强的对外扩张欲望空前强烈。西方国家对远东和太平洋地区的争夺日益白热化。到 1895 年日本打败中国时,西太平洋诸多岛屿、群岛已经被欧美国家瓜分殆尽。日本只好暂时放弃南下夺取海上势力范围的企图,重点走大陆扩张之路。

19 世纪与 20 世纪之交,世界海军竞争正式进入了马汉时代,在海权论的直接影响下,西方各国纷纷大力发展海军力量,日本也不例外,举国上下形成了大力发展海军力量的统一意志,在很短的时间内建成了远东的一流舰队,并相继打赢了中日甲午战争、日俄战争这两场具有历史意义的战争,一举成为西太平洋上令西方列强刮目相看的海洋强国。不过,日本的海权扩张不单是为了制霸海洋,更多地被统治者用来襄助陆军实现大陆扩张目标。

近代日本海军就是在这样的世界海权扩张大潮中迅速泛起的。不过,其发展既受到佐藤版马汉理论的深刻影响,又受到大陆政策的制约,具有很浓厚的日本特色和历史局限性。

2. 日本海军的兴起

明治维新后,海军建设被视为国防要务,确立了"海军英吉利式,陆军法兰西式"的军队改革方针。1872 年 2 月 28 日,明治天皇颁布诏书,仿照欧洲国家建制,分别设立陆军省和海军省。日本明治初期确定的海军学习英国独立建军的导向可以说是佐藤海军战略思想产生的体制基础。

为了奠定海军的基础,明治政府首先把重点放在培养人才尤其是军官上,措施便是开办学校。在此思想的指导下,日本兴办了大量的海军学校。形成了一个完整的近代海军军官教育体系,既培养初级人才,又培养中高级战略人才,可以满足不同层次的需要。在短短的十多年间,日本陆海军便建立起系统的近现代军事教育体制,使将、佐、尉三级军官普遍受到军校的正规教育。

在设立海军学校、聘请外国教官的同时,日本海军还花费巨额经费,为海军学员提供留学和远航的机会。这些留学生在国外学习西洋海军造船、航海技术和海战技法,以至外交和国际法知识,回国后大部分成为日本海军的高级将领和骨干。佐藤铁太郎也受惠于日本海军的留学制度,被派往英国留学两年,后又到美国考察。他把英国的海军首相、马汉的理论与日本的国情相结合,创立了日本特色的岛屿帝国国防理论。日本海军自 1874 年起还创立了远航制度,海军兵学校学生在毕业前后搭乘训练舰远航亚洲、欧洲、美洲和澳洲,为时数月乃至半年。远航制度所费不赀,但却为军校毕业生提供航海经验,并且丰富了他们的见闻,开阔了其胸襟和视野,使日本很多海军将才既具有较高的理论素养,又少了许多纸上谈兵的臭味。佐藤铁太郎的一系列海军战略著作,务虚的内容不多,务实的主张不少,散发着浓厚的实用主义味道。

在佐藤的著作中很大一部分是论述国家及海军军备建设的。而佐藤之所以在著述中洋洋洒洒,大谈"海主陆从",建立"岛屿帝国",关键还是日本决心大力发展海军军备所提供的底气。在近代日本海军建立之初,整个日本海军只有舰船17艘,总排水量仅11 432吨。日本痛感国力穷困、民生凋敝,海军振兴困难,但同时又把发展海上军事强权视为实现富国的主要手段,不惜倾囊购舰。1876年,日本自造的第一艘装甲快速炮舰"清辉"号下水,日本由此掌握了从设计、制图到锅炉、动力、船身、炮具的一系列造船技术。日本又于1884年订购了两艘3 700吨级的防护巡洋舰,命名为"浪速"、"高千穗"。这两艘巡洋舰被公认为巡洋舰设计的杰作。日本发展海军的决心和气度由此可见一斑。

1893年2月10日,明治天皇下达了名为"和衷共同"的诏敕,要求国会与政府"和衷共同",六年间均要献出自己工资的十分之一充当部分造舰费用。该年3月,国会通过了"七年造舰预算",宣布每年再为海军增加投资300万日元。在经费有限的情况下,日本海军不去与清朝海军比拼铁甲舰和大口径火炮,而是发挥自己的快速舰和速射炮优势。到甲午战争开展前夕,日清两国清军主力舰速射炮比率已达192∶27。

海军军种意识的觉醒与日本扩张野心的膨胀是同步的,在对外扩张欲望的催生下,海军独立的战略军种意识得到强化,从而确立了建立一支战略进攻型海军的指导思想和目标。日本海军近代化建设之初,就以世界海军强国俄国为假想敌,提出这种目标设计是海军独立军种意识觉醒、强化的必然结果,这也反映了日本海防思想对海军建设特点和规律的理解有了进一步深入的把握。

1890年,美国的马汉出版《海权对历史的影响》,提出了具有划时代意义的"制海权"理论。这一理论很快被引入日本,夺取和掌握制海权由此成为日本海战理论的核心内容,并在甲午战争筹划和实施过程中得到了生动体现。甲午战争后,日本进一步总结战争经验,加深了对掌握制海权意义的认识。鉴于战争中海军因未能获得早期制海权而产生的一系列问题,日方认识到通过"先发制人"和"奇袭"获得早期制海权的重要性,这成为日本海军战略的重要原则。后来,这一原则被运用到日俄战争和太平洋战争中。日本海军还引进了英国的近代海战理论,丰富了战斗队形知识,明确了舰船、火炮的发展目标。从理论源头看,佐藤铁太郎的海军战略论和秋山真之的海军战术正是马汉海权论、英国海战理论与日本海军侵略作战实践相结合的产物。

明治新政府建立后,由于陆军高级将领在倒幕战争中普遍立有战功,而海军的人马却主要是从幕府海军中接受过来的,所以日本陆军、海军在建军之初政治地位就是不平等的。这种不平等曾延续数十年,也是后来制约佐藤铁太郎军事主张影响的重要体制因素。

3. 近代日本的海洋扩张

佐藤铁太郎经历的年代是日本帝国主义崛起的年代,从中日甲午战争、日俄战争到"九一八事变",在亚洲崛起中的日本帝国海军日益沦为日本帝国主义的"战争机器"。佐藤铁太郎的海权思想,自然反映出日本帝国主义的扩张需要,其战略思想和理论的形成,与日本近代海洋扩张实践存在密切关系。

作为四面环海的岛国,近代日本的对外扩张理论从产生起,就含有大陆扩张和海洋扩张两大目标。可以说明治维新前海洋扩张就已是日本殖民扩张思想的重要组成部分,其诸多理念后被执政者所采纳,逐步变为现实的侵略政策和行动。不过,也正是这种陆、海双向"通吃"的扩张理念为日本国防战略埋下了陆、海之争的种子,成为佐藤思想难以贯彻的主观根源。

(1) 向陆还是向海

从明治维新开始到华盛顿会议召开的 50 年间,日本的海洋扩张是以经营东亚大陆为出发点,基本目标是先夺取大陆周边近海的制海权,确立在远东的海上优势,乘机向大洋拓展。

1868 年,明治天皇即位之初就确立了"海军建设为第一急务"的方针。1870

年,兵部省向天皇提出了一个发展海军的《建议书》,确定中国为日本的第一假想敌,制订了 20 年内拥有大小军舰 200 艘、常备军 25 000 人的海军发展计划。由于当时的"南洋"已为欧洲列强所控,明治政府尚无实力,当然不敢开衅英法等海洋强国。于是,以"征韩论"为起点的"大陆政策"逐渐成为日扩张战略的主流。甲午战争前,日本的海洋扩张政策主要是配合"征韩",为陆军东亚大陆扩张保驾护航。

中国是朝鲜的宗主国,对朝鲜安全有保护义务,且先于日本拥有一定规模的近代海军,遂被视为"征韩"的绊脚石。因此,在甲午战争前,日本海洋扩张战略的定位是"陆主海从",海军服务于大陆扩张,将其威胁认识锁定于中国,非常注重研究与制定对清朝海军战略,尤其在如何扩军,击败北洋海军上煞费苦心。

甲午战争后,"海主陆从论"在日本抬头,并猛烈冲击了"大陆政策"。其背景是:当时在欧美列强中,"大海军主义"兴起,掀起了新一轮海军军备竞赛和海洋扩张浪潮。在东亚,沙俄加速向远东扩张,"三国干涉还辽"已使日本感受到强邻气焰的炙热,并把沙俄陆、海军视为国防的"主敌"。从日本国内看,甲午战争中,与陆军相比,海军取得的战功更为显著,在国内政界、军界的地位影响大幅度蹿升,国防、政治发言权扩大,也急于摆脱对陆军的从属地位。

（2）从中国近海到"内南洋"

自甲午战争后到日俄战争结束 10 年间,日本海军强烈要求把海洋扩张置于国防的中心地位,对"大陆政策"态度消极,其军事战略也以夺取制海权,控制远东海洋为首要。日俄战争后,"海主陆从论"同"大陆政策"的矛盾凸显,突出体现在假想敌认定上。"大陆政策"的主要制定者山县有朋主张以沙俄为第一假想敌、中国为第二假想敌。以山本为代表的海军则认为不能以眼前利益选定假想敌国,应从整个利害关系加以考虑,并从历史、地理以及其他关系全面衡量,择其最大者为敌国,以全力对付,一旦战胜,则可称雄四方。因此,假想敌国应是美国。在此背景下,日本于 1907 年制定了《帝国国防方针》,一改往日的"守势国防"为"政略与战略统一"的"攻势国防",提出以俄国为主要假想敌国,美、德、法次之。《帝国国防方针》的出台表明,山本的主张并未完全得到实现。《帝国国防方针》对海洋扩张战略的抑制引发了日本海军将领的不满,他们迫切需要一种强调海洋立国的理论与陆军的大陆政策对抗。佐藤著作的《帝国国防论》和《帝国国防史论》的问世恰好适应了这一需求,因此得到山本权兵卫的推荐,而获得了上呈天皇御览的殊荣。

此后,日本海军虽未完全放弃己见,但"海主陆从"最终未能在日本扩张政策中占据主流。然而,日本的海洋扩张既存在配合"大陆政策"的一面,又持有相对独立性的一面,一直存在大洋扩张的冲动。这种冲动在日本突出表现在"南进"问题上,即控制西南太平洋,占领日本以南海域诸岛及东南亚地区。

（3）从"内南洋"到两大洋

第一次世界大战使远东国际形势及列强海军势力消长发生了重大变化。美海军实力从世界第四跃至第二,成为继英国之后又一个拥有两洋舰队的海上军事强国。英法国力消耗巨大,远东殖民竞争的主要棋手已变为美日两家,而美日之争又突出体现在对华政策和海洋扩张上。

在美国看来,日本独占中国的政策不仅直接威胁到美国的在华利益,而且最终会把美国人赶出亚洲大陆和西太平洋。虽然两国通过华盛顿会议,就远东势力范围和限制海军军备达成了妥协,但在西太平洋相互视为威胁已成事实。1923年,日本第二次修改《国防方针》,把美国作为主要假想敌,俄、中次之。

第一次世界大战后,日本的海外殖民扩展到从库页岛南部到西太平洋的辽阔地区,日本企业加深对南洋的经济渗透。殖民利益的拓展使日本决策者在"关注"大陆的同时,也更重视西南太平洋。到20世纪30年代中期,"南进论"在日本统治集团内部已有很多支持者。他们叫嚣:帝国有三条生命线,第一条是中国东北,第二条是内南洋,第三条是外南洋(太平洋的西部和南部除"内南洋"以外的地区);中国东北和内南洋已经在握,下一步该是夺占外南洋了。至此,日本以美为敌,"南下"扩大海洋侵略的战略勾画已基本成型。

20世纪20年代的华盛顿体系曾暂时缓和了日美之间的海洋霸权争夺。但是其平衡和制约日本军备膨胀、军事扩张的能力很有限。1935年12月和1936年1月,日本相继撕毁《五国海军协定》、《伦敦海军协定》,给华盛顿体系最后一击,这意味着日本要彻底颠覆该体系确立的西太平洋海洋秩序,建立自己的霸权。1936 年,日本于"二·二六事件"后建立了天皇制法西斯专政,军部乘机掌管了国防、外交及其他大权,得以直接实施酝酿已久的扩大侵略计划。

日本的"南下"直接侵犯了英美传统的海洋势力范围,意味着要和老牌、新兴的海权大国迎头相撞。而对于英美特别是美国的实力,日本统治者中仍不乏头脑清醒者。日本海军的一些高级将领如山本五十六、米内光政都对与美国开战缺乏信心。到 20 世纪 30 年代末,两大因素促使了日本加紧实施"南进"计划。其一是美对中国抗战的援助力度和对日本经济制裁的力度同时加大。1939 年,日本试探"南进",3 月宣布对南太平洋诸岛的领土要求,4 月宣布占领南中国海诸岛。对此,美国的反应是于 7 月宣布废除《美日商约》,翌年又开始实施对日禁运。由于制裁趋于严厉,日本已难以靠贸易手段从上述国家地区获取军需物资,急于下"外南洋"夺取英、美、荷殖民地以缓解战时经济危机。此时,一直把未能使中国屈服归咎于美英支持的陆军寄希望从海上隔绝中国的外援通道;而原本对与美开战尚存怯意的海军因担心石油问题也决定冒险一搏——长期因战略方向争执不下的陆海军终于在扩大海洋侵略上达成"一致"。其二,欧战自爆发到 1940 年下半年,德国法西斯在欧洲一度高歌猛进,在远东拥有殖民地的欧洲各国均自顾不暇,美国也把关注焦点置于欧洲。深陷"中国事变"的日本统治者大受鼓舞,企图重玩一战故技,趁火打劫。

日本近代海洋扩张战略的上述演变,既在一定程度上刻印着佐藤战略思想的痕迹,又反映出佐藤所思与国家战略实践之间的矛盾性。近代日本的海洋扩张与"大陆政策"相生相克。日本的海洋扩张虽长期策应"大陆政策",但海岛国家的地缘属性和"海权论"的熏染又使一部分人对陆权扩张存在本能消极,佐藤铁太郎的思想就是突出代表。由此产生的"陆海之争"又使日本难以贯彻战略集中原则,最终演变成超越国力的陆海双向全面扩张。结果,日本同陆海两个方向国家的矛盾全面激化,陷入两线作战。

日本海军战略的上述演变路径严重偏离了佐藤铁太郎主要用于保护海上通商的战略构想。在他的著作中和论文中,虽然对与美国海军发生战争有过些许构想,但他本人也不希望在海上与这样的世界顶尖海军强国交兵。然而,日本走向全面海洋扩张的根源在于其自身的逻辑性,是不以统治阶层个别人的意志为转移的。其海军"南下"并非由于美英制裁和美国的"挑衅",而是其海洋扩张战略冲动和行为长期积累的结果。

佐藤的海军战略思想还存在一个重大缺陷,就是作为职业军人,他试图从经济角度阐述国防主张的做法有可取之处,但毕竟这方面学力有限,相关分析仍比较浅薄。由于佐藤未能看到日本经济的落后性,其提出的海权观点就存在脱离日本实际的成分,在实施过程中就容易变形,变成赤裸裸的武力征服和掠夺,而且其与英、美等国的海洋竞争很容易走向零和。

导致日本走向全面海洋扩张的根由,在于佐藤战略思想极力反对的一个战略倾向——进军大陆。因此,当日本走上大陆扩张这条不归路时,佐藤战略思想的精髓事实上已经被抛弃了,他有关大陆扩张将导致日本走向亡国的预言却变成了现实。

(二)佐藤思想产生的理论渊源

佐藤的战略思想以英国等欧洲国家的军事思想、马汉的海权论为主要研究对象,其思维逻辑则深受中国《孙子兵法》的影响。

1. 孙子兵法与佐藤思想

诞生于2 500多年前的《孙子兵法》,以东方人特有的智慧,诠释了世人正确认识战争、准确把握战争规律的最高境界,是世界军事理论领域的瑰宝。日本历代兵家将帅都对《孙子兵法》情有独钟。从日本建立海军到二战时日本海军全军覆灭,在70多年的历程中,《孙子兵法》几乎见证了日本海军的崛起、强盛和衰败。成长在日本这一时代的佐藤铁太郎虽然很重视西洋兵法研究,但同样对《孙子兵法》给予了高度评价,称"在古今中外的兵书中,《孙子兵法》是论述战略最宏伟而且容易深入研究的好著作"。他不仅编过《意译孙子》,而且专门著了《孙子御进讲录》,为日本天皇讲授。他还重点提出了孙子"不战而屈人之兵"的思想,并把其渗透到其海军战略理论之中。纵观佐藤的理论专著,与同时代大部分日本高级将领的著述相比少一些杀气,多了一些慎战思想,深层原因就在于受到了《孙子兵法》的影响。

2. 马汉海权论与佐藤思想

阿尔弗雷德·塞耶·马汉是美国杰出的军事理论家,他在1890—1905年间相继完成了被后人称为马汉"海权论"三部曲的《海权对历史的影响1660—1783》、《海权对法国革命和法帝国的影响:1793—1812》和《海权与1812年战争的联系》,其有关争夺海上主导权对于主宰国家乃至世界命运都会起到决定性作用的观点,更是盛行世界百余年而长久不衰。马汉的海权论内容非常丰富,核心内容有以下四点:

一是海权与国家兴衰休戚与共。马汉不仅在书中首创海权概念,而且认为"海权即凭借海洋或者通过海洋能够使一个民族成为伟大民族的一切东西"。马汉认为海权应该包括海上军事力量和非军事力量。前者包括所拥有的舰队,包括附属的基地、港口等各种设施,后者则包括以海外贸易为核心的,和海洋相关的附属机构及其能力,也就是国家海洋经济力量的总和。建立和发展强大的海上力量对促进国家经济的繁荣和财富的积累、夺取制海权和打赢海上战争以及维护国家国际政治地位具有重要的意义,决定着一个国家和民族能否成为一个伟大民族。因此,马汉的海权论实际上是论述如何通过夺取制海权以达到控制世界的理论。二是影响海权的六个要素。① 地理位置;② 自然结构;③ 领土范围;④ 人口数量;⑤ 民族特点;⑥ 政府性质,政府要具有海洋意识且对海军重视,政策上具有连续性。三是海权与陆权之间的关系。马汉认为:海权与陆权相互制约又相互依存,他非常重视陆上"依托"对海上力量的意义。四是海权的运用必须遵守"战争法则"。马汉在书中用大量战例具体阐释了一些重要原则,如集中优势兵力原则、摧毁敌人交通线原则、舰队决战原则和中央位置原则等。

马汉的海权著作一经问世就受到了日本人的重视,很快被介绍到了日本。日本积极顺应了马汉海权论在列强中掀起的"建设大海军"浪潮。佐藤铁太郎留学英国之后,又奉命到美国接受马汉的熏陶。佐藤铁太郎使马汉的理论更适用于日本的地政学和战略状况,并创立日本特色的海洋国防理论,他的代表作《帝国国防史论》字里行间渗透着马汉的味道,成为指导日本海军发展的经典著作。

在该书中,佐藤详细论述了日本应以英国为模型,将海洋作为一线国防的主张,指出日本海军的主要战略目标是歼灭跨越太平洋的来犯之敌;而这一目标的实现,应以确立日本海军力量在西太平洋的局部优势为前提。佐藤还以马汉的海外扩张论为基础,阐述了日本应向全球海洋发展的思想。佐藤还援引马汉理论,大力倡导战时军队的目的是击溃敌舰队,掌握制海权。在军备的标准和假想敌的设定方面,佐藤也受马汉的影响。佐藤对假想敌的定义为"其国家不论远近,凡相关国家都可视为假想敌,而其中实力最强者,应是我们的对应目标"。他的这一结论,曾长期被日本海军作为军备的经典依据,一直到太平洋战争爆发。

更耐人寻味的是,佐藤学习马汉海权论的重要目的,就是研究如何对付马汉的祖国美国。他提出了日本海军军备最低应保持在太平洋上敌对国(实际指美国)实力70%以上。"对美七成"说因此成为日本在与美国裁军谈判中死守的底线。受马汉日美冲突宿命论的影响,佐藤还强调要对美备战。结果,在第一次世界大战前就开始流行的"日美必有一战"的世说,在20多年后变成了自我实现的预言。

3. 英国历史研究与佐藤思想

佐藤铁太郎非常重视英国作为海军强国崛起的历史,注意学习英国对欧洲海军发展历史经验的总结。

1898年11月,英国克劳姆海军中将的著作被水交社作为《海军论》翻译和刊行。佐藤铁太郎拜读后深深为之倾倒。通过对世界海洋争霸史、英国国防史的研究,佐藤首先得出的历史法则时是"远离自卫、走近侵略,乃亡国之根由"。同时,通过对英国海军历史典籍的学习,佐藤进一步坚定了建立"海洋帝国"的观点。他强调日本与英国地理环境相似,同为海洋民族,应向英国学习,向海洋扩张,把日本建成"亚洲的英国",把建立"海洋帝国"作为日本国家发展的根本战略目标。在代表作《帝国国防史论》中,他还举出国防的三大要素:地理条件、经济、对国民的影响(军事负担的大小),并据此摸索适应国际军事形势的军备方法,提出通过选择和集中国力,坚持海主陆从,构筑与岛国日本相适的以最少费用发挥最大效果的国防体制。

(三) 佐藤理论的鹊起

明治四十三年(1910 年),情况似乎发生了根本性变化,佐藤的代表作《帝国国防史论》被允许面向大众出版。在《帝国国防史论》中,佐藤还尖锐批评陆军滥用大陆扩张论压迫民生,指出正是在以大陆为扩张目标的日俄战争结束后,国敝民疲的状况才逐渐严重起来。由于将大陆扩张作为国策,日本不仅不能在日俄战争后实现裁军,军事预算反比前要增多。在书中,佐藤还公开反对陆军对朝鲜的吞并。他还直言道破了吞并朝鲜与进军大陆之间的战略逻辑关系:朝鲜半岛是大陆扩张的大动脉,如果将大陆扩张作为国策,就必须将朝鲜半岛置于日本的完全统治之下,而承认韩国的独立就意味着断绝大陆帝国的野心。

《帝国国防史论》公开出版当年,日本国内外局势复杂动荡,在这种情况下,佐藤作为现役军人能够将《帝国国防史论》公开出版在当时是很不寻常的,根本的原因是当时日本的政治、经济和社会环境需要一部正面批判陆军所主导的大陆扩张国策的著作。事实上,佐藤的上述观点并非独他一人所有。当时日本政界、社会尤其是海军界对自身国力缺乏自信,担心大陆扩张和陆海并行的军扩很可能行不通,会导致财政危机更加严重,使日本海军因投入不足而在技术上落后于欧美各国,难以应对世界海军军备竞赛愈演愈烈的趋势;他们还对大陆扩张的前景普遍抱有疑虑,很多人都不赞成陆军的"日韩合并"主张。因此,该著作能够名噪一时,关键在于说出了当时很多人的心声。同时,该书出版时,日本财政正一步步陷入危机。面对财政破产的险境,日本当权者害怕类似事件发生,只好忍痛削减军费,而要削减军费首先必须说服陆军暂时抑制大陆扩张的冲动,放缓扩军步伐。如此一来,反对大陆扩张的《帝国国防史论》正好可作为舆论上压制陆军反弹的工具。佐藤的《帝国国防史论》极力声称,陆军耗费经费多,而海军需要的兵员数少,仅通过志愿兵制度就能充分保证兵员数,能够减轻国民的军事负担。对日本来说,佐藤理论的最珍贵之处在于看到了日俄战争后陆海军并行的军扩和大陆扩张对日本经济带来了极大的恶劣影响,提出军备增长要与国力发展相互适应。然而,好景不长,此后随着日本政治、社会形势的风云变幻,陆军主张的大陆扩张再度占据了上风,批判佐藤过于重视海军、轻视陆军作用者越来越多,《帝国国防史论》也渐渐被冷落。

三、佐藤理论的代表作——《帝国国防论》①

1902 年出版的《帝国国防论》是佐藤的早期著作,体现了佐藤留学英美期间学习研究的成果。该著作近 10 万字,共分四章,首次系统阐述了他以"海主陆从"为核心的国防战略思想,在当时得到了日本海军高层的普遍认可,对当时日本统治阶层的国防战略思维冲击很大。因为该书对陆军坚持陆主海从国策、维持对海军的优越地位直接提出了挑战,明确要求建立陆海对等体制,主张、立论又自成体系,难以批驳,因此引发了日本陆军、海军之间关于国防战略重点的激烈争论。在书中,佐藤还准确地预见日本必将进攻大陆,走上侵略的道路,并因此可能导致失败,这一具有历史穿透力的战略预言一针见血,点中了日本陆军将领大陆扩张战略的要害。

(一) 与陆军扩军论唱反调的军备论

甲午战争之后,日本陆军大臣山县有朋迅速提出要"扩大利益线"、向大陆再进军、当"东洋盟主"的主张。佐藤的《帝国国防论》却洋洋洒洒,以十万笔墨与陆军唱起了反调。

---

① 本节所阐述的佐藤铁太郎的观点主要引自日本战略研究学会所编《战略论大系 9 佐藤铁太郎》(戦略研究学会编『戦略論大系 9 佐藤鐵太郎』、芙蓉书房、2006 版)。

1. 军备应立足自卫

佐藤在《帝国国防论》中强调，一国创建并维持军备的目的首先在于自卫。该书认为，战争频发主要是人类的秉性使然，几乎不是人力所能左右的。古往今来，人类世界的历史充斥着侵略争夺的记录。在欧洲列强崛起后，世界格局发生了重大变化，但国际关系中强者对弱者的欺凌和鄙视依然如故。然而，佐藤又坚信侵略他国、炫耀国威绝非国家军备的出发点。《帝国国防论》对世界历史进行分析后发现，国家如果企图通过侵略和征服来增强国力，永远确保国家的昌盛，往往会得到相反的结果；看看自古以来大国兴衰的历史，无一不是兴于自强亡于侵略。假使日本帝国像他们那样走上侵略之路，即使能够得到数十倍乃至数百倍于这些国家的疆域，最终仍必然会重蹈他们的覆辙。因此，如果期望保持国家的完整、发展和永存，就绝不能走上侵略之路。

佐藤指出，日本更应看重英国走向强盛的真正原因。盎格鲁·撒克逊民族不断向世界各地扩张，几乎要一统天下绝不是偶然的。能够在无人问津的地方寻求自己的利益，能够将自己的统治扩大到尚未开化的地区，这才是真正的帝王之业。反思当今日本，对外一味追求战争征服的做法也是不祥之举。帝国应当确立的方针是：放弃企图征服大陆之野心，利用良好的天然地理条件，扩张海上实力，走上自强之路；依靠海上力量的强大来谋求国家利益的增长，这应该是永远遵循的原则。国家发展军备目的仅在于维持和平，增进国家利益，促进国家繁荣，并非肆意张扬威武，欺压和兼并弱小。然而，欲享太平之乐，增进国家利益，促进国家繁荣，则必须先避免列强的觊觎；要避免列强的觊觎，就必须采取自强之策；而要采取自强之策，就必须必先按照自卫原则，确定（战略）目标而后实行之。如果错误地将军备目的定性为征战，就会无休止地扩充各种军备，其他国家对我国的猜忌必然会加深，这实际上是失策之举措。

2. 完善的军备是护国利器

在《帝国国防论》中，佐藤提出："军备的目的既不是侵略他国，也不是炫耀本国的强盛。通过诉诸武力推动国家利益增长也非军备的应有目的。我国军备的目标应该是防止他国觊觎,维护和平与万世不变的国体,保护国家利益之源,促进国家强盛,成就千载伟业……然而,国际纷争却不能像国内那样严格依法裁决。"虽然国际法规定了各国必须平等遵守的义务,但没有任何强制执行力。国际谈判的成功也只能建立在各方相互妥协的基础上,在很多情况下,谈判往往会因一国提出过分要求,或拒绝本应做出的妥协而陷入僵局,最终陷入诉诸武力解决的境地。

当谈判者面临针锋相对之势时,首先要考虑各主权国家所拥有的武装力量,即军备实力。若本国的军备足以压制对方,则外交使者为达到维护本国利益、促进本国繁荣之目的,就会迫使对方服从自己的主张,力求在和平状态下结束谈判。相反,若本国的武力不如对方时,即使对方的主张不如己方合理,也只能顺从对方的意见,以免以本国存亡作赌注诉诸武力。当实力严重不足时,无论多高明的外交家,都无法发挥其外交水平。因此,发展军备不仅是为了应对事变,其在外交中的作用也很大。这就是为什么要维护和平,防止战争,增进国家利益,促进国家繁荣,就必须完善军备的理由。如果一国的军事实力能够维护国家利益,促进国家繁荣维护和平,则可谓已经完成军备的根本目的。然而,国家之间的利害冲突、荣辱之争几乎是无法杜绝的,国际和平是难以永远维系的,因此国家以应对战争为最终任务的军备永远不会停息。

当战争最终来临时,国家的成败就取决于此前能否立足平时充实军备。如果国家在和平时期能根据本国国情,不吝惜军费投入,配备强大的军备,并确保其威力,战时即可迅速击溃敌军,恢复和平,增进国家利益,增进国家荣誉。反之,如果平时军备不整、不能应敌制胜,即使和平得以恢复,也会作为战败者受到荼毒,国力也许永远无法恢复到原来的状态。

3. 强大的海军胜过百万铁甲之师

佐藤认为国家为维护国民安宁和幸福,增进国家利益,促进国家繁荣,必须着眼于平时不断完善军备,同时他还强调,军备的内容很重要,抓住良机、及时动用军备也很重要。

为证明自己的观点,佐藤对欧洲大陆国家法国与岛国英国之间的陆海博弈进行了细致的剖析。佐藤指出,在英吉利海峡,欧洲大陆常有百万铁甲之师隔海窥伺,而英国以区区 10 万陆军却能对抗来自大陆的压力而未受战败之辱,主要原因在于国家的军备比较完善,能够随机应变及时遏制来寇。相反,大陆各国虽然拥有强大的陆军,却缺少能够充分发挥其陆军军力的要素——强大的海军。换言之,英国建设了强悍的舰队,对大陆国家实施海上遏制,并做好了给来敌以强有力打击的充分准备,而大陆各国却没有一支能够打败英国海军的海上力量,只能以百万雄师隔海相望其七八万寡兵而无计可施。因此,欧洲大陆国家不能打败英国,绝对不能怪罪其陆军,只能自责其军备要素不完善。当时的大陆国家如果具备较强的海上运输能力和护航能力,再辅之以巧妙的策略,还是有可能以其陆军之长攻英军之短而大获全胜的。

另外,佐藤还认为,完善军备最重要的是发展拥有战时可把握良机、灵活运用的装备。采取攻势时,则必先充实重要的陆、海军装备,并把握良机加以灵活利用,才可取得胜利。采取守势时,则未必一定要具备能够与敌陆上兵力相抗衡的实力,只要能使敌军无法将兵力输送至本国国土即可。详细考察英国与欧洲大陆国家之间的战争历史,就会发现大陆诸国在把握用兵时机上往往存在问题,而且在每每错过用兵良机后又不能深刻反省。换言之,像日本这样的岛国,如果采取攻势需要向海外输送陆军时,则必须先拥有足以击溃敌国海军的舰队,然后陆军才能安全抵达海外发挥威力;如果日本采取守势就不需要发展能够与敌国相抗衡的陆军,只要拥有能够击破敌国输送、掩护陆军的海上兵力就足够了。

4. 军备要舍得投入

佐藤绝不是一位和平主义者,更不会反对军备。相反,他认为,从国家的立场来看,军备不可或缺,其根本目的在于增进国家利益,确保国家安全。对于军队必须配备的、必须增设的装备,即使要耗费巨资,只要国力允许,也必须开支。不过,他也明确指出,如果军费开支过于庞大,就会在不知不觉中削弱国力,使国家陷入困境。国家经济发展的要诀在于开源节流,军备预算必须从其根本目的出发详审细察,注意节约开支、慎重投入,将经费用在本不急于解决的问题上,就是浪费国力。

佐藤还指出，国家要大有作为，军备就必须像普鲁士那样做到方针明确、简单、直接。相反，看看荷兰衰败的历史，其原因一目了然。1648年，荷兰脱离西班牙的统治宣布独立后，很快掌握了欧洲的海上贸易，年运输货物总额超过了10亿法郎。荷兰的版图因此极度扩大，建立了空前辽阔的殖民地，世人说起荷兰人，总以"海上马车夫"喻之。然而，这个国家在经过养兵蓄锐实现了国家富强之后，国民却逐渐忘记了国家成功发展的根由，对邻国军事力量的发展毫不关心，吝啬于财富而惰于军备，不愿意将钱花到保护和平与海外贸易上。结果，当邻国举兵发难时，荷兰屡战屡败，即使想控制领海也不可得，国民饱受战败之苦，国力因此衰退，国运无法挽回，最终成为濒临灭亡的国家。

在佐藤的眼里，荷兰被英国打败的主要原因是执政者非常愚蠢，忽视海军军备的建设和运用。他指出，回想英荷战争初起时，荷兰海军并不弱小，曾一度拥有欧洲第一大舰队，不幸的是掌握该国国政的是一些富豪商人，他们不懂得发展海军的意义，也不懂得怎样运用海军。相比之下，英国海军要幸运得多，军备发展基本做到了持之以恒。当时，英国洞察到荷兰内政分歧、财政窘迫等问题，抓住机会大力扩张海军，打造出坚固、巨大的军舰，耗巨资为战舰配备了上百门大炮。为加强与荷兰的海上竞争，英国克伦威尔政府还于1651年颁布《航海条例》，在渔业谈判中压制荷兰。英国咄咄逼人的海洋扩张激怒了荷兰人，英荷外交与军事冲突不断加剧，最终到了相互宣战的地步。

佐藤认为，当时，英国的航海业非常弱小，海上通商利益几乎全部由荷兰人垄断，英国海运业几乎没有任何发展空间。英国要追求国富民强，就必须打破荷兰对海洋的垄断。英国人的这种经历告诉后起国家：控制海洋的国家必然会控制海上贸易，控制世界海上贸易的国家必然会控制世界财富，若能控制世界的财富，则必能控制整个世界。

5. 不同的战略，不同的结局

"海权"二字从广义上解释，可理解为国家在海上所有领域的权力。应当如何理解并拥有广义上的海权呢？佐藤认为答案就如英国军人、探险家萨•沃特·劳莱(Raleigh Sir Walter)对后人的明示:制海权是国家富强的基础。佐藤敏锐发现了英国与荷兰在海洋竞争中战略思路的重大差异。他指出,荷兰是为保护其商船而建设海军,而英国人则是为掌握海洋控制权、建立海上商业势力范围而建设海军;荷兰海军尾随于商船之后,而英国海军则为商船之先导。结果,荷兰的航海业走向了衰落,而英国的海运却强大起来。

佐藤认为,普鲁士人的兴起之路和荷兰人的衰亡都说明了同一个道理,即重视军备发展则国家富强可望,吝惜军备投入则国家衰亡可期。当然,佐藤也进一步指出,国家富强或衰败未必就是缘于军备扩充。普鲁士的成功之处在于建设军备时避免了不必要的投入,荷兰的败笔则是应当加强军备时却无视其迫切性。普鲁士国王锐意扩建陆军而奠定了立国之基,英国倾力建造大型舰船而从荷兰人手中夺得了制海权。因此,国家贫富其实与其军备耗费的多少关联不大,关键要看国家是否能够正确掌握军费投入和军备建设的轻重缓急——投入应当投入的,建设应当建设的,而不用担心国家财政的一时消长,这才是正确的做法。佐藤还指出,军备发展必须先确定方针,然后统一国内,齐心协力,坚决落实;如果将一个目标分给两个或三个行政部门实施,他们必然从部门利益出发,只顾要求扩充自己管辖的部队,其结果必然破坏军备方针对轻重缓急的规定,不仅可能与军备的初衷背道而驰,而且会耗尽国力。这是必须认真考虑的问题。

佐藤在《帝国国防论》中主张,完善军备必先观察内外形势,再根据形势一张一弛,随势得宜而行。他指出,国防与很多因素息息相关,如果在开战之时就没有倾注全力,或者举国上下都不关心此事,则政府很难独自面对、解决国防问题。如果因为看到这项事业非常艰难而要躲避它,并进而自找借口认为这是不能做到的,在必须解决的问题上吝惜经费支出,则一旦发生武力冲突,就不能保证不会给后世留下遗憾。

(二) 确定军备水平时需要调查的事项

佐藤指出,军备关系国家生死存亡,不可或缺;军备虽然具有维护国家安全稳定,辅助国家经济发展的功能,但它并不能直接增进国民的利益,所以正确的做法是尽量节约军费开支,推进生产事业进步。不过,在军备开支问题上,佐藤更注重的是节约,而绝不是减少。他认为国家的经济得失与是否吝惜军费开支没有直接关系,应当力求以最少的经费开支获取最大效力的军备。

1. 财力与军备

佐藤认为,一个国家的财力包括两种,一种能够用数字表达,而另一种则不能。如果单单看财政状况的数字就下断言,无疑会失于轻率。在调查国家财力和军备的关系时,最简单和切合实际判断的方法是,对比岁计(国家财政年度收支的总称)和军备支出。而且,如果从岁计中扣除与国家经济事业发展无直接关系的国债及其利息偿付的金额,将其余额与军备支出对照,则能够得到更确切的结果。佐藤将欧美各国的情况进行对比分析后发现,一个国家军费所占比例,除去偿付国债及其利息,大约占岁计金额的 $30\% \sim 40\%$(除日本外,平均 37%)。但是日本是新发展起来的国家,必须要顾及周边环境加强军事力量,所以军备费用占岁计比例较高也是在所难免的。而且,佐藤还认为从岁计的多少推算国家财力,不如依据国家贸易额推定更为合理。因此,要想知道军备与国家财力的关系,需要将进出口额、海运盛衰与军备费用支出一起进行比较。佐藤对英国、法国、德国、俄国、美国及日本各国的国债金额、进出口与军备费用等进行了详细对比,并通过以下几个表格进行了总结。

各国进出口与军备费用比较

国名	进出口合计	海陆军军备费用	通商贸易额与军费额的比较	记　事
英国	870 584 718 英镑	119 136 000 英镑	1/8 强	1901 年度军费包含特别费用
法国	20 316 700 000 法郎	1 028 797 901 法郎	1/20 强	1900 年度军费包含特别费用
德国	10 795 593 000 马克	639 524 000 马克	1/16 弱	1900 年度军费不包含特别费用
俄国	1 261 048 000 卢布	420 957 521 卢布	1/3 弱	1900 年度军费不包含特别费用
意大利	3 062 279 818 里拉	383 195 148 里拉	1/8 弱	1900 年度军费包含特别费用
美国	2 283 634 971 美元	148 000 000 美元	1/15 弱	1901 年度军费包含特别费用
日本	547 064 080 日元	58 162 498 日元	1/9 弱	1900 年度军费不包含特别费用

所有汽船、帆船和军舰吨数比较表

国名	汽船的吨数	帆船的吨数	合计吨数	军舰的吨数	商船与军舰的吨数比
英国 （1900 年调查）	7 207 610	2 096 498	9 304 108	1 554 482	约 6
法国 （1900 年调查）	507 120	450 636	957 756	602 111	约 1.6
德国 （1901 年调查）	1 347 875	593 770	1 941 645	337 180	约 5.7
俄国 （1900 年调查）	334 875	266 418	601 293	394 163	约 1.5
美国 （1901 年调查）	2 920 953	2 096 498	5 017 451	235 416	约 21.4
日本 （1900 年调查）	510 007	286 923	796 930	219 012	约 3.7

本国船舶进行的海运与海军的比较

国名	出港船舶吨数	入港船舶吨数	合计吨数	军舰的吨数	出入港船舶与军舰的吨数比
英国 （1900 年调查）	31 266 000	31 445 000	62 711 000	1 554 482	约 40
法国 （1899 年调查）	5 169 449	4 925 265	10 094 714	602 111	约 16
德国 （1899 年调查）	10 308 757	10 254 464	20 563 221	337 180	约 61
俄国 （1900 年调查）	721 000	732 000	1 453 000	394 163	约 3.7
美国 （1901 年调查）	6 417 347	6 381 305	12 798 552	259 794	约 48
日本 （1900 年调查）	3 429 460	3 436 531	6 865 991	219 012	约 31
备注:英法美以及日本不包括沿岸海运量(日本还不包括在中国台湾的沿岸海运量)，但德国包括沿岸海运量。					

上面三个表格中所列举的军舰吨数,不包括符合下列条件的舰船:① 1881 年前下水的旧舰艇;② 速度在 15 节以下的装甲巡洋舰;③ 速度在 18 节以下的一等巡洋舰;④ 速度在 16 节以下的二等、三等巡洋舰;⑤ 速度在 17 节以下的快速炮艇;⑥ 200 吨以下的鱼雷艇;⑦ 小型炮舰和杂船。

各国人均负担军费比较表

国家	总人口（年份）	人均军费	人均进出口额	人均军费与进出口额之比
英国	41 544 145 （1901 年）	约 2.9 镑	约 21 镑	约 1/7 包括特别费用
法国	38 595 500 （1901 年）	27 法郎	534 法郎	约 1/20 包括特别费用
德国	56 367 178 （1900 年）	11 马克	193 马克	约 1/16 不包括特别费用

(续表)

国家	总人口(年份)	人均军费	人均进出口额	人均军费与进出口额之比
俄国	12 900 000 (1900 年)	3.2 卢布	9.8 卢布	约 1/3 包括特别费用
美国	76 303 387 (1900 年)	1.9 美元	30 美元	约 1/16 包括特别费用
日本	46 453 249 (1898 年)	1 日元 25 钱	11 日元 90 钱	约 1/9 不包括特别费用

　　佐藤认为从以上表格可看出,日本的军备负担非常小,军费投入增速应当比一般国家更大。从人均军费负担与人均进出口金额的比例看,俄国的军备投入几乎是日本的三倍。从海运船只与海军舰船吨数的比例来看,日本与其他国家的差距也很悬殊。从出入港船舶吨数与军舰的吨数的比例看,法国是 1.6,俄国是 1.5,日本则为 3.7。从出入港船舶和海军舰船吨数比来看,法国为 16,俄国为 3.7,日本则为 31。所以,如果以法国为例,日本必须将海军扩建至现在 2 倍;如果以俄国为例,日本则必须将海军扩建至现在的 3 倍。

　　佐藤同时指出:"对超过了国家生存所需的军备,当然不能罔顾国力无限制投入。军备扩张若远远超出自卫需求而服从于侵略需要,就是走上亡国道路之始。也许有人认为这是为了国家兴盛,但实际上这种超出自卫需求的强大军备不过是国家强盛的一时幻象。亡国的根本原因在于自骄、奢侈、道德败坏,国家若穷兵黩武,会在幻境中不知不觉催生恶德恶业的膨胀,加速走向灭亡。这就是说为了成就积极的军备计划,国家未必绝对限于自卫需求,但国家运用武备仍应以必要为原则,以自强自卫为根本。"

2. 人口与军备

　　佐藤认为,一国军备发展与其财政状况密切相关,财力虚弱则不可能建设完善的军备。然而,军备对国家经济发展的影响,并不在于其消耗多少物资,而在于其国民生产力的强弱。发展军备使用从国民那里收取的所得税来购买军事物资,虽然看起来似乎是在消耗货币,却不能说是浪费。因为很多情况下,这些钱在采购军备时又还给了纳税人,变成了价格相当的物资。所以,如果不从外国购买物资、装备,则军备对国民造成的损失只是现役士兵的生产力。然而,如果从外国购买的军备物资价格相当,且为军备所必需,则其实际意义就相当于使用外国人来生产军备——这样也不会损失本国的财富。不过,与装备物资的采购相比,因为兵役而造成的青壮劳动力损失却是实实在在的,对国家财富的消长影响甚大。然而,佐藤强调,军备的价值并不应根据军备本身的直接用途来确定,必须根据其所能够保护的物权价值来确定。他形象地将军备比作防止河水泛滥的河堤,平日虽看不到其用途,一旦战败时就会像河堤崩塌,所带来的悲惨后果无法估计。因此,在佐藤看来,即使兵役超过了国家必需,有损国民生产力的发展,也要果断征兵。若过分担忧对生产力的影响而养兵过少,则战争一旦来临就无法压制强敌。等到国家战败了,还会被迫赔偿战费,不得不投入自己的财力为胜者养兵,像法国那样拿出 50 亿法郎替普鲁士养兵。

为了解各国国民负担的轻重,佐藤对各列强的人口与服兵役人员现状进行了调查,并进行了以下总结。

各国现役军人与人口的比例

国名	人口	现役陆军军人	现役海军军人	总计	现役军人与人口比较
英国	41 544 145	106 686	114 880	221 566	1/188
法国	38 595 500	510 305	42 152	552 457	1/70
德国	56 367 178	604 168	311 71	635 339	1/89
俄国	39 000 000	1 100 000	45 000	1 145 000	1/113
美国	76 303 387	106 339	22 800	129 139	1/591
日本	46 453 249	167 629	30 061	197 690	1/235
备注:根据 1899 年的调查结果制作;陆军士兵不包括在外兵力。					

佐藤认为,从调查来看,军备个人负担最重的是法国人,德国人、俄国人次之,英国人更少,美国人则不足法国人的八分之一;日本的负担从经费上看相对较重,但从人口方面来看仍有继续增加的余地。然而军备和人口的关系并不是单靠上表的简单比较就可以断定的,在实践中仍必须尽量减少现役军人的数量。

佐藤通过引述奥地利学者史坦的论述指出，人口因战争减少的幅度是非常微小的。与人口增减具有密切关系的，不是战争而是服兵役的期限。从婚姻的角度看，兵役期限的长短，对国家人口的繁衍并不会造成很大的影响。然而，真正可怕的是，有过军旅生涯的人如果习惯了单身，养成了难以适应正常婚姻生活的性格，那就会对部分国民的正常婚育造成很大损害。所以，长期服兵役仍会妨碍人类的繁衍，而且其危害之大是无法估算的。

佐藤认为史坦的观点非常值得玩味，指出由于军备的必要性，国家不能因为预计到上述利害而减少征兵人数，但应该尽量避免保持国防并非迫切需要的庞大军备，以减轻国民兵役负担。即使不得已要扩大服役人数，征兵后也要重视对官兵的教育，使他们将军人尽量作为一个常规职业，以避免养成无法适应正常婚姻生活的惰性。

3. 地理和军备

佐藤提出，一个国家的军备要根据地理环境确定，常备军数量应根据该国的位置和与邻国的关系而定，事实上欧洲各国就是这样做的。相邻的陆地大国之间经常会相互警惕和防范。即使甲国想要维持和平，若其邻国乙国备有大军，则甲国为维持本国安全也必须拥有能够与乙国相对抗的军备实力。这就是为什么法、德、奥、意以及俄国都备有大量军队，经常保持防御态势。而英国孤悬于海上，未必需要可与欧洲各国常备军相对抗的陆军，只要能掌控制海权，防范外国跨海来袭就足够了。

佐藤认为，尽管英国人以各种方式主张扩建陆军，但实际上他们都没有脱离以海军作为国防主干的理念。战时，兵力的主要用途是防御敌军并进行攻击，而对四面环海的国家而言，来袭者必是敌国海军，进行还击的也必须是本国海军。所以，海岛国家如果具备了强大的海上力量，则敌军将一步也不能踏上其国土。即使登上了其国土，如果海岛国家拥有海军优势，仍可切断敌军后援，使其登陆部队无可作为。相反，如果海军弱小，不能控制海权，则非但不能将战场推至敌国国土，而且难以在本国有效实施沿岸防御，剩下的选择只能是靠陆军保卫国土了。因此，海岛国家必须将其军备的主要精力用于建设完备的海军。进一步讲，如果岛国的海军力量微弱，不仅不能遏制敌海军对本国领土的入侵，而且当敌军要远征侵略其保护国或殖民地时，也不能有效拒敌、建立功勋，其结果往往是拥有制海权优势的国家在远征中取胜。

佐藤进一步指出，要确定岛国的军备方针其实非常容易。但如果不能进行根本性研究，仔细分析其利害关系，则一定会留下千古遗憾。佐藤将英国军备方针和国防史视为日本国防的典范，认为要为日本国防方针下定论，必须先研究英国的历史及其盛衰兴废。他指出，由于地理上的原因，英国军备的方针极容易阐明其优势和劣势，所以英国只要将主要精力用于海军建设，以"两强标准"维持海军力量即可。佐藤还非常欣赏英国陆军对本国海军发展的理解和支持。在 19世纪，英国陆军部分将领极力要求扩军，但是后来他们了解到南亚的局势后，看到了制海权的潜在威力极大，才醒悟到必须使海军更强大。对此，佐藤意味深长地指出，英国人的强大就在于能够在发展海军上形成共识，不断完善其帝国国防。

同时，佐藤还对欧洲大陆国家的地理和兵备的关系进行了较为深入的分析。指出，法国不仅与其宿敌德意志接壤，而且其边境地区天然屏障很少，所以必须配备强大的陆军以抗衡德国。在这种不利的地理环境下，法国如果不能在海、陆两个方向都建设强大的军备，就难以自守，无法维持本国的利益和繁荣，也就不能跻身强国之列。然而，法国的国力又是有限的，很难使陆军、海军建设都凌驾于邻国之上。相反，德国的地理条件却使其军备方针的确定较法国容易些——其海上力量不需要像英法两国那样强大，只需壮大陆军即可。

同时，佐藤还认为，如果俄国的军备建设果真以防守自卫为目的，愿意通过和平竞争增进国家利益，则不单不需要在黑海和波罗的海配备如此强大的舰队，更不必向东洋派遣大型舰队与日本相持。因此，佐藤的结论是，俄国国防的战略重心显然不在欧洲，国防目标也显然不是基于自卫，其建设海军的目的非常明确，就是保卫其在东亚地区的领地，扩张本国的利益。

佐藤根据欧洲各强国的地理环境，分析了各国的军备建设方针，想以此作为确定本国国防的参考。但他并不满足于此，认为以上内容仅仅是阐述了海岛国家与大陆国家在国防上的利害关系,只有进一步分析了解欧洲各强国与邻国之间陆地边界、海岸线的具体情况及其与各国军备的关系,才能对日本国防筹划有充分的借鉴意义。针对这个问题,他试图通过以下表格来进行说明。

各国海岸防御线长度与海军实力的比较

国名	本国及与本国接壤领土的海岸防御线(海里)	海军(吨数)	每海里吨数	兵力数量	每海里兵力
英国	1800	1 554 482	863	114 880	64
法国	900	602 111	669	42 152	47
德国	500	337 180	674	31 171	63
俄国	1 200(除太平洋及北冰洋)	394 163	328	45 000	37
	2 600(除俄霍次克海及北冰洋)		151		17
美国	4 740	259 794	54	22 800	5
日本	3 300	219 012	66	30 061	9

一:本表中的海面防御线并不是海岸线的意思,是各个岬角连接直线之和。
二:英国领土散布世界各地,但在加拿大和澳洲分驻兵力较少,且与本国相隔没有计算。
三:美国包括东西两海岸,以及古巴和波多黎各。

各国国境线长度与陆军实力的比较

国名	国境线(海里)	现役兵力	每海里兵力
德国	3 350	580 023	173
法国	1 575	511 764	325

俄国和美国由于境域与其他国家不同,此处未列出。英国和日本没有国境线,所以没有进行比较。

在佐藤看来,虽然军备未必一定要依据海岸线的长短和国境的宽窄来确定建设规模和程度,但根据局部防御理论,防御线即海岸和国境,要想决定防御重点,仍有必要对此进行比较。从以上两个表格来看,英国每海里配备的兵员数量不过是德国的三分之一、法国的五分之一。英国海军虽然奉行“两强标准”,实力强大，但其兵员还不及法国陆军的四分之一。如果进一步将英俄两国现役士兵进行比较，就会发现俄国现役士兵 110 万，而英国现役士兵人数与其正好有 100 万之差。佐藤认为这 100 万壮丁是非常大的生产力，世界第一的海军与世界第一的陆军之间在国家经济(人力资源)上具有多大的差距可想而知，而这正是为什么岛国国民比大陆国民要幸运得多的原因。

佐藤进一步举例说明：法国拥有陆军 51 万、海军 4 万，共计 55 万兵力，与英国的 21 万相比有 34 万的差距。与此相应，英法两国军费相差 8 500 万法郎。现在法国的年出口额为 96 亿法郎，如果将男女老幼加在一起计算人均 250 法郎；如果以占法国全部人口的四分之一的壮丁人数为基数计算的话，则每个法国壮丁创造的出口是 1 000 法郎。因此，与英国相比，法国因兵员比英国多 34 万所造成的出口损失就会多 3.4 亿法郎——两国军费的 8 500 万法郎差距就扩大为生产力上 3.4 亿的差距。所以，在国防方面，海岛国民的负担与大陆国民相比明显为轻，海岛国民仰仗天赐的地理环境而尽享福运。

欧洲各强国的军备主要针对其邻国而设，其兵力部署意图十分明显。佐藤由此认为，欧洲各国谨慎观察与邻国的关系，来指导其陆上兵力分布的轻重，海军也是如此。英国吸取历史教训，将地中海作为国防第一要地，并在此配备了最大的舰队与法国的土伦(法国东南部面临地中海的城市，著名军港)对峙，并设置海峡舰队以防范法国采取拿破仑式的进攻策略，所部署的海军兵力也来自英国海军的骨干部队，充分反映出其战略上以法国为主要防范对象。法国则拥有北海舰队主要对付英国海军；德国为确保基尔运河的通航，采取东西相应的策略，以便于其舰队的活动；俄海军不是以本国防卫为主，而是将其主力派遣于东洋地区。

佐藤指出，日本应积极吸取欧洲各国尤其是英国的经验，尽可能制定出长期国防规划，以指导完善军备；必须注意地理和人口因素，节约不必要的军备以用于必需之处。军备建设要力求以最小数额的军费收到最大效果，从而使国力不会衰退，并逐渐积蓄壮大威力，以此来增加国家福利和人民财富，扬国威于万世。

佐藤最后总结了完善军备需注意的事项，要点大体如下：

① 国家的财力允许将军备扩充到何种程度。

② 从地理上看应当确定怎样的军备。

③ 如何才能做到不损害国家的生产力，并使国防建设取得硕果。

④ 目前的军备与国防目的是否相适应。

（三）关于"国防三线"

佐藤在《帝国国防论》中指出："维持国家的安全利益、保护通商贸易和应享有的权利不容他人破坏，这是国防应承担的任务。所以，海岛国家国防的目的是在近海压制敌人，使其不能劫掠我沿岸。世人或许认为将敌人诱到本国境内后全歼才是国防之能事。这却不是国防的真正价值所在。"

佐藤查阅了日本历史上将敌人诱于国内的战史记录后发现，每一次记录都是惨绝人寰。他认为，国防的真正出发点在于使敌人一步也不能踏上本国国土，国防的归宿在于增加国家福利、使国民幸福、维持国家繁荣，并使外邦丝毫不能染指本国应当享有的权利。

佐藤还对日本历史上两次抗元战争文永之役、弘安之役发表了自己的独特见解，认为日本在这两次战争的胜利，只是使本州免于元兵的蹂躏，使十万敌军尸漂海上而已。而在战争期间，对马守将惨死，岛民蒙受未曾有的凌辱。因此，文永之役、弘安之役的胜利，与日本"强于自卫"根本风马牛不相及。相反，佐藤感到英国在海峡对岸，对抗各大陆强国、独善其国防的历史，才让人痛快淋漓。

一向钟情于英国的佐藤，为证明海岛国家必须将战线置于海外的观点，还对英国国防与海防的关系史进行了较为细致的梳理。佐藤指出，英国国防史已使英国人坚信，海岛帝国的兴衰与海军的盛衰之间存在密切关系，"英伦三岛及帝国的安全和利益虽托皇天庇佑，但主要依靠海军"的格言已深深铭刻在英国人的脑海中。中世纪以来，英国却从来没有为抵御外敌侵略，而建立一支强大的陆军和坚固的防御要塞，从来没有试图发展大陆军讨伐大陆，却实现了国家的富强繁荣。他们的国防总是通过建立强大的海军来实现，其用兵范围也仅仅局限于海权争夺。虽然英国也曾经向欧洲大陆派遣陆军,但目的大多是夺占对海军运用至关重要的军事据点或具有战略意义的沿海城市。在英法百年战争之后,英国再未出现过以占领大陆为目标的征服主义行为。

通过上述分析研究,佐藤总结出了海国的"国防三线"的分布和各自功能:第一,敌人进入国内后,要发挥扫荡敌军的作用;第二,防止敌军袭入海岸,文永之役、弘安之役的战例即如此;第三,将敌人挡在国门之外,英国的国防历史就是这样。也就是说,第一线在海上,第二线在海岸,第三线在内地。其中,第一线根据作战区域又可进一步分为甲、乙、丙三线。甲线在敌国海域,乙线在外洋,丙线在本国近海。第一线国防的主要目的在于控制敌国海域,使敌军不能到达外洋,不能觊觎日本近海。日本海军若在第一线上出色地完成了任务,就可以控制敌国海域,封锁敌人的港湾,击败敌军舰队,阻断敌军的运输,缴获其船舶。如果第一线的军备充实,即使第二线和第三线的防御不够严密也能够克敌制胜,使敌军不能踏上本国国土一步。这就是说,一国如果掌握了制海权,就能完成本国海岛及海湾的防御任务;如果本国海域的制海权落入敌手,则必须将其夺回。

佐藤查阅自古以来的战史后,认为海岛国家与陆上大国的战争,决定最终结局的并不是陆上大决战,而是海上决斗。英国的历史就充分证明了这一点。英国专注于海上霸权而躲避了大陆争夺,其结果是不仅使国家更加富强,而且进行了长达四百年的殖民地统治,促进了国家财富的增长。为证明岛国国防的终结点并不在于陆战,佐藤列举下面六个例子,这些事例都是自 16 世纪以来对英国国防具有整体影响的,而且都是因为英国海军取得了对敌优势,以海战赢得了防御战争的胜利。

① 1588 年的防御战争以霍华德、德雷克、霍金斯等击破西班牙"无敌舰队"的海战而结束。

② 1853 年至 1872 年的英荷战争既以海战开始又以海战结束。

③ 1690 年至 1695 年的路易十四的侵英战争,完全是以海战结束。

④ 1759 年路易十五的侵英战争以其组建的法国土伦舰队被击溃结束。

⑤ 1797 年法国侵英计划以圣文森特角海战而结束。

⑥ 1805 年的战争中法国人的侵英计划以特拉法加海战宣告结束。

佐藤试图通过上面的史实证明,海岛帝国的防御战争以海战即可宣告结束,未必等到陆上大会战才见分晓;第一线作战的胜败确实可左右整个战争全局,预示着国家在战争中的最终命运。因此,国家必须掌控整个军备建设,以增强自卫力量为首要,倾全力重视和完成第一线国防建设。对日本来说,正确的国防路线就是:首先必须完成第一线国防建设,而后才是第二线、第三线。

(四) 如何确定作为国防主干的海军实力

佐藤在《帝国国防论》中指出,如果不能在海战中取得胜利则很难保全国防,近岸防御如果缺乏拥有优势的舰队就不能有效发挥功能,等待敌军踏上国土后再清剿的做法违背了国防的本义。那么,到底应当如何确定作为国防主干的海军实力呢?

佐藤指出如果与大陆某国开启战端,日本海军被打败的话,国家所面临的困窘也必将如前所述。当时日本国内有不少人认为,只要有陆军在就不必害怕外敌侵袭,即使敌人占领了部分领土,日军早晚会将其击退,恢复国家繁荣。对于这样的观点,佐藤批驳道:"虽然我邻邦的陆军并不多么精锐强大,可如果我海军战败,敌人就可控制我军港及周边地区,输送陆军登陆、自由攻击蹂躏我国土……若是这样,即使我们能够击败敌军将其赶出国土,还能够在保持国家繁荣的前提下结束战争吗?对此我非常怀疑。相反,若我舰队能击败敌军并掌握了制海权,阻断敌运送陆军的航路,转而采取攻势将战场推至敌国的领海,那么我们不需要全力进行本土自卫,工商业也能够利运转,国家上下可安然无恙,如此才有希望增强国家财力。"

佐藤提出,要经常充实国防力量,建设一支常胜军队,夺常胜之果。国防一旦本末倒置,让外国掌控了制海权,将战场推到日本的领海范围内,则日本海军就会陷入威尔逊所描绘的困境,被一击而溃,最终难以恢复元气。佐藤进一步担忧道:"何况敌军所希望的可能不仅是击败我帝国在大陆的势力,若他们看透我环海群岛和南北沃土实际上是维系我国家存亡、繁荣的宝藏,进而产生防止我国他日东山再起之念,那后果将更加不堪设想。"

佐藤引用英国人威尔金逊的观点提出,国防的第一目标在于夺取制海权,取得首战胜利;军备方针的出发点在于贯彻国防的目的,发展制海的装备和设施。无论是国防设施建设,还是海军装备发展,都应以构筑制海能力为首要。此外,从另一个角度来看,岸防装备发展应以在没有强势舰队支援的情况下能实现防御为目标,若没有这样的装备就不能行防御之实。换言之,如果海岸要塞不能与本国处于劣势的舰队协力迎战敌强势舰队,则结果会是舰队被击溃、要塞被攻陷。甚至可更进一步讲,在本国舰队较弱的情况下,虽然拥有坚固的海岸要塞,若不能举要塞之力协助舰队,反而会置本国弱势舰队于死地。大凡海岛国家与大陆国家的战争必始于海战,海战胜利的一方会在敌国的防御薄弱地区登陆,海陆联合攻占其要塞,进而占领要塞环海各个岛屿,破坏敌国的通商和渔业,封锁其国都或大都市。此过程中,主要是舰队担负作战任务,只有在攻击大要塞的时候才动用陆军。此时,守军若能知道敌军的进攻地点,倾全力采取防御措施,就可以完成其防御的任务。可是攻击一方登陆地点的选择有很大的随机性,守军很难准确推断其真实的进攻意图。所以攻者往往能够倾注全力,守者则只能以部分兵力相对抗。

佐藤认为,国防的目的是自卫防御,在于增加帝国利益,维持和平。要实现这一目的就要夺取制海权,并将此作为军备的首要任务。如果只注重加强陆地、沿岸防御力量,忽视海军军备,则非但不能达到国防的目的,并且必定会品尝惨败的苦果。军备完善要常态化、持之以恒,就必须确定应遵循的标准,并做出相应的计划。我们必须与不断扩张海军的列强保持实力均衡,这是不争的道理。然而,军备盲目追求与其他国家平衡,而不研究其是否符合国防目的,是否会过犹不及,其结果就会要么耗费国力过度建设,要么发展的军备不能满足国防要求。所以,军备要完善,就必须确定应遵循的标准,做出相应的计划。

但他同时也承认,至于应当按照什么标准来制订舰队建设计划并付诸实施,是件极困难的事情,难以轻易做出决定。英国设定了"两强"标准,以维持对法俄两国的海军势力均衡；德国打造了两支舰队分别负责北海和波罗的海的防卫。如果日本也根据这样的思路来做出军备建设决定，就要对列强各国能够向东洋派遣的兵力进行战术研究。由于在远东有海军活动的列强众多，这样的军备计划如要做到不留遗憾，就需要大量投入，国民的负担会非常沉重。佐藤分析了当时本国的国情、国力，认为日本的军备水平不可能达到可策万全的地步。因此，他提出首先确定海军军备应予维持的底线，并竭力维持这一底线。

佐藤认为，在日本当时的形势下，确定与某国开战时的军备标准尚属于远期目标，没必要过分讨论，更没必要争论那样的标准国力到底是否被允许，最重要的问题是，应基于现实制定对策，使国防做到进可攻，退可守。为了做出决定，至少要对不远的将来敌人海军力量的发展进行推定，慎重周详地调查其实力，进而确定能够与之保持均衡的最低限度的实力。他认为欧美各国虽然海军强大，但能前往东洋作战的兵力有限，日本应认真分析欧美各国在今后可预见的时期内能够派往东洋的兵力，有针对性地发展军备，完善国防建设。佐藤确信古今战史的启示，认为与军事联盟对阵时，只要击破其中最强大一国的舰队，其他舰队将不攻自破。所以，日本要认真分析该假想敌的实力，确定可与之保持均衡的兵力，也就是海军能够采取的最低军备标准。通过分析当时日本的周边形势，他认为日本各假想敌国中，能够向东洋派遣最强大海军的是俄国。日本在确定最小限额的军备标准时，要保证能够与该国派往东洋的海军力量相抗衡。

在《帝国国防论》中，佐藤还指出，随着国家目标的变化和时局变迁，军备计划容易生变，轻重缓急失度，或造成浪费，或背离原来的目标，最后造成难以挽回的后果，蒙受巨大损失。因此，日本应当在对军备得失进行充分研究的基础上，确定稳定的国防方针，这个方针要让后人难以随心所欲、擅自修删，除非其有自己的远见卓识，能够力排众议。

鉴于以上原因，佐藤认为日本国防的第一大要义，应当是以对世界军事大势的分析为依据，确定国家军备能够长期遵循的方针，供后人作为依据不断充实完善。关于方针的内容及制定的方法，佐藤以要领的形式进行了如下总结：

① 确定帝国国防应当永远遵循的方针，研究军事问题者当知其所以然。

② 帝国国防以自卫为宗旨,以确保帝国的威严和利益、维护和平为目的。

③ 为贯彻上述第二个目的,日本必须拥有战时可完成下述任务的军事力量。

其一,确保帝国及领土,使敌人一步也不能踏上我国土。

其二,保护帝国及领土间的交通和各项海上事业。

其三,一旦出现战端,能够恢复和平,确保取得胜利。

④ 为实现上述第三条的目的,首先应当重视与夺取制海权相关的军备建设,并参考列强的军备情况确定标准,努力完善。

⑤ 帝国国防要以辅助实现第四条为目的,根据需要建设岸防设施,且该设施应当在对第四项规定的军备状况进行调查,确认制海能力是否能与假想敌保持均衡后,再付诸实施。

⑥ 帝国国防为执行第三条、第四条,应当建设必要的陆上机动部队。

⑦ 陆上机动部队的海上运输,应以不需要海上机动舰队的直接保护为基准,配备相关装备。

四、传世之作与海战秘籍①

1907 年,佐藤始任海军大学校教官,讲授"海防史论"。1908 年,他将"海防史论"讲义进一步充实史料后,扩编成《帝国国防史论》一书,成为指导日本海军发展的经典著作。在该书中,佐藤首先详细论述了作为"海洋之国"、"岛屿之国"的日本应以英国为模型,以海军为主干建设一线国防的主张。提出日本海军的主要战略目标是歼灭跨越太平洋的来犯之敌,而该目标的实现,应以确立日本海军在西太平洋的局部优势为前提。佐藤还以马汉的海外扩张论为基础,阐述了

---

① 本节所阐述的佐藤铁太郎的观点主要引自石川泰志所著《佐藤铁太郎海军中将传》(石川泰志『佐藤鉄太郎海軍中将伝』、原書房、2000 年版)。

自己的全球海洋扩张思想。他列举了丰富的历史事例进行论述,声称自己所处的时代是"世界性发展的重要关头,而世界性发展有待于海洋发展,世界发展的前途在海洋上";日本当效仿英国充分利用有利的地理条件,作为海洋贸易国家实现发展。这一论述标志着佐藤海军战略理论的成熟。

(一)"自强将命"与日本国防

在《帝国国防史论》中,佐藤将"自强将命"这四个字引入了国防理念。佐藤是比较熟悉中国文化的,他所提的这四个字就源自中国典籍名句。佐藤指出:"我们读到自强这两个字就会有'自我图强'的认识,就是表示充分发挥自卫实力的意思。'将命'就是'为天命'的意思,理解'自强将命乃我国体之根本,国防和军事亦不能出其外'。"

在该书中,佐藤同样以英国走向兴盛的史例为证,格外钦佩英国人严守"自强"二字的精神。英国人遵循先哲遗训,割舍了对欧洲大陆的欲望,趁对岸各国世代忙于征服战争之机,专心致力于培养海上威力,坐收渔利,巧妙地实践了海洋主义和自强二字,最终成就了欧洲各国列强不能成就的伟业。这都是因为他们放弃了大陆主义,选择了海洋主义,舍弃了征服主义,走上了自强主义之路。

为反证自己的观点,佐藤又引用了拿破仑麾下的将军兼军事评论家约米尼列举的九项国家进行战争的理由:

① 收回某种权利或是保卫某种权利。

② 保护和维持国家的最大利益,例如商业、工业、农业等。

③ 援助邻国,其生存乃维护本国安全或均势局面所必需。

④ 履行攻守同盟的义务。

⑤ 推行某种政治或宗教理论,打倒某种政治或宗教理论,或是保卫某种政治或宗教理论。

⑥ 用夺取土地的方式来增加国家权势。

⑦ 保卫国家独立不受到威胁。

⑧ 报复他国对国家荣誉的侮辱。

⑨ 满足征服欲。

佐藤指出,约米尼的看法不过是将用兵的目的作为战争根本,纵观当今世界,国家开启战端不外乎这九条中的某一条。日本若走自强之路,未必奉之为圭臬,假如其他强国为了这九项中的某一项或者两项而发动战争,日本对其做好防御准备即可。换言之,日本不应为政治扩张或者宗教目的而使用武力,也绝不可动征服主义之念而黩武,更没有为扩张领土消耗国力、民力的必要。日本必须坚持以"自强"二字为方针,以"自强"为今日军备的唯一目的,超过"自强"范畴的军备必须忍痛割舍。

(二) 陆军与海军对人口的影响

在近代日本军事战略思想中,佐藤是少有的比较重视人口、经济等基础研究的海军战略理论家。佐藤深入分析了陆军、海军军备对人口的影响。他认为陆战结果往往比海战要悲惨得多,这是因为陆战不仅参战士兵数量多,而且他们大多是从国民中义务招募编成的。相反,海战兵员几乎都是职业军人,他们战时不能回家,平时也长年离家航海,无论是否发生战争,都与国家生产几乎没有任何关系。从这一点来看,是否发生战争的差别,仅在于是否有人战死负伤,其他方面可以说几乎没有区别。所以,毋庸置疑,海上战争引发的人口后果并不严重。而对陆军而言,官兵平时和战时的生活状况就存在很大差别,卫生上的关系也非常重大。海军无论战时还是平时,生活状况却没有大的变动,战时比平时反而更能保持良好状态,陆军却不可能有这种奢望。陆战中因病减员绝不在少数,其数量往往达到战死战伤士兵数量的数倍。综合这些方面来考虑,必须承认陆战带给国民的不幸要比海战多得多。从上述角度判断,不需要大量士兵参战、没必要进行陆战的海岛国家,地理上拥有大陆国家无法比拟的优势。

佐藤认为日本不需要配备大量陆军是非常幸运的。历史上,类似法国和奥地利那样的陆海复合型国家,因为必须在海陆两方面建设国防,国力往往增长困难且难以长久。如果日本不幸与大陆接壤，一方面要在国境的防御上布置大量陆军，准备在战时付出巨大的人口代价；另一方面又要耗费巨资，在海上方面保持强大的海军。如果防备不慎，还有可能像路易十四时期的法国那样，沿岸各地都要遭受袭击和骚扰。相反，不太需要海军的俄国和德国，以及几乎不需要陆军的英、美两国都非常幸运。然而，日本实际上并没有充分利用这种幸运，不仅建设了能够与强国为伍的强大海军，而且又发展数倍于英国的陆军，这是毫无道理的。产生这种现象的根源在于日本国民、当权者以及军人并没有真正理解国防的意义，将第二线、第三线的问题放到与第一线同等重要的位置上。

（三）对周边国家的应对方针

与当时日本陆军的观点不同，佐藤认为虽然从民生发展角度看需要有部分兵力进军"满韩地区（中国东北地区和朝鲜半岛）"，但从国防方面看舍弃这一地区反倒对日本有益。如果日本将这些地区纳入势力范围，就不得不尽力维持对这些地区的统治，这样势必要减少海上力量建设；而且在维护该地区统治的同时，还要时刻留意本国防卫可能发生的危机。

佐藤建议对"满韩地区"的战略应遵循以下方针：

① 应帮助中国人使其严守边关的北大门。

② 协助发展韩国国力，改善其国政，使其成为缓冲地带，以缓解日本面临的压力。

③ 在"满洲"（中国东北地区）方面，化解中国的对日疑虑，使其了解日本帝国的愿望是和平开发资源，以永远维持该地区的和平。

④ 俄国远东地区距其欧洲部分的中心地区较远，要巧妙地利用这一弱点，增大其后顾之忧，迫使其力量向中亚和蒙古以西分布，从而防止其将主要力量集中于远东。

⑤ 日本在"满洲"地区的设施应用于和平目的，应是世界性的，以杜绝其成为祸端（主要意思是避免因垄断激化日本与列强的矛盾）。

⑥ 与其针对韩国发展军备实施威慑，不如协助韩国增强国力，使其成为对抗俄国的屏障，从而使日本得以自由从事海洋事业。

佐藤坚信，如果将以上六条作为基础，稳妥确定军备发展的规模和轻重缓急，对"满洲"不采取武断的独占式入侵，不久就能够看到非常圆满的结果。当时，日本国内无论是军界、政界还是街头巷尾，都充斥着进军"满洲"的喧嚣。对此，佐藤深感忧虑地指出，时议中所谓的国防也就是要首先守住"满洲"和韩国，如果日军以"满洲"为第一战场，采取攻势作战，则必须以此为基点制订军备计划，加强向"满洲"、韩国平原快速输送陆军的能力，而且战端一开，到战争后期势必还会需要更多的陆军。假如陆军平时保持二三十个师团，战时即使扩编到五六十个师团也未必够用。更进一步看，如果日本的军备以维持对"满洲"和韩国的占领为首要，则无疑要以俄国为假想敌。如此一来，即使俄国不进行复仇战争，日本也必须发展规模巨大的陆军以保持平衡，其结果本土自卫与保护国体就只能居于次要地位，这种所谓的国防显然是本末倒置，是十分错误的。

当时，日本国内也有部分人认为，虽然在日俄战争后俄国国内出现了较大纷争，但战后仍在北满地区架设横贯各地的铁路，部署了很多兵力，其用意显然是在做复仇战争准备，令人担忧。对于俄国在黑龙江沿岸架设铁路的行为，日本国内有人分析认为，俄国丢失了大连和旅顺，现在只能以海参崴为门户，因此完善该方向的交通线，无疑是为了日后战争所用。对此观点，佐藤则持有不同意见，认为断言俄国在准备复仇战争是不准确的。

（四）海战秘籍《海军战理学》

佐藤的研究重点虽然多集中于国防战略和海军，但作为一位亲身经历过甲午海战和日俄海战的日本海军军官，并没有忽视对海上作战理论的关注。在日本海军大学担任教官期间，佐藤就讲授过"海军战理学"并汇编成讲义，试图把战略与战术结合起来阐发自己的观点。日本海军大学很重视佐藤在这方面的研究，于大正二年（1913 年）以保密教材的形式出版了《海军战理学》。

在《海军战理学》的开篇,佐藤首先谈了自己对"兵学"的认识,认为兵学是非常玄妙的、平凡又实际的活学,那些试图用几何学或逻辑学细致推理说明的兵法,不过是赵括兵法,纸上谈兵而已。他还指出,学习用兵之道的精髓在于研究"兵"的"活力"。他还以"大活力"一词概括自己讲义宗旨,以分配大活力的方程式"$f=mv^2$"涵盖其兵学讲义的全部内容。其中,"f"是指"大活力";"m"表示实际兵力,军舰、兵器、训练、组织等都可以视为物质方面的实际力量;"v"则表示兵力活动,包括用兵作用的整体作用等。他还认为战略战术的巧妙运用可以使"v"增值,军备的充实就意味着"m"的上升,并相信两者的相互作用可使军备焕发出巨大能量。

关于战略、战术的定义,佐藤给出了一个别致的解释:"何时何处——战略;怎么样——战术;如何击溃敌军——炮术、水雷术等",即战略是如何在适当的时机将占据优势的军队配置在适当地方的方法;战术可以定义为如何发挥出军队最大战斗力的方法。关于装备和战术的关系,佐藤更重视战法,认为"新战法的运用密切关系到战争胜败,将军的伟大之处往往体现在新战法的运用上","过分重视物质条件非常危险",当然装备的改良也非常重要。关于用兵为将之道,佐藤指出自古以来的名将指挥作战都离不开"精悍"二字,即调兵遣将、进退攻防都很"爽快",讲究敏捷、果断、不屈不挠。

关于战术运用,佐藤指出,奇偶分合是战争的精髓,真正有用的战术会很简单,有时候看起来"并不是多么惊人而巧妙的东西";所谓"新战术"其实就是跳出敌军将领的经验,让敌人在战场上无法适应的战术。从另一方面看,战争的胜利也未必都来自巧妙的战法,在很多情况下还取决于主帅麾下将士们的勇气和耐力。纵观古今众多海战战例,可就战法做出了如下结论:

① 拘泥于战术利害关系的人无法取得大的胜利。

② 主将首先要参与战斗并让全体将士看到自己的英姿,若将自己置于编队后方,或把将旗挂在其他快速的小舰、小艇上,将会导致失败。

③ 有效的作战以"抵近交战"为原则,远而攻之不如不攻。

④ 要不惧一时的危险和不利,竭尽全力攻敌一点;无论攻击点的选定是否

恰当,攻击开始后的决心大小是决定胜负的主要原因。

从《海军战理学》的讲义来看,佐藤显然没有十分看重编队或舰艇具体的战术运用,而是更多地从基本理论和战略两个层次阐发自己的观点。

五、佐藤理论的埋没与复活

(一) 理论家的悲剧宿命

古今中外,曲高和寡、生前落寞、死后成名往往是不少思想家、理论家的宿命。比如孔子虽然被奉为中国儒教的圣人,受到历代敬仰,但在高度现实主义的春秋战国时代,几乎所有的国君关注的都是如何在尔虞我诈、你死我活的斗争中生存下来,如何建立令其他国家臣服的霸业,因此孔子虽然周游列国、四处宣扬,其理论却得不到各国的重视,抱负也难以施展,其本人也落魄如"丧家之犬"。佐藤的名望和成就虽然难以与中国的圣人相比,但其理论和人生的处境、遭遇却与孔子不乏相似之处。

首先,超前的理论注定要遭遇孤独的,佐藤的海军战略理论虽然符合当时的国际潮流,却超越了日本发展的历史节奏。他的理论是在总结资本主义生产关系和生产力比较发达的欧美国家国防历史经验教训的基础上建立的。这些理论对当时的英、美等国而言算不上先进,而在当时的日本又显得过于先进。在19世纪末20世纪初,日本仍然是一个半封建国家,其发达仅仅是相对于亚洲邻国而言,而在欧美社会,日本出产的工业品还被作为劣质品的代名词,竞争力很弱。即使在中国等亚洲市场,日本纱布的市场竞争力不仅难以与欧美产品相比,甚至时常被中国民族企业击败。因此,佐藤主张像英国那样靠通商实现国家繁荣,靠海军保护通商,实际上脱离了当时日本的国情。从现实主义视角看,当时的日本如果主要依靠商业竞争是斗不过欧美列强的,最简单实用的办法就是凭借武力到距离最近、市场最广大的中国掠夺。因此,从实践角度看,对于佐藤的高论,日本当政者初次拜读、赞赏一阵子之后,也选择了抛弃,最后把炮口主要指向了中国而不是海洋。战后,旧日本海军出身的教授松野吉寅曾这样批评佐藤的主张:"虽说日本与英国在地理上有类似之处,但当时的英国是贸易立国,而日本是90%的人口是农民的农本主义社会。如果考虑到日本的现实情况,佐藤所说的恐怕还为时尚早。"

其次,佐藤的理论具有历史超越性,但难以掩饰形而上学的缺陷,背离了当时的国策,只能遭受冷落。佐藤的海军战略学一直试图与国家战略及外交联系起来,试图从归纳各国国防历史经验的角度探求日本外交应选择的正确道路。他认为,日本外交是基于历史形成的,当前的外交应在追溯研究与对象国有无边境纠纷、过去的关系是否友好、利害关系是否一致等历史问题的基础上展开,甚至必须考虑今天的外交会不会为将来留下祸根。他反对日本侵略朝鲜半岛和中国东北的国防观点,其实也是对当时外交的批判。在日本正式吞并朝鲜半岛(1910年)前,他就曾指出,韩国对岛国日本来说,酷似爱尔兰对英国的关系,邻国一旦成为不共戴天的敌人,会在外交、安全上招致重大不利。二战结束以来,使日本外交备受困扰的负面遗产正是近代这段军事外交侵略历史,这证明了佐藤当初预言的正确性。不过,佐藤试图完全把英国的地缘安全经验照搬于日本,也有比葫芦画瓢的味道。西欧大陆与东亚大陆最大的不同在于,前者是有若干个国土、人口与英国差不多的国家构成的,后者则存在一个国土、人口远远超过包括日本在内的任何周边国家的中国。对英国来说,尽管与大陆有一峡之隔,但由于欧洲大陆各国实力均衡且总是在相互争斗,英国在欧洲总不会陷入孤立,只要拥有制海权和较强的国力,总可以某个大陆国家的帮助下,制衡、击败试图侵略英国本土的另一个大陆强国,作为离岸平衡手主导欧洲局势。但是,在东亚,日本找不到国土和人口可以平衡中国的力量,只要中国能够实现统一并建立强有力的政府,日本就难以获得类似英国的优势地位。而且,在当时中国已成为欧美列强竞相争抢的殖民市场和亚洲安全政策焦点的情况下,让难以在欧美打开市场的日本远离中国,走类似英国的全球通商道路也缺乏现实性。因此,从当时的地缘政治环境看,对主张大陆政策的日本人而言,佐藤主张的说服力是不够的——他们正是担心中国统一后日本称霸亚洲无望,才不惜扩大侵略,企图吞并中国的。

再次,佐藤的理论虽然有利于日本海军的国内政治利益,却受制于长期形成的政治格局和国策,很难转化为现实的战略实践。日本学者石川泰志认为:"佐藤的悲剧在于他是一个军人,要保卫自己的祖国,而国家采取了违反自己发现的国防大原则的国策。"这种观点虽然有其合理性,但仍比较片面,没有考虑到日本的政治格局。从当时日本的政治格局看,日本国内政治可分为政界、军部、天皇三大势力,而日本海军在军部中的地位和影响长期是低于陆军的。从明治维新开始到 1945 年,日本陆军出身的首相远比海军出身的首相要多得多。佐藤虽然官至中将,但毕竟处于日本军界决策层的边缘,其观点要变成军部主流认识就已经很难,更不用说进入政界决策层了。佐藤的事业辉煌时期恰恰也是山本权兵卫担任首相后,日本海军政治地位较高的一段时期,此后陆军再度成为军界主流,佐藤的人生和理论影响也就开始走下坡路了。到了 20 世纪 30 年代以后,当陆军主导的军部权倾朝野时,佐藤的存在几乎被人遗忘了。

(二) 佐藤理论遭遇的围攻

在日本明治、大正时代,普通的日本军人考虑问题是很简单的,一些"忧国"的军人谈论国策往往流于军事形势解说和军备主张,只是一味慨叹国民缺少爱国心,完全不考虑财政、经济对民生的影响。佐藤与这些普通军官不同,他以较为宽广的视野,通过分析国内外历史,探求像日本这样的岛国应采取什么样的国防方针;他的战略思想并不限于军事,还涉及政治和经济领域;他的理论不仅得到日本海军高层的支持,在政界也不乏呼应者。不过,也正因为如此,才引起了陆军高级将领及其政界头面人物的广泛不满,招致山县有朋、田中义一、石原莞尔等人的激烈反击。

佐藤著作提出的观点很多都是针对"大陆政策"的,不仅将陆军的大陆政策批驳得体无完肤,而且公然主张日本国防应以海军为大,让陆军"打下手"。这是日本陆军将领和陆军出身的政治家难以容忍的。田中义一陆军大将,宇垣一成陆军大将,石原莞而陆军中将,大正九年以后作为《外交时报》杂志的编辑兼发行人、提倡打破华盛顿体制扩张大陆的半泽玉城等,都曾点名批判佐藤。半泽玉城在著作《国防时论》中公开批驳道:"为了扩张海军而高唱陆军无用论,主张放弃"满洲"、朝鲜,俨然要推翻帝国的国策,身为帝国军人却亲口说出如同主张割让国土的言论,真是奇怪之至。我想知道,佐藤海军少将的国防意见果真是代表帝国海军省的方针吗?"批判佐藤的急先锋宇垣一成陆军大将严厉批评道,根据陆军优先的国策和大陆扩张政策,"统治我自给经济的范围(主要是中国),并对此倾注国家精力是国防的本义";"佐藤海军中将的'如果是岛国就以海为主'等外行言论是误国论,'日本是海国,所以国防必须以海为主'是错误的言论"。

佐藤的海军战略主张在明治末年和大正前期一度成为日本海军界主流观点。当时,日本海军大部分高级将领都讨厌陆军整天叫嚣向大陆进军,主张学习英国走海军强国之路。然而,在进入大正后期尤其是华盛顿会议后,日本海军内部开始发生分裂,形成了"条约派"和"舰队派"两大派系。其中不断壮大的"舰队派"出现了追随陆军的动向,认为应将岛国日本改造成大陆国家。在陆军人脉很广的海军少将石川信吾作为"舰队派"首屈一指的谋士,就声称:"日本国内为产业能力过大、人口过多而忧愁,在国外则因日本人不得入内的警示牌和排斥日货而苦恼。对日本来说,'满洲'是唯一的出路。这是因为满、蒙是我邻接地区,经营这一地区乃国际关系的自然现象,没什么不可思议的。尽管这样,威胁日本民族这一唯一生命线的是美国以及苏联的对华政策。"后来,当"舰队派"到20世纪30年代坐大后,佐藤理论在海军内部也变得批者多、赞者少了。

1945年日本在第二次世界大战中的战败在一定程度上证明了佐藤战略观点的远见和正确。然而,战后一个时期少数日本人仍然未放弃对佐藤的批判。原防卫厅战史部主任研究官、出身陆军的黑野耐氏曾在其著述中这样评论:"佐藤提出,为了在有事时夺取战争的胜利,将夺取制海权的相关军备置于首要位置,否定向朝鲜半岛、大陆的扩张,将陆军改为遂行补充海军任务的地面移动军队;主张为了夺取制海权,在敌人的领海内击败敌舰队。这种思想由于否认向朝鲜半岛、大陆的扩张,将'北守'的第一线置于海上,将陆军作为海军的补充,这等同于否定陆军,是一种非现实性的提议。"黑野还批驳了佐藤在转为预备役后提出的海军主导国防的构想,而肯定当年海军条约派的主张,认为当时"只能向满蒙寻求日本的发展,这种情况下的主体当然是陆军。万一美国对此进行干涉,海军最低限度能够保住台湾－西南群岛－小笠原群岛－千岛列岛一线内的制海权就足够了。也就是说,佐藤必须要向宇垣陆军大将主张的日本国防应'陆主海从'的主张认输"。他还进一步批判佐藤的海军军备"对美七成"说,认为:"将没有胜利希望的美国作为军备的标准来整备大舰队,这是海军最本质的矛盾。舰队派也好,条约派也好,被批评为只关注保持强大海军,不能从历史变局和日本国策全体来考虑。"①

（三）战后日本对佐藤理论的悄悄继承

日本伙同德、意发动的第二次世界大战给世界人民带来了空前的惨祸,最终也自食其果。在这场战争中,日本本土在盟军实施的战略轰炸中瓦砾遍地,战后国土被占领,近代以来扩张的领土被剥夺殆尽。惨痛的后果、巨大的代价使日本人不能不对战前的国防路线进行一定程度的反思。

冷战期间,日本政界、学界出于各种动机对近现代扩张历史进行过研究反思,并提出了依赖美国海权维护日本海洋安全的战略思路。其中,最具代表性和影响力的成果是日本自民党海空技术调查会编写的研究报告《海洋国家日本的防卫》与自民党安全保障调查会撰写的《日本的安全防卫》。

《海洋国家日本的防卫》认为,战前日本对马汉"海权"概念的理解存在偏差,经常把海权解读为"海上军事力量",而实际上海权应指国家在包括军事、通商、航海等诸多方面利用海洋的能力。作为四面环海的岛国,依赖于海洋是日本的

---

① （日）黑野耐「昭和初期海軍における国防思想の対立と混迷―国防方針の第2次改定と第3次改定の間―」、『軍事史学』錦正社、1998年6月版、第34卷第1号。

宿命，"如果失去了海军和海上通道，其下场是很明显的"。未能全面理解海权，导致日本在战争中不重视海上通道的保护，到战争末期由于海军覆灭，连本土岛屿之间的交通都无法维系。日本虽然控制着中国大陆的大部分以及东南亚资源地带，但却最终战败投降。该书认为，战后在战争教训的认识上，日本国民虽然对军国主义的反省"很彻底"，但没有深入思考作为海洋国家的日本为什么当年会推行"大陆政策"，以致与美英等海洋国家为敌而陷于失败。该书还把日本战前海洋扩张实践的失败，归罪于纳粹德国豪斯霍夫地缘政治学说的误导，认为日本军部正是受豪斯霍夫所著的《太平洋地缘政治学》的影响，才与大陆国家德国结盟，提出大东亚共荣圈计划，并与英美海洋势力为敌的。而事实上，在"大陆国家群"与"海洋国家群"的较量中，后者一直居于优势地位。"对日本这样的海洋国家来说，只有与海洋国家密切合作才是明智的。"[①]

《海洋国家日本的防卫》承认日本对美国制海权的依赖，强调"自主防卫"应与日美安保合作相结合。认为战后日本经济之所以能快速重新崛起，主要得益于两个因素：一是殖民体制在世界的消失，以及殖民经济时代势力范围制约的不复存在。日本虽然国内资源贫乏，但得以利用海洋自由从世界各地进口最便宜的原料和能源，并在本国沿海地带加工出口。二是美国拥有压倒性制海权优势，虽然战后世界各地区武装冲突和局部战争频繁，但海洋上却能保持和平自由。在海权的行使中，以军事力量为核心的制海权发挥着保障作用，而二战后的日本虽然不拥有制海权却能推行依存于海洋的国策，是因"受到美国制海权强有力的保护"。不过，该研究报告也指出，"日本并不能永远依靠这种保护"，原因在于担心引发与苏联、中国的核战争，加之难以有效对付潜艇对交通安全的威胁，美国制海权的运用也存在局限性。日本应该改变片面依赖美国的状况，发展海上军事力量[②]。

在意识到美国制海权存在局限性的基础上，《日本的安全防卫》论述了日美

---

① （日）海空技術調査会『海洋国日本の防衛』原書房、昭和47年版、第26-30ページ。
② （日）海空技術調査会『海洋国日本の防衛』原書房、昭和47年版、第30-41ページ。

海上安全合作的必要性。该报告在论述海上安全时首先把世界战略力量分为陆海两大势力("大陆圈"和"海洋圈"),提出日本海洋战略地位具三大特点:其一,"日本的海洋依存度极高,利用海洋可实现繁荣,离开海洋则难以生存。其中海上交通是事关国家生死的生命线"。其二,"日本临近大陆,安全容易受到大陆力量的影响"。其三,"日本列岛在地理上对大陆呈封锁之势,战略价值很大"。为此,日本要维护国家安全必须满足两个战略条件:其一是"绝对不能离反'海洋圈'"。"这也是英国在第一次世界大战后就再也离不开美国的原因,(而日本在第二次世界大战中离反'海洋圈'的代价是)连本土与大陆的交通都无法维系"。其二,"为了应对来自'大陆圈'的威胁,日本有必要拥有一定自卫能力,特别是反潜兵力"。"只要日本在'海洋圈'内,即使与大陆为敌也能确保国国家安全"。该书强调,美日之间的安保合作是"全球性海权和地区性海权的合作"。但是随着潜艇隐蔽、机动技术的提高,美国作为世界性的海权国家,拥有的兵力即便能控制大洋及其上空,但也不能完全控制水下部分,难以确保海上交通安全。日本作为"地区性海权"国家,可以利用其地理优势监视应对来自大陆的潜艇、飞机的袭击。只有美日"全球性海权"和"地区性海权"合作,才能确保海洋上空、水面、水下的安全。①

上述两部总结性著作虽然没有提及佐藤铁太郎及其著作观点(这恐怕是顾及对美关系,因为佐藤当年曾是日本海军对美作战构想的始作俑者,且提出过著名的"对美七成"论),但其立论实际上站在佐藤海军理论的延长线上。《海洋国家日本的防卫》对日本的地缘战略定位和基本主张与当年的佐藤几乎完全一致。《日本的安全防卫》所提出的皈依"海洋圈"也不过是佐藤理论逻辑在新的世界安全形势下的延伸。事实上,战后佐藤理论受到个别日本人批判的同时,也有一些人给予了高度肯定,尤其是专门研究外交史和欧美历史的学者们对佐藤的战略思想却抱有极高的评价。哈佛大学的入江昭教授最先强调佐藤战略思想的历史意义。1966 年,他在著作《日本的外交》中评价:"针对陆军的大陆国家论,海军

① (日)自民党安全保障调查会『日本の安全防衛』原書房、昭和 41 年版、第 800 - 806ページ。

强调由于日本具有岛国的特殊性,国家安全只能通过沿海防卫,即海军力量的充实来维持。胡乱在大陆上发展,不仅是使本土的防卫变得薄弱,而且只能引起陆军国家俄罗斯和中国的抗争。"旧日本海军最后一届海军军务局长、战后力图重建日本海军的核心人物山本善雄也提出,新日本国必须建立海主陆从的防卫体系,"日本国土四面环海且狭长,必须在侵略者到达本土之前于海上将其击溃,打消其侵略企图。而且,缺乏粮食和原材料的日本要想维持国家长治久安和国民生存必须绝对确保海上交通,因此必须配备海上和航空兵力";"鉴于我国的特殊性,海上和空中的防卫第一,陆上防卫第二,这是非常明显的事情"。

事实上,在 20 世纪 50 年代初日本在美国支持下重新武装时,在警察预备队的首脑和海上保安厅的首脑之间,围绕是否以陆上自卫队为新武装的中心力量问题,也展开过争论。当时,美国一度主张日本只重建陆上武装力量,海空力量缓建。对此,力图重建海军的旧日本海军中将保科善四郎对野村吉三郎进言道:"过去我们就是只知道发展陆军才犯下大错,您应当给刚刚来日本的特使看看我国的军政史,建议他不要让我们再次犯同样的错误了。"

(四) 冷战后佐藤战略理论的复活

冷战结束后,日本面临的国内外形势发生了重大变化。以前长期禁锢日本的两极对峙格局彻底崩溃瓦解,经济全球化加速推进,中国综合国力快速提升,日益关注海洋权益和海上安全。上述国际政治安全环境的剧变促使日本思考新形势的防卫战略问题,并在政界、社会展开了大讨论。在各方争论中,"海洋日本论"逐渐崛起并成为主流观点。此论涉及日本政治、安全、经济乃至文化等多个领域,但其核心则在安全领域,很大程度上是"海洋日本"的安全论。其主要观点认为,应明确把日本定位为海洋国家,日本国防战略最重要的是守卫海洋国土,要以此为基础构建日本的国家安全战略。

"海洋日本论"的崛起从某种意义上意味着佐藤理论的复活。实际上,正是在上述争论中,长期被遗忘的佐藤铁太郎才终于重现在日本人的脑海里,他的著作和传记开始大量出现在当今日本书店的书架上,相关评述也如雨后春笋般地在媒体上冒出。日本著名历史学家五百旗真氏指出,佐藤铁太郎是战前将海洋国家的构想具体化的先驱,像日本这样的岛国可以将周边海洋作为"天然屏障","使其成为安全上的优势",日本还拥有通达世界各地的海上交通和贸易优势,可以将此作为发挥全球影响力的源泉,灵活利用周围的海洋,成为一个"海洋国家"。他在评论佐藤的主要著作《帝国国防史论》时表示:"从外交战略的观点看,日本与其向大陆进行扩张,不如重视海上权力。英国在欧洲称霸是在11世纪失去大陆领土以后——因为失去了局部的大陆桥头堡,外交反而获得了的宏观性和灵活性,能够以较低代价间接地操纵国际政局,从而走上了海洋大国之路。"

《佐藤铁太郎海军中将传》的作者石川泰志指出:"佐藤也是时代的产物,其著作中难免会有现代难以理解的国体论和宗教观……不能拘泥于字句的片言只语,无视佐藤战略思想具有的超越时代的普遍性。"佐藤战略思想的基础是"远离自卫走近侵略是亡国的根本",即如果无视本国的地理条件、超越防守自卫的界限走上侵略的道路,则国家必然会衰退灭亡。战后其格言也得到了证明。佐藤考察的日本国防指针并没有因时代和国际形势的变化而失去意义,其战略思想中对经济民生的考量、力求以最少费用达到最大效果的军备主张、有选择和集中财力建设国防的观点,在任何时代都适用;战后日本防卫应该吸取历史教训,走佐藤主张的海主陆从之路,冷战时期日本自卫队形成的陆大海从格局违背了这一原则,应尽快改变。

在21世纪的今天,日本很多政治家、学者怀念佐藤抱有很强的目的性,其中一个重要动机就是在21世纪为强化日美同盟,推动日本扩张海洋权益。原自卫官、日本防卫问题专家平间洋一,曾经发表了多篇研究佐藤铁太郎及其著作的论文,专门对佐藤思想与中国《孙子兵法》的渊源关系进行了深入探讨。他在专门评价佐藤铁太郎的论文中指出,佐藤也是日英同盟的支持者,如果当年日本按照佐藤的观点以海洋立国,走海主陆从之路,日英同盟就可能在第一次世界大战后继续保持,日本就可望避免悲惨的太平洋战争,继续保持大国地位。当今日本应该牢记佐藤的主张,走海洋国家道路,继续坚持与美国的海权同盟①。另一位知名学者、日本拓殖大学校长渡边利夫,在公开发表的论文《海洋国家同盟论再论》中高度肯定佐藤要成为海洋国家,建立强有力海军的主张,宣称日本要以海上自卫队为主体发展军备,与大陆国家中国保持距离,与拥有强大海权的美国加强同盟关系②。

有意思的是,佐藤反对日本统治朝鲜半岛和大陆的主张竟然也博得了韩国的好感和怀念。韩国国防大学教授朴荣濬曾在题为"日俄战争讲和100周年与日本的前进道路"的时事评论中,这样写道:"当日本日俄战争胜利的狂热尚未冷却时,佐藤铁太郎就开始冷静地探索日本应寻求的发展道路,于1908年撰写了《帝国国防史论》,指出英国繁荣的原因并非是在欧洲大陆膨胀,而是培养海军,采取防守自卫的国家战略。他主张放弃已获得的"满洲"和朝鲜是与日本的安全及国家利益密切相关的国家战略。""可惜的是,佐藤铁太郎在当时的日本社会都被当作异端者,但从长远的历史眼光来看,如果日本能够听取他们这些人的意见,或许就不会有在太平洋战争中的失败吧。"

---

① (日)平间洋一「太平洋人物志佐藤鉄太郎」、『太平洋学会』第14卷第2号、1991年7月。
② (日)渡边利夫「海洋国家同盟論再論」、『環太平洋ビジネス情報』RIM 2008 Vol. 8 No. 28 7. VIEW POINT。

潘尼迦

印度海权思想奠基人[①]

　　K. M. 潘尼迦(1895—1963)是 20 世纪前半期印度最为杰出的人物之一,他一生经历丰富,成就不凡。他曾担任印度土邦谋臣二十年之久,为土邦加入印度联邦立下汗马功劳;他是印度开国总理尼赫鲁的主要外交政策顾问和智囊之一,并两度出任驻华大使。他同时又是一位高产的马拉雅拉姆语文学家,一位享有世界声誉的历史学家和海权思想家。在印度,潘尼迦可以说是向其同胞系统阐述印度洋对印度安全的极端重要性的第一人,而当时仍然埋头于民族斗争的国大党领导人还无暇顾及在地理现实的基础上全面、正确地研究印度独立后的防御问题。作为印度少数具有前瞻性海洋战略思想的人,潘尼迦自 1943 年起不断鼓吹印度非常需要发展成为一个海上强国,以便能与英国及英联邦一起确保印度洋地区安全。1945 年,潘尼迦出版《印度与印度洋:略论海权对印度历史的影响》一书,详细梳理印度洋海权的历史变迁,强调印度洋对印度未来的重要性,并率先提出建立"蓝水海军"(Blue Water)控制印度洋,试图克服印度防务计划中忽视海洋因素的倾向。该书显示出潘尼迦作为政治家的远见卓识,他开宗明义指出"印度洋将是未来的主要问题之一"。此外,他还曾在多部著述、多个场合谈及印度海权问题,处处流露的印度海权思想为他赢得了"现代印度海权思想奠基人"美誉。

　　潘尼迦海权理论被认为是继马汉海权论之后里程碑式的海权观,他关于印

---

　　① 作者简介:宋德星(1968—),男,中国南海研究协同创新中心研究员,解放军国际关系学院教授、博士生导师。胡二杰(1984—),男,解放军国际关系学院讲师。

度海权理论的论述,代表着一个殖民地国家解放后对海权的理解。潘尼迦在分析印度和印度洋相关问题时表现出的学养、远见和敏锐,得到著名英国大战略学者利德尔·哈特的高度赞赏。

一、潘尼迦海权思想的历史背景

如果目光仅停留在潘尼迦汗牛充栋的著述文字表面,我们似乎很难对他的海权思想形成比较完整的认识。在饱含个人情感的言辞和主张背后,我们发现有一种一以贯之的信念在支撑着潘尼迦的海权思想,那就是强烈的爱国情怀。而催生这一情怀的力量,在于近代以来印度不同寻常的历史遭遇和独立进程,更在于潘尼迦对印度历史的深入思考及其不同寻常的历史观。

潘尼迦明确指出,1498 年欧洲人达·伽马到达了印度西海岸,不仅对于印度而且对于全亚洲具有最高度的重要性。在此后的五十年中,欧洲的权力在亚洲的海洋上、在印度洋上、在太平洋上,巩固了起来,这一进程在 19 世纪达到顶点,直到 1948 年方才中止,距达·伽马的到达,整整有 450 年之久。西方的影响起初很有限,但随着时代的推进,竟扩展到这样巨大的程度,以致到了 19 世纪的下半期,亚洲大陆几乎没有一个国家能够不受西方强国的控制。

(一)"达·伽马时代"的到来

潘尼迦将 1498—1954 年称为"达·伽马时代"。"这 450 年的历史始于达·伽马 1498 年抵达卡利卡特,终结于 1947 年英国军队从印度撤离以及 1949 年欧洲人从中国撤离,构成了一个有着清晰特征的历史时段……欧洲人控制亚洲各国的时期是这些国家历史的分水岭,无论是进行抵抗还是努力适应,它们都得培育出新的生命力,并有意识地使自己适应新思想,这样它们才能逐渐恢复独立和力量。"[1]在他看来,尽管这一时期亚洲霸权在葡萄牙、荷兰、法国、英国等欧洲列强间几经易手,但"达·伽马时代"却表现出一种内在的统一性,主要表现为"其一,海权对亚洲陆地国家的统治;其二,商业经济强加于这些经济生活主要基于农业生产和内部贸易的社会;其三,欧洲人对亚洲事务的支配"。[2] 在这三者中,强加的商业经济及其带来的几乎所有生活侧面的变革构成了亚洲与西方关系的主要内容。

潘尼迦将"达·伽马时代"西方与亚洲的交往分为四个阶段:

第一个阶段是扩张时代(1498—1750 年)。此前,穆斯林势力通过迅速的扩张,将地中海和印度洋连接起来,从而掌控了经由累范特的传统贸易通道。葡萄牙人希望能找到一条经由好望角到达印度的航路,从而实现对穆斯林势力的包抄,这就成就了潘尼迦所说的"第八次远征"。葡萄牙人认为自己切断了穆斯林获利丰厚的香料贸易通道。据潘尼迦记载,葡萄牙殖民者阿布奎基曾告诉自己在马六甲的士兵们,"对香料贸易的袭击就是对伊斯兰国家经济繁荣的袭击,是经济战的一部分,穆斯林国家和葡萄牙对其重要性均有充分认识"。[3] 在当时,德干高原的许多印度王国——其中最有名的是维查耶纳加尔王朝——也与自己的伊斯兰邻国不和,它们愿意援助和支持葡萄牙人,除非后者向自己开战。尽管葡萄牙人享有海上优势,他们在陆上战争中却败绩不断。他们最多只能在土著统治者的容忍下维持一些沿海据点,这些据点构成了葡萄牙人推行海权的链条,使之得以挑战穆斯林商人,逐渐实现对香料贸易的垄断。在这一阶段,西方列强与他们接触的非穆斯林民众相处甚洽,并不热衷于在异教徒中传播基督教,贸易才是他们的主要利益所在。西方列强满足于在沿海地区建立一些贸易据点,当他们试图向内陆扩张时,会被打得头破血流。譬如 1739 年,荷兰人曾卑微地向特拉凡科的王公称臣,而在 18 世纪初,"英国人曾试图将其统治权向马德拉斯周

---

① K. M. Panikkar, *Asia and Western Dominance*, G. Allen & Unwin, 1953. Introduction.

② K. M. Panikkar, *Asia and Western Dominance*, Introduction.

③ K. M. Panikkar, *Asia and Western Dominance*, p. 480.

边村庄扩展,最后遭到当地统治者的强力驱逐"。①

第二阶段是征服时代(1750—1857 年)。在征服的时代,这一切发生了改变。在印度,这一阶段是由英国人开启的,它并不是源于西方殖民者在陆上拥有压倒性的军事优势,尽管他们的确保持着海上优势。无论是在 18 世纪的印度,还是 19 世纪的中国,西方列强利用莫卧儿帝国和清朝的内部统治危机,这两个国家当时陷入了地方割据和军阀混战。正是在这种混乱的情况下,英国人得以成功实现对印度的征服。在这方面,他们得到了印度本土买办商人的帮助,后者因为充当外国商人的代理人而变得有钱有势。潘尼迦讽刺地指出,著名的 1757年普拉西一战为英国征服孟加拉以及整个印度开辟了道路,但这场战争是"一场交易,而不是一场战争,是以贾伽特·塞斯为首的孟加拉买办阶级进行的交易,他们将纳瓦卜卖给了东印度公司"。② 随后对印度的征服涉及类似的丑陋交易和外交捭阖。中国 19 世纪的历史重温了这一幕。这段历史记忆给这些国家的当代精英们留下了这样的烙印,即对国家分裂的担忧和对本国买办阶级的防范。潘尼迦认为,印度在 1750 年到 1850 年的发展和中国在 1840 年到 1940 年的发展有着奇妙的平行。在中国,如同在较 18 世纪的印度一样,以沿海城市为根据地商业快速成长,从中吸取了权力,结果是中央政府遭到削弱,最后被以海岸为根据地的新势力吞食。

第三阶段是帝国时代(1858—1914 年)。从 19 世纪中叶到第一次世界大战是英帝国的巅峰时期。伴随着不断加速的工业革命,英国在拿破仑战争中打败了自己的陆上对手,开启了全面霸权时代。必须要强调,东方民族和欧洲人之间的交往在这一阶段才真正开始。在此前的三百多年里(1498—1857 年),这种交往是有限的,即便在印度,也局限于狭小的范围内,甚至没有渗透到统治阶级中。伴随西方政治上的直接统治、教育体系的发展以及西方对东方剥削程度的加深,东西方的交往逐渐扩展到不同的层次。尽管印度是英皇皇冠上的明珠,但英印

---

① K. M. Panikkar, *Asia and Western Dominance*, p. 94.

② K. M. Panikkar, *Asia and Western Dominance*, p. 100.

政府的行事方式越来越像一个拥有自己帝国野心的独立国家。正是在这一阶段，西方列强，尤其是印度的英国人和印尼的荷兰人，因统治大片领土的需要，不得不着手创建现代统治机构，并培养大批本土行政人员。前者带来了潘尼迦所说的西方的最持久遗产——法治的引进（至少在印度，其原则完全不同于视习俗胜于合同的印度本土法律传统）。后者（让印度人来治理英印帝国的需要）同样意义深远。因为它创造了印度本土行政人员，正是他们最终推翻了强大的英印帝国。可以看到，在东西方关系中，帝国时代既见证了欧洲人野心的实现，同时也产生了导致其最终没落的民族主义运动。

第四阶段是民族主义和西方撤离时代。西方撤离阶段始于第一次世界大战，1947 年 8 月 15 日德里红堡上的英国国旗降落和 1949 年 10 月新中国成立，宣告这一阶段的终结。在这一阶段，有两个因素起主导作用，一个是十月革命，一个是亚洲民族主义的兴起。在英国殖民统治早期，英国人曾像传统印度王国一样行事，寻求与印度本国人的同化。但在 1857 年印度大起义后，种族排斥表现得日益明显。潘尼迦援引了一位知名英印总督基钦纳的话："正是欧洲人这种内在的优越感为我们赢得了印度。无论其本国人如何聪慧或有多高的文化程度，也无论其证明自己有多勇敢，我认为我们所能给予他们的社会地位不应让他们与英国官员平起平坐。"[①]印度的本土行政人员最初寻求移除他们升迁道路上的限制，譬如鼓动将印度行政人员考试放在印度举行，以便他们中有更多人能加入统治印度的官员阶层中。当英国当局对这些要求置若罔闻时，他们寻求把英国人从殖民地赶走，呼吁实现完全独立。潘尼迦认为，几乎在所有亚洲国家都曾出现 WOGS（西方化的东方绅士）的类似趋势，因为这些国家最优秀、最聪明的青年人都寻求前往西方求学。在亚洲各国，"最终推翻欧洲殖民统治的民族主义运动，其领导阶层正是这些曾在帝国主义庇护下接受西方教育的阶层"。[②]

---

① K. M. Panikkar, *Asia and Western Dominance*, p. 150.
② K. M. Panikkar, *Asia and Western Dominance*, pp. 480 - 490.

（二）"大象和鲸鱼的冲突"[①]

伴随着"达·伽马时代"的到来，印度被牵入世界政治和远方国家之间的斗争中。莫卧儿帝国和海权国家间重复的战斗被潘尼迦称为"大象和鲸鱼的冲突"，因为在各自的环境之外彼此都是无能为力的。统治印度的莫卧儿帝国即使在权力极盛的时代，在海上也是无能为力的。阿克巴皇帝（1542—1605 年）由于自身中亚细亚的传统，对海权没有认识，而且直到征服古吉拉特以后才实际上看到海洋。这个帝国根本上是大陆性质的，除了在苏拉的一个出海口和在孟加拉的一个较小的港口以外，阿克巴和他的继承人似乎从未想到过要建立一支海军。帝国当局看到有关海上朝圣的贸易被干涉，船只被掠夺，货物被没收，愤怒却无可奈何。

对于印度而言，海洋规模的海权只是在 16 世纪才成为问题。由于达·伽马抵达印度才产生这一问题，因为早年时代海权的行使，只不过是海岸一带的事，除非遇到如室利佛逝帝国或朱罗帝国这样的情形，在大海两岸都有直辖的土地。当外国人突然来临的时候，印度对于所发生的事情，不能明了其意义，就只能从事地方性防御。此外，历史上北方来的压力，已将一切吸引至陆地安全上。印度从来没有遇到过控制沿岸全部海洋的问题。而达·伽马和他的后继者带到印度史里来的，正是一种独霸海洋的要求，这个概念跟亚欧两洲过去所公认的"自然法则"完全不相一致。为了坚持这种要求，葡萄牙人组织了力量，相继征服索科特拉岛、霍尔木兹海峡、马六甲海峡，又在印度建立坚固基地，然后确立海上霸权。相比之下，莫卧儿人的声威不可一世，却无法掩饰他们在海洋上的束手无策。在中亚细亚传统影响之下的莫卧儿人不认识海洋的重要性。在莫卧儿大帝国两百年统治期间，不但外国人完全控制印度洋，而且随着莫卧儿势力的发展，另外一些国家也在同时为彻底征服印度打基础。这种征服比当时任何陆上强国

---

① ［印度］潘尼迦著：《印度简史》，吴之椿、欧阳采薇译，三联书店，1956 年，第 224 页。

所能想象到的还要彻底。

继葡萄牙之后,荷兰人、法国人、英国人先后从海路抵达印度,并就印度洋控制权展开激烈争夺。从 1595 年起,荷兰人开始加入印度洋的争夺活动中来。与葡萄牙人试图建立帝国不同,荷兰人只对垄断和保护其东方香料贸易感兴趣。荷兰人于 1602 年从葡萄牙人手中抢占锡兰,1638 年占领毛里求斯。1641 年以占领马六甲为标志,荷兰从葡萄牙人手中夺取了对整个印度洋贸易的控制。与此同时,随着葡萄牙人海上霸权的衰落,法国人与英国人随即加入争夺印度洋控制的较量之中来。在 1665—1667 年爆发的英荷战争中,荷兰被打败,从此失去在印度洋的霸权。法国直到 1601 年才正式与印度进行贸易往来,在荷兰被打败后,法国开始崛起为印度洋上的海权强国,1721 年开始逐渐控制毛里求斯,1782 年占领锡兰的良港亭可马里。然而,法国大革命爆发后,法国在印度洋地区的控制几乎全部被英国抢走,只是在 18 世纪末占领了马达加斯加,后来又占领了印度洋西部边缘的吉布提。"法国人被逐出印度是一个具有世界意义的历史事件,因为它意味着英国人将在那里代替莫卧儿人。英国人一旦在德里安顿下来,就完全走上通向世界帝国和世界首位的道路。正是由于范围广阔、人口稠密的次大陆所提供的这块无与伦比的根据地,英国人能在 19 世纪扩张到南亚其他地区,然后远远地扩张到东亚。"①印度以前的统治者,都不试图扩张到大海彼岸。相形之下,英国人在东方海域没有对手,而且还有印度这个巨大资源作后盾。

潘尼迦认为,"鲸鱼"之所以能最后获胜,是缘于"大象"的式微。"我们有一个已经证明的历史事实,就是面对着有良好组织的陆上强权国家,海权国不能够长久守住陆上的帝国;但同样清楚的事实,就是当这样的陆上权力并不存在时,海权国家的根据地容易变成帝国的核心。"②葡萄牙人用尽他们一切的海军力量,在一百年的时间内不能击破萨摩林朝的权力;荷兰人在此后的一百年以内也不能成功。当莫卧儿帝国仍然强大的时候,英国人、荷兰人和法国人,除了做点

---

① [美]斯塔夫里阿诺斯著:《全球通史:1500 年以后的世界》,吴象婴等译,上海社会科学院出版社,1999 年版,第 184 页。

② [印度]潘尼迦著:《印度简史》,吴之椿、欧阳采薇译,第 224 - 225 页。

买卖以外，什么也不能得到。那些称霸海上、独占海洋贸易的海国，一到陆上，仅仅成了卑微的商人，即使是向印度各省当局写信时，他们也将自己描写成"尘土中最渺小的细粒，在接受命令时，便要一头额触地"。① 但当印度中央权力削弱而一些省份成为内战之场时，前此隐藏着政治野心的外国工厂，就能够露面并有效地影响事态的发展了。

伴随西方列强海军而来的是一种大规模的商业经济和海商经济。它们接触了以陆地为根据地的印度帝国后，便产生了新的动力。在欧洲人到来以前，印度本来是世界上主要的工业国之一。她的纺织品供给了半个世界；她的钢铁生产，在产业革命以前的时代，是出名的；她的造船业在当时也是最先进的，因此英国为了保护自己的造船业，制定特别法律，规定对印贸易必须由英国制造的船只来承运。但随着欧洲国家18世纪早期在印度沿海建立贸易站，情况慢慢地改变了，商业中心从腹地旧有区域，移向有外国人经商的新口岸。孟买、加尔各答、马德拉斯、本地治理和犍陀那伽等地成了新的经济生活的中心。印度的经济也发生了根本上的变化。"章鱼从海上向印度的神经中枢满布了触角，慢慢地将印度的血液吸取到服务于外国人的商业和贸易的口岸上来。一批与外国资本相结合的附庸资本家的新买办阶级，在老虎钳一般的把持下，把持了印度的经济，随着经济动力向着加尔各答、马德拉斯、孟买等沿海城市的移动，那以大陆经济为基础的中央政府的势力，就完全崩溃了。"②

到了18世纪末，印度工业已不足道，她已经逐渐沦为英国货物的市场。政治后果也随之而来。由于各省经济、政治生活和沿海的外国城市密切的结合，印度中央政府便失去对它们的有效控制。首先是孟加拉，随后是马德拉斯，随后是其他沿海地区——脱离了中央，到了19世纪最初十年，全国性政府终于不再存在了。伴随莫卧儿帝国崩溃，中央政权的瓦解给英国和法国东印度公司以可乘之机，使它们得以从纯粹的商业组织转变为商业霸主和贡物收集者。它们修筑

---

① ［印度］潘尼迦：《现代印度的政治动力》，载《世界知识》，1950年第12期，第8页。
② ［印度］潘尼迦：《现代印度的政治动力》，第8页。

堡塞、供养士兵、铸造货币以及与周围的印度统治者缔结条约,因为印度已不存在能拒绝它们行使这种主权权利的中央政权。

但"大象与鲸鱼的战争"远远没有结束。印度最后一个独立国,即旁遮普王国,在 1848 年被征服了。从那时起一直到 1947 年,印度的有效主权,可以说已经转移到英国人的手中。历五十年之久,英国的统治没有受到有效的挑战。从 1857 年那个大起义的日子起,到 1905—1907 年的第一次伟大民族运动之时,是一个准备的、改造的以及调整社会内部的阶段。"1905—1907 年的印度民族运动,乃是伟大的亚细亚恢复自由运动的一个有力部分。从那时起到英国人最后撤出时止,反帝主义斗争,主要是将海上强国从陆上根据地驱逐出去的一种企图,恢复大陆的、平衡的、非殖民地的经济,以代替为帝国利益所控制而有利于海上贸易利益的经济的一种企图。"[1]

(三) 西方统治对亚洲的影响及其撤离

在"达·伽马时代",海洋强国到来的直接影响以及亚洲国家在与欧洲 450 年交往中(有一个多世纪是出于西方的统治之下)产生的力量,促成了一场伟大的革命,影响到亚洲各国生活的方方面面。

在潘尼迦看来,西方影响最为持久的领域主要包括四个方面。首先是法律领域的影响。所有亚洲国家的司法体系都已根据法国大革命后的欧洲理念进行根本变革和重组。最早引入这一变化的是印度,在托马斯·巴宾顿·麦考利的影响下,新的法治原则被系统引入和采用。这个印度已经沿用百年、帮助印度实现社会政治和经济进步的司法体系是麦考利的杰作。司法体系的变革并不局限于西方殖民者直接统治的区域,如印尼、印度支那和缅甸,中日等国也开始主动地引入现代法律体系。

其次是政治和社会结构的变化。"政权形式、政治权利的实质、最广泛意义

---

① [印度]潘尼迦:《现代印度的政治动力》,第 9 页。

上的民主、地方和市政治理等构成了亚洲最为奇特的变化。"①在这方面,潘尼迦特别强调"东方专制主义"的终结。参与世界贸易带来的商业经济,工业化以及随之而来的财富积累和劳工组织的力量,明显有别于过去的有组织城市生活的发展,所有这些,以及许多其他因素,都阻止了亚洲国家向原有政治结构的倒退。无疑,亚洲国家的政治结构现在虽然仿照了西方的机制,但随着时间推移,它们会发展出明显有别于西方传统的自我模式。这些被视为政治和经济活力中心的大城市的发展,如孟买、加尔各答、马德拉斯、上海、天津、新加坡、吉隆坡、雅加达等,就是与西方交往的结果,其巨大的意义迄今还无法完全估量。

再次是领土的真正统一。以印度为例,在她漫长的历史上从未出现过像今天这样的统一国家。在过去,其领土统一着重强调印度教的统一,每一个主导帝国都承担起实现统一领土的重任,但这一梦想却从未实现过。毫无疑问,印度的真正统一是英国百年统治的结果。更为典型的例子是印度尼西亚。在过去,这些岛屿从未统一到单一政治实体之下,爪哇或苏门答腊帝国也从未梦想过能实现群岛的统一。印尼群岛今日的统一是与欧洲450年交往的结果,是荷兰殖民者创建了群岛之间的政治和经济联系。

最后是思想和语言领域的变革。现代科学和历史知识的引进,以及对世界更广泛的了解对亚洲人思想产生了深远影响,表现在生活、宗教、艺术、语言、思维进程和推理哲学各个方面。如果说东方国家的宗教和哲学在今天非但没有被摈弃,反而更具活力,这并不意味着它们没有进行深刻的变革。虽然它们在其他宗教和哲学面前坚持了自身的特色,但它们也进行了微妙的内部变革,以应对现代科学的挑战。需要强调的是,对西方思想的广泛接受并未对伟大亚洲文明的连续性造成破坏。中国、印度以及其他文明虽然受到新思想的校正,却有增无减地更加强调自己的特性。

潘尼迦认为,在与欧洲人上一个百年的交往中,民族主义的兴起是亚洲国家最为重要的进步。欧洲学者经常指出,亚洲人民在与欧洲人交往之前,并没有民

---

① K. M. Panikkar, *Asia and Western Dominance*, p. 325.

族主义或者国籍意识。这种说法忽视了这一事实,即即便在欧洲,民族主义的兴起也主要是 19 世纪以后的事,是在抵抗拿破仑侵略战争的过程中才产生的。因此,"我们有理由强调,亚洲民族主义的发展与欧洲民族主义的成长并行不悖,都源于类似的情势,即对外国统治的抵抗"。① 无论是在中国、日本还是印度,爱国主义情感都深深植根于民众心中。但是亚洲各国因与欧洲人交往而产生的民族主义与这种爱国主义情感是不同的。它接受了国家个性的原则,是对一国领土内所有民众的身份证明,认同一国内部的民众是一种微妙的同胞关系。譬如,印度民族主义强调其人民的印度特性,这种特性源于他们共同的历史、文明和文化纽带,神奇地统一到印度斯坦的土地上。民族主义还是一种对本国文化成就的自豪感,即作为一种伟大文化遗产的共同继承者而倍感自豪。而对欧洲政治统治的抵抗为新民族主义的兴起提供了动力,这种民族主义的基础和力量正存在于对本国文化不断增长的自豪感中。

潘尼迦指出,在亚洲历史上,1953—1963 年至关重要,去殖民化的进程正是在这一时期完成。在 1953 年,法国仍然在印度支那苦战。不列颠的旗帜在马来亚的国土上飞扬,英帝国的军队正在与共产党游击队大打丛林战。印度也残留了一些旧殖民统治的痕迹,譬如本地治理仍处于法国的统治之下,果阿则被葡萄牙视为海外国土。而到了 1962 年,除了香港、澳门等小岛屿外,可以说欧洲从亚洲大陆的撤离已经完成。在这一时期大多数亚洲国家仍然对殖民主义保持强烈的戒备之心,以至于它们不会选择与西方国家结盟。亚洲大多数新独立国家,如印度、斯里兰卡、缅甸、马来亚、印尼和柬埔寨都选择了置身于任何军事集团之外。只有泰国、菲律宾、韩国等选择与西方结盟。因而,所谓殖民主义回归仅仅是个神话而已。

反殖民主义已不再是亚洲政治中的主要因素。实际上,伴随着西方在亚洲统治的最终消失,西方影响已成为现代亚洲最显著的特征。甚至可以说,自欧洲列强撤离以来,涵盖思想、体制、社会和经济生活等多个方面的西方影响处于上

---

① K. M. Panikkar, *Asia and Western Dominance*, p. 320.

升之势。在 1948 年以前，欧洲的存在主要展现为其军事和政治存在：占领军、海军基地、飞扬的异国旗帜以及外国行政人员。这一切受到了亚洲民众的憎恨，因为他们的民族权力遭到抹杀。1948 年以后，不仅亚洲的共产党国家受东欧意识形态、组织的影响以及双方间的经济合作是公开的，西方影响在南亚和东南亚新独立的国家也呈明显上升之势。譬如，如今享受印度平民生活的英国人要多于英国殖民统治时期。在经济领域，英国和其他西方国家的影响更为明显。在巴基斯坦、斯里兰卡、马来亚、缅甸以及其他亚洲国家，西方的存在同样非常显著。

对于这种西方影响的卷土重来，潘尼迦从亚洲国家内在需要的角度进行了阐释："或许，称之为'西方的存在'并不准确：虽然带来这些后果的直接动力来自西方，但它们更多地属于亚洲国家努力推进的现代化进程，它们并非是对西方国家现状的简单复制。最为明显的是亚洲大国改造原有社会的持续努力。这种努力在共产党中国和民主印度都非常明显。"①在潘尼迦看来，变革的破坏性作用不足为惧，他甚至提出亚洲国家需要进一步加强与西方的合作。"尽管现代化带来了巨大的变革，但由于亚洲国家的长久传统以及仍保持凝聚力的社会结构，没有理由认为亚洲国家会重新陷入政治混乱或社会无政府状态之中。有些国家可能会落后于大国的进步，还有些国家会成功跻身富裕国家之列。但通过运用科学技术和认同大众觉醒激发的力量来构建现代社会的努力，在亚洲各地仍将继续；而在当今世界的情势下，这项伟大的工作毫无疑问需要与西方合作开展。"②

作为地缘政治理论的拥趸者，潘尼迦没有忘记对西方撤离后亚洲地缘态势的重新审视。他指出，自达·迦玛时代终结以来，或者说伴随着海权作为亚洲历史决定性因素的终结，当今亚洲局势中最显著的特征就是陆上强国的重新崛起。此前，亚洲陆上强国曾经历了两百年的式微。在莫卧儿和清王朝崩溃前，在海洋上拥有绝对权威的西方列强无法对亚洲陆地区域实施有效控制。在这两个王朝崩溃后，海洋国家变得无比强大，控制了整个亚洲大陆的社会、经济和政治生活。

---

① K. M. Panikkar, *Asia and Western Dominance*, p. 336.

② K. M. Panikkar, *Asia and Western Dominance*, p. 345.

然而,中国革命扭转了整个情势,突然间,几乎毫无预警地,亚洲的陆地—海洋关系发生了重大转变。不仅中国重新恢复了重要性,而且俄罗斯辽阔的亚洲内陆部分,从乌拉尔山到符拉迪沃斯托克的广阔区域,首次成为亚洲发展进程中的主导性因素之一。如今,"从乌拉尔山到日本海,再到印度支那,亚洲陆上强国的力量迅猛扩展,几乎达到了成吉思汗时代的水平。与陆上强国相对抗的是以美国为代表的西方力量,它们位于亚洲的外环,如菲律宾和泰国。在后达·迦玛时代,亚洲处于美苏两强和冷战的阴影之下,在亚洲边缘地区的冷战是如此明显以至于世界其他地方无法企及"。[1]

(四)地理因素和民族意志对印度历史的影响

潘尼迦指出,塑造印度历史的地理因素是非常重要的。任何不能正确理解这些因素的重要性的人,就不能恰当地了解印度历史。地理因素是民族和国家发展的重要条件,它的重要性从来没有争议,尽管它现在的理论体系,作为一种科学以及在不同情况下的细致研究,只是一种新的发展。他不无遗憾地表示:"地理一直是印度知识中最巨大也最令人遗憾的缺陷。不仅仅是对地理缺乏兴趣,我们在历史上彻底忽视了地理。"[2]他甚至对印度的世界观下了一个惊人的论断:直到19世纪为英国人的海权所征服,"印度既没有像中国或波斯那样的陆地观,也没有像日本那样的海洋观"。[3] 地理对历史发展的重要性,只是到现在才受到广泛而普遍的承认。

潘尼迦的著作为分析印度的历史变迁和战略文化提供了一个有用的起点。印度人之所以对地理因素比较冷漠,在很大程度上是由于该国所处的相对隔绝

---

[1] K. M. Panikkar, *Asia and Western Dominance*, p. 337.

[2] James R. Holes, Andrew C. Winner, Toshi Yoshihara, *Indian Naval Strategy in the Twenty-first Century*, Routledge, 2009, p. 22.

[3] James R. Holes, Andrew C. Winner, Toshi Yoshihara, *Indian Naval Strategy in the Twenty-first Century*, p. 22.

的地理环境。数个世纪来，环绕印度次大陆的天然障碍使得印度的统治者和士兵们免于对严重外患的担忧。潘尼迦指出，印度的地理，它的自然地形，它的山河，对于它的历史具有决定性的影响。在北方，有连绵的喜马拉雅山脉作屏障，较小的山脉环峙两侧，印度同亚洲大陆实际上是隔绝了。由于它是两面濒临印度洋的半岛，从历史上最早的时期起，它就是对海洋有显著利益的国家。海洋一边将它和非洲隔开；另一边将它和马来亚及印度尼西亚群岛隔开；北方、东方和西方又有山峰阻隔，因此从有史的初期起，印度在它的演化过程中在很大程度上是和外界隔绝的，在它的生命和发展方面是独特的。一个如此与世隔绝的区域，不可避免地要发展出一些构成一种文明的独特标志的特征和特别性格。这个如此隔绝的区域幅员广阔，历来包含各种的种族成分，气候和土壤的差别很大，具有各种自然的特点，这些事实不仅使它不至于停滞不前，而且使它具有大陆的性格，能够产生导致文明的发展的作用和反作用的力量。印度的大陆性质是它历史上的一个重要因素。①

潘尼迦认为，印度地理有两个重要特征深刻地影响了印度历史。其中，影响印度历史的首要地理特征是喜马拉雅山。印度河与它的大支流、恒河与它的主要支流以及布拉马普特河（中国境内称雅鲁藏布江）是印度斯坦的生命所依赖的三大河流系统，都发源于喜马拉雅山。从这件事实人们就可以想象出来喜马拉雅山对于印度的不可估量的影响。潘尼迦认为，喜马拉雅山的屏障使印度的文明和社会结构，从远古直到现在一直保持着连续性。以至于史诗"摩诃婆罗多"所描写的社会同印度现有的社会实质上并没有什么不同。二千五百年前释迦牟尼佛所目睹的生活在这个大陆继续下去，基本上没有什么变化。宗教信仰、丧葬礼仪、社会关系的组织，基本上都没有什么不同。印度生活的这一连续性，是喜马拉雅山最大的恩赐。广大的印度河—恒河平原位于这一山脉南方。这个平原受到这些大河流的灌溉，一直是印度大陆的核心。旁查纳德以及朱木拿河和恒河的富饶的水利使这个区域的农业发达得很早，人口也随之增长。城市和村庄

---

① ［印度］潘尼迦著：《印度简史》，吴之椿、欧阳采薇译，第5-7页。

沿着河谷建立起来，使这个地区变成一个文明的中心。阿梨耶瓦陀一向是印度生活的中心，它逐渐扩展而及于整个大陆，这就是印度历史的中心事实。

影响印度历史的第二个重要地理特征是将德干高原和印度半岛同阿梨耶瓦陀分开的文底耶山脉。从地理上说，文底耶山脉将印度分成两部——阿梨耶瓦陀和达克辛拉帕兰。由于德干高原丛山的屏障将印度次大陆一分为二，曾经有效地起了阻碍种族混合的作用。所以德干高原继续主要地具有达罗毗荼的种族特点，虽然印度教的各方面的生活和梵文的优势将北方和南方牢不可破地联系起来，标志着印度文化的统一。如果说文底耶山脉现在没有隔开印度，并且印度和它的文化的统一是不可否认的，如果说印度人把印度这个字眼肯定地看成从喜马拉雅山到拉美锡瓦拉门的完整区域，那都应当归功于伟大的圣徒和传教士阿加斯蒂亚，他是向南方迁移运动的先驱者。

至于印度洋，则被潘尼迦视为推动印度历史前进的重要动力。潘尼迦指出，印度半岛有自己单独的特性。它的面貌主要是海洋性的。海洋一方面将地区分割开来，另一方面又提供了商业和来往的通道。从最古的时候起，南方的各海港，从布里古—卡查到西海岸的克兰甘诺尔，就和中东的文明发生密切的商业联系。从远古时候起，东海岸的各海港就与东方各国保持联系。印度的民族利益一向在于印度洋，因为印度对世界各国的贸易，有史以来就是通过印度洋进行的。这个突出的事实，至今还很少为史学家所认识，原因是，印度的史学家总是不从印度整体着眼，总是从德里的王朝兴衰着眼来写历史。而欧洲历史学家写的印度史，往往根据穆斯林编年史家纯属中亚细亚观点的记载而来。至于兴都时期的历史，又常常是从断简残篇中臆测得来，无论如何，总不免有孤僻之感。只有近二十年间，人们才着意探索，印度之有今日，其动力究竟何在。印度的各港口与欧洲和远东距离大致相等，而非洲和太平洋各岛又都相去不远。这个极为重要的战略地位，使印度商业具有世界重要性，这是以往印度的一大推动力，它曾在历史上使印度产生过激烈的政治变化。

在潘尼迦看来，创造历史的乃是一个民族持续不断的意志，"所谓黄金时代是不存在的，那只是一个失败了的民族的幻想"，"只有当民族理想堕落和信仰暗淡无光的时候,衰朽才能开始"。而强大时代和衰朽时代的最明显差异就在于民族意志、理想和信仰的勃兴与否。由于印度在至少三千年的时间内维持着一个连续不断的文明,这一意志的存在是十分明显的,因为文明是不能延续下去的,除非相连接着的每一代都有一种自觉的努力,能将它推向前进一步或至少使它维持现状。

尚武精神是潘尼迦所谓印度民族意志的重要组成部分:"印度的精神向来就是积极肯定,而且在必要时,不惜以武力去肯定正义的精神,这在印度历史的各个伟大时代里尤其如此。"针对印度盛行的"非暴力"思想,潘尼迦表达了不同的观点。他提醒自己的同胞,"我们的视线给一种外来的和平主义思潮弄得模糊了。非暴力当然是一种伟大的宗教教义,但是那种教义,在印度拒绝跟着释迦牟尼走的时候,就被丢开了。一旦我们摆脱了和平主义思想的影响,正视事实,我们就会明白,只有下定决心,不惜任何牺牲,担负起我们的担子,积极保卫为我们的安全所系的那些地区,印度的自由才能得到维护"。[①]

二、潘尼迦关于印度洋之于印度命运的历史解析

潘尼迦通过对印度和印度洋历史的探悉,努力发掘和宣扬古印度王国控制印度洋的辉煌历史。对于近代以来的西方列强逐鹿印度洋的时代,他形象地称之为"印度洋支配了印度",这一时代以印度洋沦为"大不列颠的内湖"而告终结。对于这一局面的出现,潘尼迦表现出了比较矛盾的情感:对西方的统治十分厌恶,但其思维有时又不自觉地站到了殖民者的立场上去。

---

① [印度]潘尼迦著:《印度和印度洋——略论海权对印度历史的影响》,德隆、望蜀译,世界知识出版社,1965年,第10-11页。

(一)"印度洋上的印度时代"——印度海洋传统之命题

首版于 1945 年的《印度与印度洋——略论海权对印度历史的影响》是潘尼迦海权思想最具代表性和影响力的著作。在谈及写作本书的动机时,潘尼迦表示,"西方历史学家告诉我们,海权起源于西方,印度从未有过海上威力。这一说法被大家接受。我能很轻易证明这是错误的说法,如果印度没有强大的航海传统,印度文化就不可传播到印度尼西亚群岛那么远的地方。我在为撰写《马拉巴尔和葡萄牙人》一书搜集材料时就已经了解这一事实。所以我毫不犹豫给出了自己的主张:印度洋的领导权可以追溯到印度的古代王朝"。

潘尼迦指出,在 13 世纪以前,印度海洋的控制权主要掌握在印度手中。就阿拉伯海而言,这种控制权只意味着航行的自由。而孟加拉湾的情况则有所不同,这个海湾的霸权具有军事和政治双重性,是以各岛屿的广泛殖民地化为基础的,这种霸权只是随着 13 世纪朱罗政权的崩溃才告中断。当然这中间也不断发生变化。从公元前 5 世纪到公元 6 世纪,海上霸权为印度的陆上强国掌控。孔雀王朝和后来的安度罗王朝都是东海的霸主。从 5 世纪到 10 世纪,马六甲海峡的控制权则操在一个伟大的印度航海国手中,这就是以苏门答腊为根据地、历史上知名的室利佛逝。室利佛逝的国王们有一支强大的海军,他们的海军曾不断进攻占婆(今越南中南部)和安南(今越南)沿岸,被证明相当强大。在大约五百年的时间里,室利佛逝的国王们成了印度洋的主人。朱罗政权与室利佛逝的百年海战削弱了后者的势力,为穆斯林在印度海洋上的霸权开辟了道路。但是直到 14 世纪室利佛逝帝国灭亡时,印度的海军力量才告瓦解。潘尼迦还有意渲染了一些古印度王国的海上军事扩张:"(印度)有些大陆上的强国,利用它们的海军力量来达到征服的目的,这方面的历史证据,我们也举得出来。7 世纪上半叶在位的查拉健王朝的国王就曾率领规模很大的舰队去远征。潘地亚、朱罗和其他诸国也有过强大的海军，而马拉巴尔统治者的海军力量则统治过西岸沿海一带。"①

对于印度民族特性中的海洋色彩，潘尼迦坚信不疑："有人认为印度人对于海洋具有某种传统的反感，这种说法，就印度的北方人来说，或许是对的，若就南方人来说，可就不对了。印度半岛向来就有航海的传统，这一点也可以拿中国的记载作证。纪元前，印度人在南中国海里就有定期的海上交通。"②潘尼迦认为，一方面由于季风，另一方面由于文化发达，"印度洋毫无疑问是第一个海洋活动的中心"，早在欧洲爱琴海地区航海事业发展起来以前，"印度半岛沿海人民就是航海行家"，"哥伦布航行大西洋和麦哲伦横渡太平洋以前好几千年，印度洋就成为商业和文化的交通要道了"。③ 在印度河流域摩亨佐达罗（公元前 3000—前 2500 年）文明遗址中发现的许多物品，包括黄金在内，都是从印度最南的地方运来的，而且只能由海路运来。在印度河谷文化的遗迹中发现的许多实物，是从红海沿岸和印度以外其他地方运来的。据写于公元前 4 世纪孔雀王朝的《政事论》记载，航运大臣是 33 个部门领导之一，专门负责海运、船运等相关事宜。④ 这表明，在公元前 4 世纪时，印度就已经拥有了发达的商业与航海系统。此外，在南方的安得拉地区，萨塔瓦哈拉王朝早在公元前 2 世纪就曾同古罗马人保持过海上往来。印度南方曾发现过这个时期古罗马的金币。而从圣经《旧约》中提到的事情可以看出，地中海东部沿岸诸国与印度西部海岸有盛极一时的贸易往来。这些事实表明，从很早开始，印度和外界之间就经由海路有了密切的商业关系。古印度人航海的触角不仅向西延伸到地中海和阿拉伯海沿岸国家，而且向东伸展到孟加拉湾和东南亚地区。有史料证明，早在公元一世纪，"在马来亚、苏门答

---

① ［印度］潘尼迦著：《印度和印度洋——略论海权对印度历史的影响》，德隆、望蜀译，第 29 页。

② ［印度］潘尼迦著：《印度和印度洋——略论海权对印度历史的影响》，德隆、望蜀译，第 25 - 26 页。

③ ［印度］潘尼迦著：《印度和印度洋——略论海权对印度历史的影响》，德隆、望蜀译，第 18 页。

④ Kautilya, *The Arthashastra*, Penguin Group, 1992, pp. 343 - 345.

腊、爪哇,甚至在安南,确实有过繁荣的印度人居留地,印度跟印度尼西亚也经常有往来。这就清清楚楚地表明,在那以前,人们已征服了孟加拉湾"。①

公元 2 世纪时,在印度南部大致相当于今天科佛里河与佩约尔河之间地区,建立了一个朱罗王国。朱罗王国的国王们是印度统治者中最先认识海权价值并采取海洋政策的人。他们不但有效地控制了孟加拉湾,并且在马来亚维持帝国权力近一百年,因此使孟加拉湾成为朱罗王国的内湖。和室利佛逝帝国的连续不断的战争,消耗了帝国的资源,无疑是朱罗王朝衰落的一部分原因,但值得注意的是,南印度帝国成功执行了一个海洋政策,并于较长时期内在海外和锡兰岛上维持了征服的成果。到 14 世纪,印度洋地区的最后一个海洋国家是维查耶纳伽尔,其统治者曾被冠以"东、西、南海的统治者"的称号,帝国曾拥有 300 多个港口,版图扩展到马来亚、爪哇及其附近岛屿。可以说,在 15 世纪以前,印度洋的控制权主要掌握在印度手里。

在这里,潘尼迦列举室利佛逝作为古印度海权的杰出代表其实有些牵强。室利佛逝是 7 世纪中叶在苏门答腊东南部兴起的信奉大乘佛教的海上强国,是东南亚第一个统一的国家。中国唐代史籍一般称它为室利佛逝,有时简称佛逝或佛齐。宋代以后,中国史籍改称为三佛齐。目前,东南亚的马来西亚等国奉其为本国的历史渊源。作为学养深厚的历史学家,潘尼迦不可能不知道这一点,他的解释是"室利佛逝诸王是新的南印度的殖民者,虽然他们的政权根据地在苏门答腊和马来亚。室利佛逝诸王跟南印度的海军国朱罗、潘地亚和喀拉拉保持了密切的政治关系,并在其一些历史铭文中提到了南印度商业行会的活动。有许多铭文用的是南印度通行的文字。另外,苏门答腊的许多种姓和南印度的种姓一样"。② 潘尼迦陈述的这些理由,只能说是曲解史实,别有用意罢了。为了宣扬印度历史上的辉煌海上武功,潘尼迦不惜将"南印度的殖民者"视为古印度海

---

① 〔印度〕潘尼迦著:《印度和印度洋——略论海权对印度历史的影响》,德隆、望蜀译,第 22 页。

② 〔印度〕潘尼迦著:《印度和印度洋——略论海权对印度历史的影响》,德隆、望蜀译,第 31 页。

权的典范，其政治用意实在有些过于明显。或许在潘尼迦心中，只要能彰显本民族的伟大，即便将殖民者的"丰功伟绩"视为本民族的辉煌历史也毫无顾忌。事实上，潘尼迦在审视西方列强对印度的殖民史时，有时也会在不经意间流露出这种思想。

（二）"印度洋支配了印度"——列强逐鹿印度洋之命题

印度自古以来就与东西方进行着大宗贸易，印度精致的手工业品、纺织品和名贵的香料，以及各方面的繁荣富庶，一直吸引着西方人。室利佛逝灭亡和朱罗从印度历史舞台上消失之后，印度洋的海上贸易几乎完全转到阿拉伯人手里。他们是 14、15 世纪印度商业的重要转运者，其活动从红海各港口伸展到中国的广州和其他港口。阿拉伯人是印度和欧洲贸易的重要中间人，控制地中海的威尼斯人从红海沿岸的市场把货物运到西方市场。那么，为什么这些阿拉伯人没有掌控印度洋海权，而是西方列强成为印度洋的主人呢？潘尼迦的解释是："这一时期掌握海上霸权的阿拉伯人只是航海商人，他们并不是国家政策的工具，也得不到任何有组织的政府的支持。所以，在葡萄牙人到达卡利卡特以前，印度海洋上没有出现任何海权国。而由于热那亚人和伊比利亚人非常羡慕繁荣的和垄断了印度贸易的威尼斯，他们力图打通通往印度的直接道路，这就是推动 15 世纪下半期伟大的航海事业，引起环绕好望角的航行、美洲的发现以及达·伽马航行到印度的动机。"①

1497 年 7 月，受葡萄牙国王派遣，瓦斯科·达·伽马率船从里斯本出发，寻找通向印度的海上航路，船经加那利群岛，绕好望角，经莫桑比克等地，于 1498 年 5 月到达印度西南部重镇卡利卡特。对于这次航海大事件的主角达·伽马，潘尼迦绝无好感："印度航线的发现，从其后果来看，是件大事。但是作为一件探

_____

① ［印］潘尼迦著：《印度和印度洋——略论海权对印度历史的影响》，德隆、望蜀译，第 32 页。

险壮举或海上冒险壮举来看，它并不重要。欧洲列强和印度的直接接触所引起的历史后果以及印度洋的控制权带给欧洲的商业和财富，为达·伽马的成就平添了一种夸张的色彩。记住，绕过好望角航行到印度的计划并不是达·伽马设想的，而是跟他毫不相关。另外，印度也绝不是未知的土地。在达·伽马的发现中，没有什么值得称道的地方，他不配称为伟大的探险家或航海家。他得到的光荣完全由于历史的后果，跟他本人的行为无关。"①

葡萄牙是第一个通过海路抵达印度的国家，也是第一个正确理解海权概念并在印度洋上发展出适合的海洋战略的国家。葡萄牙人的到来使得印度人失去了对印度洋的控制权。印度人对海洋的控制权在1503年葡萄牙人在科钦取得胜利时瓦解。尽管葡萄牙人在1507年时被位于印度西海岸卡里卡特的统治者萨摩林以及来自埃及苏丹的联合舰队打败，但葡萄牙人在1509年第乌海战中取得大胜，从此葡萄牙人建立起印度洋的控制权。潘尼迦对葡萄牙殖民者阿方索·阿布奎基构建的印度洋防御体系予以高度评价。阿布奎基建成的体系使印度洋得以从三个地点控制起来，这三个地点就是马六甲、果阿和索哥德拉。在企图征服萨摩林失败以后，阿布奎基就向果阿进攻并征服了它和它的紧邻地带，他将这些地方改建成为不可动摇的根据地。此外，他攻取了马六甲，因此，保证了进入太平洋的通路，同时也控制了进入印度洋的东方门户。阿布奎基在征服马六甲并与阿拉干王朝（缅甸阿拉干人建立的封建王朝，1433—1824年）建立友好关系以后，他的海洋战略部署完成了。他已开始建立一个以在印度洋中拥有不可动摇地位为基础的商业帝国。总之，阿布奎基的战略可以概括为以下几点：（1）对果阿直接统治，通过通婚将其殖民化；（2）在战略要地设立堡垒和根据地；（3）和有战略重要性的海岸地区的统治者们建立附属的联盟。阿布奎基用这些简单的方法，在印度洋的海面建立了绝对的控制权，这一控制权持续了一百年之久。此外，这一控制权在基本要点上，也就规划了所有进入印度洋的海权国

---

① ［印度］潘尼迦著：《印度和印度洋——略论海权对印度历史的影响》，德隆、望蜀译，第34-35页。

家的主要战略。结果，"从那时到今天，印度洋就支配了印度"。①

那么，葡萄牙人又为何会丧失对印度洋的控制权呢？潘尼迦认为，这主要源于欧洲列强海上权势的变化。那个时候海军界有一条不言而喻的道理，即谁能控制大西洋，谁就能控制印度洋；而印度洋的霸权实际上取决于欧洲海岸各国海军的力量对比。不过，由于控制海洋而获得的安全感也是葡萄牙人败落的原因之一。当时，在大海上无人敢于和葡萄牙人较量权力，不管萨摩林的海军将领能在马拉巴尔的边海一带的洋面做些什么，印度的商业是在他们的掌握之中，没有人和他们争锋，特别是由于大西洋唯一的大海权国西班牙的菲利普二世已经成为葡萄牙的国王了。但到 17 世纪的初年，当荷兰人和英国人一个紧跟着一个来到印度洋面，并且法国人不久也跟着到来的时候，葡萄牙人才猛然地从睡梦中惊醒过来。在西班牙的大海军被打败以后，欧洲国家，特别是荷兰和英国看清了一件事实，即印度海面的葡萄牙人的霸权是可以争夺的。1641 年，马六甲为荷兰人攻陷，到印度洋的东门就这样被打开了。尽管阿布奎基的体系并没有破产，但他的后人们却没有能力保护这个体系。马六甲一经落到荷兰人的手里，进攻锡兰就非常容易了。1654 年，科伦坡陷落，马拉巴尔海岸一带的较小居留地于 1663 年落入荷兰人的手里。葡萄牙人的独占贸易于这一世纪初年终止，他们的政权因荷兰人占领锡兰岛而告结束。

在经历了短暂的英荷争夺后，英法开始了对印度和印度洋的百年争夺。英国东印度公司于 1603 年成立，在相当长的时期以后，法国人也进入这一区域。英国人的利益原来集中在印度尼西亚群岛，但在安波因那大屠杀（1623 年）以后，英国东印度公司转移注意于印度的贸易，主要以苏拉特和马苏利巴塔姆为根据地。印度洋因此成为海权竞争的战斗场，忠实地反映着欧洲权力消长的格局。葡萄牙人退到后面去了，第一个回合是荷兰人同英国人打的，这一个回合只是因路易十四侵略以后荷兰海军力量在欧洲失败才算结束。在柯尔伯执政时代，法国加入了战斗。这位伟大的法国首相原来主张在锡兰建立法国的势力，为了达

---

① ［印度］潘尼迦著：《印度和印度洋——略论海权对印度历史的影响》，德隆、望蜀译，第 2 页。

成这一目的,法国于 1670 年派遣一支相当大的舰队开到印度来。法国想获得亭可马里,但当法国人到达这个著名的锡兰海港,荷兰人已经捷足先登。于是,法国人在本地治里建立了殖民地。英法争夺印度洋霸权的实际战斗,后来在拉·布东雷带领强大的舰队出现才开始。虽然他打了胜仗,虽然后来苏弗朗也打了胜仗,但由于法国在大西洋的海军力量不能持久,所以印度洋的无可争辩的霸权落到英国人手里去了,在尤特利特条约以后,英国成为欧洲的主要海权国家和海洋的主人了。

从葡萄牙人在印度洋活动开始,西方列强国家交替控制着印度洋,同时也主宰着印度的贸易和经济。印度的海洋活动逐渐减少,并局限在部分沿海地区。潘尼迦认为,在 16 世纪初印度失去海洋控制权之后,印度就失去了真正的独立,开始逐渐沦为殖民地国家。等到印度统治者们认识到海洋的重要性时,已经晚了。

(三)"大不列颠的内湖"——印度自由丧失之命题

英国从 17 世纪进入印度洋后,就开始构建以印度为中心的"东方殖民体系"。英国以英属印度作为其在东方扩张的基地向外扩张,相继征服了印度洋沿岸各地。英国在 1805 年特拉法加海战中大胜法国舰队之后,逐渐确立起对印度洋的控制。到 1815 年,英国已经控制了印度洋的大部分地区:好望角、毛里求斯、印度、锡兰及马来亚的部分地区,后来还控制了澳大利亚。英国人在 1820 年抵达波斯湾,1824 年吞并新加坡,1839 年抵达亚丁。到这时,英国几乎控制了印度洋所有的入口,成为印度洋地区无可争议的主宰者。到 19 世纪中叶,印度洋已经成了不列颠的内湖。潘尼迦对这一时期英国在印度洋上的地位是这样描述的:"至于印度洋,这就比别处更像是不列颠的一个内湖了。偌大的印度洋面,其他欧洲国家一点好处也沾不上手,就是在海洋附近的地方,亦复如此。"①印度洋事实上成为"大不列颠的内湖",实现了所谓"英国治下的和平"。一直到第二次世界大战以及整个大战期间,英国人都在战略上稳定了印度洋,保护了英属印度。在第二次世界大战中,日本军舰一度闯入印度洋,对英国在印度洋东北部地区的海上霸权提出了挑战。战后的印度洋因为英国的实力削弱而受到美国海空力量的影响,但英国在印度洋的影响和势力仍然存在。直到20世纪60年代中后期,随着国力的衰落,英国的势力才逐渐从印度洋地区收缩。

在英国殖民统治时期,印度接连三次改变身份。在18世纪末19世纪初,印度被视为掠夺的目标和许多英国人发财的地方。19世纪末,印度变成英国在海外的财产——"英皇皇冠上的宝石"。最后,在第二次世界大战初,印度被看作大英帝国大战略的一个组成部分。但这些转变都始终未能给印度提供一个重新发展海洋力量的可能。由于英国牢牢控制了印度洋,其强大的海上力量可以威慑住该地区其他国家海军的入侵或敌意。从这种意义上讲,印度海军力量的壮大是没有任何可能的,也是不被英国所允许的。结果,印度的防务重点只能从属于英国的安全战略。虽然在两次世界大战之间,由于世界海军竞争成为国际政治中的重要因素,于是英国着手建立皇家印度海军。但作为一支战斗的武装队,它更像是一种象征和开端,因为在印度洋里,难以想象有谁真能在那时向英国霸权挑战。皇家印度海军的直接目标,不过是在印度建立一支部队,承担海岸巡逻任务,同时在印度创造一个海军传统而已。

对于英国殖民者对印度洋的忽视,潘尼迦感到非常痛心,乃至从地缘政治学的角度加以解读。他指出,英印政府时期曾经为陆地边界怎样划得正确这个问题做出许多考虑。其中,寇松勋爵最为重视,将其作为值得郑重研究的题目,给边界问题打下了科学基础。追随他的杜兰、霍迪奇、荣赫鹏等也都是地缘政治学的理论家。不过他们基本上都是大陆派。寇松本人也只把海洋当作一个边界,

---

① [印度]潘尼迦著:《印度和印度洋——略论海权对印度历史的影响》,德隆、望蜀译,第69页。

而不是把它当作一个重要的领区来考虑。印度洋自然引不起他和他的那个学派的兴趣。对海洋问题不感兴趣竟达到这种程度，以致印度甘愿放弃亚丁（这是控制印度洋区的咽喉地）的管理权。他甚至愤懑的表示："如果印度本身对印度洋问题都不感兴趣，那么，其他国家地缘政治学家不予重视，也就不足为怪了。"①譬如在以麦金德为首的陆权学派那里，欧亚大陆是"世界岛"，印度洋只是被当作"世界岛"的一个连接区，而在那个世界上，唯一有效的政治边界是太平洋和大西洋。结果印度洋中的地利问题，从来没有人认真研究过。对于印度洋遭到忽视的原因，潘尼迦认为：太平洋战争前的一百年间，印度洋就是一个禁区，国际竞争是排除在圈外的，这也许就是造成忽视的一个原因。此外，从强权政治的观点看，印度洋周围的地区在大战以前的阶段，是不占重要地位的。

三、潘尼迦关于印度安全的海权理论解读

"谁控制了印度洋，谁就掌握了印度，印度的自由就只能听命于谁。"②这是潘尼迦在其著作中对印度洋与印度关系的最精辟概括。印度洋是世界第三大洋，它既是贯通亚洲、非洲、大洋洲和南极洲的海上桥梁，又是连接大西洋和太平洋的交通要冲，战略地位十分重要。早在一个多世纪前，"海权论之父"马汉（A. T. Mahan，1840—1914 年）就提出，"谁控制了印度洋，谁就控制了亚洲。印度洋是通向七个海洋的要冲，21 世纪世界的命运将在印度洋上见分晓"。③潘尼迦进一步发展了马汉的观点。在他眼中，印度洋不仅是地理概念，而且拥有更加深刻的政治含义，具有重要的地缘、资源和运输等方面的战略意义。

---

① ［印度］潘尼迦著：《印度和印度洋——略论海权对印度历史的影响》，德隆、望蜀译，第 13 页。

② ［印度］潘尼迦著：《印度和印度洋——略论海权对印度历史的影响》，德隆、望蜀译，第 81、89 页。

③ ［美］A. J. 科特雷尔、R. M. 伯勒尔编：《印度洋在政治、经济、军事上的重要性》，上海外国语学院英语系等译，上海人民出版社，1976 年，第 108 页。

（一）印度洋之于印度的重要意义

显然，潘尼迦是印度优先发展海权的坚定鼓吹者，并为此进行地缘政治理论上的论证。在 1946 年出版的《印英条约的基础》一书中，他运用了麦金德的地缘政治概念，进一步阐述了有关独立后印度防御的想法。潘尼迦指出，印度在地理上占据着半岛和大陆的双重地位。但是作为一个主要的亚洲陆地国家，印度并没有前途，因为以陆地而论，她对控制着心脏地带的苏联来说不过是个无足轻重的附属品。印度不可避免地必然要与海洋世界结盟。所以，"基本的事实是，印度是个主要兴趣在于海洋的海洋国家。她的确属于边缘地带国家，与大陆的联系相对来说无足轻重。从欧亚大陆观点看，她只是个毗连的地区，为不可逾越的高山所隔开。从海空观点看，她则是具有主要战略意义的中心之一。从海洋角度看，她控制着印度洋。从航空角度看，她被称作'航空岛屿'。她是海洋各地区的天然航空转运中心。印度对于海洋国家体系来说是非常宝贵的。而对大陆国家体系来说，她却并不重要"。[1]

在此基础上，潘尼迦深刻地阐述了印度洋之于印度的意义。在他看来："印度如果没一个深谋远虑、行之有效的海洋政策，它在世界上的地位总不免是寄人篱下而软弱无力。"[2]因此，印度的前途如何，同它逐渐发展成为强大到何等程度的海权国，有着密切的联系。印度首任总理尼赫鲁也曾指出："印度三面环海，第四面是高山。实际上，印度可以说恰好处于大海的波涛之中……无论是谁控制了印度洋，首先将导致印度的海上贸易受人摆布，其次便是印度的独立不保。"[3]

首先，"印度的安危系于印度洋"。印度在印度洋上的位置，一方面使印度占

---

① K. M. Panikkar, *The Basis of an Indo-British Treaty*, Indian Council of World Affairs, 1946, p. 5.

② ［印度］潘尼迦著：《印度和印度洋——略论海权对印度历史的影响》，德隆、望蜀译，第89页。

③ Kousar J. Azam, ed., *India's Defence Policy for the 1990s*, Sterling Publishers, 1992, p. 70.

据了向印度洋挺进的有利地形；但另一方面，印度三面环洋，伸入印度洋一千六百公里，拥有长达七千六百公里漫长海岸线的客观条件，又使印度极易受到来自海洋方向的进攻。潘尼迦指出，认真研究一下印度历史上的各种力量，就可以毫不怀疑地认识到，谁控制印度洋，谁就掌握了印度。来自海上能够控制印度漫长海岸线的权威，用武不多，就可以确保其对印度的统治不堕。相比较而言，来自陆上的入侵总是短暂的，它带来了入侵军的占领，但由于印度地广人多，文化悠久，无非是几代以后，征服者落得转化为被征服者完事。印度在其有史五千年间，曾几番遭到来自陆上的外族征服，这样的征服一时固然引起变乱，到头来却总是以征服者被当地文明的基调同化而告终。然而来自海上的控制却不同。近代以来，西方冒险家与殖民者的坚船利炮从海上打开了印度的大门，葡萄牙、荷兰、法国、英国先后在印度建立殖民地，印度为此付出了惨重的代价。潘尼迦不免感叹："从近三百年的历史来看，任何强国，只要掌握住绝对制海权，又有力量打得起陆战，就可以控制印度帝国。"①

其次，印度洋对印度的经济发展十分关键。潘尼迦指出，近一百五十年来，印度的商业地位虽然性质起过变化，但确也有了发展。今天，人们可以通过印度洋来接近它广阔的市场和丰富的天然资源；它近来在工业和商业上的发展无不表明，它必须保持安全的海上交通才行。而且，由于无可改变的地理因素，它在印度洋上的利益也比以往更重要了。一方面，印度洋拥有的巨大能源资源是印度经济发展不可或缺的。另一方面，印度洋海运航线直接关系到印度的经济贸易。因此，印度洋海洋贸易航线的畅通是印度经济发展的必要条件。

潘尼迦指出："印度是一个具半岛特点的国家，它的贸易主要依赖海上交通，这就使得海洋对其命运具有极大的影响。"②须知，出入印度次大陆的陆路只有有限的几条，就连西北边境上的一条通道也没有提供什么贸易上的便利。同时，印度可用的海路却是四通八达，无远弗届的，因此，谈到海上贸易，再没有比印度

① ［印度］潘尼迦著：《印度和印度洋——略论海权对印度历史的影响》，德隆、望蜀译，第81页。
② ［印度］潘尼迦著：《印度和印度洋——略论海权对印度历史的影响》，德隆、望蜀译，第8—9页。

地位更适中的了。然而，对于像印度这样一个几乎全靠海上贸易过日子的国家，这种来自海上的控制，更好比是用手指掐住脖子。"如果失去对海洋的控制，她非但有可能被封锁，在经济上被扼住脖子而慢慢窒息，连她的工业中心也可能被航空母舰炸为乌有……单是控制印度洋便能使印度免遭封锁、海上入侵和利用空袭摧毁其经济生活的灾难。"①潘尼迦从历史经验和现实需要中发现了印度洋对印度经济极其关键的作用，也得出了要想使印度摆脱其他国家的控制，称霸于南亚、立足于世界，必须在印度洋取得战略优势。因此，他积极主张，控制印度洋、做"海权国"应成为印度长期追求的战略目标。

（二）新兴力量进入印度洋的危害

在潘尼迦看来，对印度洋安全的威胁，可能来自大西洋和太平洋，也可能来自波斯湾。潘尼迦认为第二次世界大战的许多事实确凿地证明了他的看法。譬如，印度争夺战的战略区域不在印缅边境，而在马来亚、新加坡和渺无人烟的安达曼群岛。对于保障印度对欧交通来说，至关重要的不是孟买、科伦坡，而是第亚哥苏勒士（马达加斯加岛北端）、亚丁。而二战后英国力量的式微和新兴力量的崛起，让潘尼迦充满担忧和警惕。他告诫自己的同胞：印度洋是未来的一大问题，它以往一百五十多年间（1784—1941）度过的太平日子，现在已被这几年发生的事给彻底打破。今后，如果印度再搞纯粹大陆观点的国防政策，那是瞎了眼。以往倒也确实并不需要什么别的政策，因为当时印度洋可算是一个禁区，或者不如说是一个英国的内湖。只要大英舰队在，印度的安全就有了保障。而今天的情形可不一样了，印度已经自由了，如果印度在印度洋上的权利不能由印度自己来维护，这个自由可说一文不值。特别要看到，伴随形势变化，英国舰队已无法像以往一百五十年间那样维护其海上霸权了。捍卫印度海岸的职责，再也不能

---

① ［印度］卡·古普塔著：《中印边界秘史》，王宏纬、王至婷译，中国藏学出版社，1990年，第137页。

由英国海军来担当了。

对于美国、苏联和中国等新兴力量,潘尼迦充满了戒心,并感叹"海洋是禁地"这个老思想到了该放弃的时候了。日后,美国也罢、中国也罢,甚至苏联,都会在印度洋插上一脚的,而其行径又将大不同于瓦斯科·达·伽马到印度以后的几百年间的欧洲各国。

潘尼迦认识到美国已成为二战后"至高无上的海军国":"它在对日战争中所表现的海空联合作战规模之大,以及它在海军建设中强调航空母舰的重要,都说明了美国海军可以远离基地作战。它在太平洋上有珍珠港和马尼拉,又占领了从前日本手里的雅浦岛和关岛,真是不可一世"。[1] 潘尼迦在 1945 年提醒他的同胞:"美国在阿拉伯、中东、巴林群岛的油权,表明了它同印度洋区域的经济联系正在大大增长";"美国有些强大势力正向政府强调有必要建立更多岛屿基地以确保美国在太平洋的海军优势";"美国海军力量早已具有这等势力,使它成了'不可分割的海洋'的任何区域都必须加以考虑的因素"。潘尼迦还讨论了可能将美国吸引到印度洋的其他因素。"由于美国奉行到处'遏制'共产主义的政策,所以各国沿海,凡是共产主义可能插足的地方,此刻都成了与美国安全有关的地区。战后的世界形势给印度洋带来的对立局面如此,它有可能又一次把印度洋变成一个主要的战略性战场。""美国已在中东形成相当大的势力。她在沙特和伊朗——且不说巴林群岛——获得的石油开采特许权就说明在印度洋排水区出现了强大的经济力量。美国将从目前的战争中形成全球的而不是半球的战略思想,所以必须想到美国作为一个主要海军强国进入印度洋的可能性。"[2]

苏联在二战后成为仅次于美国的另一个超级大国,潘尼迦也考虑到苏联经由波斯湾进入印度洋的可能性。他说:"虽说德国因为二战战败而归于淘汰,但陆权大国通过波斯湾直插印度洋的可能还是不容小觑。俄国一向有攫取一个自由出入公海的海口的想法,结合现在苏联统治下的中亚细亚政治、工业、军事组

---

① [印度]潘尼迦著:《印度和印度洋——略论海权对印度历史的影响》,德隆、望蜀译,第83页。
② [印度]潘尼迦著:《印度和印度洋——略论海权对印度历史的影响》,德隆、望蜀译,第84页。

织的情况,事情是会有新的发展的。""在当前的战争中为俄国提供租借法给予的援助而发展的交通线,说明了波斯湾对俄国人的极端重要性……在波斯湾出现具有俄国这样的重要性、资源及固执程度的海军强国存在的可能性本身,便会引起印度洋战略的彻底变化。"①波斯湾头如果出现一个强大的军事国,它就可以把那里变成一个足以全面抵抗海上进犯而绝难攻克的基地。如果这个国家又是工业先进国,有力建设和维持一支强大海军,那么波斯湾之于印度洋就可以一如斯卡帕湾之于大西洋,威廉港之于波罗的海一般。

与此同时,潘尼迦还念念不忘来自东方的威胁,主要是中国,也包括日本。他在 1945 年说:"二战中,日本迅速攻下新加坡,随后又以槟榔屿、安达曼群岛和缅甸沿岸各港为据点,进而控制孟加拉湾,凡此种种都说明了:来自东方的挑战,恐怕比来自西方的还切近些。日本之被摈除于海军强国之外,这还不能解决问题,因为很难设想中国将来不会注意它的海上地位。中国的基地往南直到海南岛,形势实比日本更胜一筹。再则,整个南部地区到处都有人多势众的中国人聚居之地,一旦中国动手发展起来,也不能排除它从陆地南下进行扩张的可能。"②他还就这一点谈到了越南:"从战略上讲,这个新兴国家至关重要,因为它地处要津,足以控制南中国海(南中国海俨然是太平洋中的地中海)。越南的政治变化,可能使它同那些有力对它提供援助和海军力量的大国建立密切关系。如果有来自中国或更北的大陆势力(此处意指苏联)侵入这个地区来,这对印度洋防务就不能不产生深远的影响。"③他提醒他的同胞:中国人有着悠久的海军传统。在 15 世纪,中国船队访问过印度港口,室利佛逝人的海军力量以及后来在印度尼西亚群岛的葡萄牙人的海军力量,阻止了中国在大洋上的向南扩张。所以"一个恢复了活力和胜利的中国——她的人口不可抗拒地向南方(从东京湾到新加坡)移动——可能成为印度洋的甚至比日本还要大的威胁,因为日本的交通线延伸

---

① [印度]潘尼迦著:《印度和印度洋——略论海权对印度历史的影响》,德隆、望蜀译,第 85 页。
② [印度]潘尼迦著:《印度和印度洋——略论海权对印度历史的影响》,德隆、望蜀译,第 82 页。
③ [印度]潘尼迦著:《印度和印度洋——略论海权对印度历史的影响》,德隆、望蜀译,第 83 页。

到了距离她力量的提供地过远的地方"。① 至于日本,"从长远的观点来看,日本也还不能不作为一个海军强国来考虑。这个岛国,它的利害所在主要当然是海洋。它是不消多久时间,又会变成一个相当强大的海军国。"②

(三) 对马汉理论的批判式运用

作为现代印度海权理论的奠基人,潘尼迦除了对陆权理论进行批判外,对于海权论之父马汉的海权理论也没有全盘接受,而是进行了批判式的运用。首先,对于马汉关于"海洋不可分割"思想,潘尼迦提出了异议。马汉认为,海洋是一个整体,不可划分。然而潘尼迦却认为,科学发明使得陆上强国能够控制很大的海洋区,从而把它变成禁海。首先,潘尼迦强调科技进步,尤其是空军的出现,对马汉的一国独霸四海论构成了根本的挑战。空军力量在控制海洋方面构成了一个新的因素。它能够超越海洋,它的威力给陆权国家平添了一种武器,其范围和效力势必引起战略部署的重新安排。掌握了天空,对重要领海的控制就比较容易了,因此海洋空间的价值也就得在最广泛的范围内来加以考虑。随着空军足以控制内海所引起的变化,马汉的理论已经站不住脚。若在 19 世纪,面对一支优势的海洋舰队,要保卫"区域海"是办不到的。但今天的情形可不同了:一支快速舰艇组成的劣势海军,凭借陆上空军,也可以确保广阔海面的安全,尤其是如果其间有分布恰当的岛屿基地,足供飞机升降、潜艇活动的话。"设想将来印度拥有一支规模不大而效率很高、布局周全的海军,因此而控制孟加拉湾和阿拉伯海的要害海区,谁曰不宜?"③

其次,潘尼迦强调"印度洋的地理结构特别重要":因为陆地从三面把这个区

---

① K. M. Panikkar, *The Strategic Problems of the Indian Ocean*, Kitabistan, 1944, p. 8.

② [印度]潘尼迦著:《印度和印度洋——略论海权对印度历史的影响》,德隆、望蜀译,第 83 页。

③ [印度]潘尼迦著:《印度和印度洋——略论海权对印度历史的影响》,德隆、望蜀译,第 95 页。

域的大部分隔开。亚洲南面成为一道屋脊，非洲大陆成为西墙，而缅甸、马来亚和连绵的海岛保护它的东面。印度洋和太平洋、大西洋不同，它的主要特点不在于两边，而在于印度大陆的下方，它远远伸入大海一千来英里，直到它的尖端科摩林角。正是印度的地理位置使得印度洋的性质起了变化。潘尼迦还特意将印度洋与其他大洋进行对比，认为印度洋的这个特点很突出："环绕两极的北冰洋和南冰洋，跟有人居住的陆地没有关系。太平洋和大西洋则从南到北，像两条大道。它们没有隆起的陆地，也没有大面积的陆地伸入大洋中间。从地理方面来考虑，尽管印度洋的面积辽阔，水流和风向都带有海洋性质，它的绝大部分都具有一些被陆地包围的海洋的特征。"①

根据这两点判断，潘尼迦对将印度洋打造成印度的保护区域进行了完美设想：如果在适当的地方布置下海空军基地，造成一个环绕印度的"钢圈"，又在圈内建立一支力量强大、足以保卫内海的海军，那么，对于印度的安全与昌盛有关系的海洋就可以受到保护，变为一个安全区。孟加拉湾内的岛屿有了适当的设备和保护，内海里又有一支相当强大的海军，对印度极为重要的印度洋的那一部分，就能重新获得安全。

虽然在一些具体观点上和马汉存在着明显区别，但总体而言，潘尼迦分析印度海权的时候运用了与马汉海权论相似的方法。唯一不同的是，他主要是从印度国家安全的角度来展开分析的。有学者指出，潘尼迦的海权理论"不但没有超越马汉海权论的基本原则，反而承袭了将海权及海权的实现问题与海军力量的强弱及海军攻势战略联系在一起的观点，带有为了攫取绝对的利益、谋取绝对权力的典型特征"。②

---

① ［印度］潘尼迦著：《印度和印度洋——略论海权对印度历史的影响》，德隆、望蜀译，第14页。

② 鞠海龙：《中国海权战略》，时事出版社，2010年，第33页。

四、潘尼迦对印度成长为海权国家的期许

潘尼迦深刻地认识到，第二次世界大战以及南亚次大陆的变化，对印度洋地区产生了深刻影响："轴心国失败所带来的新时代，从根本上改变了印度洋周围各地区的政治面貌。"印度次大陆在1947年分裂为印巴两个独立国家。1948年1月，缅甸宣告独立；同年，锡兰成为自治领。英国从亚洲大陆撤走了，仅在新加坡留下一个立足点。在潘尼迦看来，"过去是一个英属印度帝国控制着整个印度洋各处，现在是，在印度洋这个要害地区，惊涛拍岸，冲击着四个独立国的海疆，它们都有自己的海上打算"。[①] 二战结束之初，英国虽从印度撤走，但在印度洋仍然拥有压倒优势。亚丁、马尔代夫、新加坡构成了英国在这个地区海权的支柱。但"形势是要逐步起变化的。新兴各国的势力，随着时间发展，会越来越重要，特别是印度，地势有利，资源丰富，更是会在其中起主要作用"。[②] 潘尼迦对新独立的印度、巴基斯坦、缅甸和锡兰四国发展海权的潜力进行了比较：缅甸由于缺乏大规模工业化所必需的钢、铁、煤等基本资源，不可能成为一个海权国。锡兰的国防，无论海陆，都没法跟印度分开，它要单独搞成一个海军国是做不到的。当时，孟加拉国还没有从巴基斯坦分离出来。潘尼迦却已尖锐指出，东西两部分遥遥相隔这一事实，会逼得巴基斯坦不得不建设一支强大的海军，因为东西巴之间唯一安全可靠的交通只有海道。但是这些因素本身，却又使其到头来无法成为强大的海权国，巴基斯坦将不得不维持两支可以自给自足、独立作战、互不依赖的海军，这不能不严重影响到它日后在海上的前程。唯有印度最有希望成为印度洋上的海权国家，并为此得出结论：印度洋必须真正是印度的。

---

① ［印度］潘尼迦著：《印度和印度洋——略论海权对印度历史的影响》，德隆、望蜀译，第79页。

② ［印度］潘尼迦著：《印度和印度洋——略论海权对印度历史的影响》，德隆、望蜀译，第79页。

（一）印度成为海权国家的基本要素

在潘尼迦看来，1947 年印巴分治后，"印度洋对其他国家来说只不过是许多重要的洋区之一，但对印度来说却是至关重要的海域。她的生命线都集中在这个区域。她的未来取决于在这片辽阔的水面上自由航行"。[①] 要是不能在印度洋自由通航，印度的海洋不能得到充分保护，便不可能有工业的发展和商业的增长，也不可能保持稳定的政治机构。基于上述理由，潘尼迦得出结论："所以，印度洋必须真正是印度的。"

尽管"印度洋必须真正是印度的"，但独立后的印度是否具备了复兴海洋历史传统、进而成长为海权国家的基本要素呢？

美国海权理论家马汉认为，影响一个国家海上实力的主要因素有六个：地理位置、地形结构、领土范围、人口多寡、民众特征和政府特征（含国家机构）。对于马汉提出的民族特性和国家政策两项，潘尼迦颇不以为然。就民众特征而言，"两次世界大战中德国、日本等国的事迹昭然若揭，海权哪里是上帝对某一优秀民族的恩惠呢！"就政府特征而言，"时至今日，（马汉）这种把海权同政权形式联系起来的看法，是很难站得住脚了"，"马汉似乎认为民主国家平时是不会花钱来造军舰，维持各处的海军站，负担其他海军开支的。但是，美国海军在两次大战期间的发迹，第二次大战之后成为最大的海权国，这一切早已打破了他的这个说法"。[②] 与马汉不同，潘尼迦认为，海权要素应该加上科学水平、工业能力两条，"对于志在海洋的新国家来说，这两个条件实在比马汉所强调的一些地理和政治因素重要得多"。"一个现代国家，如果要成为强大的海权国，它的航海工程科学一定要极其高明才行，而其他有关方面也得不断随着前进"。"这个国家的工业

---

① ［印度］潘尼迦著：《印度和印度洋——略论海权对印度历史的影响》，德隆、望蜀译，第 82 页。

② ［印度］潘尼迦著：《印度和印度洋——略论海权对印度历史的影响》，德隆、望蜀译，第 90 页。

潜力必须十分强大,除了足以制造军舰、辅助舰只之外,还要能生产那些装备和维修这支海军所需的各式各样的东西,如武器、各种科学仪器、无线电、雷达等"。① 总之,一国如果在以上种种方面都无优势,是不可能称霸海上,确立其海权的。潘尼迦将经自己"修订"的海权要素与印度一一对照:

① 就地理位置而言,印度的地理位置很理想,堪为海权国而无愧,孟加拉湾和阿拉伯海这两个要害区域都在印度掌握之中。

② 就地形结构而言,印度的半岛地形使其影响足以远播海上,印度沿岸海港密布,虽然除卡奇湾之外避风区不多,但总的来说,海防形势很好,大可据以建立一支强大的海军。

③ 至于领土范围和人口多寡,对于印度而言更是不在话下。

④ 就民族特性而言,印度的海洋历史足以说明,其民族特性合乎发展海权的条件。印度人民有很多从事海上生涯的;即便在印度受殖民统治时期,他们的海事传统也相沿不衰,不仅行舟印度沿海甚至远及伊朗和非洲诸地,而且还在外国船上充当水手。

⑤ 就科学水平和工业能力而言,印度确乎远远落后于欧洲大国。印度的工业要有力量来制造、装备、维修一支强大海军,还得好多年。同样,它的科学工作也需要改进和扩展好多倍,才能独立承担这些方面的工作。尽管如此,"印度的科学和工业,只要有机会,可以在较短时间内获得适当发展,从而使印度得以筹划自己的海防"。②

同时,一国平时的商业和商船事业,也是和该国的海军实力分不开的;因为它们可以提供训练有素的人力和船运,以应军需。实际上,一国在战时扩展海军所需的技术后备力量,大半要依靠平时的种种海上活动,如有关商船船坞的工作,如通过商船平日正常活动对航线、港口等的了解。此外,一国要成为海权国,

---

① [印度]潘尼迦著:《印度和印度洋——略论海权对印度历史的影响》,德隆、望蜀译,第91页。

② [印度]潘尼迦著:《印度和印度洋——略论海权对印度历史的影响》,德隆、望蜀译,第91页。

又自非十分精于造船不可，其人民亦须努力从事海外贸易。在这方面，由于受英国统治长达一百五十年，印度没有能够建立起一支商船队伍，只是在独立之后，才认真着手兴建一支小规模的商船队。不过，独立后的印度确已认识到，除非印度重新成为一个造船国，它在海上是没有前途的。

（二）对印度防御政策忽视海洋倾向的批判

潘尼迦关于印度海权理论的论述代表着一个殖民地国家解放后对海权的理解，他对印度防御政策中忽视海洋的倾向进行了严厉的批判，颇有"哀其不幸，怒其不争"之感，并从印度的实际出发，对麦金德、贝洛克等人的陆权思想进行有力的批判。所以，对于印度的海权和陆权问题，潘尼迦始终保持了自身的独立思考。

代表陆军军事传统的英国政论家西莱尔·贝洛克曾表示，"在军事上依靠海军力量，终究是要失望、使人上当的。历史上的大决战，开头使用海军的一方，最后总是给陆军打败；不管你给那个海权国家起个什么名字，迦太基也好，雅典也好，或者腓尼基舰队也好，到头来它总归失败，得胜的是陆权国家"。[1]"陆权论"的集大成者麦金德也强调海权要依靠陆上基地："汉尼拔是由陆上进攻罗马海军在半岛上的基地的，而那个基地也正是由于陆上胜利才得以保全……英国海上力量的效果如此显赫，也许就会出现一种倾向，它忽视历史上的警告，并笼统地认为：由于海洋是一体的，海上强国在与陆上强国争锋时，无可避免地会取得最后胜利。"[2]

潘尼迦承认，海军力量显然只能征服海洋和守住海洋，只有陆军才能征服和守住陆地。但是，对于主要交通线都在海上的国家，有了海军显然有利。就是对于一个陆军强国，取得制海权也确有好处。它可以随意在任何地方登陆、增援，

---

① Hilaire Belloc, *The Crusades：the World's Debate*, the Bruce publishing company，1937，p. 68.

② ［英］麦金德著：《民主的理想与现实》，武原译，商务印书馆，1965 年，第 61 页。

不断地、不受牵制地从远方运输大批人员。不错，一旦登陆，起作用的是陆军；然而就在这种时候，也不能忽视海军在保护交通、执行有效撤退方面的重要性。从亚历山大、印度撤退到英法的敦刻尔克大撤退，这个观点已经在很多战场上确定下来了。

潘尼迦对印度传统防御政策中忽视印度洋的倾向进行了严厉的批判。南亚次大陆发达的文明、繁荣的经济以及丰饶的物产和财富，使印度在历史上不断地遭受外族的入侵和劫掠。由于印度当时的主要政治体制集中于北部，历史上其战略防御方针主要针对来自西部和北部的威胁，而对印度洋地区和海军建设并不重视。甚至在治国方略上，传统的做法也只是针对北部而言。大部分入侵者都来自亚欧大陆的内陆地区，他们带来了一种强烈的内陆战略文化，在这些入侵者所控制的印度北部地区形成了一种强烈的"大陆性战略倾向"，同时较少关注海洋事务。潘尼迦指出，"在关于保卫印度问题的讨论中，向来有一种忽视海洋的偏向……认为印度的安全纯系西北边疆的问题，是建立一支足够强大的陆军，来抵抗越过兴都库什山的侵略的问题"，基于这一假设的国防政策主张完全是一种对印度历史的片面看法。[1]

印度的战略思想中对印度洋的相对忽视情况可以追溯到英国统治前的历史和社会科学因素。在印度和巴基斯坦独立之前，印度洋和印度次大陆的大部分是由英国控制的。由于英国控制了海洋，其战略和防务是应付大陆上的问题。英国的战略和防务几乎完全集中于防卫次大陆边界。英国主要着眼于稳住西北边境以及其他边境地区从事骚扰的一些部落。潘尼迦指出，"从 1784 年德苏弗伦逝世到 1941 年新加坡失陷，在一百五十七年间，支配印度历史的制海权悄悄地完成了。由于印度洋成了英国的一个内湖，所以不发生海权的问题。当时，就像我们呼吸空气一样自然而正常，谁也不想去探索印度洋跟印度国防的关系。结果，重点全放在陆地边疆上了，于是印度的国防就只不过是在西北边疆维持一

---

① ［印度］潘尼迦著：《印度和印度洋——略论海权对印度历史的影响》，德隆、望蜀译，第 1 页。

支强大的陆军罢了"。[①]

潘尼迦认识到了印度存在的海陆双重易受伤害性的困境。他也承认:"历来对印度的侵略,大多数确是从西北边疆来的;将来,来自那个地区的侵略也还会有。所以西北边境,乃至东北边境,仍然会成为保卫印度的重要战略区域。"[②]在陆地疆界,他尤其注重来自阿富汗方向的威胁:"只要阿富汗区域仍处于无组织和软弱的状态,就不发生印度被侵略的问题。但强大力量一经控制了阿富汗,旁遮普区域不但受到威胁,而且无法避免的政治压力必然趋向于这一地区。印度的历史对这一主题提供了丰富的例证。"[③]当波斯大皇帝的疆域包括喀布尔流域的时候,旁遮普成为波斯帝国的一省。亚历山大所侵略的是属于波斯的印度省。再者,当贵霜帝国在这一区域确立了权力并有基瓦和布哈拉富饶资源作后盾的时候,旁遮普就落到他们的手中。同样的情形也见于短命的匈奴王朝。在沙巴提真及其子马茂德手下所发生的事情,也是类似的。

但他着重批判了印度防卫政策中存在的忽视海洋的倾向。潘尼迦强调:"考察一下印度防务的各种因素,我们就会知道,从 16 世纪起,印度洋就成为争夺制海权的战场,印度的前途不取决于陆地的边境,而取决于从三面环绕印度的广阔海洋。"[④]"尽管从海上征服一个有基础的陆上强国不大可能,可是,印度的经济生活将要完全听命于控制海洋的国家,这个事实是不能忽视的。还有,印度的安全也要长期受到威胁。因为如果陆上防地被一个掌握海权的强国占据并处在它的海军炮火掩护之下,不是轻易就可以从陆上攻下的。莫卧儿帝国费尽了力气,也没有消灭掉几个小小的受到海军保护的居留地。印度有两千英里以上开阔的海岸线,如果印度洋不再是一个受保护的海洋,那么,印度的安全显然极为可虑。"[⑤]

---

① [印度]潘尼迦著:《印度和印度洋——略论海权对印度历史的影响》,德隆、望蜀译,第4页。

② [印度]潘尼迦著:《印度和印度洋——略论海权对印度历史的影响》,德隆、望蜀译,第1页。

③ [印度]潘尼迦著:《印度简史》,吴之椿、欧阳采薇译,第139页。

④ [印度]潘尼迦著:《印度和印度洋——略论海权对印度历史的影响》,德隆、望蜀译,第1-2页。

⑤ [印度]潘尼迦著:《印度和印度洋——略论海权对印度历史的影响》,德隆、望蜀译,第9页。

虽然潘尼迦对印度防御政策中忽略海洋倾向进行了强烈批判,但印度在独立后的二十年里,对印度洋的态度却几近于漠视。这里面既有重陆轻海的传统影响,更有国际政治情势的权宜之需。在独立之初,印度继承了英国过去所面临的防务问题,而且主要采取了和英国同样的防务战略。印度的注意力同英国一样集中在陆上,而不在海洋,主要的防务问题是在次大陆内部,即印度和巴基斯坦之间。从长期来看,印度致力于控制印度洋并成为强大的海权国家的目标,与其有限的资源之间产生了一定程度的不协调,这种陆海复合型国家的天然缺憾注定了印度海洋安全战略无法满足大战略集中原则。双重战略方向的长期发展必然导致印度的大战略顾此失彼。印度特殊的"海陆复合型"地理特性决定了它始终面临陆上压力与海上挑战的双重问题,从而构成印度在安全判断与应对安全环境时所面临的内在张力。

(三)建设印度海军的构想

在撰写《印度和印度洋》一书时,印度尚未取得独立,但潘尼迦已开始为独立后印度海军的发展勾画蓝图。在他看来,印度在海军问题上必须既有其长期政策,又有其短期政策。这个长期政策并不难定,目标应该是使印度成为海权国,足以独力在安危攸关的海上捍卫本国利益,而执牛耳于印度洋地区。这个目标,只有当印度成为主要的工业国,科学水平、技术能力略同于其他先进国家,才能实现。至于短期政策,只能严格从实际出发,根据印度国民经济的实际状况来加以考虑。潘尼迦将其设定为建设一支区域性海军。作为区域性海军,它的目的在于,确保印度的两个要害海区,即孟加拉湾和阿拉伯海,不受敌人干扰;捍卫商业通道;出击敌人,清除海上的潜艇、水雷,保护航运。这一设想又主要包括两方面内容:(1)作为一支特遣海军部队在本区域内活动;(2)在全球性海战的战略范围内同个友好国家的公海舰队进行协作。

就"建设一支特遣海军部队"这一点,潘尼迦的详细规划是:第一,它应该发展一切类型的海战训练机构,没有足够的训练有素的人员,任何海军,无论大小,都不能成器，而现代海军所要求的训练，其类别、范围之繁巨，又非有水平极高的训练机构不为功。第二步就是要建造或购买一些轻型舰艇、快速舰、驱逐舰、轻巡洋舰和辅助舰船，一支小型海军要顶用，这一切都是必不可少的。如果印度海军组织得比较好，这些舰船配备充分，那么战时加以扩展就不难了。第三，印度必须尽速发展一支商船队，它既能提供必要的技术储备力量，又可以在战时改军用。第四，印度必须不惜一切代价发展自己的造船工业，倘若一个国家什么船都得到国外买，还成什么海权国呢？同时，与海军有关的一些地面机构，例如船坞、修理机构等，也都得随之建设起来。第五，对印度这样海岸线特长的国家尤其重要的是，应该建设一支海军航空部队，作为海军的一个组成部分。航空部队的作用不宜与空军的作用相混。空军是独立的军种，其作战目标取决于其他因素。海军航空部队则在于通过进行沿岸巡逻、肃清海上敌踪、空中掩护海军等方面，发挥其在海战中的重要作用，它的主要职责是扫清海道上空，配合海军作战。第六，必须成立一个独立海军部，只有这样，才能使海军问题的各个方面得到兼顾，才能使政治领袖们对发展海军给予足够重视，也才能使建设一支强大海军所必需的种种因素得以统一起来。①

潘尼迦还特别强调要强化海军的群众基础，即在群众中创造一种对海军的广泛兴趣和光荣感。以印度而言，昔日伟大的海事传统，久已湮没于土耳其人和莫卧儿人的中亚细亚遗风之中，因此这就更加重要了。学校应该讲授海军史，应该在公众中培养对海外归侨的重视，应该宣传海军及其成就，应该用一切办法有意识地使人们认识到自由的安危系于海洋，应该通过这些工作来纠正国民思想上的片面性。此外，还应该成立一个海军协会，让大家时刻不忘海军的重要；定一个全国性的海军日；利用影院剧场宣传印度过去的殖民史，凡此种种，对于在人民中唤起海洋事业的热情，都是有好处的。

他颇为感慨地指出，独立的印度决心致力于海洋，这是好现象。但历史上有

---

① ［印度］潘尼迦著：《印度和印度洋——略论海权对印度历史的影响》，德隆、望蜀译，第95 - 96页。

过不少国家也曾醉心海权,当年土耳其固地中海一世之雄,法兰西几度逞威于海上,而今安在哉?它们的失败,只因当政者虽然看到了海军的重要,而人民却对之不感兴趣,因为历来都是陆军出尽风头,海军只算是二把手。这条教训十分重要。印度若为海权国,单单只搞一支海军部队,任凭如何艺高人强,总是不够的。必须在人民当中创造一种海军传统,一种对海事的浓厚兴趣,一种坚定的信念,这就是,印度未来的伟大在于海洋。[①]

在海军建设方面,潘尼迦尤其反对"保本舰队"的海军战略理论。所谓"保本舰队"理论,即劣势海军应该避免与强敌正面作战,而以潜艇、布雷等活动对付敌人,同时保全舰队实力,待机而作。潘尼迦指出,海军并不是为了保卫海岸而设的,海岸是要从陆上来保卫的。海军的目的在于取得某一海区的控制权,使敌船不能近岸,不能干扰本国对外的通商贸易;并在控制得手之后,反其道而行之,对敌岸进行封锁,对敌船进行歼击。因此,"一国的海军,若只是以岸为家,其结果只不过沦为陆军的一翼而已;印度海军,大也罢,小也罢,切不要忘记这个教训"。[②]"保本舰队"理论的失算,早已由德国人在第一次世界大战、意大利人在第二次世界大战中的表现证实无疑。考此二例,海军都没有尽到它们首要的职责,即御敌于大海之上,确保本土安危所系的海区。

同时,潘尼迦敏锐地认识到空军发展对现代海战的意义,及其对印度洋防卫的影响。从萨拉米斯之役直到对马海峡之役,掌握制海权,只在于炮战,只是舰对舰,炮对炮。今天,立体海战却带来了一连串崭新的问题。当然,变化主要在于战术,并不涉及海权问题,但是,无论如何,空军(即使以母舰为基地的空军)的极端重要性却已在许多方面动摇了海战思想的基础。无论是英意的大兰多湾海战还是美日珍珠港海战,都是靠飞机才解决了当时的制海权的。在第二次世界大战中,实际上只有三次比较重要的海战是双方列队互击,即 1941 年英意马塔

---

① [印度]潘尼迦著:《印度和印度洋——略论海权对印度历史的影响》,德隆、望蜀译,第 96 页。

② [印度]潘尼迦著:《印度和印度洋——略论海权对印度历史的影响》,德隆、望蜀译,第 94 页。

潘角海战、1942 年日军和盟军的爪哇海战和 1944 年日美礼智湾海战。但即便这三次海战也是立体的海战，不但军舰对军舰，而且还有潜艇、飞机参加。对于印度洋来说，这些事例有其十分重要的意义。印度沿海没有岛屿可供空军活动，而开阔的海岸线上的基地又易于遭到航空母舰的攻击。日本轰炸亭可马里和科伦坡正是这样的，至于美国轰炸太平洋上的日本基地以及最后轰炸日本本土，那就更能说明问题了。诚然，印度外无海岛可作敌机的陆上基地，但半岛形的海岸线太长，要做到处处都有空军基地的保护，确实也难以办到。因此，除非远处的基地如新加坡、毛里求斯岛、亚丁、索科特拉岛等处能稳稳掌握在一个友好国家手中而又能有海军航空部队来保护这些港口，否则印度将永无安身之日。

（四）潘尼迦的海权思想与印度独立后的海洋安全战略

虽然潘尼迦去世已逾半个世纪，但他著述中处处流露出的印度海权思想为他赢得了"现代印度海权思想奠基人"的美誉。早在 1945 年印度尚未独立时，潘尼迦关于印度海权的代表作《印度和印度洋》出版后立即引起了巨大的轰动，所引起的争论一度占据印度各大报刊的头版。一年之内，该书在英国出了三版。印度独立后，该书成为印度海军学校的教科书。不过，在印度独立之后的二十年，囿于种种因素制约，潘尼迦的主张并没有受到印度政府真正的重视。但从 20 世纪 60 年代末以来，这种状况逐渐改变，他的海权思想开始在印度政界、军界展现光芒。如今，潘尼迦的思想历久弥新，备受印度军界推崇。

独立后印度始终追求成为地区强国和世界大国，而控制印度洋正是实现目标的重要内容。印度首任总理尼赫鲁在《印度的发现》一书中表示，"印度以它现在所处的地位，是不能在世界上扮演二等角色的，要么做一个有声有色的大国，要么就销声匿迹……亚洲的未来将强烈地由印度来决定，印度将越来越成为亚洲的中心"。① 在一次著名的全国广播讲话中,尼赫鲁曾提出:"印度命中注定要成为世界上第三或第四位最强大的国家。印度认为自己的国际地位不是与巴基斯坦等南亚国家相比,而应与美国、苏联和中国相提并论。"②尼赫鲁的这一思想奠定了以后历届政府追求大国地位的战略取向。印度独立以后,随着印度综合国力的不断提高,其追求实现世界大国地位的愿望更加强烈。印度人开始认识到要重振印度民族的雄威,必须依靠其濒临印度洋的得天独厚的条件,认为印度洋是印度的"命运之洋",印度的安危系于印度洋,民族的利益在于印度洋,来日的伟大也靠印度洋。

不过,潘尼迦大力倡导的印度海权论在印度独立后的最初二十年并没有得到真正的重视。印度独立初期,尼赫鲁总理等政治家们虽意识到了印度洋的重要性,但由于受到印度传统的安全战略思维、英国在印度殖民统治的安全战略、印度面临的安全威胁以及国力相对虚弱等因素的影响,并没有把安全防务的侧重点放在海洋方面,而是仍将次大陆内部的防务作为首要任务。一方面,印度独立运动的领袖们当时致力于把英国人从次大陆上赶走,并在本国土地上获得政治上的自由。另一方面,印度洋当时还在英国人的控制之下,而印度尚未完全摆脱英国的控制与影响。与此同时,印度在独立初期的国家实力也不允许印度在关注次大陆事务的同时,进行海洋方面的争夺。因此印度还不具备关注海上安全问题的能力。1962年中印边境自卫反击战一方面加强了印度大陆安全倾向,另一方面加重了海洋安全被进一步边缘化的状态。可以说,在印度独立后近20年的时间里,印度在海洋安全问题上是既无暇也无力,同时也"没有必要"去争夺对印度洋的控制权,因为"印度洋是控制在朋友的手中"。印度当时主要关注是印巴分治独立后的内部问题以及由分治引起的地区内部的紧张局势。尼赫鲁执政时期,印度对印度洋的关注处于一种"稀奇的漠视"状态,印度的海洋安全战略

① [印度]贾瓦哈拉尔·尼赫鲁著:《印度的发现》,齐文译,世界知识出版社,1956年,第57页。

② V. M. Hewitt, *The International Politics of South Asia*, Manchester University Press, 1991, p. 195.

处于一种"从忽视到关注"的过渡阶段之中。印度在这一时期的海洋安全战略从整体上讲是国力虚弱的无奈之举,是"优先发展经济"、"先经济后国防"国家战略指导下,深受印度传统的"重陆轻海"、非暴力等战略文化影响的必然产物,也是受制于英国皇家海军没有能力独立发展海洋安全力量的历史写照。

可以说,直到潘尼迦1963年去世,他并未能看到自己孜孜以求的印度海权梦想在独立印度实现。但是他的梦想注定不会磨灭,而在其去世后逐渐展现出光彩。到20世纪60年代中后期,随着英国国力的衰落,英国的势力逐渐从印度洋地区收缩。英国宣布在1971年以前撤出苏伊士运河以东地区的所有军事力量。随后,印度通过第三次印巴战争肢解了巴基斯坦,从而奠定了印度在南亚次大陆的霸主地位。另外,经过20余年的发展壮大,印度的综合国力得到大幅提升,印度有能力在南亚次大陆巩固地区内部事务支配地位的同时,将目光投向广阔的印度洋,梦想继承大英帝国在印度洋留下的"权力真空"。事实上,印度洋地区的战略安全形势并非单纯出现"权力真空"那么简单。英国从印度洋地区的撤出与美国、苏联两个超级大国的进入是同步发生的。超级大国在印度洋地区势力范围的角逐对印度的安全造成极大威胁,印度海洋安全战略不得不依照当时的国际战略安全环境进行相应的调整。印度国内防务专家一方面宣扬印度洋对印度安全的重要性,同时又对大国在印度洋上的争夺表示不满,认为"超级大国在印度洋的角逐,以及集中于印度洋周边地区的尖锐的冷战和角斗,对印度的安全构成了重大威胁"。将印度洋打造成"和平之洋"的战略,成为印度海洋安全战略的权宜之计。诺曼·帕尔默就此指出,"它们(印度)希望印度洋成为和平区,摆脱大国之间的争夺和紧张状态。如果不能做到这点,它们希望大国在印度洋中维持一个'低姿态'。假若它变成大国之间争夺的地区,它们希望这样至少可使印度洋不致受到一个大国的统治或几个大国的联合统治"。[①] 毕竟印度当时的海洋实力还不能与美、苏等区域外大国抗衡,因此印度在打造"印度洋和平区"

---

① [美]A.J.科特雷尔、R.M.伯勒尔编:《印度洋在政治、经济、军事上的重要性》,第321-322页。

的幌子下,制定了分阶段控制印度洋的海洋安全战略,逐步发展海军的近海防御能力、区域控制能力和远洋进攻能力。

冷战结束后,尤其是进入 21 世纪后,潘尼迦的海权思想真正开始大放异彩,在印度政界和军界得到了越来越多的推崇。伴随苏联解体和东欧剧变,世界战略格局和地区安全形势都发生了重大变化。一方面,南亚、印度洋地区的力量对比出现重大改变。冷战期间美苏为在南亚地区争夺霸权所形成的苏印结盟与美巴联手的格局不复存在。同时,由于各自利益的需求的推动,美印关系明显升温。另一方面,冷战结束后,随着国际政治环境的变化和经济、科技以及文化的发展,国际政治中安全的含义已演变为一个综合概念,其内容由军事和政治扩展到经济、科技、环境、文化等诸多领域。印度在南亚地区和印度洋地区的安全形势迎来了一个新阶段,印度更加重视海洋在印度国防和经济建设中的地位与作用,继续加紧制定并推行印度洋控制战略。

进入 21 世纪,随着印度国家利益的不断扩展,印度在确保南亚次大陆和印度洋地区战略优势的同时,积极向亚太地区拓展,试图从南亚地区逐步扩展到亚太地区,并努力成为欧亚大陆甚至世界性的"主要战略棋手之一"。这要求印度发展相应的国家海洋安全战略,来为这一国家崛起目标"保驾护航"。基于这种认识,夺取对印度洋的控制权,使印度洋成为印度的内湖是印度长期追求并在21 世纪为之奋斗的战略目标,也是印度推进大国战略的关键步骤。随着印度综合国力的迅速提高,印度加快了"印度洋控制战略"的步伐。在新的历史条件下,印度人认为,新时期印度所面临的海洋威胁,除国家行为体外,非国家行为体的威胁不断增加,而威胁的内容主要反映在经济、政治和军事三个层面。为应对这种多元化、多层次、多领域的威胁,印度必须采取政治、经济和军事各种领域的综合应对措施。在军事上打造一支多功能,担负水面、空中及水下任务,以核威胁为目标,以常规威慑为基础的远洋蓝水海军。通过政治、经济与外交手段,发展与印度洋沿岸、主要相关大国及区域性组织之间的关系。因此,印度当前以及未来一段时间的海洋安全战略的具体表现是:打造具有远洋能力的"蓝水海军",综合运用外交、经济等手段,加强地区性合作组织,应对各种海洋安全威胁,采用

"软硬"的两手为实现大国梦想的战略目标提供安全保障。

　　总体而言,潘尼迦的印度海权思想具有相当的超前性,故而经历了从"稀奇漠视"到发扬光大的坎坷过程。2007 年,印度海军参谋长普拉卡什上将在阐述《印度海洋军事战略》时多次引用并充分肯定潘尼迦的海权观点。[①] 又例如,潘尼迦曾对葡萄牙人阿布奎基赞赏有加,认为他设计了一套行之有效的控制印度洋的战略。潘尼迦的这一认识在 2007 年《印度海洋军事战略》中得到了重申。这份印度政府关于海洋安全问题的最为权威的官方文件指出:"葡萄牙总督阿布奎基早在 16 世纪初就提出,控制从非洲之角延伸到好望角和马六甲海峡的咽喉要塞是防止敌对强国进入印度洋所必须的。即便在今天,发生在印度洋周边的一切仍会影响我们的国家安全,与我们利益有关。由于我们的任务区非常广大,必须要对主要利益区域和次要利益区域进行区分,以便将聚精会神于前者。"[②] 从某种程度上可以说,印度人经历了一个重新发现潘尼迦的过程。

---

　　① *Freedom to Use the Seas: India's Maritime Military Strategy*, New Delhi: Integrated Headquarters, Ministry of Defense [Navy], 2007, Bibliography.

　　② *Freedom to Use the Seas: India's Maritime Military Strategy*, p. 59.